新能源企业开展 QC 小组活动及其成果范例

哈伟 陈小群 主编

中国水利水电出版社
www.waterpub.com.cn

·北京·

内 容 提 要

本书主要包含 QC 小组概述、QC 小组组建与推进、问题解决型课题程序、创新型课题程序、风力发电 QC 小组活动成果范例、光伏发电 QC 小组成果范例、小水电 QC 小组成果范例等内容。在介绍了 QC 小组理论知识的基础上，列举了众多的实际案例，便于理解。

本书既可供从事新能源 QC 工作的研究人员参考学习，也可作为从业人员的岗位培训教材。

图书在版编目（CIP）数据

新能源企业开展QC小组活动及其成果范例 / 哈伟，
陈小群主编. -- 北京：中国水利水电出版社，2020.7
ISBN 978-7-5170-8682-6

Ⅰ. ①新… Ⅱ. ①哈… ②陈… Ⅲ. ①新能源－能源
工业－工业企业管理－质量管理－中国 Ⅳ. ①F426.2

中国版本图书馆CIP数据核字(2020)第125369号

书　　名	**新能源企业开展 QC 小组活动及其成果范例** XINNENGYUAN QIYE KAIZHAN QC XIAOZU HUODONG JI QI CHENGGUO FANLI
作　　者	哈伟　陈小群　主编
出版发行	中国水利水电出版社 （北京市海淀区玉渊潭南路 1 号 D 座　100038） 网址：www.waterpub.com.cn E-mail：sales@waterpub.com.cn 电话：(010) 68367658（营销中心）
经　　售	北京科水图书销售中心（零售） 电话：(010) 88383994、63202643、68545874 全国各地新华书店和相关出版物销售网点
排　　版	中国水利水电出版社微机排版中心
印　　刷	清淞永业（天津）印刷有限公司
规　　格	184mm×260mm　16 开本　29.25 印张　712 千字
版　　次	2020 年 7 月第 1 版　2020 年 7 月第 1 次印刷
印　　数	0001—4000 册
定　　价	**142.00 元**

本书编写人员

主　编　哈　伟　陈小群

副主编　闫晶晶　成润奕　高秉文　郭　峰　何　艳　雷发霄
　　　　李　明　梁雨峰　汤建军　汤维贵　王清莲　杨元林
　　　　姚经春

编　者　（按姓氏拼音排序）

安佰慧　安燕杰　白明光　包广超　包海龙　包宇锟
毕力格图　边育龙　卞兆冬　蔡　杰　蔡立国　曹　昆
常润英　朝乐蒙　陈晓旭　陈岩宇　陈新金　陈业彬
陈永刚　成文玉　程晓慧　陈　初　陈代金　邓　彬
东国森　董贺南　董　慧　董卫宇　豆　鹏　博　才
杜江剑　杜雷素　杜　瑞　段豆豆　樊　高　范　婷
冯　瑞　冯　敏　冯永强　付威东　高　涛　高兴成
郭　斌　郭　磊　郭　阳　郭保宗　郭星军　韩　栋
韩方伟　韩文琪　韩智博　郝　黄　何　伟　侯　强
侯夫俊　胡永辉　虎　岩　贾亚伟　黄少智　黄　赟
黄丕成　黄亲铃　黄显荣　句　黎　贾博超　姜　山
蒋莹旭　焦占一　靳学伟　李巍鑫　康奇山　孔令博
寇晓蒙　赖冰鹏　雷发霄　李培科　李　斌　李明荣
李　朋　李　鹏　李　翔　李贺杰　李璞瑞　李德泽
李光华　李广宇　李华斌　梁　杰　李梁瑞　李森东
李文强　李银辉　李　祯　梁　忠　梁　磊　林柏强
林　贤　刘　冰　刘　东　刘　辉　刘大双　刘国辉
刘　铨　刘燕清　刘　洋　刘绍龙　刘长逸　刘文强
刘海龙　刘宏宝　刘佳璐　刘　雨　刘长勇　刘天志
刘晓东　刘孝浩　刘永鹏　马权状　马永东　刘玉瑞
鲁　宇　吕亚荣　吕米宁　苗　曲　马莫冉　马宁泽
马占彭　门亚光　秦永亮　　　　　　　　　任
乔国飞　乔荣慧

森辉
放凯勋
申国
汤
佟
王建勋
宁慧民
亚智
武伟
辛贞
杨元
杨丽
于
张海俊
赵方
周
朱文

玉林娜
博旭滨
龙亮
龙阳
龙
赵延阳
朱文龙

伟磊
孙捷
邵明
王东瑜
王廷光
王新宇
王志刚
吴国磊
解城山
闫平旭
杨业胜
于亮
翟宏

邵建
孙田
王
王
王
张伟
张对军
张金峰
赵春雪峰
周磊松
朱青

文龙
苏
波宇
畅英楼
王绮
王煜
王文强（四子王）
王玉强
吴骏超
谢博
徐印涛
杨旭亮
尹青龙
约麦尔江
张钦
张成建军
赵帮胜
赵真
郑志超
周于

尚智
苏
依田
王伟斌
王鑫
王凯飞
王文强
乌云塔娜
肖振宇
徐金奎
杨嵩平
叶式娜
袁明
张朝为华
张建忠
赵年仁春
曾学雷彪
周于邹

任瑞
宋海
孙秀田
王
王凯
王文强（四子王）
王玉强
乌云塔娜
肖振宇
徐金嵩
杨瑞平
叶式娜
袁明
张朝为
张建
赵年
曾学
周邹

春炜
任利
宋国志
孙伟向
唐永
万
王景辉
（赤峰）
王一刚
魏冬立阳
肖佳伟
徐林娜
杨丽桑
叶海辉
袁张磊
张爱玲平
张继素风
赵茂林
赵志史武
周海耀
祝

任立祺
沈天宏
孙海成
唐城鑫
佟力
王金达
王文强（赤峰）
王延辉
魏凯
武文涛
邢国斌
颜朋洋
杨尔成
姚立富
禹国顺
张恒
张勇
张海洲
张树春
赵俊豪
赵永伟
周继文
朱晓强

前　言

　　QC 小组活动作为企业全面质量管理的一项重要工作，越来越受到企业的普遍重视。中国质量协会、中国水利电力质量管理协会、中国电力建设企业协会等行业协会依据《关于推进企业质量管理小组活动意见》《中共中央国务院关于开展质量提升行动的指导意见》，致力于组织推动质量管理和质量创新活动，为电力行业开展群众性的质量管理活动做了大量工作。新能源企业通过开展质量管理小组活动，激发员工主动改进质量、降低消耗、提高效率的积极性和创造性，引导员工运用科学方法和工具解决日常工作中的实际问题，提升员工业务素质和质量管理意识，在企业文化建设、质量管理水平提升、推进技术改进等方面起到了积极作用。

　　中国三峡新能源（集团）股份有限公司自 2017 年开展 QC 小组活动以来，总共解决课题 260 余项，参加人数达 2200 余人次。获得各协会优秀成果 100 余项，其中 2018 年、2019 年连续获得全国优秀质量管理小组表彰；获得了中国水利电力质量管理协会颁发的电力行业 2019 年质量管理活动优秀组织单位称号。通过开展 QC 小组活动，各 QC 小组学会了合理运用科学的方法和工具高效解决实际问题，提升了专业技术能力、团队协作能力，小组成员提升了综合素质；切实解决了设备质量缺陷，消除了事故安全隐患，为电力安全稳定运行提供了保障力量。

　　为了总结、推广 QC 小组活动的开展经验和成果，我们组织质量管理骨干精选了近年来的优秀成果，形成了 38 个范例，覆盖了风电、光伏、小水电等业务领域。

　　本书共分为 7 章。主要内容为 QC 小组概述、QC 小组组建与推进、问题解决型课题程序、创新型课题程序、风力发电 QC 小组活动成果范例、光伏发电 QC 小组成果范例、小水电 QC 小组成果范例。本书在编写过程中得到了中国三峡新能源（集团）股份有限公司领导的大力支持和相关单位的积极配合，在此表示衷心感谢；还参阅了大量的参考文献，在此对其作者一并表示感谢。

　　由于作者水平有限，疏漏之处恳请读者批评指正。

作者

2020 年 6 月

目　　录

第 *1* 章　QC 小组概述

质量管理（Quality Control，QC）小组活动是一种在工作质量、工作方法和工作效率等方面进行的"小集团"改进活动。组织者需尽全力鼓舞士气，使 QC 小组活动成为组织内最活跃、最有成效的质量改进活动。

1.1　QC 小 组 概 念

1.1.1　QC 小组定义

QC 小组，是指在生产或工作岗位上从事各种劳动的职工，围绕企业的方针、目标和现场存在的问题，以改进质量、降低消耗、提高经济效益和人的素质为目的组织起来的，运用质量管理的理论和方法开展活动的群众组织。

其中包含了以下四层含义：

（1）QC 小组成员可以是企业的全体员工，不论是高层领导还是一般的管理者、技术人员、工人等都可以参加 QC 小组。

（2）QC 小组活动可以选择的课题广泛，可以围绕公司的经营战略、方针和工作中存在的问题来选择课题。

（3）QC 小组活动的目的是提高员工的素质，发挥员工的积极性和创造性，改进质量，降低成本，提高经济效益。

（4）QC 小组活动强调运用质量管理小组的理论和方法开展活动，突出其科学性。

QC 小组是全面质量管理的重要一环，由来自相同或不同车间、班组、项目部的员工自愿组成现场改进团队，在共同的愿望下，通过自我启发、相互启发，灵活运用各种质量工具及统计方法，在各自的工作现场围绕质量、成本、产量、净化期、安全等问题进行持续不断的改进活动。

1.1.2　QC 小组主要活动

1. 学习

QC 小组活动是一种让员工吸收新知识、灵活运用老知识、发挥创造力和潜能的活动。随着经济的发展，企业及其业务管理模式也不断地发生着巨大的变革，企业员工所处的工作环境与现场也随之发生了较大的变化。QC 小组成员需要通过教育培训，转变价值观和思想意识，跟上时代发展的步伐。QC 小组成员要学习质量管理的相关知识，包括小组活动的程序、质量管理工具、统计方法等。

2. 会议

会议是 QC 小组活动的重要形式，包括定期的和随机的。根据 QC 小组活动计划以及各成员岗位业务工作情况，QC 小组可以规定每周、每月和活动日召开会议，或者利用班前、班后、工作间隙和休息时间召开碰头会，选择 QC 小组活动课题，讨论活动课题进展情况，研究试验结果、问题解决方法。通过交流、集思广益、启发思路、创新改革，对完成的课题进行总结归纳，实现共同的目标。

3. 实践

QC 小组成员根据活动计划和责任分工，结合自身特长，完成各项改进任务，包括试验、测试、研制工具、技术攻关、参数调整等，记录各种变化规律、结果，从中发现问题，寻找改进途径。通过大量的实践活动，灵活运用各种方法，提升 QC 小组成员专业技术水平，丰富知识，提高能力，以取得改进效果。

4. 团队建设

QC 小组成员是为共同的目标自愿走到一起的。QC 小组的各项活动都需要团队成员共同努力。成员之间的坦诚、信任、配合和支持尤为重要。QC 小组成员在一个良好的氛围中，心情愉快地进行活动，会激发很多灵感，带来"$1+1 \gg 2$"的效果。QC 小组成员可以在活动之余，组织集体、团队型的文娱、体育等活动，以增进彼此的沟通能力和相互了解。

1.1.3　QC 小组性质和特点

1. QC 小组性质

QC 小组是企业中群众性质量管理活动的一种有效组织形式，是员工参加企业民主管理的经验同现代科学管理方法相结合的产物，其尊重每个人的价值，营造愉快的工作现场。QC 小组活动是开发人的潜能，使员工在为企业创造价值的同时实现自我价值的自主活动。QC 小组与行政班组的主要不同在于：

（1）组织原则不同。行政上的班组一般是企业根据专业分工与协作的要求，按照效率原则自上而下建立的，是基层的行政组织；QC 小组通常是根据活动课题涉及的范围，按照兴趣、爱好、专长或感情的原则，自下而上、上下结合或横向联合组建的群众性组织，带有非正式组织的特性。

（2）活动目的不同。行政班组活动的目的是组织员工完成上级下达的各项生产、服务经营任务与技术经济指标；而 QC 小组则是以提高员工素质、改进产品质量、降低消耗和提高经济效益为目的组织起来开展活动的小组。

（3）活动方式不同。行政班组的日常活动，通常是在本班组内进行的；而 QC 小组可以在行政班组内组织活动，也可以是跨班组，甚至跨部门、跨车间组织多种形式的活动。

QC 小组与传统的技术革新小组有所不同：技术革新小组更多地侧重于用专业技术进行重点、难点攻关；而 QC 小组不仅选题范围要比技术革新小组广泛得多，而且在活动中更侧重于运用全面管理的理论和方法，通过科学的活动程序、多样化的方法来解决身边的各种技术、管理问题。

QC 小组与日常工作中的合理化建议、小革新、小改造也有所不同：合理化建议是针对企业在管理、工作、技术、质量等方面存在的问题提出改进建议，但未涉及具体实施；小革新、小改造意即有了想法，马上动手，立刻就改，不做过多的分析和对根源的追寻；而 QC 小组活动是由小组全体成员通过活动程序，寻找根源，运用统计方法从源头解决问题，最终实现活动目标。

2. QC 小组特点

QC 小组活动是从尊重人的价值观出发，建立心情愉快的工作现场，进行质量改进，达到小组目标。日本质量管理创始人石川馨博士以人性向善的观点为依据，创建了 QC 小组活动，就是基于人人都想做好工作的理念，尊重人性，让员工自主参与，使员工不仅能出色完成工作，而且在工作中获得更大的满足感与成就感。

从 QC 小组活动的实践情况来看，QC 小组具有以下特点：

（1）明显的自主性。QC 小组以员工自愿参加为基础，自主管理，自我教育，互相启发，共同提高，充分发挥小组成员的聪明才智，充分调动积极性和创造性。大多数员工都希望在工作中能有体现才能的机会，尤其是希望得到别人对自己工作和价值的认可。QC 小组活动正是基于此特点，用引导、教育和激励取代命令的方式，使每个人都能够在思想认识和实际行动中有所转变，并提高自身的综合素质与能力。

（2）广泛的群众性。QC 小组是全员参与的活动，其以灵活的活动形式实现有效的组织管理。QC 小组不仅包括生产、服务第一线的操作人员，同时也需要各级领导、管理和技术人员的参与。广大员工在 QC 小组活动中学技术，学管理，互相切磋，提出个人构想，群策群力分析问题、解决问题。将质量管理落实到现场最基层，并以此为基础，提高质量意识、问题意识、改进意识和参与意识。

（3）高度的民主性。QC 小组由于是自愿组成的，因此小组组长由组员民主推选，小组成员可轮流担任课题小组长以培养和发现管理人才。在小组内部讨论问题、解决问题时，成员相互之间平等，不分职位与技术等级高低，充分发扬民主，集思广益，互相启发。在活动中营造融洽的工作气氛，针对问题大家一起提出改进想法，相互启发，相互协助，相互支持，提高工作兴趣和效率，确保实现 QC 小组活动目标。

（4）严密的科学性。QC 小组在活动中遵循计划、执行、检查、处理（plan - do - check - action，PDCA）循环，步步深入地分析问题、解决问题；这是一项科学、理性的活动，其逻辑关系紧密，环环相扣。QC 小组活动强调用数据说明事实。用科学的方法来发现问题、分析原因、确定要因、制定对策直到解决问题，不能仅凭"想当然"或个人经验取代活动过程。

1.1.4 QC 小组活动宗旨和作用

QC 小组活动的主要目的是运用全面质量管理的理论和方法，科学地解决实际质量问题。通过 QC 小组成员的努力，不断改善输出成果的品质，改善工作环境，营造尊重员工的氛围，发挥员工的潜力。它有利于克服员工从事单调重复工作而产生的乏味情绪，增加工作乐趣，通过进行富有创造性的改善活动，提升企业的整体素质。

1. QC 小组活动宗旨

（1）提高员工素质，激发员工的积极性和创造性。这是开展 QC 小组活动最重要的目的和意义，是企业管理从以物为中心的传统管理向以人为中心的现代管理转变的体现。开展 QC 小组活动，是在平凡的工作岗位上进行创造性的劳动。员工一起针对存在的问题，运用科学的程序与方法，相互启发，相互帮助，使问题得到解决，同时使成员解决问题的能力及综合素质得到提升，让成员充分体会到自身价值和工作的意义。成员们有了这样的感受，便会提高工作热情，激发出巨大的积极性和创造性，使潜能得到更大限度的发挥。这样企业才能充满活力，呈现出生机勃勃的局面。这是任何一个企业得以在激烈竞争中立于不败之地的基础。

（2）改进质量，降低消耗，提高经济效益。一个国家的产品、服务质量等是这个国家国民素质的反映，关系到国民经济全局发展及其在全球经济中的地位。一个企业的产品、服务质量，则关系到企业在市场经济中的地位，甚至关系到企业的兴衰，因此人人都要牢固树立质量意识。通过积极开展 QC 小组活动，不断改进产品质量、工作质量、服务质量，不单是关系个人利益的行为，而是一件具有关系企业兴衰重大意义的工作。

降低消耗，既包括物质资源的消耗，也包括人力资源的消耗。它是降低成本的主要途径，也是提高经济效益的最大潜力所在。这一方面要依赖于技术进步；另一方面则依赖于员工效率观念与节约观念的增强。通过开展 QC 小组活动，从身边做起，不断提高生产、服务效率，节约点滴物质消耗，提高物资利用率，不仅可以带来直接的消耗降低效果，而且能增强人们的效率意识与节约意识，提高人们爱惜资源、节约资源的自觉性。其作用必将长远地影响人们的行为。

（3）建立文明的、心情舒畅的生产、服务、工作现场。现场是员工从事各种劳动，创造物质财富和精神文明的直接场所。人的一生几乎有三分之一的时间是在自己的工作现场度过的。因此，通过开展 QC 小组活动，改善现场管理，建立一个文明的、尊重人性的现场至关重要。QC 小组成员可以通过小组活动，实施诸如"5S"（整理、整顿、清扫、清洁、素养）现场管理等现场改进方法，加强现场分类、标识、标准化、行迹化、精细化管理，从而有效地改善现场环境，形成良好的工作氛围，使员工感到心情舒畅，从而有助于产生向心力与归属感。

在以上三条宗旨中，关键的一条是提高员工素质，激发员工积极性和创造性。因为只有员工具有较高的责任心、较强的业务能力、极大的积极性和创造性，才会千方百计地提高质量，降低消耗，提高经济效益，同时又能建立起文明的、心情舒畅的生产、服务和工作现场。而具体的实践活动，又会促进员工素质、积极性和创造性的进一步提高。因此，以上 QC 小组活动的三条宗旨是相辅相成，缺一不可的。

2. QC 小组活动作用

QC 小组活动的作用在宏观上可以归纳为如下方面：

（1）有利于开发智力资源，发掘人的潜能，提高人的素质。

（2）有利于对质量问题进行预防和改进。

（3）有利于实现全员参与管理。

（4）有利于改善人与人之间的关系，增强员工的团结协作精神。

（5）有利于改善和加强管理工作，提高管理水平。

（6）有助于提高员工的科学思维能力、组织协调能力、分析与解决问题的能力，从而使员工在岗位上成才。

（7）有利于提高顾客的满意程度。

参加 QC 小组活动，通常给小组成员带来如下好处：

（1）与同事相互切磋，共同学习，使自己得到充实与成长。

（2）成员一起开动脑筋想办法，将自己的潜能在活动中得以发掘和实现，从中建立更多自信。

（3）获得领导和同事的认可、赞赏和尊重。

（4）培养现场自我管理的能力，能自主自发应对日常工作。

（5）提高自身的综合素质。

（6）与成员一起建立文明、愉快的现场。

（7）使每个人的自我价值得以充分的发挥和实现。

3．QC 小组遵循的基本原则

QC 小组活动遵循的基本原则主要如下：

（1）全员参与。组织内的全体员工自愿、积极参与群众性质量管理活动，小组活动过程中应充分调动、发挥每一位成员的积极性和作用。

（2）持续改进。为提高员工队伍素质，提升组织管理水平，QC 小组应开展长期有效、持续不断的质量改进和创新活动。

（3）遵循 PDCA 循环。为有序、有效、持续地开展活动并实现目标，QC 小组活动遵循 PDCA 循环。

（4）基于客观事实。QC 小组活动中的每个步骤应在数据、信息等客观事实的基础上进行调查、分析、评价与决策。

（5）应用统计方法。QC 小组活动中应正确、恰当地应用统计方法，对收集的数据和信息进行整理、分析、验证，并给出结论。

1.2　QC 小组产生与发展

1962 年 QC 小组活动在日本诞生。QC 小组通过运用质量管理理论和方法科学地开展活动，提高了员工素质，发挥了员工的主动性、积极性和创造性，实现了质量问题的预防和改进，受到了众多企业的重视与欢迎，逐步成为全面质量管理的一个重要支柱，得到迅速发展。随后，在韩国、泰国、中国、马来西亚、新加坡、美国、新西兰、土耳其、澳大利亚、文莱、菲律宾、印度、印度尼西亚、意大利、英国、法国、墨西哥、毛里求斯等 70多各个国家和地区也开展了这一活动。虽然名称有所不同，如日本以及中国大陆地区称之为"QC 小组"，新加坡称之为"品管圈"，中国台湾与香港地区称之为"品质圈"，还有一些国家称之为"质量小组""改进小组"等，但小组活动的宗旨及活动课题所涉及的范围大体上相同。

1.2.1　国际 QC 小组活动发展形势特点

随着经济的发展，质量的含义不断延伸，企业的质量意识不断提高，QC 小组活动的内容也更加广泛、丰富。目前世界各国 QC 小组活动发展的形势，大体上反映出以下几个新特点。

1. 更加注重提高人员素质

经济的飞速发展，导致全球市场竞争日趋激烈，而核心竞争力之一就是人。企业固然需要少数高素质的人才，但员工整体素质的提高对于提升企业快速反应能力、提升产品和服务的质量至关重要。因此，通过 QC 小组活动，提高员工的科学思维能力，分析问题、解决问题的能力，开发智力资源，成为管理者尤其是高层管理者提高企业整体人员素质的举措之一。当前，各国的 QC 小组活动越来越注重通过多样的培训学习、指导实践、交流研讨、成果推广分享，创造学习的文化氛围，增强现场员工的质量意识、问题意识、改进意识、参与意识和责任意识。近几年中国、日本、新加坡、印度等国家将"人的素质提升"作为推进 QC 小组活动的首要任务，不断加大培训力度，培养骨干，建立诊断师队伍等。

2. 更加注重以人为本

QC 小组活动是一种尊重人、开发智慧、调动人的积极性和创造性的活动。当今世界已进入"人是管理核心"的年代。尊重人、相信人是管理的基础。美国质量管理专家朱兰博士曾经说过，美国质量管理最大的问题是没有把基层员工的智慧挖掘出来，而日本做到了。如果员工总是被动地在规定的时间里完成规定的操作，是无法保证提供出优质的产品和服务的。QC 小组提倡自主性，自觉自愿地围绕各自岗位存在的问题开展改进活动，提高员工的积极性和创造性。当今国际上 QC 小组活动突出的特点之一是尊重每个人的个性，以人为本，让小组成员在活动中实现从"自我完成"到"自身提高"的转变。

3. 更加注重工具方法的有效应用

QC 小组通过运用质量管理的理论和方法开展活动。经过几十年的推进，各国 QC 小组活动在工具方法应用方面普遍存在较多问题。而正确、灵活地运用各种统计方法，准确地分析问题、寻找问题根源，进而有效地解决问题，是 QC 小组活动开展有效性的保障。近年来，国际上 QC 小组更加注重结合课题活动的不同阶段、产品服务特点等选择适宜的方法，更加注重方法应用的有效性。印度的 QC 小组成员在活动中灵活运用相关统计方法，并通过小组活动培养了大批信息、统计技术人才，同时吸引了很多顶尖软件开发人才加入到小组活动中，统计方法在 QC 小组中的应用突出，效果明显；新加坡专门开设 QC 小组先进工具和技能培训课程；我国在全国质量协会系统推进先进的质量方法、活动，QC 小组活动的主题始终围绕了解方法、讲求方法、掌握方法、有效应用方法，重点交流 QC 小组活动常用工具方法的应用效果。

4. 更加拓宽活动领域

世界各国 QC 小组活动逐步向多行业和全社会发展。不仅在工业制造、工程设计和施工行业，而且在交通运输、邮电通信、农林、养殖、商业服务、旅游、金融、医疗卫生等行业普遍开展起来，甚至一些政府部门、社区、学校、军队也开展了 QC 小组活动。日本的 QC 小组特点是普及率、成果率高，企业内部各相关部门和人员都参加活动。印度的校园 QC 小组活动独树一帜，教育界普及面较广；泰国把 QC 小组活动推广到了皇家空军和警察部队中；新加坡银行、饭店等服务业 QC 小组活动扩展逐步深入；我国在区域上已扩展到西藏地区，在行业上金融业、房地产业也有了新的突破，而中华全国总工会、中华全国妇女联合会、中国共产主义青年团和中国科学技术协会的联合推进更是独具特色。2011年，中华人民共和国国家质量监督检验检疫总局、中华人民共和国工业和信息化部都将QC 小组活动作为质量管理工作的一项重要内容，进行大力推进。

1.2.2　我国 QC 小组活动概况

1.2.2.1　我国 QC 小组活动的创立

1. 民主管理是建立 QC 小组的基础

在长期的生产实践中，我国有着员工参与民主管理的优良传统，有班组建设和群众质量管理活动的丰富经验，20 世纪 50 年代初期的"马恒昌小组"、"毛泽东号"机车组、"郝建秀小组"、"赵梦桃小组"等，在我国经济建设中发挥着模范带头和示范作用。他们一贯坚持"质量第一"的方针，对工作认真负责，一丝不苟，在提高产品质量上不断做出贡献。60 年代，大庆油田坚持"三老四严""四个一样"和"质量回访"制度，在班组内部开展岗位练兵，天天讲质量，事事讲严细，做到"项项工程质量全优"，出了质量问题就"推倒重来"。1964 年，洛阳轴承厂滚子车间终磨小组首创了"产品质量信得过"活动，小组成员牢固树立"质量第一"的思想，他们加工的轴承滚子做到了"自己信得过，检验员信得过，用户信得过，国家信得过"，成为全国第一批"产品质量信得过小组"。60 年代以来，各行各业都结合各自的特点开展了以质量为中心的班组管理活动，并且取得了成效。例如纺织系统的"万米无疵布"活动，邮电系统的"工作无差错"活动等。1977 年全国工业企业开展"质量信得过班组"活动。这些群众性质量管理活动是民主管理的重要组成部分，为我国 QC 小组活动的建立和发展奠定了基础。

2. 改革开放是建立 QC 小组的外部条件

QC 小组这个新生事物，是我国多年来开展群众参加管理的经验成果（"两参一改三结合"——干部参加劳动，工人参加管理，改革不合理的规章制度，领导干部、技术人员和工人相结合），也是同国外先进科学管理方法相结合的产物。正如日本 QC 小组之父石川馨教授多次讲过的，他所倡导的 QC 小组"在一定程度上受到中国'三结合'小组的影响"。我们保留了传统管理中科学合理的部分，并将它融合到全面质量管理中去，认真贯彻了"以我为之、博采众长、融合提炼、自成一家"的方针，逐步走出了具有中国特色的QC 小组活动之路。1978 年 9 月，北京内燃机总厂在学习日本全面质量管理经验的基础上，组成了我国第一个 QC 小组，并于当年 12 月，召开了该厂第一次 QC 小组成果发表会。随着全面质量管理的深入开展，QC 小组活动逐步扩展到电子、化工、基建等部门，从而把我国群众性质量管理活动推进到一个新的阶段。

1.2.2.2　我国 QC 小组活动的发展

我国从 1978 年开始推行全面质量管理并开展 QC 小组活动，至今已经走过了不断发展并取得丰硕成果的几十年。总体上看，我国 QC 小组活动的发展可以分为 4 个阶段。

1. 试点阶段

该阶段是 1978—1979 年，主要标志是以北京内燃机总厂为代表的一批试点企业，邀请日本质量管理专家讲学，同时国内一批专家、学者也致力于介绍和传播国外全面质量管理的科学知识。1979 年 8 月召开了全国第一次 QC 小组代表会议，表彰了一批全国优秀 QC 小组，同年 8 月 31 日中国质量管理协会成立，9 月 1 日举办了第一次声势浩大的"质量月"活动。1979 年 5 月由国家经济委员会、12 月由中国质量管理协会和中国企业管理协会举办了"全面质量管理骨干学习班"。通过多种多样的活动，"质量第一"的理念得到了广泛宣传，这些活动在组织上和思想上为 QC 小组在各地区、各部门的建立和发展创造了极为有利的条件。

2. 推广阶段

该阶段是 1980—1985 年。1980 年 3 月，在试点阶段取得成效的基础上，国家经济委员会颁布了《工业企业全面质量管理暂行办法》，明确了全面质量管理在企业中的地位、作用和推行办法，其中对 QC 小组活动提出了基本要求。这是 QC 小组活动走向经常化和制度化的开始。1983 年国务院领导亲切接见了全国第五次 QC 小组代表会议的全体代表，并发表了重要讲话，明确指出"加强全面质量管理，开展 QC 小组活动，对提高产品质量、降低消耗，对提高企业素质有很重要的作用。可以说，它是把整个国民经济提高效益、提高素质的任务，落实到基层的一个重要的措施，一个良好的形式，一个打基础的工作。通过这样一种形式，这样一种方法，这样一个措施，就可以使提高效益、提高企业素质不致限于一般号召，而真正落到实处"。同年 12 月 2 日国家经济委员会根据国务院领导讲话精神，制定了《QC 小组暂行条例》，为 QC 小组的发展指明了正确的方向。1980—1985 年的 6 年中，由中国质量管理协会、中国科学技术协会普及部、中央电视台联合主办了 6 次全面质量管理电视讲座。各级质量管理协会也举办了大量的培训班、研讨班。据不完全统计，参加学习的约有 2000 多万人次。由于普及教育的面广、人多，QC 小组活动已由工业企业发展到交通运输、邮电通信、工程建筑、商业、服务业等行业。

3. 发展阶段

该阶段是 1986—1997 年。党的第十三次全国代表大会把质量问题提高到经济发展和反映民族素质的高度，要求各部门、各企业和全体社会成员，都要为不断提高产品质量而努力。1986 年国家经济委员会决定在"七五"期间全国大中型骨干企业都要有计划、有步骤地推行全面质量管理，为全国 8200 个大中型骨干企业积极开展 QC 小组活动提供了有利条件。1986 年国家经济委员会、中华人民共和国劳动人事部、中国科学技术协会、中国共产主义青年团联合发出通知，要求在全国职工中普及全面质量管理基本知识，并作为职工应知应会内容之一，把接受这一教育及考核成绩记入职工个人技术档案；同时，要求在"七五"期间将全民所有制企业全体职工轮训一遍。据不完全统计，到 1997 年为止已有 3000 多万人参加了电视教育统一考试，在全国较大范围的员工中普及了质量管理知识。这些部署和要求，为我国 QC 小组活动的进一步巩固和发展创造了良好的条件。在这个阶段，对全国 QC 小组活动的推进工作主要采取了以下五项措施。

(1) 建立强有力的高层次指导推进组织。为了更有利地推动全国 QC 小组活动的深入开展，在 1986 年 6 月 17 日召开的 QC 小组第二次研究会上，正式成立了 QC 小组工作委员会，作为中国质量协会 QC 小组工作的研究、参谋机构，具体指导全国 QC 小组活动的开展。1989 年 2 月，又成立了由中国科学技术协会、中华全国总工会、中国共产主义青年团和中国质量协会联合组成的全国群众质量管理活动领导小组，形成了各方面密切配合、通力合作、齐抓共管的推进格局。同时，各省、自治区、直辖市也相应地成立了联合领导小组，为全国 QC 小组活动各层级的推进，提供了可靠的组织保障。

（2）形成政府和社团联合推动。1987 年 8 月，在总结前 9 年开展 QC 小组活动经验的基础上，由国家经济委员会、中华人民共和国财政部等五个单位联合颁发了《QC 小组活动管理办法》，为全国 QC 小组活动制定了统一的指导原则，给 QC 小组的健康发展提供了原则上的保障。为了适应我国经济的发展，促进经济体制从传统的计划经济向市场经济转变，促进经济增长方式从粗放型向集约型转变，激发广大员工参加管理、改进质量、提高效益的积极性和创造性，自觉、自主、有效地开展 QC 小组活动，国家经济贸易委员会、中国人民共和国财政部、中国科学技术协会、中华全国总工会、中国共产主义青年团、中国质量协会于 1997 年 8 月联合颁发了《关于推进企业质量管理小组活动的意见》（以下称《意见》）。同原《QC 小组活动管理办法》相比，《意见》有三个突出的特点：①与我国市场经济形势和企业需要贴合得更加紧密；②较好地解决了长期以来备受关注的 QC 小组奖励问题，为 QC 小组活动增添了动力；③更加强调了企业在 QC 小组活动中的自觉性和主动性。

（3）着力培养 QC 小组活动骨干队伍。QC 小组是一项群众性的、自发性的、民主管理性的质量改进活动。通过前一阶段试点和推广实践，组织者深深地认识到 QC 小组活动骨干在小组活动中起着不可或缺的重要作用。在认识到骨干的重要作用以后，着重发现和培养一批积极性高、责任心强、领悟力好的基层骨干人员，加强对其进行理论知识与技术方法的教育培训，聘请专家传授经验、细心指导。自 1989 年开始，中国质量协会组织开展了 QC 小组活动诊断师考评工作，系统地提高了他们的质量管理理论水平，增强了他们分析问题和解决问题的能力，使他们成为中坚力量，成为 QC 小组推进的"火种"。这一措施取得良好的实效，在众多热心于 QC 小组活动的骨干和诊断师的共同努力下，全国 QC 小组活动得到更加深入、全面的推广。

（4）广泛开展 QC 小组普及教育。QC 小组是全员性的质量改进活动，首先要强化全体员工的质量意识，使员工对质量改进活动具有明确的方向和积极的态度。这一阶段，中国质量协会组织全国质量协会系统，总结 QC 小组活动经验，开展质量意识、质量管理知识与方法的培训教育，有助于小组成员掌握质量管理的基本原理和质量改进的工具、方法，提升小组成员的能力和素质，提高小组成员的问题意识、改进意识、参与意识、市场意识、竞争意识和顾客意识。为配合全国 QC 小组普及教育工作，中国质量协会陆续编写出版了《QC 小组基础教材》《QC 小组活动指南》等书籍，为 QC 小组活动提供了学习教材。

（5）大力总结经验，正确引导。随着 QC 小组活动的普及和推广，出现了一些小组片面追求课题大、经济效益高的现象，小组活动有了高、难、尖的苗头。为确保这一群众性质量管理活动健康、持久地开展，全国第十三次 QC 小组代表会议向全国提出了 QC 小组活动应遵循"小、实、活、新"原则，倡导 QC 小组活动讲求实效，不盲目求大，鼓励

QC 小组从实际出发，围绕身边力所能及的现场问题开展多种形式的活动。为 QC 小组在生产、服务一线员工中的广泛开展，在商业、服务业等各领域的推进给予了正确的引导。许多企业结合自身特点将 QC 小组活动形式进行了创新。如一些纺织企业组建了行政班组、工会小组和 QC 小组"三合一"小组；中国宝武钢铁集团有限公司和武汉钢铁（集团）公司建立了自主管理小组等。多种形式的 QC 小组活动激发了员工参与管理、参与改进的热情，也提升了员工的主人翁意识。

4. 深化阶段

该阶段是 1998 年至今。在此期间，随着国家经济体制的调整，即从计划经济向市场经济的转变，QC 小组活动也随之发生了三大转变，即由国有大中型企业向三资企业和民营企业的转变、由内地企业向沿海企业的转变、由制造业向服务业的转变。21 世纪初，随着国民经济的调整逐步就绪、国有大中型企业的转轨解困以及西部地区的大开发，QC 小组活动的广度、深度得到进一步的发展，进入了深化阶段。

（1）得到国家质量主管部门的重视与支持。2003 年，曾任中央政治局委员、中华全国总工会主席、第十一届全国人大常委会副委员长、党组副书记的王兆国等领导出席全国质量管理小组活动 25 周年座谈会，并与全体代表合影留念。

曾任第十届全国人大常委会副委员长、全国妇联主席的顾秀莲对 QC 小组活动给予了高度的评价，认为妇联系统也要将这项群众性 QC 小组活动大力推广。中华全国妇女联合会于 2008 年开始加入，形成了中华全国总工会、中华全国妇女联合会、中国共产主义青年团、中国科学技术协会和中国质量协会五家联合的推进组织。同时，这一群众性质量管理活动得到了国家质量主管部门的重视，中华人民共和国国家质量监督检验检疫总局、中华人民共和国工业和信息化部分别于 2006 年、2009 年成为全国 QC 小组代表会议的主办单位之一，给予 QC 小组活动深入指导和大力支持，在全国工业企业和各级政府质量部门大力倡导 QC 小组活动，为 QC 小组保持蓬勃的生命力提供了有力的保障。

（2）继续深入开展普及教育。自 2001 年起，中国质量协会举办新一轮全面质量管理基本知识普及教育，在各省市、各行业质量协会的积极组织下，全国逾百余万人次接受了培训教育，近 70 万人通过了全国统一考试。1989—2010 年，中国质量协会共举办了 33 批国家级 QC 小组活动，考评诊断师 6000 余人，各地区及行业 QC 小组活动诊断师达数万余人。为了有效地指导 QC 小组开展活动，中国质量协会组织专家编著了《QC 小组活动指南》（2003 年）；将《QC 小组基础教程》改版为《QC 小组基础教材》，并于 2004 年、2008 年两次修订。

（3）加强诊断师队伍建设。为培养具有理论知识和实践能力的各级 QC 小组活动诊断师人才，科学有效地对我国的 QC 小组活动给予咨询、指导和评价，使 QC 小组活动更加科学、严谨、有效，提升企业 QC 小组活动水平，适应形势和业务的发展与变化，经过调研论证、征求相关部门和企业的意见，2009 年中国质量协会建立了全国 QC 小组诊断师注册制度。设立了初级、中级、高级三个诊断师注册级别，制定了《全国质量管理小组活动诊断师注册管理办法》培训考试、考核大纲等。2009 年开始了首批注册，得到了各省市、行业、企业的积极反响和踊跃参与。在全国质量协会系统的共同努力下，建立企业、行业、地方、全国梯级诊断师队伍，促进全国 QC 小组活动的有效开展。

（4）"创新型"课题 QC 小组活动的推进。借鉴日本"课题达成型"QC 小组活动思路，2000 年中国质量协会结合我国 QC 小组活动实际，下发了《关于试点开展"创新型"课题 QC 小组活动的建议》，明确"创新型"是一种新的课题类型，其活动程序不同于以往"问题解决型"课题。经过三年的试点、研讨和实践，中国质量协会于 2002 年正式下发《关于开展"创新型"课题 QC 小组活动的意见》。2006 年进一步提出《开展"创新型"课题 QC 小组活动实施指导意见》，使得"创新型"课题 QC 小组活动在我国得到了健康、有序的发展，并取得了显著的成效。

（5）加强对外交流，与国际接轨。中国质量协会每年组团参加国际会议和考察。1997年 8 月 30 日—9 月 1 日首次在北京召开了国际质量管理小组大会（International Convention on Quality Control Circles，ICQCC）。国际著名的质量管理专家，以及来自马来西亚、印度尼西亚、新加坡、中国、菲律宾、日本、泰国、韩国、印度、斯里兰卡、越南、澳大利亚、美国、墨西哥、英国、奥地利、土耳其、巴西等 20 个国家和地区的代表 1200 余人参加会议。

2007 年 10 月 25—26 日，中国质量协会再次在北京成功主办了国际质量管理 QC 小组大会，来自美国、日本、韩国、印度、泰国等 14 个国家和地区的近 2000 名代表参加会议，创下了 ICQCC 历史新纪录。国内外与会代表围绕着"QC 小组——普及·深化·创新"的主题，进行了充分的交流与分享。通过主办国际 QC 小组大会，既让世界各国认识了中国，也让中国更深入地了解了世界；既展示了中国 30 多年来 QC 小组的活动经验、特点、成果水平和 QC 文化，也提供了我国 QC 小组成员参与国际交流，学习、借鉴各国开展 QC 小组活动经验的机会；既开阔了眼界，增长了知识，也缩短了与国外先进 QC 小组的距离。对进一步提高我国 QC 小组活动水平，具有里程碑意义。

几十年来，经过质量管理推进组织者、专家、企业、小组成员、各级政府质量主管部门以及全国质量协会系统的共同努力，我国的 QC 小组活动取得了显著成果。

1980—2010 年全国累计注册的 QC 小组数量为 3101 万个。累计为企业直接创造可计算的经济效益达 6563 亿元，共命名全国优秀 QC 小组 27245 个，全国信得过班组 4378 个。自 1996—2010 年命名全国 QC 小组活动优秀企业 1543 个，全国 QC 小组活动卓越领导者 1022 名，全国 QC 小组活动优秀推进者 968 名。在纪念全国质量管理小组活动 30 周年纪念大会上，有 13 个质量协会获"组织推动奖"，35 名质量管理专家学者、质量协会秘书长和公司高层管理者获"个人贡献奖"，43 个企业获"优秀企业特别奖"等称号，并向 13 位政府主管部门领导和专家授予"个人突出贡献奖"。

2016 年 8 月，中国质量协会正式发布了《质量管理小组活动准则》（T/CAQ 10201—2016）（以下简称《准则》），该标准于同年 11 月 18 日正式实施。《准则》由范围、规范性引用文件、术语和定义、活动程序要求和附录组成；明确了质量管理小组活动的基本准则、术语和定义，详述了问题解决型课题和创新型课题活动程序的基本要求，形成了适用于我国的质量管理小组活动的指导性标准。

为了使条款的内容更加规范、严谨，2020 年 3 月 6 日，中国质量协会组织对《准则》进行了修订，形成了 2020 版，新版《准则》实施日期为 2020 年 6 月 6 日。与 2016 版相比，主要技术变化有：修改了部分活动程序名称，如活动程序中的目标可行性分析改为目标可行性论证；增加了三级标准条款号，如 4.1.5 目标可行性论证；调整了部分章节的内容，如 4.2.2.2 选题要求；规范了相应条款的用词。

1.2.2.3 电力行业 QC 小组活动的开展

《全国电力行业优秀 QC 小组活动成果评审办法》依据中国质量协会 QC 小组工作委员会《关于转发质量管理小组活动成果评审标准的通知》（中质协小组字〔2000〕2 号）和《关于开展"创新型"课题 QC 小组活动的意见》（中质协小组字〔2002〕5 号）文件精神，由中国水利电力质量管理协会电力分会（以下简称中国水电质协电力分会）结合电力行业实际情况制定。目的在于规范电力行业质量管理小组（以下简称 QC 小组）活动，正确引导 QC 小组活动的健康发展，保护和调动广大员工的积极性，鼓励广大员工积极参与质量创新和持续改进的活动。

第2章　QC小组组建与推进

本章主要介绍 QC 小组组建原则、组建要素、成员职责及要求、活动基本条件、注册登记、现场评审、活动成果、成果评审与发表，并结合企业实例介绍如何有效地开展 QC 小组活动。

2.1　QC 小组组建原则

QC 小组是开展 QC 小组活动的基本组织单位。组建 QC 小组的工作做得好坏将直接影响 QC 小组活动的效果。为了做好组建 QC 小组的工作，一般应遵循"自愿参加，上下结合"与"实事求是，灵活多样"的基本原则。

2.1.1　自愿参加，上下结合

"自愿参加"是指在组建 QC 小组时，QC 小组成员对 QC 小组活动的宗旨有了比较深刻的理解和共识，并产生了自觉参与质量管理，自愿结合在一起，自主开展活动的要求。这样组建起来的 QC 小组不是靠行政命令，小组成员就不会有"被迫""任务"等的感觉，因此在以后的活动开展中能更好地发挥主人翁意识，充分发挥自己的积极性、主动性、创造性，自己挤时间、创造条件自主地开展活动。QC 小组成员在小组活动中，进行自我学习，相互启发，共同研究，协力解决共同关心的问题，实现自我控制、自我提高的目标。

强调自愿参加，并不意味着 QC 小组只能自发地产生，更不是说企业的管理者就可以放弃指导与领导的职责。这里讲的"上下结合"，就是要把来自上层管理者的组织、引导、启发和员工的自觉自愿相结合，组建成具有本企业质量文化特色的 QC 小组，使 QC 小组保持旺盛的生命力。

2.1.2　实事求是，灵活多样

组建 QC 小组是为了给广大员工参与企业管理和不断改进提供一种组织形式。QC 小组围绕企业的经营战略、方针目标和身边存在的各种问题，形式多样、自主地开展活动，从而有效地推动企业目标的实现和自身素质的提高。由于各个企业的情况不同，在组建 QC 小组时一定要从企业实际出发，以解决企业实际问题为出发点，实事求是地筹划 QC 小组的组建工作。在员工对 QC 小组活动的认识还不清楚、积极性还不高的时候，不要急于追求"普及率"，一哄而起地组建 QC 小组，而要先启发少数人的自觉自愿，组建少量的 QC 小组，指导他们卓有成效地开展活动，并取得成果，起到典型引路的示范作用，让员工从身边的实例中增加对 QC 小组活动宗旨的感性认识，加深理解，逐步诱发其参与 QC 小组活动的愿望，使企业中的 QC 小组像滚雪球一样地扩展开来。

各个企业的特点不同，甚至一个企业内部各个部门的特点也不同，因此在组建 QC 小组时，形式可以灵活多样。不要搞一个模式、一刀切。相同的班组可以开展长久的 QC 小组活动；工作场所相同的可以共同建立愉快的工作现场。如一些工业企业、建筑施工企业组织的三结合技术攻关 QC 小组，商业、服务业广泛组织的以改善服务质量为主的 QC 小组，企事业单位中组织的管理型 QC 小组，以及在我国一些企业中出现的"三合一"QC 小组、"四合一"QC 小组、"自主管理小组"等，模式多种多样，不拘一格，不但方便活动，而且易出成果。

2.2　QC 小组组建要素

2.2.1　组建程序

1. 自下而上

由同一班组的几个人（或一个人）根据想要选择的课题内容，推举一位组长（或邀请几位同事），共同商定是否组成一个 QC 小组，给小组取什么名字，先要选个什么课题，确认组长人选。取得基本共识后，由经确认的 QC 小组组长向所在车间（或部门）申请注册登记，经主管部门审查认为具备建组条件后，即可发给小组注册登记表和课题注册登记表。组长按要求填好注册登记表，并交主管部门编录注册登记号，该 QC 小组组建工作便告完成。

这种组建程序通常适用于那些由同一班组（或同一科室）内的部分成员组成的现场型、服务型，包括一些管理型的 QC 小组。他们所选的课题一般都是自己身边的、力所能及的较小问题。这样组建的 QC 小组，成员活动的积极性、主动性很高，企业主管部门应给予支持和指导，包括对小组骨干成员的必要培训，以使 QC 小组活动持续有效地发展。

2. 自上而下

这是我国企业当前较普遍采用的形式。首先，由企业主管 QC 小组活动的部门，根据企业实际情况，提出全企业开展 QC 小组活动的设想方案，然后与车间（或部门）的领导协商，达成共识后，由车间（或部门）与 QC 小组活动的主管部门共同确定本单位应建几个 QC 小组，并提出组长人选，进而与组长一起物色每个 QC 小组所需的组员，所选的课题内容。这种组建程序较普遍地被"三结合"技术攻关型 QC 小组所采用。

3. 上下结合

这是介于上面两种形式之间的一种形式。它通常是由上级推荐课题范围，经下级讨论认可，上下协商来组建。这主要涉及组长和组员人选的确定，课题内容的初步选择等问题，其他程序与前两种相同。这种形式组建小组，可取前两种形式所长，避其所短，应积极倡导。

2.2.2　成员构成与人数

QC 小组由组长和组员构成。每个小组人数应根据所选课题的范围、难度等因素确定，不必强求一致。一般宜少不宜多，以 3～10 人为宜。当课题变化或小组成员岗位变动时，小组成员数可做相应调整，以便小组自主、顺利地开展现场改进活动，充分发挥各自的作用。此外，必要时，在小组活动中可以由外部或内部诊断师帮助和指导小组正确地开展活动，包括课题选定、问题分析、统计方法运用、总结评价成果等。

2.2.3　名称

QC 小组组建后，小组成员应给自己的小组明确称谓，使小组拥有一个用以识别本小组团队的专门称呼。小组取名可以本着简明易记、亲切贴近、具有象征意义、具有挑战性和鼓舞士气的原则，使小组成员倍感亲切、更加自豪。如"神鹰""挑战""护花使者""机器猫"等。

2.3　QC 小组成员职责及要求

2.3.1　QC 小组组长职责及要求

1. QC 小组组长的职责

QC 小组组长是 QC 小组的组织领导者，是 QC 小组的核心人物，其基本职责就是组织领导 QC 小组有效地开展活动。QC 小组组长的组织领导作用，不是靠行政命令，而是靠自己对 QC 小组活动的高度热情、积极奉献、言传身教以及模范带头的行动，团结、激励全体组员，与自己一道主动有效地开展 QC 小组活动。

QC 小组组长的具体职责可概括为以下方面：

（1）抓好 QC 小组的质量教育。"全面质量管理始于教育，终于教育"，开展 QC 小组活动，也应自始至终抓好教育不放松。通过教育增强全体组员的质量意识、问题意识、改进意识和参与意识，加深小组成员对 QC 小组活动宗旨的理解。这样才能激发组员参加 QC 小组活动的积极性和主动性，才能使全体组员统一认识，为小组活动打下坚实的思想基础；通过教育使小组成员对开展 QC 小组活动的科学程序和有效方法正确理解，并能够结合活动实际灵活运用，这是使小组活动能够按计划取得预期成果的重要保证。当然这种质量教育不可能是一次奏效、一劳永逸的，而是通过多种形式包括听课、成果交流、活动实践等，不间断地进行，以使教育成果不断巩固，教育内容不断深化，从而不断提高小组活动的水平和有效性，同时也使小组成员的素质和能力不断提升。

（2）制定小组活动计划，按计划组织和进行小组活动。QC 小组组长应与组员一起认真分析并确定活动课题以及活动目标，讨论制定本 QC 小组活动计划，运用全面质量管理的理论和方法，按照 PDCA 循环的工作程序，结合专业技术开展活动。QC 小组组长还应在活动中注意检查活动计划的实施情况，发现偏差及时与组员一起研究纠正措施，必要时修订原计划，以保证预定目标的实现。

组长要注意使活动内容与形式多样化，既有共同的学习研讨活动，又有分头的改进、改善活动，还可以把一些文体娱乐与交往活动穿插其间，为组员创造一个宽松、愉快的工作环境。正如日本质量管理专家石川馨先生曾指出的，QC 小组成员通过共同的活动、共同的目标，分工合作，增强相互的连带感、团结力，改善人与人之间的关系，创造一个团结和睦的工作环境，提高工作的愿望和积极性。

（3）做好 QC 小组的日常管理工作。QC 小组组长在小组组建时负责向主管部门办理注册登记手续；小组组建后，应按照企业制定的 QC 小组管理制度，组织全体组员按活动计划进行人员分工，开展 QC 小组活动，做好活动记录、出勤考核，保存好活动原始记录，组织整理、发表活动成果，并注意组织活动总结与诊断，不断改进小组活动方式，提高活动的有效性。

2. QC 小组组长要求

QC 小组组长在 QC 小组中的地位与职责，决定了要做好一个 QC 小组组长应该满足以下要求：

（1）成为推行全面质量管理的热心人。QC 小组组长不仅应是热爱企业、热爱本职工作、事业心强的企业骨干，而且对开展 QC 小组活动要有很高的热情。这样，在带领 QC 小组开展活动时，才能任劳任怨、不怕困难、积极工作。

（2）业务知识较丰富。QC 小组组长无论是在技术水平、操作技能方面，还是在专业知识、质量管理知识方面，都应具备较高水平。在 QC 小组活动中，他不仅是组织者，还能当"小先生"，带动组员不断提高技术业务素质。

（3）具有一定的组织能力。QC 小组组长要能够调动组员的积极性和创造性，善于集思广益，团结全体组员一同工作，使 QC 小组不仅能够解决企业的质量、能耗、成本等问题，还能在改进管理、改善人际关系和加强班组建设等方面做出贡献。

虽然成为 QC 小组组长的要求比较高，但这正是发展、培养和锻炼人才的极好机会。QC 小组组长只要在 QC 小组活动实践中勇于进取，乐于奉献，不断总结经验教训，改进工作，提高素质，不仅能够成为一个优秀的 QC 小组组长，而且也能成为管理者的后备军。有的企业甚至规定，在提拔班组长、工段长时，优先从 QC 小组组长中挑选。

2.3.2　QC 小组组员要求

一般来说，对 QC 小组组员有以下要求：

（1）应根据 QC 小组活动计划按时参加活动，在活动中积极发挥自己的聪明才智和特长，充分发挥 QC 小组的群体作用。

（2）按时完成小组分配的任务。只有每个组员都能按小组分工按时完成自己的任务，本 QC 小组要解决的课题才能如期实现。

（3）QC 小组组员应成为企业中不断改进的积极分子。要不断动脑筋发现自己周围存在的可以改进的问题，为企业提出各种合理化建议，使 QC 小组能够发现更多的活动课题。

为了提高小组活动的水平和有效性，QC 小组还可以聘请各级诊断师、专家作为 QC 小组的指导或顾问，给 QC 小组活动以有益的指导和帮助，为 QC 小组活动取得预期效果起到积极的促进作用。当然，不少企业的 QC 小组活动凝聚了本企业 QC 小组活动推进者（包括主管部门领导、专家、QC 专职管理者等）的心血，小组应把他们视为小组中的一员。

2.4 QC小组活动基本条件

经济全球化以及2008年以来爆发的国际金融危机给企业的生存和发展带来了激烈的竞争，给企业的质量管理带来了新的挑战，同时也给企业的QC小组活动提出了更高的要求。重视质量、以质取胜，需要靠企业全员的共同努力。QC小组是企业全员参与质量改进的有效形式，也是员工的自觉行为。因此，要开展QC小组活动，不但要有全社会重视质量的良好外部环境，还需要创造较好的内部环境。

2.4.1 领导重视

QC小组活动是各类组织持续开展质量改进、提高全员质量意识和鼓励员工参与的最易于推广的形式，在质量改进中必然会涉及时间、场所、资金等问题，因此各级领导都要对小组活动高度重视、热情支持、积极引导，不但在思想上重视，更要在行动上支持，把它作为组织取得成功的关键要素。比如，把QC小组活动纳入质量工作计划；制定并坚持鼓励开展QC小组活动的政策（如在员工绩效考核、晋级时给予加分等）；设专职或兼职人员负责管理QC小组活动；在组织内推动小组成果转化；在有关质量工作的会议上积极宣传QC小组活动的意义；参加QC小组活动成果发表会，亲自为优秀QC小组颁奖，鼓励开展QC小组活动等。在内部形成一把手关心质量、关注QC小组活动的良好氛围。

2.4.2 员工认识

质量问题是人的观念、素质问题。只有广大员工对开展QC小组活动的意义有认识，有参加QC小组活动的愿望和要求，QC小组活动才能成为广大员工自觉、主动的行为。要通过认真开展重视质量观念传播和质量知识的普及教育，把宣传、教育、培训人才的工作牢牢抓住，提高广大员工的质量意识、问题意识、改进意识和参与意识，使员工认识到QC小组活动是促进个人成长、团队成长和组织成长的有效方式，提高员工的参与程度，才能使QC小组活动建立在较广泛的群众基础之上，确保QC小组活动能够长盛不衰。

2.4.3 培训骨干

全国开展QC小组活动的历程证明，开展好QC小组活动就要重视培养QC小组活动的骨干力量。主管QC小组的部门要善于在质量管理工作中及时发现一些质量意识较强、热心于不断改进质量的积极分子，有意识地对他们进行培养教育，使他们先学一步，多学一些，既掌握质量管理理论，又会运用QC小组有关知识和方法，还知道应该如何组织好QC小组活动。培养出一大批既掌握QC小组活动程序方法、成果总结的方法技巧，又懂得如何指导、推进和管理QC小组活动的骨干，使他们成为开展QC小组活动的"种子"，让QC小组在企业的广阔沃土中生根、开花、结果。

2.4.4 建立制度

建立健全QC小组活动的规章制度是各类组织持续、健康地开展QC小组活动的根本保障。应把 QC 小组活动作为组织管理的一个要素，结合本组织的特点，对 QC 小组的组建、注册登记、活动、管理、培训、成果发表、评选和奖励等工作制定出相应的规章制度，以正确指导 QC 小组活动。良好的管理可以使 QC 小组活动更加规范，并通过典范借鉴、经验分享，激发自豪感和"比学赶超"的激情。好的激励机制能更好地调动员工参与 QC 小组活动的积极性和热情，从而推动 QC 小组活动理性、成熟地开展。

2.5　QC 小组注册登记

2.5.1　QC 小组注册登记的意义

对 QC 小组注册主要是为了提高 QC 小组活动的成功率和 QC 小组活动的质量，实现 QC 小组的质量目标；支持和协调 QC 小组的活动，使 QC 小组活动取得组织的认可；帮助 QC 小组获得完成课题要求、创造活动的条件；督促 QC 小组认真开展活动，掌握 QC 小组的活动情况，并给予有效指导，体现 QC 小组的组建原则。

2.5.2　QC 小组注册登记的要求

为了便于管理，组建 QC 小组应认真做好注册登记工作。注册登记表由企业 QC 小组主管部门负责发放、登记编号和统一保管。QC 小组注册登记后，就被纳入企业年度 QC 小组活动管理计划之中，在随后开展的小组活动中，便于得到各级领导和有关部门的支持和服务，并可参加各级优秀 QC 小组的评选。QC 小组每年要进行一次重新登记，以便确认该小组是否存在，或者有什么变动。《关于推进企业质量管理小组活动的意见》中指出："对停止活动持续半年的 QC 小组予以注销。"可见，进行注册登记有助于督促 QC 小组坚持开展活动。

2.5.3　QC 小组注册登记与 QC 小组课题注册登记的区别

QC 小组的注册登记每年进行一次，以便确认小组是否还存在，是否有变动，对停止活动半年的 QC 小组予以注销；而 QC 小组课题的注册登记则应是每选定一个活动课题，在开展活动之前进行一次课题的注册登记。在 QC 小组注册登记时，如果上一年度的活动课题没有结束，还不能注册登记新课题时，则应向主管部门书面说明情况。

2.5.4　QC 小组注册登记的内容

QC 小组注册登记时，需写明小组的名称、组长、组员、所属单位、成立日期、活动课题、课题类型，每年注册登记一次。管理型课题应有本单位领导或管理部门负责人参与，攻关型课题应有本单位或本部门技术领导参与。小组活动如果跨年度，应注明。

2.5.5　不允许注册的情况

（1）已经注册为科技、技措、技改、节能等项目的课题不得再作为 QC 小组课题注册。

（2）成员不足二人的 QC 小组不得注册。

（3）QC 小组注册相同课题的，应选择条件最好的一个 QC 小组给予注册，其他小组劝其另选课题。

（4）已注册的课题，不再重复注册。

（5）未按 QC 小组课题登记表要求填表的，完善后再进行注册。

（6）未经所在部门同意的 QC 小组及课题，不允许注册。

（7）属正常处理业务，无需成立 QC 小组即可解决的问题，不允许注册。

2.5.6　需要注销注册的情况

（1）QC 小组注册后，又主动要求注销的。

（2）QC 小组持续半年没有活动的或没有证据证实其全部活动过程的。

（3）QC 小组虽坚持活动，但由于条件不允许，无法进行下去的。

（4）QC 小组活动弄虚作假的。

（5）发现重复注册的应保留最早注册的小组，其他小组应注销。

（6）QC 小组的课题或 60％的小组成员需要变更，应予注销后重新注册。

2.5.7　QC 小组注册的关键

QC 小组注册的关键是慎重选择课题。在遵循"小、实、活、新"的原则下，慎重选择课题和考察 QC 小组成员的能力是否适应，是能否出成果的关键，也是注册过程中的关键环节。应注意课题的选择和确定，对所选课题应反复斟酌，各单位和各管理部门应抓好注册课题的培训，把好选择课题关。在确定课题时，应得到课题所涉及业务部门主管负责人的认可及签字。

2.6　QC 小组现场评审

开展 QC 小组现场评审，可审核成果的真实性及现场应用的有效性。评价 QC 小组活动的积极性和小组活动水平，把握小组活动状态，寻找到小组活动中存在的问题，指导小组持续改进和不断提高。通过检查小组活动原始记录，重点查看 QC 小组活动过程是否遵循 PDCA 循环；是否以事实为依据，用数据说话；是否应用恰当的统计方法来反映活动的全面性、真实性。通过现场检查或现场展示 QC 小组活动成果的应用情况，调查当年技改项目，避免部分小组活动弄虚作假。

2.6.1　现场评审的内容

现场评审的内容包括 QC 小组的组织情况、活动情况与活动记录情况、活动成果及成果的维持巩固等。

1. QC 小组的组织情况

（1）小组按有关规定进行的登记及课题登记情况。

（2）小组成员在活动时的出勤情况。

（3）小组成员参与分担组内工作的情况。

2．QC 小组的活动情况与活动记录情况

这部分内容包括：活动按 QC 小组活动程序进行的情况；所取得数据的各项原始记录妥善保存情况；活动记录完整、真实，并能反映活动的全过程；每一阶段的活动能按计划完成；活动记录的内容与成果报告的一致性。

3．QC 小组的活动成果及成果的维持巩固

这部分内容包括：成果内容进行了核实和确认，并达到了所制定的目标；取得的经济效益已得到财务部门或相关单位的认可；改进的有效措施已纳入有关标准；现场已按新的标准作业，并把成果巩固在较好的水平上。

应特别注意 QC 小组活动记录，这是小组活动经历的重现，如同小组活动的"实况录像"，应比成果报告材料更加充实、丰满。QC 小组活动记录必须严格按照 QC 小组活动程序进行，每次活动要说明时间、参加人员、出勤率和活动主题等。记录内容要有小组成员的发言，通过现场调查分析、测量测试和现场验证等数据归纳汇总后，本着以事实为依据，用数据说话，应用统计工具的原则进行记录。内容记录形式没有要求，可以是一张纸片、一张稿纸等，只要按先后顺序进行适当的整理即可，要全面体现 QC 小组活动的真实性。

2．6．2　现场评审的形式和时间

借鉴质量管理体系内部审核的方法，QC 小组现场评审可采用听、看、问的形式进行。切忌变成 QC 小组活动成果的"预发布"形式。

（1）听。集中听取小组成员的活动汇报。

（2）看。主要是按照 QC 小组现场评审标准，查看小组组建与注册合规程度；查看小组活动记录的完整性、真实性以及内容与成果报告的一致性；对活动成果的应用效果及目标达成进行核实和确认，对成果改进的有效措施在现场的维持巩固程度进行确认；小组成员对小组活动程序和方法、工具的了解掌握情况。

（3）问。对 QC 小组活动过程和成果报告中需要评委了解和小组成员澄清的一些问题进行沟通。

QC 小组现场评审一般安排在小组取得成果后的两个月为宜。相隔时间太短，不能很好地看出效果的维持和巩固情况；相隔时间太长，则不便于更好地调动小组成员的积极性。

2．6．3　现场评审的原则和重点

评审工作坚持公平、公正、公开原则，必须严格按现场评审标准综合评价小组活动的真实性、科学性、有效性和先进性。评审宜抓大放小，对 QC 小组活动成果存在的问题要从大处着眼，重点找出主要问题，对小问题采取及时在评审过程中指出的方式，促进其改进完善。评审时要根据评审标准提出评审意见，肯定成绩，指出不足，以持续提高小组活动水平，避免在专业技术上"钻牛角尖"，也不能单纯以经济效益为依据评优。

评审重点是 QC 小组活动及成果的真实性和有效性。即评审小组成果所展示的活动全过程是否符合 PDCA 活动程序，各个环节是否做到以客观事实为依据，用数据说话，以及所用的数据是否完整、正确、有效，数理统计工具的应用是否正确、恰当。

2.6.4　现场评审应关注的环节

（1）首先应充分肯定小组活动取得的成果。

（2）启发小组成员多角度、多方法发现问题、分析问题。

（3）从程序、逻辑关系、工具应用、方式方法上帮小组修订完善的 QC 活动成果。

（4）面对面交流为小组成员答疑解惑。

2.6.5　通过现场评审完善成果报告

对现场评审提出的问题与建议，QC 小组在整理活动报告时，应做到：

（1）尽可能地与现场评审专家当面进行沟通。

（2）针对评审专家提出的问题与建议，再次对原成果报告进行全面地梳理与评价。

（3）对理解、认同的问题与建议，应在整理成果报告时给予修改和完善。

（4）对不理解、认识上有差异的问题与建议，可暂不做处置，避免使修改后的活动成果报告面目全非。

注意 QC 成果报告有两个逻辑关系：一是时间的关系：从组建小组、课题注册、选题，一直到总结及下一步打算等各个环节，均应一一交代清楚，令人信服，要能反映出小组活动过程和努力的程度；二是课题、目标、问题症结、要因、对策、措施、标准化等的逻辑关系，均为先后呼应，一一对应，缺一不可，不应放置不用，或无中生有。

2.6.6　现场评审的意义

（1）现场评审全面诠释了领导重视这一 QC 小组开展活动的基本条件。

（2）通过现场查看 QC 小组活动成果，在肯定活动取得成果的同时，增强了 QC 小组成员的主人翁精神。

（3）现场评审在激发广大员工参与 QC 小组活动积极性的同时，也进一步提升了全面质量管理（total quality management，TQM）知识的普及与提升。

（4）现场评审体现了 QC 活动成果不同于单纯的劳动竞赛或技术比武。QC 活动成果历经层层评审、筛选与同台竞技，为小组展现技能，员工展示才华，提供了横向、纵向的比试平台，是衡量班组长组织能力、管理能力和班组技能水平的试金石。

2.7　QC 小组活动成果

2.7.1　管理技术

QC 小组活动要解决工作中所存在的问题就需要技术。这里所涉及的技术有两个方面：一个是专业技术，即要解决的这个问题属于什么专业领域，需要用到专业技术；另一个是管理技术，即在质量改进过程中所运用的程序、证据、方法、技巧等。只有将两者有机结合起来，才能确保 QC 小组活动有效推进，最终达到事半功倍的效果，如同一辆自行车的两个轮子，需要一起转动，才能更好地驶向目标。每个 QC 小组需要解决的问题不同，所涉及的专业技术也各不相同，不具有共性。而管理技术则具有共性，是每个 QC 小组都必须掌握和应用的。QC 小组活动涉及的管理技术主要包括：①运用 PDCA 循环方法解决问题；②以事实和数据作为决策依据；③恰当使用统计方法进行分析和判断等方面内容。

2.7.1.1　运用 PDCA 循环方法解决问题

1. PDCA 循环的概念

PDCA 循环又叫戴明环，是管理学中的一个通用模型，最早由休哈特（Walter A. Shewhart）于 1930 年构想，后来经美国质量管理专家戴明（Edwards Deming）博士在 1950 年再度挖掘，广泛宣传，并运用于持续改善产品质量的过程中。PDCA 循环是能使任何活动有效进行的一种合乎逻辑的工作程序，特别是在质量管理中得到了广泛应用。它是全面质量管理所应遵循的科学程序。全面质量管理活动的全过程，就是质量计划的制定和组织实现的过程，这个过程就是按照 PDCA 循环周而复始运转的。PDCA 循环即 QC 小组解决问题应遵循的管理程序。

2. PDCA 循环的具体内容

PDCA 是英语单词 Plan、Do、Check 和 Action 的第一个字母的缩写，人们每做一件事，完成一项活动或解决一个问题，都是一个做法或思路，都是按照 PDCA 的活动规律（程序）进行的。其英文字母所代表的意义如下：

（1）P（plan）——计划，包括方针和目标的确定以及活动计划的制定。

（2）D（do）——执行，就是具体运作，实现计划中的内容。

（3）C（check）——检查，就是要检验执行计划的结果，分清哪些对、哪些错，明确效果，找出问题。

（4）A（action）——处置，就是对总结检查的结果进行处理。

2.7.1.2　以事实和数据作为决策依据

以事实和数据作为决策依据是 QC 小组活动必须遵循的理论基础，在 PDCA 活动程序中，每一个步骤都相互衔接，都强调严密的逻辑性，每一个步骤的终点都必须为下一步骤提供事实依据。QC 小组为什么选这个课题？目标值为什么制定得这么高？问题的症结在哪里？为什么确定这几条主要原因？所制定的每一条对策是否完成？是否达到预期的效果？等等。这些都要有证据来加以说明。采集确凿的数据加以客观推导判断，环环相扣，提供的依据均以事实数据作为支撑，而不是拍脑袋、凭感觉，主观分析判断。为了体现证据的客观性和科学性，"以事实为依据，用数据说话"必须贯穿于小组活动的始终。

2.7.1.3　恰当使用统计方法进行分析和判断

统计方法，是指有关收集、整理、分析和解释统计数据，并对所反映的问题作出一定结论的方法。在小组活动中，为了取得证据，需要收集大量的数据，其中有的数据是有效数据，有的则是无效数据，要对数据进行整理、分析，以直观、准确地反映出症结所在，就需要应用统计方法。

例如，要判断总体质量，不能做到全数检验时，可以随机抽取一定数量作为样本，从样本的质量状况来判断总体的质量水平。再如要优选一些参数进行试验验证时，如何才能做到试验次数最少而得到参数的最佳搭配，都需要使用统计方法。

目前"老七种工具"有调查表、分层法、排列图、因果图、直方图、控制图、散布图，"新七种工具"有亲和图、树图、关联图、矩阵图、箭条图、PDPC 法（也称过程决策程序图法）、矩阵数据分析法，还有其他一些统计方法（折线图、柱状图、饼分图、雷达图、价值工程法、正交试验设计法等），这些在 QC 小组活动中已经得到了拓展和应用。

2.7.2　课题类型

对 QC 小组活动课题进行分类，是为了便于对小组活动进行指导，在成果发表交流与评选优秀 QC 小组时便于管理。根据 QC 小组活动课题的特点和活动内容，将小组活动课题分为现场型、服务型、攻关型、管理型和创新型五种类型。其中前四种课题类型统称为问题解决型，而创新型这一类型只有创新型一种。

2.7.2.1　五种课题类型的特点

1. 现场型课题

现场型课题 QC 小组成员是以班组和工序现场的操作工人为主体组成，课题以稳定工序质量、改进产品质量、降低消耗、改进生产环境为目的，活动的范围主要是在现场。这类 QC 小组选择的活动课题一般较小，难度不大，活动周期较短，是 QC 小组成员力所能及的，比较容易出成果，具有一定的经济效益。

如降低 DCS 电源模件超温率，缩短某种托辊轴的加工时间等。

2. 攻关型课题

攻关型课题是由领导干部、技术人员和操作人员组成的，它以解决技术关键问题为目的，课题难度大，活动周期较长，投入资源多，经济效益显著。这类课题成果占有较大的比例，往往是现场面临的棘手难题，解决难度较大，具有挑战性，需要投入一定资源，通常技术经济效果显著。

如降低溢洪道某闸墩混凝土内部温度，提高超长地下室底板施工效率等。

3. 服务型课题

服务型课题 QC 小组成员是由专门从事服务工作的职工组成的，课题以推动服务工作标准化、程序化、科学化，提高服务质量和效益为目的，活动范围主要是在服务过程中，社会效益比较明显。这类 QC 小组与现场型课题 QC 小组相似，一般活动课题较小，围绕身边存在的问题进行改善，活动时间不长，见效较快。虽然这类成果经济效益不一定大，但社会效益往往比较明显，甚至会影响社会风气的改善。

如提高接收投标文件工作效率，提高大用户抄表效率等。

4. 管理型课题

管理型课题 QC 小组成员是由管理人员组成的，课题以提高业务工作质量，解决管理中存在的问题，提高管理水平为目的，课题可大可小，效果差别较大。这类活动课题的选题范围有大有小，如只涉及本部门具体管理业务工作方法改进的，可能就小一些；而涉及企业内部各部门之间协调的，涉及管理层职权范围的则会较大，课题难度不同，取得效果的差别也较大。

如提高某供电公司调考成绩合格率，提高绿色施工管理水平等。

5. 创新型课题

创新型课题是 QC 小组运用新的思维研制、开发新的产品、工具或服务，以提高企业产品的市场竞争力，并不断满足顾客日益增长的新需求为目标。创新型课题旨在追求创造更有魅力的质量，注重探索新的思路、创造新的产品、提供新的服务、研发新的方法，贵在创新，重在突破，选题在立意上侧重于突破常规、追新求变。

如研探带电更换 500kV 紧凑型线路直线 V 串绝缘子作业方法，研制 GIS 设备位置快速观察器等。

2.7.2.2 问题解决型课题与创新型课题的不同点

问题解决型课题包括现场型、攻关型、管理型、服务型课题，其活动程序基本相同。问题解决型课题与创新型课题在课题类型上有所不同，因此它们在活动的思路、程序上也有所不同，两者主要区别见表 2-1。

表 2-1   问题解决型课题与创新型课题的主要区别

项目	问题解决型课题	创新型课题
立题	在原基础上改进、提高	从未有过的事情
现状	要把现状调查分析清楚	无现状调查，而是研究创新的切入点
目标	在原基础上，上升到一个新的水平	全新的要求
原因分析	针对现存问题的症结，分析原因，并找出主要原因	不用分析原因，为达到预期目标，广泛提出各种方案，寻找最佳方案
决策依据	用数据说话	评价、比较、选择（有数据时也要用数据）
应用工具	以数据分析工具为主，非数据分析工具为辅	以非数据分析工具为主

将 QC 小组活动课题分为以上类型是为了突出小组活动的广泛性、群众性，为了便于分类发表交流，有利于调动各方面人员的积极性。如现场型和服务型课题，通常以生产和服务一线员工为主体开展活动，攻关型课题通常由领导干部、技术人员和操作人员三结合进行活动，管理型课题通常由管理人员共同合作。各种课题类型给 QC 小组成员开展活动提供了更多的选择。只有把各部门、各层次的员工都发动起来，围绕顾客、组织和职工所关心的各种问题，积极开展各种改进与创新活动，提高自身素质，保证工作质量，才能做到优质生产、优质经营、优质服务。

2.7.2.3 创新型课题与科研课题的异同点

创新型课题与科研课题同属于科技攻关活动，都体现了人们运用创新思维开发出新产品（项目）、新方法，但它们在参与主体、研究内容和形式等方面各有异同。

相同之处：

（1）工作对象相同。两者都是向新产品、过程或项目进行挑战，面对的课题都具有创新性和挑战性。

（2）工作目的相同。两者都是为实现课题的目标而做出努力。

（3）研究对象相同。研究对象都是以前没有的。

（4）研究结果相同。都可形成创新成果，并可以形成知识产权保护项目。

不同之处：

（1）课题实现方法不同。创新型课题要求使用 PDCA 科学思维方法和统计工具完成课题。科研课题不要求一定要使用某一特定的方法，应根据课题研究的需要选择广泛的研究方法。

（2）课题大小不同。创新型课题选题都是来自身边的小课题，包括工具、卡具、工位器具、实用软件的开发、新方法等，需要创新的工作对象较为具体、明确，针对性强，充分体现了 QC 小组活动"小、实、活、新"的特点。科研课题的选题则来源要广泛得多，包括国家和企业立项的技改项目、自主申请的课题或上级行政部门下达的研究任务。

（3）课题来源和组建形式不同。创新型课题来源于小组成员的愿望，由小组成员自己选择。科研课题一般由上一级下达指令或研究单位根据研究方向经论证后确定，课题组一般由上级组建。

（4）课题资金支持不同。创新型课题耗费资金较少，采取就地取材或资源再利用等多种方式，小组活动由群众自发地组织开展，资金要求不是重点。科研课题资金一般由上级授权单位提供支持，专款专用立项资金，按照年度下达计划开展攻关活动。

（5）课题参与人员不同。创新型课题一般以一线员工为主体，邀请部分技术人员参加。科研课题一般以技术人员为主体，邀请部分技术工人参加。

（6）课题效果评价不同。创新型课题以评价创新过程为主，看小组是否具备创新能力。科研课题以评价科研成果价值为主，注重成果的可推广性，一般可以申请知识产权保护。

2.7.3　成果报告总结整理

2.7.3.1　整理步骤

（1）由 QC 小组组长召集小组全体成员开会，认真回顾本课题活动全过程，总结分析活动的经验教训。

（2）按照小组成员分工，搜集和整理小组活动的原始记录和资料。

（3）成果报告执笔人在掌握上述资料后，并在大家讨论意见的基础上，按照 QC 小组活动基本程序整理成果报告初稿。

（4）将执笔人整理的成果报告初稿提交小组成员全体会议，由全体成员认真讨论、修改、补充、完善。

（5）最后由执笔人集中大家意见，反复修改，直到完成成果报告。

2.7.3.2　注意事项

（1）要严格按照 QC 活动程序进行总结。

（2）把活动中所做的努力、克服的困难、进行科学判断的情况总结到成果报告中去。

（3）成果报告要以图表数据为主，配以少量的文字说明来表达，尽量做到标题化、图表化、数据化，以使成果报告清晰、醒目。

（4）不要用专业技术太强的名词术语，在不可避免时（特别是发表时），要用通俗易懂的语言进行必要的名词解释。

（5）在成果报告的内容前面，可简要介绍 QC 小组的组成情况，必要时还要对有关企业情况，甚至是生产过程（流程）做简要的介绍，有利于成果内容的充分表达。

2.7.4　成果认证

2.7.4.1　认证程序

QC 小组取得成果后一般要经过本车间本部门审核后，再分别经过专业技术部门、财务经营部门和 QC 职能管理部门和分管领导从不同的层面进行成果认证。专业技术部门负责对成果从专业技术的可靠性、有效性和目标达成情况方面进行确认，财务经营部门从经济效益核算的真实性和准确性进行确认，QC 职能管理部门从 QC 小组的活动程序和活动方法方面进行审核确认，最终经过分管领导全面审核，确定成果真实、有效，课题目标达成，才能通过成果认证。

2.7.4.2　注意事项

（1）一定要实现课题目标。

（2）要规范填写成果认证表。

（3）QC 小组在成果认证时要提交成果报告书。

（4）QC 小组活动管理部门要组织有关部门到小组活动现场进行评审。

2.8　QC 小组成果评审与发表

QC 小组活动取得成果之后，为了肯定取得的成绩，总结成功的经验，指出不足，以不断提高 QC 小组活动水平，同时为表彰先进、落实奖励，使 QC 小组活动扎扎实实地展开下去，就需要对 QC 小组活动成果进行客观的评价与审核。

2.8.1　QC 成果评审

2.8.1.1　评审内容

（1）从管理角度针对小组课题类型，从活动程序是否紧密、环环相扣，工具方法使用是否正确、恰当方面进行评价。

（2）针对小组活动的真实性和有效性，依据客观事实、数据对比进行准确的评价。

2.8.1.2　评审方法

（1）立足小组工作、服务现状和特点，以现场作为客观依据，用事实数据说话，避免经验主义、教条主义和主观臆断。

（2）评价应以 QC 小组活动成果评分标准为准，切勿另行提出要求，保持对标准理解的一致性。

2.8.1.3　评审原则

评审要既有原则性又有灵活性，根据小组活动特点，提倡真实有效。一般需要把握 QC 小组成果评审的四项原则：①抓大放小；②客观、有依据；③避免在专业技术上"钻牛角尖"；④不以经济效益的大小作为评价成果优劣的依据。

2.8.1.4　对评委的要求

（1）熟悉 QC 小组活动程序步骤，熟悉统计技术的原理和应用。

（2）懂理论、会实践、能指导，具有相应诊断师资格。

（3）准确把握评审标准，客观地对成果进行评价。

（4）实事求是，恪守职业道德，公正公平。

2.8.1.5　评审中存在的主要问题

（1）挑小放大，弃主流——对 QC 小组活动程序理解不准确，易错判误判。

（2）不客观，没有依据——凭经验，带个人主观意向，打感情分，打分忽高忽低。

（3）钻技术牛角尖——专业技术的问题较复杂，此类问题应由企业把关，否则会偏离方向。

（4）对工具方法与应用掌握不够，评审中不能准确判断方法应用的正确与否，甚至误判。

（5）对小组抱着挑毛病、找问题的心态，缺少肯定和鼓励，严重挫伤了小组成员开展小组活动的积极性。

2.8.2　QC 成果发表

2.8.2.1　成果发表的意义

（1）交流经验，互相启发，共同提高。

（2）鼓舞士气，满足 QC 小组成员自我价值实现的需要。

（3）现身说法，吸引更多职工参加 QC 小组活动。

（4）使评选优秀 QC 小组和优秀成果具有广泛的群众基础。

（5）提高 QC 小组成员科学总结成果的能力。

2.8.2.2　成果发表应注意的问题

（1）做好发表前的准备。

（2）发表成果时要注意声音洪亮，语言简明，吐字清楚，语气自信，语速有节奏；仪态要自然大方，不要过于拘谨和紧张。

（3）在成果发表完毕后答疑时，态度要谦虚，要抱着共同探讨、互相学习、以求改进的态度，回答问题简洁明了。

（4）发表时要本着节约实用的原则。

2.8.2.3　组织成果发表的注意事项

（1）发表形式服从于发表目的。

（2）发表会的主持人要积极启发、倡导听众对发表的成果进行提问，由发表人答辩。

（3）每个成果答辩后，应由担任评委的专家给予客观的讲评。

（4）组织者要尽可能请最高主管领导参加会议，听取成果发表后进行讲话，为发表成果的 QC 小组颁奖、合影，并号召大家更广泛地开展 QC 小组活动。

（5）在有条件的行业和地区，可以考虑不同类型的 QC 小组分别召开成果发表大会。

2.8.3　评委提问及打分

2.8.3.1　提问目的

评委提问的目的主要体现在两方面：①澄清，对发表者没有表述清楚或评委、听众没有听明白的问题，需要请进行发表的 QC 小组成员做进一步解释，以澄清问题；②验证，对一些已经发现的在程序方面或工具方法应用方面存在的问题，向 QC 小组成员进一步核实，以验证问题。切忌在做出正确与否的评价或建议中用模棱两可的结论表述，如不会有效果、不可能实施等结论。

2.8.3.2　提问方式

评委提问的方式主要有三种，具体如下：

（1）诱导式。目的是开渠引水，对发表者的答案给予强烈的暗示，使对方的回答符合提问者预期的目的。主要是抓住发现的回答，诱导出相关的回答，启发发表者思维。

（2）直入式。将观点直接提出，让 QC 小组发表人（包括组员）在规定的范围内回答问题，运用这种提问方式要特别慎重。

（3）澄清式。澄清式提问是针对对方的回答，重新提出问题以使其进一步澄清或补充原先答复的问题，是针对发表者的回答进行信息反馈和进一步沟通的有效方法。

2.8.3.3　注意事项

（1）以澄清和验证为目的的提问，不要以否定的方式提出。

（2）要与成果发表人处在平等的位置上提问，避免高人一等、盛气凌人。

（3）掌握好提问的语音、语速，尽量使用准确、简练的语言提问，使发表人能清楚地听明白所提问的内容。

（4）给对方以足够的答复时间，当对方回答不完整、不准确或脱题时，不要层层追问下去，可转到另一个问题或结束提问。

（5）提问后应耐心地倾听完对方的回答并表示谢意。

2.8.3.4　打分要求

（1）准——识别成果优点、发现问题要准确。

（2）快——在短时间内迅速掌握 QC 小组总体活动内容、概况。

（3）简——抓关键要点，切中要害，点评时简明扼要。

（4）明——准确、清晰表达观点，说明问题，让人理解，避免逻辑不清，不知所云。

2.8.3.5　评委应具备的能力

（1）熟——熟悉不同类型 QC 小组的活动程序。

（2）精——精通统计工具方法及应用。

（3）说——具有一定的表达能力。

（4）爱——保护 QC 小组成员积极性，诚恳指出问题。

2.8.3.6　材料评审打分要点

（1）资料是否系统分明、前后连贯、逻辑性好。

（2）整个活动是否按 PDCA 程序进行。

（3）是否每个步骤都交代清楚、前后逻辑关系准确。

（4）对专业性较强的技术术语是否做出清晰的解释。

（5）成果报告是否以图表为主，并加适当的文字说明。

（6）推荐方法应用是否正确、恰当。

（7）活动内容是否具体、务实。

2.8.3.7　发表评审打分要点

（1）发表资料是否通俗易懂，是否以图、表、数据为主。

（2）制片是否清晰，其投影效果是否一目了然。

（3）发表人在发表过程中应仪容大方，不紧张、不做作，口齿清晰、表情自然、有礼貌。

（4）发表人在回答问题时应礼貌、谦虚、简洁、清楚。

（5）发表时间掌握在 15min 之内。

2.8.3.8 现场发表打分统一认识

（1）现场发表顺序可以采用抽签决定；评委所在单位成果回避，去掉最高分和最低分取平均分。

（2）评委事先讨论、统一打分，以确定分数、拉开层次。总分 85～95 分为优秀、75～85 分为良好、65～75 分为一般。

优秀水平：成果具体、务实且系统性好；工具应用正确、有效；发表人表述清晰、回答流畅；发表 PPT 清楚易懂、文图并茂。

良好水平：成果具体务实，但程序或工具应用存在不足。程序数据不一致，导致前后可比性差；程序某一步骤有问题，如原因分析未针对现状调查出的主要症结，要因确认未用事实、证据说明其影响程度等；某个工具运用有明显错误，如因果图未分析到末端、因果关系错误或用控制图进行要因确认，正交实验用日本表但用中国的分析方法等；成果没有体现小组活动的特色，把班组日常管理工作作为小组活动课题，如所采取的对策是培训教育、绩效考核等；现场发表效果差，讲解、图表不清楚，发表人不熟悉活动过程等。

一般水平：活动程序或方法明显不足。程序选择错误，如问题解决型课题按创新型课题对待；程序有较多问题，如前后不对应，没有逻辑关系等；多处工具运用有明显错误。

第3章 问题解决型课题程序

本章从问题解决型课题程序入手，简要介绍了 QC 小组活动的基本程序，以及在 QC 小组活动中如何避免出现程序方面的问题。

3.1 总　　则

不断地进行质量改进和创新是 QC 小组活动的基本特征。要解决生产和服务现场存在的问题：一方面需要专业技术，即要解决问题所属行业范围、专业领域所用的技术；另一方面需要管理方法，即改进过程中所运用的程序、工具等。只有两者结合起来才能更加有效地解决问题。这如同一辆车的两个轮子，需要一起转动，才能很好地驶向目标。由于QC 小组解决的课题不同，因此小组活动所涉及的专业技术也各不相同，而管理原则、程序方法则具有共性，每个 QC 小组都需要对其了解、掌握和应用。

总之，问题解决型课题程序，即"4 个阶段 10 个步骤"的内容。

1. 4 个阶段

管理是为了持续、有条理、有效地完成工作并实现目标所必需的活动。管理一般包括以下步骤：①P 阶段准备计划——策划 P（plan）；②D 阶段完成计划——执行 D（do）；③C 阶段检查结果——检查 C（check）；④A 阶段跟踪改进——处置 A（action）。这 4 个阶段就是 PDCA 循环，即为戴明循环，是 QC 小组解决问题应遵循的管理程序。

2. 10 个步骤

（1）P 阶段通常包含 6 个步骤：①选择课题；②现状调查，找出要解决的主要问题；③确定目标，即本次活动要达到的目标；④分析原因，分析产生主要问题的各种原因；⑤确定主要原因，即要因确认；⑥制定对策。

（2）D 阶段只有实施对策一个步骤，即按照制定的对策实施。

（3）C 阶段只有检查效果一个步骤，即检查所取得的效果。

（4）A 阶段包含两个步骤：①制定巩固措施，防止问题再发生；②总结和下一步打算。

此外，PDCA 循环有两个特点：一是循环前进，阶梯上升，也就是按 PDCA 顺序前进，每循环一次，产品、服务、工作质量就提高一步，达到一个新的水平，在新的水平上再进行 PDCA 循环就又可达到一个更高的水平；二是大环套小环，在不同阶段不同层次中存在各自的 PDCA 循环，大环推动小环，小环保证大环。

QC 小组活动程序根据小组课题类型的不同而不同，本章主要针对问题解决型课题

（包括现场型、攻关型、服务型和管理型）的步骤进行阐述。创新型课题是运用全新的思维和创新的方法研制、开发新的产品、工具或服务，它在立意、活动程序等方面与问题解决型课题有所不同。

3.2 选 择 课 题

一般情况下，QC 小组组建后，就要思考目前业务工作中有哪些可以改进的、优化的、提高的等，即选择课题。

3.2.1 课题来源

课题的来源一般有以下方面：

（1）指令性课题。即由上级主管部门或领导根据组织（或部门）的实际需要，以行政指令的形式向 QC 小组下达的课题，这种课题通常是组织经营活动中迫切需要解决的重要技术攻关性课题。

（2）指导性课题。通常由质量管理部门根据实现经营战略、方针、目标的需要，推荐并公布的一批可供各 QC 小组选择的课题，每个小组根据自身条件选择力所能及的课题开展活动，这是一种上下结合的方式。

（3）自选性课题。即由小组根据各单位、各岗位发现的实际问题，自己确定改善的方向和目标开展活动。

指令性课题和指导性课题是组织经营活动中迫切需要解决的问题，既然已经下达给 QC 小组，就应该发动小组成员共同努力去完成。而大多数的 QC 小组需要发动群众，集思广益，在生产、服务和工作现场，自己去寻找、选择需要改善的课题。QC 小组在自选课题时可以从以下方面来考虑：

（1）根据企业战略，针对上级方针、目标在本部门落实的关键点来选题。从这方面来选题，能更好地得到领导的支持。如上级要求降低消耗，甚至限定本部门的消耗不能超过一定限值，而本部门在某些方面的消耗超过指标很多，如何实现这个指标是本部门面临的一个难题，QC 小组如能主动选择这方面的课题，解决其中的一些问题，有助于本部门方针、目标的实现，小组活动所需要的时间、物资、费用，以及在外部协调方面，一定会得到领导的支持和帮助。

（2）针对现场或小组本身存在的问题选题。由于生产、施工、服务现场或小组本身在管理、效率、质量、环境以及文明生产等方面均存在问题，而这些大多是小组身边或自身的问题。如果小组选择这些问题作为课题，将其解决，成员本身也能享受成果，就能提高成员们参加 QC 小组活动的积极性。

（3）针对顾客（也包括下工序）抱怨或投诉的问题选题。"顾客是上帝"，把顾客不满意的问题选为课题加以解决，就能更好地为顾客服务和保证经营活动的正常进行。这也是全面质量管理"以顾客为中心"核心思想的体现，更加有利于组织市场地位的提升。因此，这一类选题很容易见到成效，并受到各方面的欢迎。

3.2.2   课题选择

通常这一步骤会遇到两种情况：第一种情况是课题清楚，如指令性课题，小组直接围绕课题开展活动；第二种情况是小组通过调查或运用头脑风暴法，收集到多个可供选择的课题，而小组只能一个课题一个课题地来解决，要确定本次活动的课题，其基本要求就是应得到小组成员大多数人的认可。小组大多数成员同意并愿意活动的课题，能更好地调动小组成员的积极性与创造性，促进活动过程的顺利进行，这也是 QC 小组具有高度民主性特点的具体体现。

一般常用表决法和评议、评价的方法两种方法来选定课题：

1. 用表决法选定

由全体成员用简单的举手表决来选定，或用采用性质与之相同的按重要度评分形式，统计得分最多的课题即被选中。

2. 用评议、评价的方法选定

把收集到可供选择的课题，从以下方面进行评议、评价，然后用矩阵图的形式来表示。这些方面包括：①是否符合上级方针；②重要性；③迫切性；④经济性；⑤预期效果；⑥与小组全员的关系程度；⑦时间性；⑧推广性。

QC 小组应结合解决问题的实际需要来选择评价。

3.2.3   课题名称

课题名称是本次小组活动内容、解决问题的浓缩。因此，课题名称一定要简洁、明确，一目了然，直接针对所要解决的问题，避免抽象。

课题设定时要抓住：对象、问题（特性）、结果三个要素。即本次活动要解决的对象，如产品、工序、过程、作业的名称；要解决的问题（特性），如质量、效率、成本、消耗等方面的特性；经过活动后达到怎样的结果，如提高还是降低，增大还是缩小，改善还是清除。

一些 QC 小组不能准确、恰当地设定课题名称，通常有以下情况：

第一种，课题名称为"口号式"。小组为了让大家印象深刻和说明课题性质的重要程度，而把课题"拔高"抽象起来，并加上一些形容词，使课题名称大而空，不能让人明确小组活动的实质，即小组主要解决的是什么问题。

第二种，课题名称为"手段＋目的"。此类课题名称是将小组活动中采取的主要对策与方法放在所解决问题的前面。在选择课题时，还没有进行详细的现状调查，也没有分析原因并找出主要原因，更无法针对主要原因制定有效对策。把主要对策内容列入课题名称之中，会造成活动程序上的颠倒。如果小组选题时已经带着要采用这个措施的主导思想，这样必然会在活动的过程中从现状调查到原因分析、采取对策，都受这个主导思想的束缚，就会排斥更经济、更有效的对策，不利于充分发挥小组成员的智慧和创造性。还有一些小组通过活动解决了问题，取得了效果，在总结时，为了强调某一对策起了主导作用而将其后加到课题中，造成程序倒置、总结不实的情况。

第三种，课题名称难以用特性值表达。如"配网改造工程设计及全过程管理"，无法用一定的特性值表达，既不利于小组活动过程的分析，也无法满足小组活动后的评价，不适合 QC 小组活动选题。

3.2.4 注意问题

1. 课题宜小不宜大

所谓小课题，就是将影响产品质量、生产效率或造成消耗、浪费的具体问题选为小组活动的课题。如降低产品包装的成本等。而大课题是指内容庞大复杂、涉及面广、目标多，需要许多部门协作才能完成的课题。这类课题一般头绪较多，很难由一个小组把现状和问题分析透彻、准确，如××工程争创"鲁班奖"等。对于这类大课题，可根据项目中的分工不同，分解成几个小课题做。QC 小组活动一贯提倡"小、实、活、新"，其中的"小"指的就是要选择小一些的课题。

选择小课题会给小组带来以下好处：

（1）易于弄清现状，找出问题的症结所在，取得成果，活动周期短，能更好地鼓舞小组成员的士气。

（2）课题短小精干，目标单一，针对性强，大部分对策都能由本小组成员来实施，更能发挥本小组成员的创造性。

（3）小课题大部分是本小组生产（工作）现场的课题，是自己身边存在的问题，通过成员自己的努力得到改进，取得的成果也是成员自己受益，能更好地调动小组成员的积极性。

2. 选题理由要充分且简明扼要

小组在陈述选题理由时，说明选此课题的目的和必要性，交代清楚小组选择此课题的关键点——实际与目标的差距有多大，切忌长篇大论地陈述。应对本小组当前的实际情况（存在问题）进行精炼，摸清内在规律，找到与上级方针、目标要求或本部门要求存在的差距，通过用数据进行对比，可清晰明了地看出选此课题的目的和必要性。

实际活动中，很多 QC 小组希望强调所选课题的重要性，从国际的发展趋势到国内的先进水平、从计划经济向市场经济的转变到市场经济的特点、甚至把中央领导人的讲话、题词等都作为选题理由，但往往没有交代清楚 QC 小组选此课题的关键理由——实际与目标差距有多大，这就是 QC 小组选题理由不"实"，问题描述不充分。

小组选题时常用的方法有调查表、简易图表、排列图、亲和图、头脑风暴法、水平对比、流程图等。

3.3 现 状 调 查

课题选定之后，小组活动的下一步骤就是进行现状调查。现状调查的基本任务有两个：①要把握问题的现状，掌握问题严重到什么程度；②要找出问题的症结（或关键点）所在，以确认小组从何处改进及能够改进的程度，从而为目标值的设定提供依据。因此，小组成员应对课题的现状进行认真调查，通过对所收集的数据和信息进行分类、整理、分析，把关键问题找出来，然后就可以设定目标、分析原因，一步一步进行下去。经验与感觉是重要的，但仅仅依靠经验与感觉往往无法做出正确的判断。现状调查做得好，会给解决问题打下一个坚实的基础。因此，现状调查这一步骤是一个很重要的环节，在整个 QC 小组活动程序中起到承上启下的作用。

3.3.1　把握问题现状

小组确定课题后要对现状进行全面、彻底的调查。如果在选题时已经掌握了总体情况，也应进一步分层（如按月、按批）将具体情况调查清楚，以便从中发现规律性的内容。

3.3.2　找出症结所在

QC 小组所要解决的问题，往往是一个综合性问题。如某产品不合格率高的问题，而该产品从原材料投入到生产出成品要经过 10 道工序，每一道工序都有可能产生不合格品，但并不是每一道工序产生的不合格品一样多，有的工序可能产生较多的不合格品，有的工序则几乎不产生不合格品，而每道工序所产生不合格品的原因也各不相同，如果笼统地针对某产品不合格率高来分析原因，不但针对性差，而且往往无从下手。因此，要解决该问题，首先要找出它的关键症结，即要对每道工序所产生的不合格品率进行详细统计，不合格品率最多的工序就是课题的症结所在。

3.3.3　现状调查步骤

1. 从企业的统计报表中进行调查

一般来说，企业都有完整的统计报表系统，如产量的统计表、不合格品的统计表、安全生产的统计表、物资消耗的统计表、设备停机故障的统计表、单位成本的统计表等。QC 小组要从这些统计报表中获取所需要的数据资料，以把握问题的现状，这是进行现状调查以弄清问题严重程度的途径之一。

2. 到生产现场进行实地调查

在某些情况下，企业的统计报表不能真正反映问题的全部情况。如某生产过程产生不合格品，从企业不合格品统计报表中得到的不合格品数据，只是不可修复的不合格品数据，已经把可修复的不合格品去除了，因此，该不合格品数据，就不能真实反映该过程的全面情况。要弄清过程的实际状况，必须到生产现场实地调查，取得数据，才能彻底了解问题的严重程度。

3.3.4　注意的问题

1. 用数据说话

能准确地掌握实际情况，澄清问题，进一步了解现状，这一点非常重要。如果在选题时已收集了一定程度的数据，可在此基础上再收集相关的数据，以便更详细、准确地掌握实际情况。

收集数据要注意以下方面：

（1）收集的数据要有客观性。避免只收集对自己有利的数据，或者从收集的数据中只挑选对自己有利的数据而忽略其他数据。

（2）收集的数据要有可比性。不可比的数据无法真实反映小组改进前后的变化程度，更无法证明采取对策的有效性。

（3）收集数据的时间要有约束。要收集小组活动开始最近时间的数据，才能真实反映现状。因为情况是会随时间的变化而不断变化的，用时间相隔长的数据进行分析，可能会将下面的活动引入歧途，也不利于效果检查时的对比。

（4）收集数据要全面。不仅收集已有记录的数据，更需要亲自到现场去观察、测量、跟踪，掌握第一手资料，以弄清问题的实质。

2．对现状调查取得的数据要进行整理、分类，分层分析

对取得的客观数据，要从不同角度进行分类，并对分类数据进行分析。如从设备角度分类的数据来看，没有发现异常情况，就可把设备产生问题的可能性予以排除；而从材料角度分类的数据看，发现了异常，就说明材料存在问题。如果从材料角度分类看确实存在问题，但问题还不够明朗，则可以在此情况基础上，到现场做进一步的调查，取得数据后再进行分层分析，查找原因到底是不同供应商供货差异，还是原料更换导致材料差异等，直到找出问题症结为止。

3．可不做现状调查的情况

根据小组活动目标确定的方法不同，有两种情况在活动程序中不进行现状调查。

（1）指令性目标。因为实施指令性目标的 QC 小组直接按照上级指令要求设定目标，活动目标明确，因此不需要再通过现状调查为目标确定提供依据，但要对目标是否能够实现进行目标可行性分析。

（2）创新型课题。创新型课题是 QC 小组以全新的思维，立足于研制原来没有的产品、项目、软件、方法以及材料等。因为此课题 QC 小组从未做过，无现状可以调查，所以创新型课题没有现状调查这一步骤。

综上所述，现状调查在整个 QC 小组活动程序中是很重要的一步，它的作用是为目标的确定提供充足的依据。同时可以为解决问题明确突破口，并为问题解决后检查改进的有效性提供可对比的原始依据。

现状调查常用的方法有调查表、分层法、简易图表、排列图、直方图、控制图、散布图等。

3.4　设　定　目　标

QC 小组在摸清问题现状后，应确定本次课题活动的目标，以明确通过 QC 小组活动将问题解决到什么程度，同时也为检查活动的效果提供依据。

人们每做一件事情、每解决一个问题，如果要寻求质量和效率，不论解决的问题大小，都要有活动目标，目标是人们追求和努力的方向。企业每年都要制定企业年度方针目标，明确在生产经营上本年度要达到的水平。QC 小组开展质量改进，解决课题也是如此。那种不设定目标，干到哪里算哪里的想法与做法，既不科学严谨，也缺乏自信。因此，为避免活动的盲目性，QC 小组活动必须明确目标。

3.4.1　目标的分类

1. 自定目标与指令性目标

按活动目标的来源，小组活动目标一般分为自定目标和指令性目标。

自定目标是 QC 小组经过现状调查，明确了可改进程度而制定的目标。指令性目标则分为两种情况：一是上级以指令形式下达给小组的活动目标；二是小组直接选定的上级考核指标。QC 小组如果直接选定上级的考核指标为目标，目标应该与考核指标完全一致。但通常情况下，小组活动是指令性目标的，其课题多为上级下达的指令性课题；但是将指令性课题作为小组活动选题的，其活动目标不一定都是指令性的考核指标，这要视具体情况而定。自选课题的小组，其活动目标通常也是自定的。因此，小组在选题和设定目标时要加以区分，因为指令性目标与自定目标的小组活动程序不同。例如某公司领导给某小组下达了指令性课题，要求该小组提高产品的合格率，但没有给定必须达到的程度，这就是指令性课题，这种课题不含目标值，因此小组必须在现状调查的基础上设定目标。如果公司领导在下达课题的同时要求把产品合格率由现状的 70% 提高到80%，产品合格率 80% 即是本次小组活动的指令性目标，此时小组课题则属于指令性目标课题。小组成员将领导指定的目标直接设定为活动目标，但能否实现这一目标，则需要进行目标可行性分析。

2. 定性目标与定量目标

按照活动目标的结果，QC 小组活动目标可分为定性目标和定量目标两种。

只确定 QC 小组活动目标性质，而没有具体量化值的目标，称为定性目标。设定没有量化的目标，经过小组活动改进后的结果无法具体衡量，无法明确是否已经达到预定目标。因此，QC 小组活动不提倡以定性目标作为小组的活动目标。

QC 小组活动除了确定目标的性质之外，还应具有明确、量化的目标值，这称为定量目标。有了定量目标，通过活动或改进后与之前的比较，可以清晰地了解是否已经达到既定目的。因此，QC 小组设定的目标应是定量目标。

3.4.2　目标设定依据

QC 小组活动目标的设定要有依据，即 QC 小组制定目标水平的理由。要尽可能以事实为依据，用数据说话。可根据课题的具体情况，从以下内容中选取：

（1）顾客提出的要求必须予以满足。

（2）通过现状调查，预计问题解决的程度，测算出能达到的水平。

（3）历史上曾接近或达到过这个水平，现在条件得到了改善，应该能达到这个水平。

（4）与目前国内或同行业先进水平相比，QC 小组在设备、人员、环境等方面相近，可以达到这个水平。

（5）上级下达的考核指标必须达到。

QC 小组目标设定应该有依据，这些依据来源于现状调查或目标可行性分析（指令性目标）的过程。如果是自定目标，要能够从现状调查中清楚地看到目标设定的依据，当目标设定后，不需要再进行目标的可行性分析，否则将与现状调查内容重复；如果是指令性目标，是否能实现目标，要在目标可行性分析中做进一步的说明。

3.4.3　目标值设定水平

QC 小组活动目标值设定水平应遵循以下原则：

（1）目标值要有一定的挑战性。QC 小组活动目标要高于正常水平，需要小组成员努力攻关才能达到，这样才能更好地调动小组全体成员的积极性和创造性。当经过努力，克服困难，达到所设定的目标值时，小组成员才能感受到达到目标后的乐趣，真正体会到自身价值，这将更好地鼓舞小组士气。许多 QC 小组常运用水平对比法，把同行业、同专业、同工种所达到的先进水平作为 QC 小组目标值，或本小组历史上曾经达到过的最高水平作为小组目标值，以体现小组的必胜信念。

（2）目标值应是通过小组努力可以达到的。如果把目标定得很高，虽然很有挑战性，但 QC 小组千方百计、努力攻关，仍达不到目标要求，便会挫伤 QC 小组成员的积极性。为使设定的目标既有一定挑战性，又是经小组努力可以达到的，许多 QC 小组常把目标设定在对问题解决程度的预先估算之上。

这样设定的目标值是建立在实事求是、科学决策的基础上，既达到了上级考核要求，又具有挑战性，需要经过小组成员的共同努力才能够实现。因此，这样设定的目标值是有充分依据且水平适宜的。同时也进一步说明了现状调查为设定目标值提供依据的道理。

3.4.4　注意的问题

（1）目标设定不宜多。QC 小组选题应选择存在的具体问题作为课题，而目标又是针对问题设定的，因此，设定一个目标就可以了。如果设定两个或两个以上的目标，小组必然要分别以两个及以上的目标为中心进行活动，这会使解决问题的过程复杂起来，往往会造成整个活动的逻辑混乱。如果有多个性质不同的目标，应采用多个课题予以解决为宜。

（2）目标要与问题相对应。设定目标是明确 QC 小组活动解决问题的程度，因此，必须针对所要解决的问题来设定目标。如课题名称是"降低××零件的加工废品率"，现状已经调查清楚，所设定的目标应明确废品率由当前值降低到活动后值。如果通过对现状的反复分层调查分析已找出了问题的症结所在，数据已表明只要把这一症结解决，整个问题就能迎刃而解，便可设定活动后废品率的目标。

设定目标通常可用柱状图等简易图表的方法。

3.5　原　因　分　析

通过现状调查及分析，弄清了问题的来龙去脉，设定了目标，明确要把问题解决的程度，接下来就要分析是什么原因造成的这个问题，即 QC 小组活动程序中 P 阶段的第四个步骤，也是小组活动重要的步骤——原因分析。通过对问题产生原因的分析，找出影响问题的关键所在。从程序上讲，原因分析只要能够针对现状调查所确定的问题症结，正确、恰当地应用统计方法，这一步就是正确的。但在分析原因的过程中，小组成员常因考虑问题不全面或缺乏系统性而影响到分析结果的正确性和有效性。

3.5.1 针对问题分析原因

分析原因应针对症结问题来进行。在现状调查时，如果已经分析出问题的症结所在，就应针对该症结问题分析原因。如果对已找到的症结问题弃之不管，再回到针对课题来分析原因的道路上，则会出现逻辑上的混乱，也会使分析的原因针对性不强。如某 QC 小组的活动课题是"降低铝质连接件加工废品率"，经过现状调查找出加工废品率高的主要问题是某工序废品率高，原因分析时小组没有针对某工序废品率高进行，而是回到课题分析铝质连接件加工废品率高。这样的分析使现状调查找出的关键问题失去了作用，制定目标的依据也没有意义，原因分析由于问题太大、太笼统，难以分析到可以直接采取的对策。

再例如在"降低后底板中间车架焊点不合格率"课题活动中，QC 小组通过现状调查找到问题的主要症结是 A、B 两区阴面的焊点焊偏和漏点，原因分析就应针对焊偏和漏点进行。如果仅分析课题内容中间车架焊点不合格，现状调查则失去作用，而且原因分析的结果很难透彻。

3.5.2 分析原因要彻底

原因分析要一层一层展开到末端原因。而末端原因应该是具体的、能够确认的，并可以直接采取对策的。所谓分析彻底就是将原因分析到可直接采取对策的具体因素为止。例如针对"喷漆质量色泽不均"问题分析原因时，从环境这一角度分析，是因为操作时看不清，再往下分析为什么看不清呢？是因为光线太暗，再往下分析为什么光线暗呢？有两个可能影响的因素：一个是灯少；另一个是灯泡功率小。分析到这里，原因就很具体了，而且已经到了可直接采取对策的程度。针对灯少的原因，对策可定为安装灯；针对灯泡功率小，对策可定为增大灯泡功率。因此，原因分析彻底，就能使对策制定得简单、明确，且针对性强。有不少小组在分析原因时不彻底，有的甚至只分析到第一层原因，诸如将工艺不合理、设备精度低、人员素质差等作为末端因素。这些因素包含的内容大且笼统，如果将其作为末端因素，制定对策则空泛，没有针对性，很难保证对策实施的有效性。

3.5.3 注意的问题

（1）要展示问题的全貌。分析原因要从各种角度把有影响的原因都找出来，尽量避免遗漏。为此，可从"5M1E"即人（man）、机器（machine）、材料（material）、方法（method）、环境（environment）、测量（measurement）几个角度展开分析。如果要分析的是管理问题，则常从影响它的各个管理系统展开分析。

在原因分析的小组会上，组长应从展示问题的全貌入手引导小组进行讨论，充分开阔小组成员的思路。对于小组成员提出的每一条可能影响问题的因素，不管它目前状态如何，是否真正影响，只要是有可能影响的都应记录下来，以避免遗漏。

（2）要正确、恰当地应用统计方法。分析原因时常用的方法有因果图、树图与关联图。各小组在活动过程中，可根据所存在问题的情况以及对方法的熟悉、掌握程度选用。

3.6 确 定 主 要 原 因

通过原因分析，分析出有可能影响问题的原因有很多条，其中有的确实是影响问题的主要原因，有的则不是。这一步骤就是要对诸多原因进行鉴别，把确实影响问题的主要原因找出来，将目前状态良好、对存在问题影响不大的原因排除掉，以便为制定对策提供依据，对症下药。否则，针对所有原因都制定对策并加以实施，必然会造成人力、物力、财力上的浪费，加大了问题难度，延长了解决问题的时间。

3.6.1 确定主要原因的步骤

（1）末端因素收集。在原因分析时用因果图、树图、关联图展示的是原因的全貌，其中有末端原因，也有中间原因。中间原因虽然影响问题，但还受其他原因的影响，末端原因则只影响别的原因而本身不被影响，这是问题的实质。因此，对问题造成影响的真正原因，必然在末端原因之中。因此，要找出并确定主要原因，首先需要把全部末端原因收集起来，以便逐条识别、确认。

（2）不可抗拒因素识别。在末端因素中看是否有不可抗拒的因素。所谓不可抗拒因素，就是指小组乃至企业都无法采取对策的因素。如拉闸限电是供电部门由于城市供电能力不足而采取的分片拉闸限电措施，虽然对本问题造成影响，但这对小组来说是无法采取对策的，属于不可抗拒因素，因此要把它剔除出去，不作为确定主要原因的对象。

（3）末端因素逐条确认。识别主要原因的唯一依据就是客观事实。而能够准确反映客观事实的就是数据。确认就是用数据说话，对末端原因逐条检查，找出影响问题的证据，特别是真正影响问题的主要原因。数据表明该因素确实对问题有重要影响，就"承认"它是主要原因；如数据表明该因素对问题影响不大，就"不承认"该因素为主要原因，并予以排除。个别因素一次调查得到的数据尚不能进行充分判定时，就要再调查、再确认。这和医生看病一样，根据病人的症状，分析可能有的多种病因。如何确诊是什么病因呢？就要通过对病人采取验血、X光透视、胃镜检查、B超、心电图、脑电图等手段，取得数据，并对这些数据进行分析，排除得其他病的可能性，从而确诊病人得的是什么病。如还不能充分证明时，需要做进一步的检查，取得相应的证据，得出最后诊断。

3.6.2 确定主要原因的常用方法

（1）现场验证。现场验证是到现场通过试验取得数据来证明。这对方法类的原因以及工艺标准制定不当等的确认常常是很有效的。此类确认往往是在其他因素不变的情况下进行对比试验，根据结果有无明显差异来判断是否为主要原因。如对某一个参数定得是否合适这一影响因素进行确认时，就需要到现场做一些试验，变动一下该参数，看因此造成的结果有无明显差异，以此来确定它是否为影响问题的主要原因。又如机械行业针对加工某零件时产生变形这一问题所分析的原因是压紧位置不当，对此进行确认时，可到现场改变一下压紧位置，进行试加工，如果变形明显改善，就能判定它确实是主要原因。

（2）现场测试、测量。现场测试、测量是到现场通过亲自测试、测量，取得数据，与标准进行比较，看其符合程度，以此来证明。这对机器、材料、环境类原因的确认，常常是很有效的。如针对机器某一部位的精度差、环境某一项指标过高等，可以借助仪器、仪表到现场实测取得数据；对材料方面的原因可到现场抽取一定数量的实物作为样本进行测试，取得数据，与标准比较确认。

（3）调查、分析。对于人员方面的原因，往往不能用试验或测量的方法来取得数据，可以设计调查表，到现场进行调查、分析，取得数据来确认。

3.6.3 注意的问题

（1）确认主要原因时 QC 小组成员必须亲自到现场，进行实地观察、调查、测量、试验，取得数据，以提供依据。只凭印象、感觉、经验来确认是依据不足的。采用举手表决、01 打分法、按重要度评分法等均不可取。

（2）在确认每条末端原因是否为主要原因时，应根据它对所分析问题的影响程度来确定，而不能仅与现有的工艺标准、操作规程要求进行比较，也不能根据它是否容易解决来确定。

（3）末端原因要逐条确认，否则就有可能漏掉主要原因。如果末端原因较多，可制定主要原因确认计划，按计划分工实施，逐条确认，使确认严密有序。

确定主要原因常用的方法有调查表、简易图表、直方图、散布图、正交试验设计法等。

3.7 制 定 对 策

主要原因确定之后，就可分别针对每条主要原因制定对策。

3.7.1 制定对策的步骤

（1）提出对策。针对每一条主要原因，必然会有各种各样的解决方法，就方案的实效性而言，有的方案是临时性解决办法，有的是永久性改进方案；就方案的解决时间而言，有的方案解决起来需要花费很长时间，有的则短期即可见效；就方案的解决过程而言，有的方案 QC 小组自身无法实施，要靠上级决策或其他部门才能实现，有的是通过 QC 小组自身努力就可实现；就方案需用资金而言，有的方案需花费很多资金，有的则花费很少资金，本小组即可筹措解决。

为此，制定对策的首要问题，就是要针对每一条主要原因，让 QC 小组全体成员根据知识、经验及各种信息，开动脑筋，拓宽思路，独立思考，相互启发，从各个角度提出尽可能多的对策，以供选择确定。如针对工具不好用这一主要原因，是在原有基础上改进，还是重新设计制造一种新的工具，或是用别的工具替代，对策提得越具体越好。这样，每条原因都可提出若干个对策。这里可先不必考虑提出的对策是否可行，只要是可能解决这条主要原因的对策都可提出来，这样才能尽量做到不遗漏真正有效的对策，才能集思广益。

（2）评价和选择对策。QC 小组成员针对每一条主要原因，充分提出各种对策（方案）

之后，就需要对每项对策（方案）进行综合评价，相互比较，选出最令人满意、准备实施的对策。

对每一项对策（方案）进行综合评价，可通过试验、分析等方法，从有效性、可实施性、经济性、可靠性、时间性等方面进行评价，评价原则是在事实和数据的基础上，尽可能量化。

3.7.2　制定对策的原则

（1）对策的有效性。首先要分析研究该对策能不能控制或消除产生问题的主要原因，如果没把握或不能彻底解决问题，则不宜采用，而要另谋良策。

（2）对策的可实施性。选用的对策应是 QC 小组可以实施的，不可实施的对策不宜采用。如对策为增加人员，而企业没有招聘计划，QC 小组把增加人员作为对策则不能实施。另外，利用增加人员来实现目标，也会给企业带来人力资源投入，增加人工成本，需要谨慎考虑。如果所采取的对策实施后会对环境产生影响或违反国家法律法规，此对策是不可取的。

（3）对策的经济性。要分析研究采取对策需要投入多少资金，尽量选取无资金投入或投入很少的方案。

此外，还要考虑本小组是否具备某方面的专业技术能力，对策是否容易实现等。通过对上述诸多方面的综合考虑确定最佳对策。

3.7.3　制定对策表

QC 小组针对每条主要原因，制定对策，设定各对策所达到的目标，明确具体实施措施计划。QC 小组可以根据实际情况和相关内容制定对策表。

对策表是步骤的输出结果，是对主要原因的对策计划。在对策表中，要明确各组员负责做什么、怎么做、在哪儿做、什么时候做、做到什么程度等，这样小组成员就可以按照对策表的要求实施具体操作。因此，对策表要依照"5W1H"的原则制定，其中：

What（对策）——针对主要原因制定的对策是什么。

Why（目标）——完成对策应达到的目标，要用量化值表示。

How（措施）——实现对策的具体做法。

Who（负责人）——根据小组分工明确每一项工作由谁负责。负责人可以由小组中任一成员担任，并非特指组长。

Where（地点）——明确对策措施执行的地点。值得强调的是当地点经常变动、不固定时，应明确是在现场、班组，还是在供方等。地点对于现场不固定的小组十分重要，应交代清楚。

When（时间）——完成对策的时间，可由月份细化到日期。

3.7.4　注意的问题

（1）不要将对策与措施混淆。对策是指针对主要原因小组采取的改进方案，而措施是指实现改进方案的具体做法。

例如：针对光线暗的问题，确定主要原因是灯少，QC 小组采取的对策是安装灯，对策目标是亮度要达到多少（具体数据），措施包括装几盏灯、在什么地方装、用多少瓦的灯泡等。由此可见，对策是针对主要原因所提出的解决方案，而措施是具体可操作的解决方法。

（2）目标要尽可能量化。许多 QC 小组在对策表中的目标只有定性要求，而没有定量的目标值，这样小组通过采取措施后是否符合要求、是否达到了预期的改进效果将无法衡量。没有一个可供检验的标准，对策表就无法给小组的实施以正确的引导。如果确实无法量化，也应尽可能做到目标是可以检查的。

另外，小组在制定对策目标时往往把课题总目标分解为对策目标，这是不对的。由于对策目标是针对主要原因采取措施后所达到的目标，有些对策实施后，是不能直接从课题总目标中看出其解决程度的，只有将所有对策都实施完后，才能对课题目标进行总体检查，而这一步是效果检查所要做的。因此，对策目标不应是课题总目标的分解指标。

（3）针对主要原因逐条制定对策。小组在对策表中要针对所有主要原因逐条制定对策。避免主要原因与对策脱节，给解决问题造成逻辑上的混乱。

（4）避免抽象用语。对策表的作用是指导小组成员具体实施改进，因此，要用清晰、明确的词语描述清楚。在对具体措施进行表述时，避免使用"加强""提高""争取""随时"等模糊的词语。

（5）避免采用临时性的应急对策。如修理行业采用"垫块铜皮"来消除间隙就是属于这种性质的做法。这种临时应急对策不能从根本上防止问题再发生。有的小组在主要原因确认时发现问题存在并及时采取补救措施，在制定对策时，要重新考虑上述补救措施是否恰当，是否能够彻底解决问题并防止再发生。如某小组在原因分析时认为可能是胶皮管脱落导致泄漏，主要原因确认证明了这一事实的存在，小组立即将其接上，解决了问题。制定对策时小组不能认为已经接上就可以了，要提出并制定有效的对策措施来确保胶皮管以后不再脱落。

（6）尽量依靠 QC 小组自己的力量。依靠 QC 小组自身的力量实施对策，能更好地调动小组成员的积极性、创造性，提高 QC 小组成员解决问题的能力。由于对策是 QC 小组成员自己实施完成的，更能激发 QC 小组成员的自豪感，对成果也会倍加爱护。如果大部分对策要依靠别人帮助，要上级领导予以协助，则往往会产生"命运不掌握在自己手中"的想法，而不能顺利解决问题。

制定对策常用的方法有简易图表、矩阵图、树图、PDPC 法、矢线图、优选法、正交试验设计法、头脑风暴法等。

3.8　对　策　实　施

对策表制定完成后，进入到 D 阶段（执行阶段），这一阶段只有一个步骤，即对策实施。QC 小组活动进入对课题症结进行实质性改进的阶段。在这个阶段，QC 小组成员更多的是要发挥专业技术特长，包括成员自身的和小组成员协作的专项技能扩展，以实现改进的目标。

3.8.1　按对策实施

由于确定的主要原因性质各不相同，而对策表中的每条对策都是针对不同主要原因制定的改进措施，因此 QC 小组成员要按照对策表中的改进措施逐项实施，才能确保针对主要原因改进，达到受控状态。

3.8.2　确认结果

在每条对策实施完成后，都应立即收集改进后的数据，与对策表中的每一个对策目标进行比较，以确认对策的有效性。

3.8.3　修正措施

QC 小组在实施阶段有两种情况需要对措施进行适当的修正：一是当 QC 小组成员在实施过程中遇到困难无法进行下去时，组长应及时召开小组讨论会，对于无法实施下去的措施进行修改，制定新的措施计划，并按之实施；二是当 QC 小组确认措施实施后没有达到对策目标，小组要对措施的有效性进行评价，必要时应修改措施内容，以实现对策目标。

3.8.4　注意的问题

（1）在实施过程中各小组成员要随时做好记录，包括每条对策的具体实施时间、参加人员、活动地点、具体做法、费用支出、遇到困难及解决方法等，以真实地反映活动全貌，为小组课题完成后整理成果报告提供依据。

（2）在实施过程中，小组长除了要完成自己负责的对策外，还要更多地组织协调各成员之间的衔接工作，并定期检查实施进程。

（3）每条对策完成后的结果确认十分重要。很多小组没有逐条确认对策完成结果，而是到效果检查阶段直接检查课题的总体效果。这样一旦发现没有达到总体效果，就必须重新对之前的各个阶段进行检查，寻找原因，工作量和工作难度都大大增加，降低了工作效率。

另外要注意的是，部分小组每条对策实施完成后不是检查对策目标实现情况，而是检查课题总目标的完成情况。由于课题总目标往往是一个综合性指标，大多数情况下，只实施一项对策很难对总目标形成影响，因此 QC 小组在每项对策实施后，只需检查相应的对策目标是否实现，而不应检查总目标的完成结果。

（4）每条对策实施后，除去对对策目标实现与否进行确认外，还需对措施的实施是否影响安全、环境、相关质量、管理以及是否带来成本大幅增加进行核查，以评价对策的综合有效性。

在对策实施阶段，由于进入了质量改进的实质性操作阶段，各种改进及结果都需用数据表达，因此可用的工具及方法也最多。常用的工具、方法有调查表、直方图、控制图、过程能力指数、散布图、矩阵图、PDPC 法、箭条图、头脑风暴法、流程图、优选法、正交试验设计法等，QC 小组应根据自己处理数据的实际需要，正确、恰当地选用。

3.9　效　果　检　查

对策表中所有对策全部实施完成并逐条确认达到目标要求后，即所有的主要原因都得到了解决或改进后，应按改进后的条件进行试生产（工作），并从试生产（工作）中收集数据，用以检查改进后所取得的总体效果。这时 QC 小组活动进入 C 阶段——效果检查，此阶段也只有一个步骤。

3.9.1　与课题目标比较

把对策实施后试生产（工作）收集的数据与 QC 小组制定的课题目标值进行比较，看是否达到了预定的目标。可能出现两种情况：一种是达到了小组制定的目标，说明问题已得到解决，就可进入下一步骤，巩固取得的成果，防止问题的再发生；另一种是未达到小组制定的目标，说明问题没有彻底解决，可能是主要原因尚未完成找到，也可能是对策制定得不妥，不能有效地解决问题，因此就要重新进行原因分析，再按各步骤向下进行，直至达到目标。这说明这个 PDCA 循环没有闭环，在 C 阶段中还要进行一个小 PDCA 循环。这正是前面所介绍的 PDCA 循环的特点之一，即大环套小环。

3.9.2　与实施前状况对比

小组在现状调查中，通过调查分析，找出了问题的症结，并针对这一症结着手分析，找出主要原因，制定并实施对策。因此在效果检查中，小组应对问题症结的解决情况进行调查，以明确改进的有效性。

检查的方式可根据现状调查的情况而定。如果现状调查时，只简单地用具体数据来描述，则检查时可简单列表把对策实施前、后的数据进行对比。如果现状调查时用排列图找出问题症结，则检查时同样用排列图来比较，检查问题症结是否由对策实施前的关键少数，变为对策实施后的次要多数，以说明小组活动的改进效果是否明显。

3.9.3　计算经济效益

凡是小组通过改进活动实现了自己所制定的目标，能够计算经济效益的，都应该计算出本次课题活动给企业带来的经济效益，以明确小组活动所做的具体贡献，鼓舞小组成员的士气，更好地调动小组成员的积极性。

1. 关于计算经济效益的期限

目前科学技术的发展日新月异，产品更新换代加速，企业如果跟不上社会的发展和需求，将被时代所淘汰。为此，在计算经济效益的期限时，就没有必要计算得太长。一般来说 QC 小组计算经济效益，不要类推，只计算活动期（包括巩固期）内所产生的效益就可以了。

2. 计算实际产生的效益

QC 小组在改进过程中必然要投入一定的费用。这些投入都要纳入到效益计算中去，为此，QC 小组计算经济效益，要计算实际效益。即

实际效益＝产生的效益－投入的费用

3.9.4 关于社会效益

由于 QC 小组所在的岗位不同、解决的问题不同，经过活动，有的可以创造很大的经济效益，有的创造的经济效益很小，有的创造的经济效益甚至为负数。如某液化气供应站 QC 小组，从收集的信息中得知管区内有两户居民出现因液化气皮管漏气引起爆炸，造成起火伤人事件。他们开展 QC 小组活动，调查原因，发现一千余户居民使用的胶皮管已老化，极易造成破裂，导致爆炸、火灾，经过小组成员采取的改进对策和措施，使老化的胶皮管得到了根治。该小组的活动结果虽然没有得到可计算的经济效益，但是通过活动去除了造成爆炸和火灾的隐患，所带来的社会效益是巨大的。

还有一些公益事业，如幼儿园、敬老院、学校以及一些绿化、环保项目，投入的是社会关注、人文关爱，提供的是优质与贴心的服务，得到的是诚信和造福人类、造福社会的效果。因此，对于这样的成果，在计算效益时可着重社会效益方面的描述，这样有利于鼓舞 QC 小组成员的士气，调动他们参与质量改进的积极性。

3.9.5 注意的问题

效益计算要实事求是，不要拔高夸大或类推、延迟计算年限，更不要把还没有确立的费用，作为 QC 小组取得的效益。

造成一些不符合实际的计算经济效益的现象，主要是有的企业和部门还没有真正理解 QC 小组活动的宗旨，片面认为只要创造经济效益就好，谁的成果创造经济效益大，谁的成果水平就高，就能评为优秀 QC 小组。为此应该明确提出，不应以经济效益的大小来衡量 QC 小组成果水平的高低以及作为评选优秀 QC 小组的依据，这是评审小组成果的基本原则之一。

效果检查常用的方法有调查表、简易图表、控制图、排列图、直方图等。

3.10 制定巩固措施

通过改进活动，QC 小组达到了预定的课题目标，取得效果后，应要把效果维持下去，防止问题的再发生。为此，要制定巩固措施。

3.10.1 有效措施标准化

把对策表中通过实施已证明的有效措施（如变更的工作方法、操作标准；变更的有关参数、图纸、资料、规章制度等）报有关主管部门批准，纳入企业相关标准，或将有效措施纳入班组作业指导书、班组管理办法和制度等。

3.10.2 对纳入的标准要正确执行

已被解决的问题几个月后再次发生，其主要原因是巩固措施没有被严格执行。因此，QC 小组成员要对巩固期的情况到现场进行跟踪，收集数据确认是否按照修订过的新方法、标准操作执行，以确保取得的成果真正得到巩固，并维持在良好的水平上。

3.10.3　注意的问题

在取得效果后的巩固期内要做好记录，进行统计，用数据说明成果的巩固状况。巩固期的长短应根据实际需要确定，只要有足够的时间说明在实际运行中效果是稳定的就可以。巩固期长短的确定，是以能够看到稳定状态为原则的，一般情况下，通过看趋势判别稳定与否，至少应该有 3 个统计周期的数据。

制定巩固措施常用的方法有简易图表、流程图、控制图等。

3.11　总结和下一步打算

3.11.1　总结

没有总结就没有提高。为此，QC 小组在一个课题得到解决之后，要认真回顾活动的全过程：成功与不足之处是什么？哪些方面做得是满意的？哪些方面还不够满意？肯定成功的经验，以利于今后更好地开展活动，接受失败教训，以使今后的活动少走弯路。通过总结，鼓舞士气、增强自信、体现自身价值，提高分析问题和解决问题的能力，更好地调动 QC 小组成员的积极性和创造性。

一般来说，总结可从专业技术、管理技术和 QC 小组成员综合素质三个方面进行。

1. 专业技术方面

在此方面，需要总结 QC 小组在活动中分析问题存在的原因、确定主要原因、制定对策、进行改进都需要用到专业技术。通过活动，使 QC 小组成员的哪些专业技术得到了提高？掌握了哪些专业知识及经验？而哪些专业知识和技能还欠缺？这一切都需要 QC 小组成员在一起认真总结。通过总结必然会使 QC 小组成员在专业技术方面得到一定程度的提高。

2. 管理技术方面

在解决问题的全过程中，QC 小组活动是否按照科学的 PDCA 程序进行，解决问题的思路是否做到一环紧扣一环，具有严密的逻辑性？在各个阶段是否都能够以客观事实和数据作为依据，进行科学的判断、分析与决策？改进方法的应用方面是否正确且恰当？这一切都需要通过总结得到。

通过管理技术方面的总结，能进一步提高小组成员分析问题和解决问题的能力。

3. QC 小组成员综合素质方面

QC 小组在对活动过程总结时，可从以下方面对 QC 小组成员的综合素质进行评价：

（1）质量意识（或安全、环保、成本、效率等意识）是否提高。

（2）问题意识、改进意识是否加强。

（3）分析问题与解决问题的能力是否提高。

（4）QC 方法是否掌握得更多些，且运用得更正确和自如。

（5）团队精神、协作意识是否树立或增强。

（6）工作干劲和热情是否高涨。

（7）创新精神和能力是否增强等。

通过综合素质的自我评价，使 QC 小组成员明确自身的进步，从而更好地调动 QC 小组成员质量改进的积极性和创造性。

QC 小组进行综合素质的自我评价，通常使用评价表并绘制成简单的雷达图或柱状图，使自己或他人一目了然地看出活动前后的对比情况。

3.11.2　下一步打算

在对本次活动进行全面总结的基础上，QC 小组可以提出下一次活动的课题，从而将小组活动持续地开展下去。

对于下一步要解决的课题可以从以下方面来选择：

（1）在现状调查分析问题症结时，找出来的关键少数问题已经解决，原来的次要问题就会上升为主要问题，把它作为下次活动的课题继续解决，将使质量提升到一个新的水平，追求卓越，持续改进。

（2）在最初选择课题时，QC 小组成员曾提出过可供选择的多个课题，经过 QC 小组评估，得分最高者已经解决，在其余的问题中，还可以找出适合 QC 小组解决的问题。

（3）再次发动小组成员广泛提出问题，从中评估选取新课题。

上述 QC 小组活动的程序是国内外 QC 小组活动经验的总结。按此程序进行活动，就能一环紧扣一环地进行下去，从而少走弯路，快捷有效地达到目标。熟练掌握 QC 小组活动程序，正确恰当地应用统计方法，并重视用数据说明事实，就能提高科学地分析和解决问题的能力，从而提高小组成员的综合素质。

以上是问题解决型（包括现场型、攻关型、服务型和管理型）课题的 10 个步骤，但应注意指令性目标和自定目标活动程序的差别，主要是第二步和第三步，不要混淆。指令性目标程序是在选题之后，先设定目标再进行目标可行性分析，而自定目标则需要先进行现状调查，再设定目标，其他各步骤相同。

第**4**章 创新型课题程序

4.1 总 则

创新型课题 QC 小组活动是随着市场的需求、形势的发展以及现场、现实、现物等的变化而产生的。1999 年，中国质量协会开展创新型课题 QC 小组活动的研究，于 2000 年下发了《关于试点开展"创新型"课题 QC 小组活动的建议》，明确了创新型课题是 QC 小组活动一种新的课题类型。

创新型课题，是指 QC 小组成员运用全新的思维和创新的方法，开发新产品（项目、服务）、新工具、新方法或设备等，以提高企业产品的市场竞争力，并不断满足顾客日益增长的新需求，提高企业经营绩效。创新型课题 QC 小组实质是针对研发类项目开展的 QC 小组活动。运用 QC 小组团队成员自愿结合、共同参与的活动形式，充分发挥小组成员的创造性思维，运用小组成员已有的知识、技术和想象力，打破固有约束，提出各种设想与途径，实现预期目标。

创新型课题活动，需注意两个关键点：第一，要敢于对过去说"不"。创新的基础是有计划和系统地淘汰陈旧、正在死亡的事物，只有系统地抛弃过去，才能解放工作和业务上所需的各种资源。因此，创新面对的最大障碍就是不愿抛弃过去；第二，要敢于面对失败。对日常工作或项目的改进，成功率约 50%，而创新性工作的成功率远远不及此值，几乎有 90% 的"卓越想法"很可能是"无效劳动"，多数以失败而告终，但不能认为所做的事情就没有意义。

由于课题类型不同，创新型课题与以往问题解决型课题，在活动思路与活动程序上都有所不同。主要区别有以下几个方面：

（1）立意不同。创新型课题立足于研制原来没有的产品、服务、软件、方法、材料及设备等，即打破现状，突破传统；问题解决型课题是在原有基础上的改进或提高。如果选题在立意上突破常规、追新求变，则应按照创新型课题 QC 小组活动程序开展活动；如果是提高现有产品和业务水平，应选择问题解决型。比如，为实现主变压器铁芯接地电流监测成立 QC 小组，如果课题是针对新型装置研制的即为创新型，如果 QC 小组课题是用于提高监测精度或改进问题的应为问题解决型。

（2）过程不同。创新型课题由于属于开发、研制新产品：新服务、新业务、新方法，是针对过去没有发生过的，当前还没有实现的产品、服务或工作业务而开展的活动，没有历史数据作为参考，即没有现状可查，因此，要以研发课题的目的为切入点，提出各种方案，选择最佳方案；而问题解决型课题则需对现状数据（信息）进行收集调查并加以分析，找出问题的症结所在和影响现状的原因。因此，创新型课题的具体活动程序与常见的问题解决型课题的活动程序不同。

（3）结果不同。创新型课题是从无到有，即由活动前企业不存在的产品、方法、软件等，经过活动完成了研发，创造出新产品、新方法、新技术、新设备等，并成为提高工作效率或增加经营业绩的增值点。需要指出的是，针对有些创新型课题，QC 小组活动后的结果可能还不是很完美，但对解决关键技术问题、满足当前或未来工作需要起到很大的促进作用。而问题解决型课题则是在原有基础上的改进，是不断追求和追逐以实现更加完美的过程。

（4）方法不同。创新型课题更多的是以非数据分析工具为主，如头脑风暴法、亲和图、系统图、PDPC 法、正交试验等；而问题解决型课题则是以数据分析工具为主，非数据分析工具为辅，如排列图、控制图、直方图、散布图等。

因此，创新型课题与问题解决型课题是企业解决不同问题的两种不同活动思维与活动形式，课题本身决定 QC 小组课题类型。各种 QC 小组应根据实际情况选择课题，开展活动，而不要盲目追求创新型课题。

创新型课题存在以下几个方面的主要问题。

1. 选题不对

将创新型课题与问题解决型课题相混淆，把"降低某产品不合格率""提高某产品合格率"等明显是问题解决型的课题，误作为创新型课题。

实际上，课题必须立意在开发研制新产品、新服务、新业务、新方法等方面，课题名称必须清晰明确。

2. 活动程序有误

创新型和问题解决型课题活动类型、程序界定不清；问题解决型课题用创新型课题的部分程序（如提出方案并确定最佳方案），也有创新型课题用问题解决型课题的程序（如现状调查、原因分析等）。实际上，创新型课题和问题解决型课题出发点不一样，因此活动程序完全不同。

在创新型课题试行阶段，曾采用"提出问题，进行课题突破口的选择"这一活动程序。正式推出开展创新型课题后，即用"提出各种方案并确定最佳方案"取代原来的"突破口的选择与评估""对策方案的提出及可行性分析"程序，现在仍有小组沿用"选择突破口"，明显不符合要求。

3. 目标设定不量化，且太多

目标设定不直接，没有量化值，且目标设定太多，不便检查课题活动的实效。

4. 方案选择不彻底

有的小组在提出方案并确定最佳方案的过程中，仅对总体方案进行综合评价；方案选择不彻底；评价的主观性强，而分解方案缺少数据，又不做分析对比。有的小组将分解方案的评价放在制定对策或对策实施过程中进行。

5. 方案选择没有数据，多数为主观判断

具体表现为如在方案选择中采用评价打分法、举手表决法等，而不是通过实际考察、数据分析后再做决定。

确定最佳方案时所存在的问题如下：

（1）提出方案太少，多数只有一次选择比较机会。很多小组没有更广泛地拓宽思路；不能从多角度、多方位提出不同的方案，以进行对比选择；只有两个方案，可选择范围小。有的小组将方案单纯设定为"购置""外委"或"自我开发"，再对这几种方案进行过于"简单"的主观判断，最后根据综合得分选出最佳方案。

（2）方案的对比性差，只是为了比较而比较。

（3）虽然提出两个方案，但明显可用的方案只有一个，另一个方案本身就不属于创新方案或仅仅是为了方案而做的"陪衬"。

（4）没有将总体方案进行分解。

（5）没有对重点、难点案例方案的选择进行实验对比。

（6）方案对比评价中较少运用统计技术。

6. 对策表制订不正确

没有对确定的最佳方案的分解步骤逐一制定对策，对策制定也比较笼统，不具体。这样实施起来较困难，时常出现边做、边修改、边制定的现象。制定对策时的主要问题如下：

（1）没有按分解方案步骤逐一制定对策。

（2）没有针对对策逐项制定目标。

（3）措施没有针对具体对策展开。

7. 实施过程不正确

未按对策表进行逐项措施的实施，也未检查各项措施目标完成情况。

8. 文字叙述多、工具应用少

创新型课题不一定要用两图一表（排列图、因果图、对策表），两图是用于分析现状和原因的，在此处基本没有用处。但这不等于不需要用 QC 工具。除了对策表，可用的方法还有很多，如 PDPC 法、头脑风暴法、直方图、控制图、散布图、亲和图、流程图、系统图以及简易图表等。切不可用大段的文字说明，应该以图表数据为主说明问题。

9. 仍然沿用问题解决型课题的程序

创新型课题的侧重点与问题解决型的不一样，没有问题分析，也不需要针对找出的问题分析原因，因此不能沿用问题解决型课题的程序。

4.2　选　择　课　题

创新型课题立足于研制原来没有的产品、软件、服务、方法、设备等。因此，在选择课题时，要发动全体 QC 小组成员，运用头脑风暴法，打破常规，大胆设想，突破现有产品（服务）、业务、方法的局限，积极思考，从不同的角度寻求创新。如果有多个课题，小组可以采取少数服从多数或矩阵分析等方法，选择小组成员最感兴趣、更具挑战性的课题，以更好地调动小组成员的积极性与创造性，确保活动的顺利进行。此步是创新型课题活动的关键步骤。

1. 课题名称

创新型课题名称是对本次小组创新活动内容的高度概括，要直接针对所要研制的产品、服务、方法、设备等。其特点主要体现在两个方面：①明确本次活动要研发的内容；②体现该课题的创新特征。当然同其他类型的课题名称一样，要简洁、明确，一目了然，避免用抽象语言描述，如应为"输电线路巡检系统的研发""高空作业车乘斗防触碰装置的研制"等。课题名称结构简单的，也可将创新特征放到内容之前，如"研发输电线路巡检系统""研制高空作业车乘斗防触碰装置"。

2．选题理由

选题理由要用简洁清楚的语言表达出课题的立意与来源，如没有可替代的产品及可借鉴的经验，也没有可参考的做法，从而引发了小组成员自己动手创新的想法等。选题理由要做到思路清晰，理由直接，用数据交代清楚。

3．常见问题

在创新型课题的选题中，除出现与问题解决型课题的选题相同问题外，主要还存在以下问题：

（1）课题名称模糊。创新型课题的名称常出现课题界定不清、含糊等问题，即没有创新特征。从课题名称上，无法直接判断出是哪种课题类型。

（2）与问题解决型课题中的攻关型课题相混淆。创新型课题容易与问题解决型中的攻关型课题相混淆。两者有相似之处，又有本质的区别。创新型课题的关注点体现在针对创新型课题提出各种方案，并通过对各方案的试验等手段，选择出最佳方案；而问题解决型中攻关型课题的侧重点是在措施制订和实施上对原有技术、工艺、方法等方面进行的攻关与创新。

例如，有的 QC 小组的课题名称为创新型，也按照创新型课题程序开展活动，成果报告中既无现状调查，也不进行原因分析，但从成果报告所提供的数据和描述中可以清楚地看出 QC 小组活动是针对现状问题开展的，QC 小组解决这一问题，将目标值设定为由活动前的某值提高到活动后的某值。这类课题应属于问题解决型课题中自选目标的攻关型课题。QC 小组应通过现状调查，针对问题症结进行原因分析、确定主要原因、采取对策，直至完成活动的全过程。因此，QC 小组在选题时，应该对课题类型进行清楚地界定，否则很容易使活动课题与活动程序不符。

4．创新型课题选题与问题解决型课题选题的不同点

创新型课题是 QC 小组运用新的思维方式、新的方法，开发新产品（服务）、新工具、新方法，所选择的课题及达到的目标是无先例的，没有现状可调查，需要提出多种方案，对各种方案的可行性进行分析及评价，必要时进行模拟试验以确定最佳方案。

问题解决型课题是小组围绕改进质量、降低消耗和提高经济效益等内容选择课题，选择的课题往往现状存在着问题，与标准或上级下达的指标相比较有差距，为此要找出问题的症结所在，分析造成问题的原因并找出主要原因，然后制定对策加以实施，从而实现目标。

4.3 设定目标及目标可行性论证

设定目标是为 QC 小组活动指明努力的方向，也用于衡量小组活动完成的程度。因

此，创新型课题的目标应围绕所选课题的目的而设定，即将研发的产品、服务、方法等所要达到的目的作为目标。为此，创新型课题的目标应是在符合原有技术性能参数或指标的基础上，进行某一功能、效能等方面的研发，故目标值应围绕此目的而设定，且目标值需量化。

4.3.1 设定目标

创新型课题在确定目标之后，因以前从未做过，确定的目标是否可行不得而知，因此，应进行目标可行性分析。目标可行性分析主要从人员、机器、材料、方法、环境、测试等方面分析小组所拥有的资源、具备的能力，以及课题难易度等。通过目标可行性分析，一是帮助 QC 小组成员系统地发现自身优势，提高活动信心；二是使 QC 小组在活动前能够充分掌握资源配置情况，对可能遇到的问题有充分的思想准备，提高活动的成功率。如需要多少资金投入、什么样的研发环境，以及小组成员所具备的专业能力，当前人员是否满足需求等，从中判断所设定的目标是否可行，确保目标的实现。

QC 小组在进行目标可行性分析时，要注意用数据和事实说明该课题目标实现的可行性，不可只做定性分析。

需要注意的是，在创新型课题的目标确定时，一些 QC 小组常常给自己定两三个目标，且几个目标之间互为条件，容易造成目标的混乱。

4.3.2 创新型课题目标与问题解决型课题目标的不同点

（1）步骤不同。在创新型课题中确定目标与目标可行性分析合并为一个步骤，在问题解决型课题中确定目标是单独的步骤，确定目标的依据在自定目标课题中为现状调查，在指令性目标课题中为目标可行性分析。

（2）目标来源不同。

1）创新型课题目标应是在符合原有技术性能参数或指标的基础上，进行某一功能、效能等方面的研发，故目标值应围绕此目的而设定，且目标值需量化。创新型课题目标属于 QC 小组成员自定目标。

2）问题解决型课题按活动目标的来源，一般分为自定目标和指令性目标。自定目标是小组经过现状调查，明确了可改进程度而制定的目标。指令性目标则分为两种情况：一是上级以指令形式下达给小组的活动目标；二是小组直接选定的上级考核指标。

（3）目标值设定依据不同。创新型课题在目标设定之后，主要从人员、机器、材料、方法、环境、测试等方面分析小组所拥有的资源、具备的能力，以及课题难易度等，并以此来进行目标可行性分析。

问题解决型课题目标设定的依据，来源于现状调查或目标可行性分析（指令性目标）的过程。如果是自定目标，要能够从现状调查中清楚地看到目标设定的依据，当目标设定后，不需要再进行目标的可行性分析，否则将与现状调查内容重复；如果是指令性目标，是否能实现目标，要在目标可行性分析中做进一步说明。目标设定的依据要尽可能以事实为依据，用数据说话。

4.4　提出方案并确定最佳方案

由于创新型课题 QC 小组活动是进行一种创新性的、以往没有过的、带有挑战性的活动，因此要实现课题目标，小组全体成员须用创造性的思维，集思广益，把可能达到预定目标的各种方案（途径）充分地提出来。这些方案不受常规思维、经验的束缚，不拘泥于该方案（途径）技术是否可行、经济是否合理、能力是否达到等。在组员提出的各种想法的基础上，运用亲和图进行整理，去掉重复的，把一些不能形成独立方案的创意归并，形成若干个相对独立的方案。但切不可去掉任何一个看似"离谱"的创意。

4.4.1　提出方案的要点

（1）方案应为多个，至少两个以上，否则无法对方案进行对比选择，但方案不要硬凑，明知确实不可用的应直接去掉。

（2）方案应该具有可比性和独立性，可比性是指各方案提供的信息相互可比，独立性是指总体方案的实质和形式上独立。

（3）方案应尽可能细化分解，直至分解到可以采取的对策为止（此阶段类似于问题解决型课题中的原因分析）。只有对方案进行分解，才能为进一步比较选择、确定最佳方案提供充分的依据。

4.4.2　各种方案的比较

QC 小组全体成员对提出的各种方案逐个进行试验、综合分析、论证、对比，并做出评价。分析论证可以从技术的可行性（含难易程度）、经济的合理性（含需投资多少）、预期效果（实现课题目标的概率）、耗时多少、对其他工作的影响以及对环境的影响等方面进行。

在对各方案进行综合分析和评价过程中，可以采用试验的方法，依据试验结果数据将各个方案的优劣直接进行对比选择；也可以将两个方案中的优势进行组合，形成新的更优方案。在比较方案时，QC 小组应用数据和事实说话，对一些不能够直接对比的项目，必要时可进行模拟试验，获取数据再进行对比。不提倡仅用定性方式进行方案的评价比较，如用矩阵图打分，对优势（强项）、劣势（弱项）评价等，这种评价更多依赖于个人感觉和主观意愿，缺少数据和客观事实作为依据，影响判断的准确性和方案选择的正确性。

4.4.3　选择最佳方案

QC 小组成员在对各个方案进行逐个分析、论证和评价的基础上，通过各方案间的比较，选出最佳方案，也就是准备实施的方案。对于数据比较接近或不能够直接做出判断的，可通过深入调查，必要时可进行小规模的模拟试验进一步论证，以确定最佳方案。

4.4.4　常见问题

1. 方案少且没有可比性

一些 QC 小组在方案提出阶段做得不够充分、全面和严谨，所提出的方案数量少，且方案之间没有可比性。有的 QC 小组早已有了主体方案，其他方案只是作为"陪衬"，这种做法显然违背了创新型课题 QC 小组活动的思想，容易造成过分主观，忽视或错失更好的方案，不利于小组准确、有效地选择出最佳方案，完成课题。

2. 方案选择不彻底

QC 小组在提出各种方案的过程中，常常没有将方案逐级分解到可以直接采取措施的程度，或者是将方案的分解和选择放在制定对策或对策实施步骤中进行。造成方案选择不彻底，无法针对性地制定对策和组织实施，将影响到对各个方案的评价以及 QC 小组活动的效果。

3. 方案选择缺少数据和试验验证

在确定最佳方案的过程中，QC 小组应通过实际考察、数据分析、试验验证后再做选择。而不能采用主观的评价打分法、举手表决法、"0""1"打分法等，这样选择出的方案完全是由 QC 小组成员主观而定，依据不充分，缺乏说服力，最终将会影响方案选择的正确性，以致影响课题目标的实现。

4.5　制　定　对　策

QC 小组在制定对策这一步骤前，先要将选定的准备实施的最佳方案具体化。由于 QC 小组提出并选择方案的过程是边展开、边进行比较的过程，方案往往是多层级的，且每层都要展开到可以采取对策的程度，很难看出方案的系统性和一致性。因此，在所有方案选择完之后，小组应将最终所选的方案用系统图等方法进行整理，以便纳入对策表。如果方案是唯一的，可用系统图展开或用流程图按流程进行描述；如果方案是有备选的，则可以采用 PDPC 图展示。运用 PDPC 法制订对策时，应把第一套方案纳入对策表中。

1. 正确填写对策表

对策表仍须按"5W1H"的标题设计来制定。其中"对策"栏应按小组选择的最佳方案（准备实施的方案）的步骤或手段（要素）逐项列出；"目标"栏则应是每个对策步骤或手段所要达到的对策目标，要尽可能量化；"措施"栏则是指每一项对策目标实现的具体做法，要详细具体描述。其他项与问题解决型课题的要求相同。

2. 常见问题

制定对策表的常见问题主要如下：

（1）未按照所选方案进行。对策制定时，QC 小组所有的方案已经选择完成，这些方案是可以直接采取措施的，因此按方案提出的步骤要逐一将其纳入对策表中。一些 QC 小组常常会出现不是按照所选择的方案制定对策的现象。

（2）在制定对策时又进行方案的展开。由于 QC 小组在上一步骤中对方案分解得不够彻底，因此在对策制订中再进行方案的展开，直到制订了具体的、可实施的措施为止。这种步骤顺序倒置的做法，势必影响到选择活动方案是否最佳，以及活动的实施效果。

除此之外，还常出现对策目标未量化、措施与对策混淆且不具体等问题，与问题解决型课题的常见问题类似。

4.6 对策实施

4.6.1 具体要求

创新型课题对策实施的具体要求主要如下：

（1）按对策表实施。由于所确定的主要原因性质各不相同，而对策表中的每条对策都是针对不同的主要原因制订的改进措施，因此 QC 小组成员要按照对策表中的改进措施逐项实施，才能确保改进，达到受控状态。

（2）确认结果。在每条对策实施完成后，都应立即收集改进后的数据，与对策表中的每一个对策目标进行比较，以确认对策的有效性。

（3）修正措施。QC 小组在实施阶段有两种情况需要对措施进行适当的修正：

1）当 QC 小组成员在实施过程中遇到困难无法实施下去时，组长应及时召开小组讨论会，对于无法实施下去的措施进行修改，制订新的措施计划，并按之实施。

2）当 QC 小组确认措施实施后没有达到对策目标，QC 小组要对措施的有效性进行评价，必要时应修改措施内容，以实现对策目标。

4.6.2 注意事项

（1）在实施过程中各小组成员要随时做好记录，包括每条对策的具体实施时间、参加人员、活动地点、具体做法、费用支出、遇到困难及解决方法等，以真实地反映活动全貌，为课题完成后整理成果报告提供依据。

（2）在实施过程中，小组长除了完成自己负责的对策外，还要更多地组织协调各成员之间的衔接工作，并定期检查实施进程。

（3）每条对策完成后的结果确认十分重要。很多 QC 小组没有逐条确认对策完成结果，而是在效果检查阶段直接检查课题的总体效果。这样一旦发现没有达到总体效果，就必须重新对之前的各个阶段进行检查，寻找原因，工作量和工作难度都大大增加，降低了工作效率。

另外要注意的是，部分 QC 小组在每条对策实施完后不是检查对策目标实现情况，而是检查课题总目标的完成情况。由于课题总目标往往是一个综合性的指标，大多数情况下，只实施一项对策很难对总目标形成影响，因此 QC 小组在每项对策实施后，只需检查相应的对策目标是否实现，而不应检查总目标的完成结果。

（4）每条对策实施后，除去对对策目标实现与否进行确认外，还需对措施的实施是否影响安全、环境、相关质量、管理以及是否带来成本大幅增加进行核查，以评价对策的综合有效性。

在对策实施阶段，由于进入了质量改进的实质性操作阶段，各种改进及结果都需要用数据表达，因此，可用的工具及方法也最多。常用的工具、方法有调查表、直方图、控制图过程能力指数、散布图、矩阵图、PDPC 法、箭条图、头脑风暴法、流程图、优选法、正交试验设计法等，QC 小组应根据自己处理数据的实际需要，正确、恰当地选用。

4.7　效　果　检　查

当全部对策实施完成后，QC 小组成员就要进行效果检查，以确认 QC 小组设定的课题目标是否达成。

可通过收集的客观数据，检查是否达到 QC 小组设定的课题目标。如果达到了课题目标，说明 QC 小组取得了较好的活动效果，完成了此次的创新型活动课题；如果未达到课题目标，QC 小组就要查找原因所在，是措施制订的问题，还是对策方案的问题，必要时再进行新一轮的 PDCA 循环。

QC 小组在效果检查时，不但要计算经济效益，更要证实 QC 小组创新性的活动给未来工作带来的效率、产品质量的改善以及填补国内外相关领域空白等社会效益，以展现QC 小组课题活动的重大意义。

4.8　标　准　化

创新型课题的小组成果如果具有推广意义和价值，在今后生产、服务和工作中可再现、重复应用的，应将对策（方案）和措施进行标准化，标准化的内容可以是设计图纸、工艺规程、管理办法及技术文件等。或根据研发课题的实际情况，经巩固期确认后进行标准化。如"输电线路巡检系统的研发"课题活动结果是研制出一套输电线路的巡检系统，该系统要经过一段时间的巩固期验证，确认能保持稳定运行后，将该系统的操作规范进行标准化，使其在今后的工作中严格遵照执行，确保输电线路安全畅通。

如果有的课题是为解决某个专项问题而进行的一次性问题，可将研发过程的相关资料存档备案，指导今后 QC 小组活动的开展。

创新型课题在产品、项目、工艺、技术、手段和方法等方面实现突破，都是以前没有的，带有创新性的。创新课题成果具有推广价值，应该标准化，以便推广，有的已经得过或正在申请专利。QC 小组活动可及时解决企业当前设备、工器具、工艺和流程等方面的问题，成果形成的周期较短，同时创新成果针对性和局限性较强，积极开展成果专利申请保护与转让，可促进成果的推广和应用，能推动整个行业的发展与进步。因此，QC 小组应增强对创新成果的保护及转让意识，使创新型课题成果发挥更大的价值和作用。

4.9　活动总结和下一步打算

创新型课题成果总结的内容是从创新角度对专业技术、管理技术，特别是小组成员素质等方面进行的全面回顾与总结，找出 QC 小组活动的不足和创新特色，激励今后更好地开展创新课题活动。

下一步应继续寻找并发现小组成员身边和工作现场存在的创新机会，明确下一个创新型课题。

4.10 创新型课题成果评审与评价

4.10.1 评审的"四项基本原则"

（1）抓大放小。

（2）客观有依据。

（3）避免在专业技术上"钻牛角尖"。

（4）不以经济效益大小评价成果优劣。

4.10.2 评审目的

对 QC 小组活动成果进行评审的目的，就是对 QC 小组活动的成果按照 PDCA 循环，对课题活动过程的完整性、工具方法运用的正确性、课题活动的真实性及活动结果的有效性进行客观、公正、全面的评价，以肯定成绩、发现不足，促进 QC 小组活动水平的不断提升。当然，通过评审才能比较出不同 QC 小组活动的水平高低，有利于树立典范、表彰先进，激励 QC 小组成员不断追求更高的目标。

4.10.3 评审要求

QC 小组活动成果的评审包含肯定成绩、指出不足两个方面的内容。评审中如何识得准、抓得实是能否正确引导小组活动的关键，也是考验评审人员水平的要点。评审人员既要指明 QC 小组成果中的优点，以利于今后继续发扬光大，更要准确指出问题所在，而且要注意尺度的把握，使 QC 小组成员明白不足之处，今后怎么做才能有所改进和提高，同时又使 QC 小组成员易于接受，避免挫伤他们的积极性。

4.10.4 总体评价

创新型课题的总体评价主要从以下方面考虑：

（1）成果的创新特点。应指明 QC 小组本次活动课题的主要创新特点。这是 QC 小组本次活动的基本出发点，是决定 QC 小组是否按照创新型程序进行活动的根本依据。如果 QC 小组选择的是问题解决型课题，却按照创新型课题程序开展活动，或者将创新型课题按问题解决型程序组织活动，都会带来活动程序的错误。因此在综合评价时首先要明确 QC 小组本次活动程序是否和课题内容完全一致，是否属于创新型课题。

（2）目标值的完成情况。评价 QC 小组本次课题活动目标值是否完成，创新型课题主要看研发是否成功及是否实现了预期目标，以此来评价 QC 小组的活动效果。

（3）程序、方法的应用情况。从总体上评价 QC 小组的活动程序是否正确，特别是创新过程是否注意采用数据，是否进行了必要的试验验证，并经逐级的分解展开、评价以选择最佳方案。在工具方法的应用方面是否准确、有效。从总体上对 QC 小组活动程序和方法应用水平做一个评价。

（4）有无推广意义。评审时要对 QC 小组本次课题活动的效果及推广意义进行评述。

创新型课题推出时间短，QC 小组对程序和方法的应用也处在不断地摸索实践阶段。评审时要注意 QC 小组在活动程序上有哪些特点，在工具方法应用中有哪些独到之处，可以成为广大 QC 小组学习借鉴的地方，要指出并给予充分的肯定。

（5）结论及改进之处。对 QC 小组本次课题的成果给出总体评价，并指明问题和需要改进之处，特别是要准确地指出 QC 小组活动过程中的不足，为小组今后的活动指明方向。

1. 从程序方面指出不足

QC 小组活动是遵循 PDCA 循环的科学程序进行的，对活动成果的总结应该思路清晰，具有严密的逻辑性。因此，评审时首先要评审活动的全过程是否符合 PDCA 的活动程序，是否按照程序环环相扣。如小组的选题是否为研发新的产品、方法或材料等；目标是否针对研发活动要达到的最终效果，制订目标后是否进行可行性分析，整体评估小组解决问题的能力；是否对方案进行逐级展开评价和选择，最佳方案的选择是否以试验结果为基础；最佳方案选择完成后，是否形成系统方案，并将其纳入对策表；实施过程是否按对策表逐条进行等。评价时只要掌握了各步骤的要点，就能够比较准确地识别出具体执行程序各环节的不足之处。

2. 从方法方面指出不足

创新型课题与问题解决型课题相比，尽管应用的统计方法有限，且定性方法多于定量方法，但还是要评审其统计方法应用是否正确、恰当和有效。在课题提出、最佳方案选择等过程中，根据内容的不同，可以应用头脑风暴法、亲和图、系统图、正交试验、单因素试验等统计方法，如果不能够正确地应用统计方法，将影响小组活动过程的科学性和有效性，从而影响小组的活动效果。

第5章 风力发电QC小组活动成果范例

5.1 降低JF1.5MW风电机组风冷系统变流器故障频次

本课题针对风电机组风冷系统变流器故障引发机组紧急停机，对风电机组整体质量产生较大隐患这一问题，通过QC小组活动有效降低了变流器故障频次，提高了机组整体质量。

5.1.1 课题背景介绍

××风电公司采用33台JF1.5MW风电机组风冷系统，该类型机组是通过变流器将发电机发出来的不稳定、不规则的交流电整流、逆变为与电网同电压、同频率、同相位的交流电，然后并网。风电机组风冷系统在运行过程中不可避免地会报出故障，而变流器故障会引发风电机组紧急停机，对风电机组整体质量产生较大隐患。因此，解决变流器故障可在一定程度上提高整体质量。变流器示意图如图5-1所示。

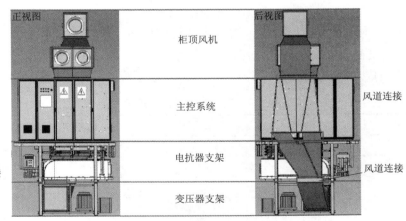

图5-1 变流器示意图

经统计，2017年1—6月变流器故障总次数为55次，总频次为1.67次/台，每月平均故障次数9.17次，每月平均故障频次0.28次/台，故障频次较高。

故障频次=统计时间段内的故障次数/统计时间段内的机组总数

例如：2017年1月变流器故障次数为14次，机组台数为33台，则有

1 月变流器故障频次＝14 次/33 台＝0.42 次/台

5.1.2　小组简介

5.1.2.1　小组概况

"风之影" QC 小组成立于 2017 年 7 月 3 日，2017 年 7 月 3 日开始进行"降低JF1.5MW 风电机组风冷系统变流器故障频次"的 QC 小组活动，2017 年 7 月 5 日登记注册，注册编号：CTGNE/QCC－NEB（DBS）－01－2018。QC 小组概况如图 5－2 所示。

图 5－2　QC 小组概况

5.1.2.2　成员简介

QC 小组成员简介详见表 5－1。

表 5－1　　　　　　　　　　　　QC 小 组 成 员 简 介 表

成员姓名	性别	文化程度	职务/职称	组内职务和分工
杨××	女	硕士研究生	助理政工师	组　长　组织协调
哈×	男	本科	专员	副组长　活动策划
赵××	男	专科	中级技师	副组长　组织协调
肖××	男	本科	高级工程师	副组长　技术指导
袁×	女	硕士研究生	工程师	组　员　成果编制
刘××	男	专科	主值班员	组　员　技术指导
佟×	男	本科	助理工程师	组　员　数据收集
韩××	男	专科	助理工程师	组　员　现场实施
张××	男	专科	副值班员	组　员　现场实施

5.1.3 选题理由

经统计，2017 年 1—6 月，每月变流器平均故障频次为 0.28 次/台，频次较高。××
风电公司电力运行部要求将每月变流器故障频次降到 0.15 次/台以下。变流器故障频次表
见表 5-2。变流器故障频次图如图 5-3 所示。

表 5-2　　　　　　　　　变 流 器 故 障 频 次 表

项目	1	2	3	4	5	6	平均	合计
故障次数	14	8	6	7	12	8	9.17	55
故障频次/(次/台)	0.42	0.24	0.18	0.21	0.36	0.24	0.28	1.67

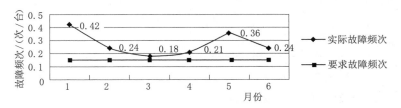

图 5-3　变流器故障频次图

经统计，2017 年 1—6 月变流器故障总次数为 55 次，频次为 1.67 次/台，每月平均故
障次数 9.17 次，频次 0.28 次/台，故障频次较高。

5.1.4 现状调查

5.1.4.1 历史数据调查

QC 小组成员从风电场中央监控中心导出 2017 年 1 月 1 日—6 月 30 日 33 台风电机组
报出的变流器故障，共计 55 条，变流器故障次数统计表见表 5-3。

表 5-3　　　　　　　　　变 流 器 故 障 次 数 统 计 表

序号	故 障 名 称	月份						合计次数
		1	2	3	4	5	6	
1	斩波升压 IGBT 温度不平衡故障	4	5	4	1	3	4	21
2	网侧 IGBT 温度不平衡故障	4	2	0	0	4	2	12
3	IGBT_ok 丢失故障	4	0	0	0	0	1	5
4	变流器充电未完成故障	0	1	0	0	0	0	1
5	网侧滤波电容反馈故障	2	0	0	0	0	0	2
6	斩波升压直流电压高故障	0	0	0	3	2	0	5
7	变流器斩波升压过流故障	0	0	0	2	0	0	2
8	L1b_IGBT 温度高故障	0	0	0	1	1	0	2
9	变流器直流电压低故障	0	0	0	0	0	1	1
10	IGBT 风扇 1 反馈丢失故障	0	0	0	0	0	1	1
11	网侧电抗器温度高故障	0	0	2	0	1	0	3

5.1.4.2　现状剖析

QC 小组成员根据表 5-3，按照故障位置进行分类，整理后得到变流器故障次数分类统计表，见表 5-4。

表 5-4　　　　　　　　　　　　　　变流器故障次数分类统计表

序号	故障类别	月　份						次数合计	百分比 /%	累计百分比 /%
		1	2	3	4	5	6			
1	IGBT 温度故障	8	7	4	2	8	6	35	63.64	63.64
2	信号反馈故障	6	0	0	0	1	1	8	14.55	78.18
3	直流系统故障	0	0	0	3	2	1	6	10.91	89.09
4	电抗器故障	0	0	2	0	1	0	3	5.45	94.55
5	其他故障	0	1	0	2	0	0	3	5.45	100.00
	次数合计	14	8	6	7	12	8	55		

根据表 5-4，绘制变流器故障统计排列图如图 5-4 所示。

由图 5-4 可知，××风电公司 2017 年 1 月 1 日—6 月 30 日，IGBT 温度故障 35 次，占变流器总故障的 63.64%，是变流器故障频次高的症结。

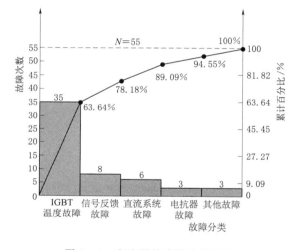

图 5-4　变流器故障统计排列图

5.1.5　确定目标

5.1.5.1　目标依据

对表 5-3 做进一步整理，计算 IGBT 温度故障频次，统计表见表 5-5。

表 5-5　　　　　　　　　　　　　IGBT 温度故障频次统计表

时间	故障次数	故障频次（次/台）	时间	故障次数	故障频次（次/台）
2017 年 1 月	8	0.24	2017 年 5 月	8	0.24
2017 年 2 月	7	0.21	2017 年 6 月	6	0.18
2017 年 3 月	4	0.12	月度平均值	5.83	0.18
2017 年 4 月	2	0.06			

经查看，在 2011 年和 2012 年时 IGBT 温度故障每月不超过 1 次，根据 QC 小组成员多年的维护经验以及以往处理类似故障的效果，可将每月 IGBT 温度故障总次数控制在 1 次左右，由此测算 IGBT 温度故障月平均可降低：

$$0.18 \text{ 次/台} - 1 \text{ 次/33 台} = 0.15 \text{ 次/台}$$

变流器故障频次可下降至：

$$0.28 \text{ 次/台} - 0.15 \text{ 次/台} = 0.13 \text{ 次/台}$$

因此，将月度变流器故障频次目标值定为 0.13 次/台，根据以往经验测算是能够实现的。

5.1.5.2　目标设定

与周边风电场进行对比，其每月变流器平均故障频次为 0.12 次/台，结合以上目标测算依据，将每月变流器平均故障频次由 0.28 次/台降低至 0.13 次/台作为本次活动的目标是可行的，变流器故障频次目标图如图 5-5 所示。

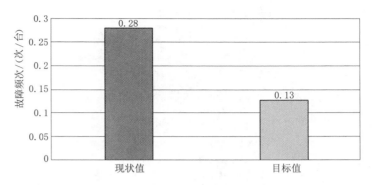

图 5-5　变流器故障频次目标图

5.1.6　原因分析

QC 小组成员针对 IGBT 温度故障，运用头脑风暴法展开分析、讨论，形成树形图，IGBT 温度故障树形图如图 5-6 所示。

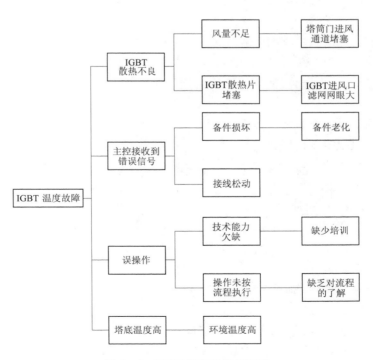

图 5-6　IGBT 温度故障树形图

5.1.7　要因确认

在进行 IGBT 温度故障的原因分析时，对不同原因逐一进行要因确认。

5.1.7.1　塔筒门进风通道堵塞

确认方法：现场调查、数据分析。

确认人：×××。

确认时间：2017 年 8 月 8 日。

确认内容：塔筒门进风通道堵塞。

确认标准：对塔筒门进风通道清理前后风电机组 IGBT 运行温度进行对比。

确认过程：

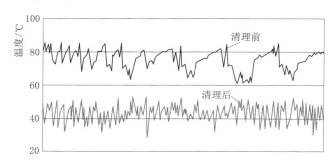

图 5-7　清理前后 IGBT 温度对比图

塔筒门进风通道堵塞，会严重降低进入 IGBT 散热片的冷却风量（冷却风流量不足），引起 IGBT 散热不良，当 IGBT 温度达到 95℃或温差大于 10℃时，机组报出 IGBT 温度故障。

2017 年 8 月 8 日，当机组报出 IGBT 温度故障时，对相关机组塔筒门进风通道进行清理，然后对比在相同负荷下清理前和清理后的 IGBT 温度，发现温差较大。清理前后 IGBT 温度对比图如图 5-7 所示，未清理风道前 IGBT 温度即将达到 95℃，因此在运行一段时间后机组极易报出 IGBT 温度故障。

确认结果：通过对塔筒门进风通道的清理，对比相同负荷下清理前后的 IGBT 温度，其相差约 30℃。

结论：塔筒门进风通道堵塞是主要原因。

5.1.7.2　IGBT 进风口滤网网口大

确认方法：现场调查。

确认人：×××。

确认时间：2017 年 8 月 10 日。

确认内容：IGBT 进风口滤网网眼大。

确认标准：对增加 IGBT 进风口滤网网眼目数前后 IGBT 运行温度进行对比。

确认过程：

当 IGBT 进风口滤网网眼大时，会使大量杂物进入并附着在 IGBT 散热片上，逐渐造成 IGBT 散热片堵塞；热空气聚集在 IGBT 散热片附近，影响 IGBT 散热，使 IGBT 运行过程中温度急剧上升；当温度上升超过设定值后，机组报出 IGBT 温度故障。2017 年 8 月 10 日，QC 小组成员从相关机组 IGBT 散热片上取出杂物并进行通过率实验。

在 IGBT 散热片上取出杂物（此杂物是通过原 3 目滤网进入 IGBT 的，即此杂物可通过 3 目滤网），将此杂物放在 24 目滤网上后，90% 的杂物未通过滤网。该实验可以确认，当大量的灰尘未被滤网阻挡在 IGBT 外，而是直接进入 IGBT 散热片上时，会引起 IGBT 温度故障，杂物在 24 目滤网上的通过率实验如图 5-8 所示。

确认结果：通过实验，24 目的滤网基本可以将大颗粒灰尘等杂质阻挡在 IGBT 进风口滤网外，避免堵塞 IGBT 散热器，影响散热。

结论：IGBT 进风口滤网网口大是主要原因。

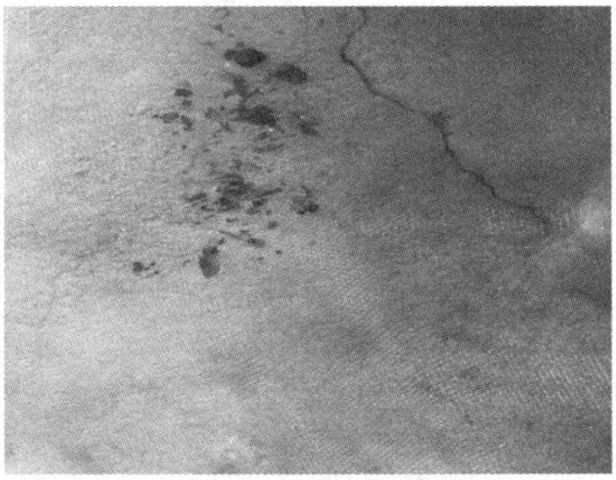

5.1.7.3 备件老化

确认方法：数据分析。

确认人：×××。

确认时间：2017 年 8 月 11 日。

确认内容：备件老化。

图 5-8　杂物在 24 目滤网上通过率实验

确认标准：对比风电机组投运第三年与投运第六年 IGBT 相关备件更换的数量。

确认过程：

IGBT 相关备件老化后容易损坏，会使主控接收到的温度值与实际温度值存在较大差异（主控接收到错误信号），当测量值超过设定值范围时，风电机组报 IGBT 温度故障。2017 年 8 月 11 日，刘××对投运第三年（2014 年）与投运第六年（2017 年）机组更换 IGBT 相关备件数量进行了统计。IGBT 相关备件更换统计表见表 5-6。

表 5-6　IGBT 相关备件更换统计表

年份	IGBT 相关备件更换数量
2014	2
2017	1

确认结果：通过数据统计，在风电机组投运第三年和投运第六年 IGBT 相关备件更换的数量相差不多，因备件老化引起的 IGBT 温度故障也很少。

结论：备件老化不是主要原因。

5.1.7.4 接线松动

确认方法：数据分析。

确认人：×××。

确认时间：2017 年 8 月 11 日。

确认内容：接线松动。

确认标准：统计采用紧固接线方式处理 IGBT 温度故障的占比。

确认过程：

接线松动将会导致主控接收到的温度数据不是 IGBT 工作时的真实数据（主控接收到错误信号，一般接线松动检测到的温度为 850℃，远超出主控设定值），当主控检测到测量值超出设定值范围时，风电机组报 IGBT 温度故障。2017 年 8 月 11 日，××对 2017 年 1—6 月 IGBT 温度故障进行故障原因统计，接线松动引起的 IGBT 故障仅在 2018 年 5 月发生过一次，IGBT 温度故障原因统计表见表 5-7。

确认结果：通过统计数据可知，由于接线松动而引起的 IGBT 温度故障仅 1 次，占比非常小。

结论：接线松动不是主要原因。

表 5－7　　　　　　　　　　　　　IGBT 温度故障原因统计表

统计月份		1	2	3	4	5	6
故障次数		8	7	4	2	8	6
不同原因引 起的故障次数	接线松动	0	0	0	0	1	0
	其他原因	8	7	4	2	7	6
接线松动引起的故障次数		1					
故障总次数		35					

5.1.7.5　缺少培训

确认方法：现场确认。

确认人：×××。

确认时间：2017 年 8 月 16 日。

确认内容：缺少培训。

确认标准：对比培训次数多与培训次数少的人员进行的故障处理效果。

确认过程：

缺少培训将会影响到员工故障处理的技术能力，技能的好坏影响到故障处理的正确性，最终会决定本次故障处理完成后，短时间内是否会重复报出同样故障。2017 年 8 月 16 日，对两台相关风电机组的故障进行处理，QC 小组成员分别派两名参加过多次技术培训的员工进行其中一台风电机组的 IGBT 温度故障处理，派另外两名参加较少技术培训的员工进行另一台风电机组的 IGBT 温度故障处理。

确认结果：两台风电机组在故障处理完成后 1 个月内 IGBT 温度故障未重复报出。

结论：缺少培训不是主要原因。

5.1.7.6　缺乏对流程的了解

确认方法：现场确认。

确认人：×××。

确认时间：2017 年 8 月 22 日。

确认内容：缺乏对流程的了解。

确认标准：比较对流程了解人员与对流程不了解人员进行的故障处理效果。

确认过程：

对故障处理流程不了解，很容易导致在故障处理过程中的误操作，导致机组报出 IGBT 温度故障。2017 年 8 月 22 日，对两台相关风电机组的故障进行处理，QC 小组成员分别派两名对流程了解的员工进行其中一台风电机组 IGBT 温度故障处理，派另外两名对流程不了解的员工进行另一台风电机组 IGBT 温度故障处理。

确认结果：比两台风电机组在故障处理完成后 1 个月内均未报出相同故障。

结论：缺乏对流程的了解不是主要原因。

5.1.7.7　环境温度高

确认方法：数据分析。

确认人：×××。

确认时间：2017 年 8 月 11 日。

确认内容：环境温度高。

确认标准：统计月度 IGBT 温度故障，确定故障次数与环境温度的线性关系。

确认过程：

冷却风来自塔筒外部的环境，通过塔筒门进入塔底，IGBT 在塔底工作，IGBT 初始工作环境温度高，工作一段时间后可能更容易导致 IGBT 温度故障。2017 年 8 月 11 日，×××统计了 1—6 月每月 IGBT 温度故障次数与平均环境温度。绘制了故障次数—环境温度关系图，如图 5－9 所

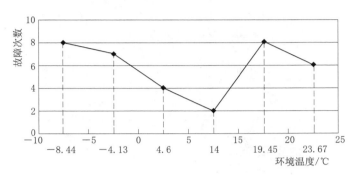

图 5－9　故障次数—环境温度关系图

示。图 5－9 横坐标为月平均环境温度，纵坐标为变流器月度 IGBT 温度故障次数，由图 5－9 可知 IGBT 温度故障次数和环境温度并非呈线性正比关系（随着环境温度升高 IGBT 温度故障次数并未增多）。因此，环境温度高对 IGBT 温度故障的影响较小。

确认结果：通过统计数据可知，环境温度低时 IGBT 温度故障并未减少，环境温度高时 IGBT 温度故障并未增加。

结论：环境温度高不是主要原因。

QC 小组成员通过对以上 7 条引起 IGBT 温度故障的末端原因分析，最终确定主要原因有 2 条：①塔筒门进风通道堵塞；②IGBT 进风口滤网网眼大。

5.1.8　制定对策

QC 小组成员针对以上 2 种引起 IGBT 温度故障的主要原因，制定对策表，见表 5－8。

表 5－8　　　　　　　　　　　　　　　　对　策　表

序号	主要原因	对策	目标	措　施	负责人	地点	完成日期
1	塔筒门进风通道堵塞	对塔筒门进风口通道滤网进行改造	通风量由原来的 0.189m³/s 提升至 0.378m³/s	（1）从旧滤网框架上拆卸旧过滤棉，制作两侧用钢丝网固定的新滤网； （2）将新制的滤网安装在滤网框架上； （3）测量原来滤网通风风速； （4）拆卸旧滤网，更换新滤网； （5）将新滤网安装至塔筒门。计算通风流量是否达到目标值	×××	机组塔筒门	2017 年 9 月 15 日

序号	主要原因	对策	目标	措　施	负责人	地点	完成日期
2	IGBT 进风口滤网网眼大	对变流器进风口滤网进行改造	将 IGBT 进风口滤网目数缩小到 24 目，使其成为 5 面进风的立体进风口	（1）测量风箱网尺寸、设计新型滤网； （2）清理原来 IGBT 散热片上的灰尘； （3）安装新滤网； （4）检查新滤网是否可有效阻挡灰尘。对比检查 IGBT 散热片是否被堵塞	×××	机组塔底风箱	2017 年 9 月 20 日

5.1.9　对策实施

5.1.9.1　对策实施一

对塔筒门进风口滤网进行改造。将塔筒门滤网更换成通风量更好、更耐用的带有金属网和过滤棉的滤网。

步骤 1：

从旧滤网框架上拆卸旧过滤棉，制作两侧用钢丝网固定的新滤网，制作新型过滤网如图 5－10 所示。

步骤 2：

将新制的滤网安装在滤网框架上。新型过滤网如图 5－11 所示。

图 5－10　制作新型过滤网

图 5－11　新型过滤网

步骤 3：

将 IGBT 通风风扇启动，采用手持风速仪，测量原滤网通风风速，风速为 0.9m/s。原滤网风速测量如图 5－12 所示。

步骤 4：

拆卸旧滤网、安装新滤网。新滤网安装如图 5－13 所示。

步骤 5：

将 IGBT 通风风扇启动，采用手持风速仪测量新滤网通风风速，风速为 2.8m/s。新滤网风速测量如图 5－14 所示。

可以计算通风流量的变化。

图 5-12 原滤网风速测量

图 5-13 新滤网安装

图 5-14 新滤网风速测量

气体流量计算公式为

$$Q = Sv$$

式中　　S——横截面积；

　　　　v——气体流速。

经计算，改造后的气体流量 $Q = 0.756\mathrm{m}^3/\mathrm{s}$，大于目标值 $0.378\mathrm{m}^3/\mathrm{s}$。

5.1.9.2　对策实施二

对 IGBT 进风口滤网进行改造，将原来 3 目 1 面进风的滤网改造为 24 目 5 面进风的新型滤网。

图 5-15　原风箱尺寸测量

步骤 1：

测量原来风箱正面尺寸，尺寸为：810mm×820mm，设计新型滤网。原风箱尺寸测量如图 5-15 所示。

步骤 2：

用吸尘器将 IGBT 散热片中的灰尘清理干净。

灰尘清理如图 5-16 所示。

步骤 3：

新制过滤网的长、宽、高分别为：810mm、800mm、820mm，目数为 24 目，进风面 5 面，滤网安装如图 5-17 所示。

步骤 4：

改造后 2 个月检查发现，新改造的滤网 5 个进风面均附着有细小的灰尘（灰尘被阻挡在变流器系统外部）。灰尘附着在滤网上如图 5-18 所示。

图 5-16　灰尘清理

图 5-17　滤网安装

图 5-18　灰尘附着在滤网上

步骤 5：

对比检查 IGBT 散热片，进行透光测试，光透过 IGBT 散热片后投影在挡板上的轮廓清晰，说明 IGBT 散热片上干净无杂物。改造后光发射端和光接收端如图 5 - 19 和图 5 - 20 所示。

图 5 - 19　改造后光发射端

图 5 - 20　改造后光接收端

对比改造前，光线几乎被 IGBT 内部灰尘完全阻挡，投影在挡板上的光线很少，改造前光发射端和光接收端如图 5 - 21 和图 5 - 22 所示。

图 5 - 21　改造前光发射端

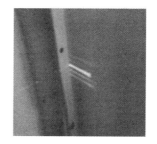

图 5 - 22　改造前光接收端

5.1.10　效果检查

2018 年 4 月 2 日，QC 小组成员从中央监控中心导出 2017 年 10 月 1 日—2018 年 3 月 31 日的故障数据，整理后得到活动后变流器故障统计表，见表 5 - 9。

表 5 - 9　　　　　　　　　活动后变流器故障统计表

故障类别	2017 年			2018 年			故障次数小计	百分比/%	累计百分比/%
	10 月	11 月	12 月	1 月	2 月	3 月			
直流系统故障	2	1	0	1	1	1	6	27.27	27.27
IGBT 温度故障	1	1	1	1	1	0	5	22.73	50.00
信号反馈故障	0	1	2	0	0	1	4	18.18	68.18
电抗器故障	1	0	0	0	1	1	3	13.64	81.82
其他故障	0	1	1	1	1	0	4	18.18	100.00
合计	4	4	4	3	4	3	22		

按照表 5-9，绘制活动后变流器故障统计排列图如图 5-23 所示，可与图 5-4 进行对比。

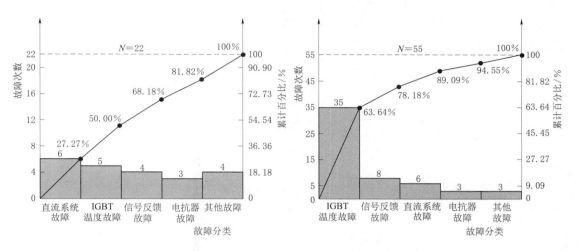

图 5-23　活动后变流器故障统计排列图

QC 小组成员对活动前后变流器故障频次按照月度进行统计，计算每月变流器平均故障频次，活动前后数据对比表见表 5-10。

表 5-10　活动前后数据对比表

| 活动前数据 | | | | | | | | 活动后数据 | | | | | | | |
时间/ (年.月)	IGBT 温度 故障 次数	信号 反馈 故障 次数	直流 系统 故障 次数	电抗 器 故障 次数	其他 故障 次数	故障 次数 合计	故障 频次/ (次 /台)	平均 故障 频次/ (次 /台)	时间/ (年.月)	IGBT 温度 故障 次数	信号 反馈 故障 次数	直流 系统 故障 次数	电抗 器 故障 次数	其他 故障 次数	故障 次数 合计	故障 频次/ (次 /台)	平均 故障 频次/ (次 /台)
2017.1	8	6	0	0	0	14	0.42		2017.10	1	0	2	1	0	4	0.12	
2017.2	7	0	0	0	1	8	0.24		2017.11	1	1	1	0	1	4	0.12	
2017.3	4	0	0	2	0	6	0.18	0.28	2017.12	1	2	0	0	1	4	0.12	0.11
2017.4	0	0	3	0	2	7	0.21		2018.1	1	0	1	0	1	3	0.09	
2017.5	8	1	2	1	0	12	0.36		2018.2	1	0	1	0	1	3	0.12	
2017.6	6	1	1	0	0	8	0.24		2018.3	0	1	1	0	1	3	0.09	

活动前后变流器故障频次按照月度进行效果对比，活动前后效果图如图 5-24 所示。

QC 小组成员对活动前后各 6 个月变流器平均故障频次进行了统计，效果对比图如图 5-25 所示。

由图 5-25 可知，"风之影" QC 小组通过开展"降低 JF1.5MW 风冷机组变流器故障频次" QC 活动，有效地将每月变流器平均故障频次从 0.28 次/台降低至 0.11 次/台，达到目标 0.13 次/台。

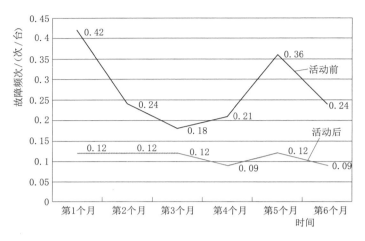

图 5 - 24 活动前后效果图

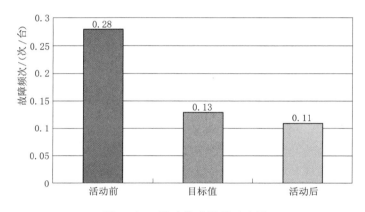

图 5 - 25 活动前后效果对比图

5.1.11 制定巩固措施

××风电公司通过本次 QC 活动，有效降低了变流器故障频次。为了持续保持变流器系统运行的稳定性，特编制了以下巩固措施：

（1）为保持塔筒门过滤网的清洁，QC 小组制定了详细的塔筒门过滤网清洗作业指导方案。作业指导书内容如下：

1）每月进行一次对塔筒门过滤网的进风流量测量工作。

2）当塔筒门过滤网流量低于 0.378m³/s 时进行清洁工作，步骤如下：①拆下塔筒门进风过滤网；②用高压水枪将过滤网冲洗干净；③将冲洗后的过滤网放置于阳光下或通风处 1h，直至过滤网没有水珠；④安装塔筒门过滤网。

（2）为保持变流器滤网和变流器的清洁，QC 小组制定了详细的变流器滤网和变流器清灰作业指导方案。作业指导书内容如下：

1）每月进行一次 IGBT 进风口滤网的检查工作。

2）当站在 IGBT 进风口正前方看不到 IGBT 进风口冷却风扇的位置时，对 IGBT 进风口滤网进行清洁，步骤如下：①风电机组停机并调至维护模式；②等待冷却风扇停止运行；③用毛刷、吸尘器等工具将 IGBT 滤网清理干净，直至可清晰地看到冷却风扇；④将风电机组模式调至正常。

经××风电公司场站一级经理批准，将指导方案编写在《××风电公司 JF 部件维护作业指导书》中。废除原作业指导书，计划 2018 年 5 月开始执行新版《××风电公司 JF 部件维护作业指导书》。

5.1.12 活动总结和下一步打算

通过本次 QC 活动有效降低了变流器故障频次，提高了 QC 小组成员对变流器故障的分析和处理能力，掌握了质量活动中的工具使用方法和管理流程，提升了 QC 小组成员发现问题、分析问题、解决问题的能力。同时，此次活动使变流器系统运行稳定性得到了很好的改善，有效提升了机组运行稳定性，提高了机组可利用率，降低了发电损失。但依然存在一些不足，QC 小组成员之间的配合还需进一步提高，主要体现在人力、成本、进度和沟通领域。

因此，下一阶段要继续运用 QC 这种科学的方法解决问题，本次活动使变流器故障频次高的问题得到了很好改善，而叶轮系统故障上升为影响机组运行稳定性的主要问题。因此，下一步计划继续通过开展 QC 小组活动降低叶轮系统故障频次，在不断提升机组运行稳定性的同时建立一支高效、和谐的 QC 团队。

5.2 降低 SVG 故障率

本课题针对静止无功发生器（static var generator，SVG）随运行时间的增加，故障次数呈上升趋势这一问题，通过 QC 小组活动有效降低了 SVG 故障率，提高了设备的可利用率。

5.2.1 课题背景介绍

SVG 主要用来补偿电网中频繁波动的无功功率，抑制电网闪变和谐波，提高电网的功率因数，降低供电变压器及输送线路的损耗，提高供电效率，改善供电环境。因此 SVG 在电力供电系统中处在一个非常重要的位置。

5.2.2 小组简介

5.2.2.1 小组概况

QC 小组于 2017 年 10 月 10 日成立，并于 2018 年 1 月 20 日注册，注册编号：CTGNE/QCC - NWB（JC）- 05 - 2018。

QC 小组概况见表 5 - 11。

5.2.2.2 成员简介

QC 小组成员简介表见表 5 - 12。

表 5 - 11

QC 小 组 概 况

小组名称	"挑战者"		
课题名称	降低 SVG 故障率		
成立时间	2017 年 9 月 20 日	注册时间	2017 年 9 月 26 日
注册编号	CTGNE/QCC-NWB（JC）-05-2018	课题类型	现场型
活动时间	2017 年 10 月—2018 年 04 月	活动次数	12 次
学习时长	24h/人	出勤率	92%

表 5 - 12

QC 小 组 成 员 简 介 表

成员姓名	性别	文化程度	职务/职称	组内职务和分工
李××	男	本科	经理	组长　组织协调
苏×	男	本科	值班长	副组长　技术指导
雷××	男	本科	高级主管	组员　组织协调
杨××	女	本科	主管	组员　组织协调
哈×	男	本科	专员	组员　组织协调
万××	男	本科	主值班员	组员　数据收集
郝××	男	大专	主值班员	组员　数据收集
包××	男	本科	主值班员	组员　现场实施
陈××	男	本科	主值班员	组员　现场实施
刘××	男	本科	副值班员	组员　成果编制
郑×	男	本科	值班员	组员　成果编制
闫××	男	大专	主值班员	组员　成果编制

5.2.3　选题理由

　　QC 小组成员对 2017 年 10—12 月 A、B 风电场 1 号 SVG 因故障跳闸停运次数和停运时间进行了调查与统计，SVG 故障统计表见表 5 - 13。

表 5 - 13

SVG 故 障 统 计 表

月份	10	11	12	合计
故障次数	3	6	7	16

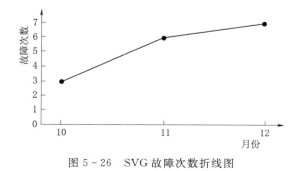

图 5 - 26　SVG 故障次数折线图

　　根据表 5 - 12 绘制出 SVG 故障次数折线图，如图 5 - 26 所示。

　　从图 5 - 26 可以看出 1 号 SVG 随运行时间的增加，其故障次数呈上升趋势，减少故障跳闸次数迫在眉睫。为此 QC 小组选定"降低 SVG 故障率"作为本次活动的课题。

5.2.4 现状调查

1 号 SVG 因故障跳闸有多种原因，对表 5-13 中 16 次故障跳闸进行分析统计后，SVG 故障次数分类统计表，见表 5-14。

表 5-14 　　　　　　　　　　　　SVG 故障次数分类统计表

序号	故障名称	故障次数	累计次数	累计百分率/%
1	链节驱动故障	8	8	50.00
2	链节故障	5	13	81.25
3	通信链节故障	2	15	93.75
4	分相控制器故障	1	16	100

根据表 5-13，绘制 SVG 故障统计排列图，如图 5-27 所示。

由图 5-27 可知，链节驱动故障和链节故障占故障跳闸次数的 81.25%，是需要解决的主要症结。

5.2.5 确定目标

5.2.5.1 目标依据

目前 A、B 风电场 2017 年 10—12 月 1 号 SVG 月平均故障跳闸次数约为

16 次/3 月＝5.33 次/月

与此相邻的 C 风电场同型号 SVG 运行稳定，QC 小组成

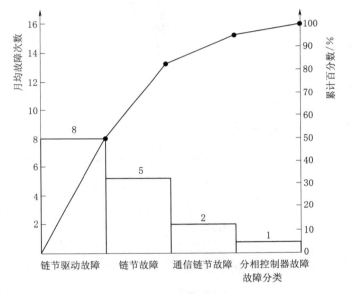

图 5-27　SVG 故障统计排列图

员对 2017 年 10—12 月 C 风电场 1 号 SVG 因故障跳闸停运次数和停运时间进行了调查与统计，其 SVG 故障统计表见表 5-15。

表 5-15 　　　　　　　　　　　对比风电场 SVG 故障统计表

月份	10	11	12	合计
故障次数	0	2	1	3

若 A、B 风电场与 C 风电场故障次数持平，则 1 号 SVG 月平均故障跳闸次数为 1 次/月。

约可下降：

$$(5.33-1)/5.33 \times 100\% = 81.23\%$$

5.2.5.2　目标设定

QC 小组确认的目标为 SVG 故障次数降至 1 次/月。SVG 故障次数目标如图 5-28 所示。

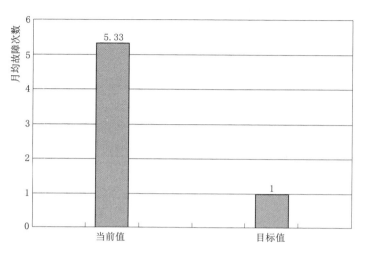

图 5-28　SVG 故障次数目标

5.2.6　原因分析

QC 小组成员针对发现的症结应用因果图进行分析。因果图如图 5-29 所示。

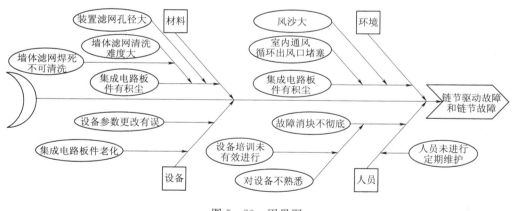

图 5-29　因果图

5.2.7　要因确认

为找到链节故障和链节驱动故障这一症结的主要原因，QC 小组成员集中开展了要因确认。

5.2.7.1　人员未进行定期维护

经检查在实际工作中，每月均会定期对 SVG 室进行卫生清扫工作。

结果确认：非要因。

5.2.7.2 设备培训未有效进行

2017 年培训次数统计表见表 5-16。

表 5-16   2017 年培训次数统计表

组织单位	总次数	关于 SVG 方面的培训次数	组织单位	总次数	关于 SVG 方面的培训次数
分公司	6	0	场站	24	2
项目公司	12	1	总计	42	3

现场人员技术培训是公司的重要工作内容组成，分公司开展在线培训，项目公司组织定期技术培训考试，场站制定详细培训计划表。以上培训涉及升压站内所有设备。2017年 SY-SVG 培训已开展三次。

结果确认：非要因。

5.2.7.3 集成电路板件老化

由于设备 2016 年年初才开始投用，对部分设备板件进行抽样检查，未发现板件老化现象。

结果确认：非要因。

5.2.7.4 设备参数更改有误

QC 小组成员针对这个可能出现的原因进行实地对照检查，逐一比对相关参数，所有参数值均符合设定要求。控制参数与系统版本如图 5-30、图 5-31 所示。

图 5-30 控制参数

图 5-31 系统版本

结果确认：非要因。

5.2.7.5 装置滤网孔径大

现场人员实地用粗细两种海绵滤网进行实验观察，两种滤网都能起到过滤效果。但室内灰尘量多，久而久之进入装置内部，附着在装置集成板件上。小孔、大孔海绵滤网如图 5-32、图 5-33 所示。

结果确认：非要因。

5.2.7.6 室内通风循环出风口堵塞

QC 小组成员对出风口风机和通道进行实地检查，控制显示器和风机本身均处于投用状态。风扇反馈状态量如图 5-34 所示。出风口如图 5-35 所示。

结果确认：非要因。

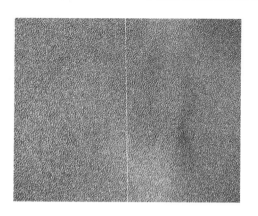

图 5 - 32　小孔海绵滤网

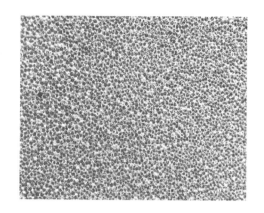

图 5 - 33　大孔海绵滤网

图 5 - 34　风扇反馈状态量

图 5 - 35　出风口

5.2.7.7　墙体滤网焊死不可清洗

　　1 号 SVG 室墙体滤网在运行过程中不可拆卸，未有效对此滤网进行清洗，观察发现滤网积灰较多。滤网如图 5 - 36 所示。

　　因 1 号 SVG 的散热方式为风冷循环散热，因此可以得出结论，墙体滤网不可拆卸清洗是造成链节故障和链节驱动故障的主要原因。

　　结果确认：要因。

图 5 - 36　滤网

5.2.8　制定对策

　　主要原因已经确定为墙体滤网焊死不可清洗，QC 小组通过讨论制定对策：把以前无法拆解的 1 号 SVG 室墙体滤网进行改进，做成可以拆解的墙体滤网，定期对 1 号 SVG 室墙体滤网进行拆解更换并对拆解下的墙体滤网清洗，从而使墙体滤网通风顺畅。对策表见

表 5 - 17。

表 5 - 17   对 策 表

主要原因	对策内容	目标	措施	地点	负责人	计划时间
墙体滤网焊死不可清洗	设计一种可拆卸的滤网	改造后，SVG 故障次数不大于 1 次/月	将无法拆解的滤网改造成可拆解的滤网	SVG 室外	×××	2018 年 1—3 月

5.2.9 对策实施

2018 年 1 月 A、B 风电场向调度申请 1 号 SVG 由运行转检修，对室外墙面滤网进行了改造，将原先室外墙面滤网整体拆除，重新测量尺寸，将墙面滤网更换为新型可拆洗海绵滤网。改造前、后示意图如图 5 - 37、图 5 - 38 所示。

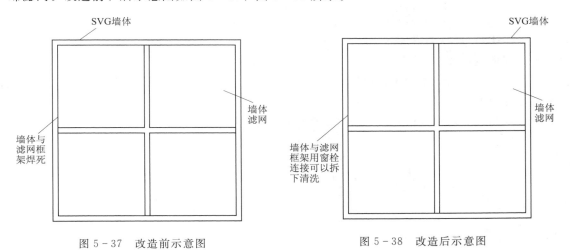

图 5 - 37   改造前示意图   图 5 - 38   改造后示意图

5.2.10 效果检查

截至目前，A、B 风电场 1 号 SVG 运行正常，未报链节故障、链节驱动故障。

结合之前的统计情况，对 QC 小组活动前后 A、B 风电场 1 号 SVG 故障跳闸数据进行了对比，见表 5 - 18。

表 5 - 18   QC 小组活动前后故障跳闸次数对比表

QC 小组活动前故障总次数	QC 小组活动前故障月均次数	QC 小组活动后故障总次数	QC 小组活动后故障月均次数
16	5.33	2	0.67

根据表 5 - 17 绘制 QC 小组活动前后故障跳闸次数对照图，如图 5 - 39 所示。

事实证明，通过 QC 小组活动成功地将 A、B 风电场 1 号 SVG 故障跳闸次数从 5.33 次/月降低到 0.67 次/月，降低率为 87.43%，圆满达成并超过了 QC 小组活动的预期目标。

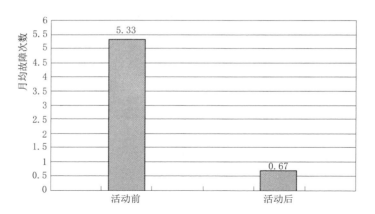

图 5 - 39　QC 小组活动前后故障跳闸次数对照图

通过 QC 小组活动的实施，1 号 SVG 故障次数减少，其带来的经济效益如下：

按 2017 年度第四季度故障跳闸 14 次计算。

其损坏电源接口板 1 个，损坏 15V 电源盒 2 个，损坏集成电路监控板 11 个。

每个电源接口板市场预估价 300 元，每个 15V 电源盒市场预估价 3000 元，每个集成电路监控板市场预估价 10000 元，每更换一次所产生的人工交通住宿等费用 3000 元。

重新制作滤网框架以及滤网采购费用总计 7000 元。

计算可得

$$300＋3000×2＋10000×11＋3000×14－7000＝151300 \text{ 元}$$

通过经济分析，认为通过本次 QC 小组活动所实施的改进，将带来每年约 15.13 万元的经济效益。

5.2.11　制定巩固措施

通过本次 QC 小组经验总结，今后在风电场定期工作中将 SVG 室墙体滤网清洗作为风电场定期工作中的重点项目来落实执行，保证 SVG 室墙体滤网通风流畅，以达到降低 SVG 故障率的目的。

西北区域风电场大多地处戈壁滩，风沙都较大，风冷循环散热方式的 SVG 较多。目前对 C 风电场通过改造。将 1 号、2 号 SVG 室墙体滤网改造为可拆卸结构的网门，以便于日常滤网清洗，效果正在检验中。

5.2.12　活动总结和下一步打算

通过这次 QC 小组活动，QC 小组成员都受益匪浅。不仅锻炼了大家思考和动手能力，而且加强了团队的凝聚力。因此得出结论：只要认真做好日常工作，从小事和细节做起，就能发现和解决问题。此项课题通过大家的共同努力，提高了设备的可利用率，达到了预期效果。我们认为要确保设备安全稳定运行，必须做到立足防范，强化设备管理水平。要求运维人员不断学习新知识、新方法，不断提高人员的业务素质和操作技能，与企业一起成长，一起进步，为继续做好这项活动打下良好的基础。

尽管这次活动取得了很大的进步，但鉴于 SVG 在输电系统中所处的重要位置，目前停运时间长的现状依然有很大的改进空间。为此小组注册的下一个课题为提高 SVG 无故障运行时间。

5.3　降低集电线路跌落开关脱落次数

本课题针对跌落开关脱落现象容易造成风电机组故障停机这一问题，通过 QC 小组活动有效降低了集电线路跌落开关脱落次数，减少了发电量损失和处理故障所需的人力、物力。

5.3.1　课题背景介绍

跌落开关是一种熔断器保护开关，主要用于 $10 \sim 35kV$ 线路中，在风电场集电线路中应用广泛。××风电场共有 35kV 集电线路 24 回，集电线路共使用 263 套跌落开关，但经常出现跌落开关脱落现象，跌落开关的脱落容易造成风电机组故障停机、零部件烧坏以及集电线路跳闸，直接影响发电量，甚至有导致风电机组飞车的可能；因此，跌落开关的频繁脱落给现场的生产运行带来一定的安全隐患。

5.3.2　小组简介

5.3.2.1　小组概况

"草原雄鹰" QC 小组于 2017 年 1 月 20 日成立，并于 2017 年 1 月 20 日登记注册，注册编号：CTGNE/QCC－IM（SZW）－01－2017，QC 小组概况见表 5－19。

表 5－19　　　　　　　　　　QC 小 组 概 况

单位	××风电公司		
小组名称	"草原雄鹰"		
课题名称	降低集电线路开关脱落次数		
成立时间	2017 年 1 月 20 日	注册时间	2017 年 1 月 20 日
注册编号	CTGNE/QCC－IM（SZW）－01－2017	课题类型	现场型
活动时间	2017 年 1 月 20 日—2018 年 1 月 20 日	出勤率	96%

5.3.2.2　成员简介

QC 小组成员简介表见表 5－20。

表 5－20　　　　　　　　　　QC 小 组 成 员 简 介 表

序号	成员姓名	性别	文化程度	组内职务和分工
1	靳××	男	本科	组长　组织协调、技术指导
2	毕×××	男	专科	副组长　活动策划、技术指导
3	哈×	男	本科	副组长　组织协调
4	孙××	男	本科	成员　成果编制
5	贾×	男	本科	成员　数据采集

序号	成员姓名	性别	文化程度	组内职务和分工	
6	张××	男	本科	成员	现场实施
7	杜×	男	专科	成员	现场实施
8	王××	男	专科	成员	数据采集
9	王××	男	专科	成员	现场实施
10	王××	男	本科	成员	组织协调
11	李×	男	本科	成员	技术指导

5.3.3　选题理由

根据与公司另一个规模相同的 A 风电场在 2016 年 5—12 月期间跌落开关的脱落情况进行对比后发现，A 风电场跌落开关的脱落次数只有 14 次，而××风电场在这期间的脱落次数达到 36 次，对比表见表 5-21。

表 5-21				2016 年 5—12 月跌落开关脱落次数对比表					
月份	5	6	7	8	9	10	11	12	总计
A 风电场 跌落开关脱落次数	1	2	0	0	2	2	4	3	14
××风电场 跌落开关脱落次数	5	3	3	2	3	5	7	8	36

根据表 5-21，绘制两个风电场跌落开关脱落次数对比折线图，如图 5-40 所示。

××风电场跌落开关的脱落次数已经远大于 A 风电场，因此选定了降低集电线路跌落开关脱落次数作为 QC 小组的活动课题。

5.3.4　现状调查

跌落开关脱落情况统计表见表 5-22。

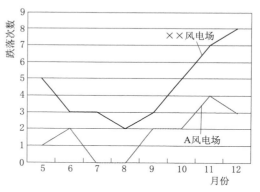

图 5-40　两个风电场跌落开关脱落
次数对比折线图

表 5-22			跌落开关脱落情况统计表	
序号	设备编号	脱落时间 /(年-月-日)	脱 落 原 因	跌落型号
1	F238	2016-5-6	跌落脱落（B 相），动、静触头烧毁	35kV-200
2	F238	2016-5-9	跌落脱落（B 相），动、静触头烧毁	35kV-200
3	F238	2016-5-14	处理 238 箱变终端杆跌落，C 相触头烧坏	35kV-200

续表

序号	设备编号	脱落时间/(年-月-日)	脱落原因	跌落型号
4	F230	2016－5－17	跌落脱落（B相），动、静触头烧毁	35kV－200
5	F234	2016－5－22	跌落脱落（C相），保险丝断	35kV－200
6	F238	2016－6－7	跌落脱落（B相），动、静触头烧毁	35kV－200
7	F230	2016－6－11	跌落脱落（C相），动、静触头烧毁	35kV－200
8	F230	2016－6－12	因230号终端杆跌落，C相掉引起集电22线跳闸	35kV－200
9	F230	2016－7－15	跌落脱落（C相），动、静触头烧毁	35kV－200
10	F229	2016－7－28	因229号终端杆跌落A、C相掉引起集电22线跳闸	35kV－200
11	F229	2016－7－31	跌落脱落（B相），动、静触头烧毁	35kV－200
12	F238	2016－8－1	跌落脱落（C相），动、静触头烧毁	35kV－200
13	F230	2016－8－25	跌落脱落（B相）	35kV－200
14	F236	2016－9－11	跌落脱落（C相），保险丝断	35kV－200
15	F234	2016－9－13	跌落脱落（C相），动、静触头烧毁	35kV－200
16	F236	2016－9－26	跌落脱落（B相），动、静触头烧毁	35kV－200
17	F236	2016－10－1	跌落脱落（C相），动、静触头烧毁	35kV－200
18	F228	2016－10－6	跌落脱落（B相），动、静触头烧毁	35kV－200
19	F230	2016－10－2	跌落脱落（A相），保险丝断	35kV－200
20	F122	2016－10－2	跌落脱落（B相），动、静触头烧毁	35kV－200
21	F106	2016－10－2	跌落脱落（A相），动、静触头烧毁	35kV－200
22	F107	2016－11－1	跌落脱落（B相），动、静触头烧毁	35kV－200
23	F109	2016－11－1	跌落脱落（B相），动、静触头烧毁	35kV－200
24	F122	2016－11－2	跌落脱落（A相），动、静触头烧毁	35kV－200
25	F230	2016－11－2	跌落脱落（C相），动、静触头烧毁	35kV－200
26	F120	2016－11－2	跌落脱落（A相），动、静触头烧毁	35kV－200
27	F112	2016－11－2	跌落脱落（B相），动、静触头烧毁	35kV－200
28	F080	2016－11－2	跌落脱落（A相），保险丝断	HGRW－35/200
29	F071	2016－12－1	跌落脱落（B相），保险丝断	HGRW－35/200
30	F117	2016－12－5	跌落脱落（A相），保险丝断	35kV－200
31	F227	2016－12－1	跌落脱落（C相），动、静触头烧毁	35kV－200
32	F235	2016－12－1	跌落脱落（A相），保险丝断	35kV－200
33	F232	2016－12－1	跌落脱落（A相），动、静触头烧毁	35kV－200
34	F123	2016－12－2	跌落脱落（C相），动、静触头烧毁	35kV－200
35	F120	2016－12－2	跌落脱落（C相），动、静触头烧毁	35kV－200
36	F109	2016－12－2	跌落脱落（B相），直接脱落	35kV－200

根据表5-22分析得到，在2016年5—12月期间，两种不同型号的跌落开关脱落次

数有很大的差别。

QC 小组通过对表 5 - 22 进行分析，得到不同型号跌落开关脱落次数统计表，见表 5 - 23。

表 5 - 23　　　　　　　　　　不同型号跌落开关脱落次数统计表

跌落型号	35kV - 200	HGRW - 35/200	合计
脱落次数	34	2	36
占比/%	94.44	5.56	100

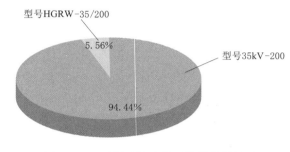

图 5 - 41　不同型号跌落开关脱落饼状图

根据表 5 - 23 可绘制不同型号跌落开关脱落饼状图，如图 5 - 41 所示。

由图 5 - 41 可见，型号 35kV - 200 的跌落开关是引起集电线路跌落开关脱落的主要原因。

针对型号 35kV - 200 的跌落开关重点研究、分析后发现，引起其脱落的主要问题统计表见表 5 - 24。

表 5 - 24　　　　　型号 35kV - 200 的跌落开关脱落的主要问题统计表

主要问题	次数	占比/%	主要问题	次数	占比/%
动、静触头烧毁	25	73.53	直接脱落	4	11.76
保险丝断裂	5	14.71	合计	34	100

根据表 5 - 23，绘制型号 35kV - 200 的跌落开关脱落的主要问题饼状图，如图 5 - 42 所示。

由图 5 - 42 可以知道，造成型号为 35kV - 200 的跌落开关脱落的主要症结是动、静触头烧毁。

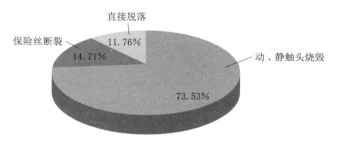

图 5 - 42　型号 35kV - 200 的跌落开关脱落的主要问题饼状图

5.3.5　确定目标

从现状调查情况来看，造成跌落开关脱落的症结是型号 35kV - 200 的跌落开关动、静触头烧毁，由此造成跌落开关的脱落次数占总脱落次数的 73.53%。只要能降低型号 35kV - 200 的跌落开关动、静触头烧毁次数，就能够解决本课题。

通过测算分析，若要低于 A 风电场跌落开关的脱落次数，则需要把 5—12 月期间动、静触头烧毁的故障次数降低至 14-(5+4+2)=3 次，才能达到要求。

因此本次 QC 小组活动目标为：将型号 35kV - 200 的跌落开关在同样时间段内的动、静触头烧毁次数由 25 次降至 3 次。活动目标计划表见表 5 - 25。活动目标柱状图如图 5 - 43 所示。

表 5-25	活动目标计划表
现状值	25 次
目标值	3 次

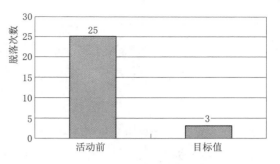

图 5-43 活动目标柱状图

5.3.6 原因分析

针对发现的问题进行细致分析和解剖，按照人、机、料分析末端原因。型号 35kV-200 的跌落开关动、静触头烧毁原因分析树形图如图 5-44 所示。

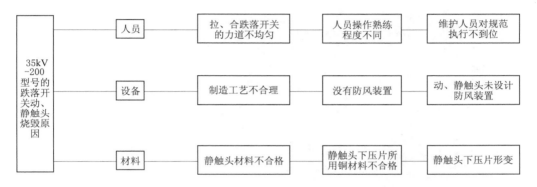

图 5-44 型号 35kV-200 的跌落开关动、静触头烧毁原因分析树形图

5.3.7 要因确认

为找到型号 35kV-200 的跌落开关动、静触头烧毁这个问题的主要原因，QC 小组成员集中开展了要因确认。要因确认计划表见表 5-26。

序号	末端原因	确认内容	确认方法	确认标准	确认人	时间/(年-月-日)
1	维护人员对规范执行不到位	调查现场维护人员是否在拉、合跌落开关时存在不规范的操作	现场调查	内部文件《风电场检修规程》中要求：操作时由二人进行（一人监护，一人操作），必须戴试验合格的绝缘手套，使用相应电压等级的绝缘棒操作，在拉闸操作时，一般规定为先拉断中间相，再拉背风的边相，最后拉断迎风的边相，合闸的顺序与之相反	杜××、王××	2017-3-7
2	动、静触头未设计防风装置	调查跌落开关动触头是否在风大时有随风移动的现象	现场调查	根据《××工程可行性研究报告》中描述：风电场属于风资源丰富区域，年平均风速为9.6m/s	张××、王××	2017-3-3

表 5-26　　要因确认计划表

序号	末端原因	确认内容	确认方法	确认标准	确认人	时间/（年-月-日）
3	静触头下压片形变	运行时间长是否导致动、静触头接触不好	现场试验	现场试验，与正常状态下的动、静触头下压片做对比	贾×、孙××	2017-3-1

5.3.7.1 维护人员对规范执行不到位

针对第一条末端原因，QC 小组成员通过现场调查得出结论：运维人员在拉、合跌落开关时是严格按照规程执行操作的，不同人员操作无差异。不同运维人员拉、合跌落开关如图 5-45 所示。

图 5-45 不同运维人员拉、合跌落开关

确认结果：非要因。

5.3.7.2 动、静触头未设计防风装置

针对第二条末端原因，QC 小组成员通过现场调查得出结论：大风天气条件下，跌落开关动触头确实有随风移动现象，存在脱落的可能。跌落开关在大风天气条件下发生位移如图 5-46 所示。

图 5-46 跌落开关在大风天气条件下发生位移

确认结果：要因。

5.3.7.3　静触头下压片形变

针对第三条末端原因，QC 小组成员通过现场试验，模拟跌落开关运行时的状态，由于跌落开关长时间运行导致下压片发生形变，引起动、静触头接触不良，导致动、静触头烧毁。动、静触头烧毁如图 5-47 所示。QC 小组成员对动、静触头进行现场试验如图 5-48 所示。

图 5-47　动、静触头烧毁

确认结果：要因。

通过以上的要因确认程序，得到两个主要原因：①动、静触头未设计防风装置；②静触头下压片形变。

5.3.8　制定对策

经过 QC 小组成员讨论分析，提出两种解决方案：

方案一：把 35kV 集电线路安装的型号为 35kV-200 的跌落开关整体更换成型号为 HGRW-35/200 的防风型跌落开关。

方案二：QC 小组成员展开头脑风暴，对型号为 35kV-200 的跌落开关的动、静触头进行改造。

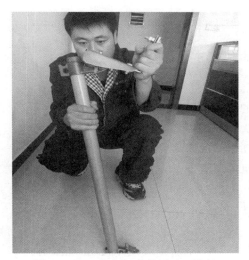

图 5-48　QC 小组成员对动、静触头进行现场试验

（1）参照防风型跌落开关的设计，使其具有防风功能。

（2）在不影响运行的情况下去掉上、下压片。

两种方案对比表见表 5-27。

表 5 - 27　　　　　　　　　　　　　　　两 种 方 案 对 比 表

序号	方案内容	安全可靠性	经济性	可实施性	优点	缺点
方案一	整体更换防风型跌落开关	可靠	材料费：3900 元/组 人工费：320 元/人	容易	简单、方便	费用高
方案二	对动、静触头进行改造	可靠	材料费：500 元/组	容易	费用少	更换周期稍长，比较费人力

经过对两方案的分析对比，可以看出方案二费用较低，同时有效地解决了设备安全运行隐患，综合评价选定方案二。

根据方案二 QC 小组成员按照 "5W1H" 的原则制定对策表，见表 5 - 28。

表 5 - 28　　　　　　　　　　　　　　　对 　策 　表

序号	主要原因	对策	目标	措　施	地点	负责人	完成时间 （年 - 月 - 日）
1	动、静触头未设计防风装置	增加防风装置	在刮大风时动、静触头不随之偏移	（1）设计绘制跌落开关动、静触头草图； （2）与跌落厂家联系，按照 QC 小组所设计的动、静触头生产；	风电场办公区域	贾×、王××、孙××	2017 - 4 - 27
2	静触头下压片形变	防风装置两侧安装弹簧，去掉上、下压片	使动触头牢牢卡在静触头上，保证动、静触头接触良好	（3）运维人员选择小风天将集电线路停电，更换跌落开关动、静触头，安装试用	集电 10、11、22 线终端杆	靳××、王××、杜×	2017 - 4 - 27

5.3.9　对策实施

QC 小组成员针对动、静触头存在的缺陷开展头脑风暴，对动、静触头进行分析、讨论，设计出配套的动、静触头草图。跌落开关静触头组件草图 1～草图 3 如图 5 - 49～图 5 - 51 所示。跌落开关动触头草图如图 5 - 52 所示。

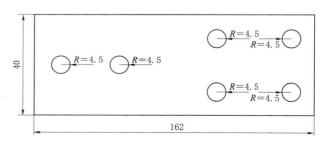

图 5 - 49　跌落开关静触头组件草图 1（单位：mm）

经请示分公司同意后，QC 小组成员与跌落开关厂家联系，要求其按照 QC 小组成员设计的草图来制作跌落开关动、静触头。

侧面卡挡装置如图 5 - 53 所示。风向垂直于跌落杆侧面时，跌落杆不易脱落。跌落管动触头如图 5 - 54 所示。由图 5 - 54 可以看出，跌落管触头能良好地卡入触头口。

2017 年 4 月 QC 小组成员利用小风天气，完成了集电 10 线、11 线、22 线终端杆的 33 套型号为 35kV - 200 跌落开关的改造工作，并验证改造效果。QC 小组成员更换动、静触头如图 5 - 55 所示。

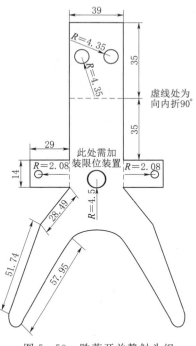

图 5 - 50　跌落开关静触头组
件草图 2（单位：mm）

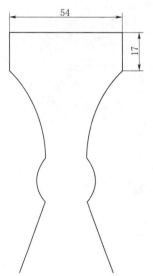

图 5 - 51　跌落开关静触头组
件草图 3（单位：mm）

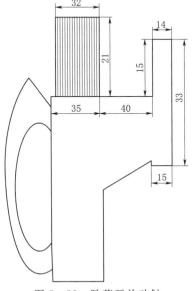

图 5 - 52　跌落开关动触
头草图（单位：mm）

图 5 - 53　侧面卡挡装置

89

图 5-54　跌落管动触头　　　　　图 5-55　QC 小组成员更换动、静触头

5.3.10　效果检查

综合之前的统计情况，QC 小组成员对型号 35kV-200 的跌落开关因动、静触头烧毁导致其脱落的次数进行了对比，详见表 5-29。

表 5-29　　　　　　　QC 小组活动前后型号为 35kV-200 的跌落开关因动、
静触头烧毁脱落次数统计对比表

对比项目	脱落次数	统 计 时 间
QC 小组活动前	25	2016 年 5 月 1 日—2016 年 12 月 31 日
QC 小组活动后	1	2017 年 5 月 1 日—2017 年 12 月 31 日

通过目标测算分析可知：

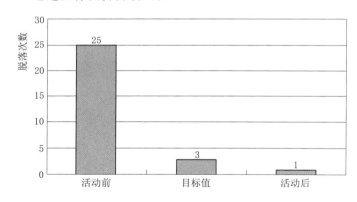

图 5-56　QC 小组活动前后型号为 35kV-200 的跌落开关动、
静触头烧毁脱落情况

QC 小组活动前在 2016 年 5—12 月期间动、静触头烧毁脱落 25 次。

QC 小组活动后在 2017 年 5—12 月期间动、静触头烧毁脱落 1 次。

QC 小组活动前后型号为 35kV-200 的跌落开关动、静触头烧毁脱落情况如图 5-56 所示。

可以看出，跌落开关的改造效果十分明显，成功地将跌落开关动、静触头烧毁导致脱落的次数由活动前的 25 次降低到活动后的 1 次，圆满实现了 QC 小组活动的目标并超过了预期的效果。

另外，通过 QC 小组活动的实施，有效地减少了跌落开关脱落次数，带来了显著的经济效益。可知以下情况：

（1）每次跌落开关脱落平均处理时间为 8h。

（2）按平均出力 800kW 计算。

（3）××风电场电价为 0.51 元/kWh。

（4）动、静触头为 500 元/组。

活动前、后经济效益对比表见表 5-30。

表 5-30　　　　　　　　　　　活动前、后经济效益对比表

经　济　效　益		
活　动　前	活　动　中	活　动　后
跌落开关脱落次数为 25 次 （1）停机损失发电量： 800kW×8h/次×25 次＝ 160000kWh （2）损失电价： 160000kWh×0.51 元/kWh＝ 81600 元	更换动、静触头每组 500 元，共 33 组，500 元/组×33 组＝16500 元	跌落开关脱落次数为 1 次 （1）停机损失发电量： 800kW×8h/次×1 次＝6400kWh （2）损失电价： 6400kWh×0.51 元/kWh＝3264 元
	经济效益＝81600－16500－3264＝61836 元	

安全效益和其他效益表见表 5-31。

表 5-31　　　　　　　　　　　安全效益和其他效益表

安　全　效　益	其　他　效　益
跌落开关脱落次数由 25 次降到 1 次，大大提高了箱变和风电机组的可靠性	活动后，减少了运维人员处理故障的次数，节约了时间，减少了人力、物力

综上所述，本次 QC 小组活动所实施的改进，直接给公司带来 61836 元的经济效益以及安全效益、其他效益。

5.3.11　制定巩固措施

××风电公司总结经验，经公司总经理批准，在《风电场检修规程》第 5 章第 3 条增加跌落开关巡视项目，以确保集电线路稳定运行。2018 年 1—3 月型号为 35kV-200 的跌落开关脱落次数统计表见表 5-32。

表 5-32　　　　　2018 年 1—3 月型号为 35kV-200 的跌落开关脱落次数统计表

月份	1	2	3
脱落次数	0	0	0

2018 年 1—3 月型号为 35kV-200 的跌落开关脱落次数统计图如图 5-57 所示。现场检查如图 5-58 所示。

统计了活动后三个月跌落开关的脱落情况，活动后没有发生脱落现象，活动效果得到了很好的维持并巩固在良好的水准。

巩固效果验证对比柱状图如图 5-59 所示。

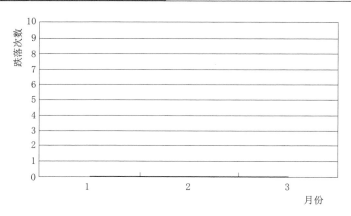

图 5－57　2018 年 1—3 月型号为 35kV－200 的跌落开关脱落次数统计图

图 5－58　现场检查

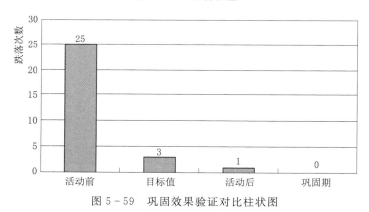

图 5－59　巩固效果验证对比柱状图

5.3.12　活动总结和下一步打算

5.3.12.1　活动总结

（1）通过本次 QC 小组活动，对跌落开关进行了改进、更换，大大地减少了机组停机次数，减少了发电量损失，同时减少了处理故障所需的人力、物力，提高了工作效率。

（2）通过公司领导的鼓励和支持完成本次 QC 小组活动，本次活动充分调动了 QC 小组成员的积极性，发挥了每个人的特长，经过多次讨论和试验，最终达到了改进目标。

（3）QC 小组成员通过此次活动开拓了思路，锻炼了技能，加强了团队精神，提高了 QC 经验。

5.3.12.2 下一步打算

为保证风电机组的稳定运行，下一步打算将降低 1.5MW 机组变桨系统故障次数作为活动课题进行研究。

5.4 降低 JF750kW 风电机组偏航系统故障次数

本课题针对偏航系统故障对机组出力、故障时长、备件消耗等方面造成影响这一问题，通过 QC 小组活动有效降低了机组偏航系统故障次数，保障了机组偏航系统安全稳定运行。

5.4.1 课题背景介绍

风电机组的偏航系统也称为对风装置，JF750kW 风电机组的偏航采用主动对风形式，其作用为当风向变化时，能够快速平稳地对准风向，以便使叶轮获得最大风能。偏航系统是风电机组特有的控制系统，主要由偏航电机、偏航减速器、偏航制动器、凸轮控制器[凸轮控制器又叫凸轮计数器，它由旋转限位开关与多圈值编码器组成，其功能为：①机舱偏航极限保护（由旋转限位解缆实现）；②检测风电机组偏航角度（由电位器或多圈值编码器实现），配合风速风向仪实现机舱的实时对风，并最终实现风能的有效利用]几大部分组成，主要实现两个功能：①使机舱跟踪变化不定的风向；②由于偏航作用导致机舱内部电缆发生缠缆时能自动解除缠缆而保护电缆。偏航系统在机组设计与运行中至关重要，关系到机组出力、故障时长、备件消耗等问题，因此提高偏航系统运行稳定性的意义重大。

5.4.2 小组简介

5.4.2.1 小组概况

本 QC 小组于 2017 年 6 月 1 日成立，并于 2017 年 6 月 3 日登记注册，注册编号为：CTGEN/QCC-IM（SD）-01-2017。QC 小组概况见表 5-33。

表 5-33　　　　　　　　　　　　QC 小组概况

小组名称	"追风逐日"		
课题名称	降低 JF750kW 机组偏航系统故障次数		
成立时间	2017 年 6 月 1 日	注册时间	2017 年 6 月 3 日
注册编号	CTGEN/QCC-IM（SD）-01-2017	课题类型	问题解决型
活动时间	2017 年 6 月 3 日—2018 年 3 月 15 日	活动次数	13	出勤率	85%

5.4.2.2　成品简介

QC 小组成员简介表见表 5-34。

表 5-34　　　　　　　　　　　QC 小组成员简介表

序号	成员姓名	性别	文化程度	组内职务和分工
1	杜××	男	本科	组长　组织协调、技术指导
2	哈×	男	本科	副组长　活动策划、技术指导
3	贾××	男	本科	副组长　技术指导
4	李×	男	本科	副组长　技术指导
5	李×	男	本科	副组长　活动策划、技术指导
6	尚××	男	本科	组员　现场实施
7	乔××	男	本科	组员　现场实施
8	米××	男	专科	组员　现场实施
9	王××	男	专科	组员　现场实施
10	赵××	男	本科	组员　数据采集
11	冯××	男	专科	组员　数据采集
12	解×	男	中专	组员　数据采集
13	张×	男	本科	组员　数据采集
14	孙××	男	专科	组员　成果编制

5.4.3　选题理由

2017 年 6—9 月，公司发现一期 JF750kW 机组偏航系统类故障频发，QC 小组对 6—9 月 66 台 JF750kW 机组故障数据进行整理分析，发现累计发生偏航系统故障 24 次，液压系统故障 19 次，传动系统故障 9 次，电控系统故障 3 次，发电机故障 1 次，共计 56 次，故障类型统计表见表 5-35。

表 5-35　　　　　　　　　　　　故　障　类　型　统　计　表

序号	故障项目	次数	占比/%	累计占比/%
1	偏航系统故障	24	42.86	42.86
2	液压系统故障	19	33.93	76.79
3	传动系统故障	9	16.07	92.86
4	电控系统故障	3	5.36	98.22
5	发电机故障	1	1.78	100

根据表 5-33，绘制故障类型统计图，如图 5-60 所示。

综上可知，偏航系统故障占总故障的 42.86%，明显高于其他几类故障，且 66 台机组偏航系统故障月均达 6 次，未达到公司月均不大于 4 次的考核要求。因此，QC 小组决定将降低 750kW 机组偏航系统故障次数作为 QC 小组的课题。

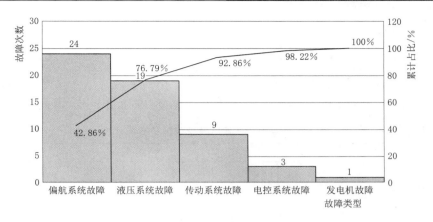

图 5-60 故障类型统计图

5.4.4 现状调查

针对 JF750kW 机组偏航系统故障频发，QC 小组对现场 66 台 JF750kW 机组在 2017 年 6—9 月期间偏航系统故障数据进行调查统计，偏航系统故障见表 5-36。

表 5-36 偏航系统故障统计表

序号	故障类型	次 数				合计次数	月平均次数	占比/%	累计占比/%
		6 月	7 月	8 月	9 月				
1	偏航凸轮控制器故障	3	6	1	3	13	3.25	54.17	54.17
2	偏航电机故障	1	3	2	2	8	2	33.33	87.50
3	偏航减速器故障	1	0	1	0	2	0.5	8.33	95.83
4	偏航刹车闸故障	0	0	0	1	1	0.25	4.17	100

根据表 5-34 绘制偏航系统故障占比饼图，如图 5-61 所示。

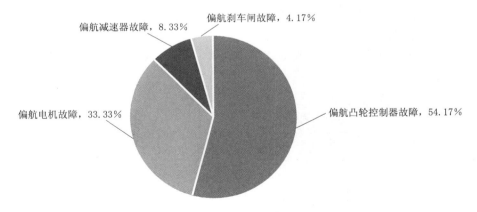

图 5-61 偏航系统故障占比饼图

根据表 5-34 和图 5-61，风电场 66 台 750kW 风电机组偏航凸轮控制器故障月均 3.25 次，占偏航系统总故障的 54.17%，是造成偏航系统故障次数偏高的症结所在。

5.4.5 确定目标

5.4.5.1 目标依据

QC 小组对相邻 A 风电场 66 台 JF750kW 风电机组同期偏航系统故障进行了调查，统计整理出偏航系统故障数据，见表 5-37，作为本次 QC 小组目标测算设定的依据。

表 5-37　　　　　　　相邻 A 风电场同期偏航系统故障数据统计表

故障项目	故 障 次 数				月平均故障次数
	6 月	7 月	8 月	9 月	
偏航系统故障次数	4	3	4	3	3.5

由表 5-37 可知，在 2017 年 6—9 月作为对比的相邻风电场偏航系统故障月平均次数为 3.5 次。

5.4.5.2 目标设定

从表 5-36 数据可以看出，2017 年 6—9 月偏航凸轮控制器故障月平均故障次数为3.25 次。经 QC 小组计算评估分析，可以将偏航凸轮控制器故障降低 85%，则通过理论计算得出偏航系统月平均故障次数可降低为

$$3.25 \times (1-0.85) + 2 + 0.5 + 0.25 = 3.2 (次)$$

根据上述分析计算及目标依据参考值，本次活动目标设定为将 JF750kW 风电机组偏航系统故障次数降至小于 3.5 次/月。偏航系统故障目标对比图如图 5-62 所示。

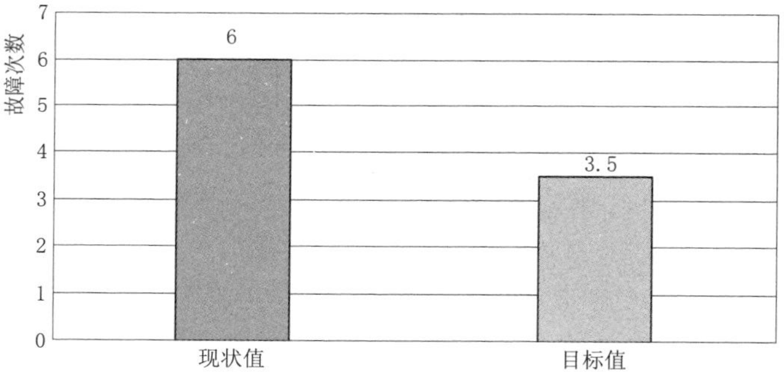

5.4.6 原因分析

QC 小组成员针对偏航凸轮控制器故障偏高这一症结，

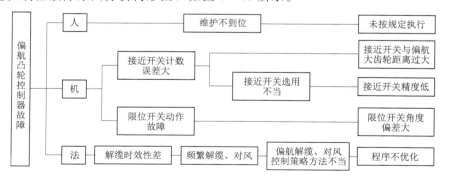

图 5-62　偏航系统故障目标对比图

从人、机、法三个方面进行了多次现场调查、讨论、分析，找出末端原因，经整理后得到偏航凸轮控制器故障原因分析树形图，如图 5-63 所示。

图 5-63　偏航凸轮控制器故障原因分析树形图

5.4.7 要因确认

根据原因分析结果，QC 小组对所有末端原因进行收集整理制定要因确认表，并逐条进行确认。要因确认表见表 5-38。

表 5-38　　　　　　　　　要 因 确 认 表

序号	末端原因	确认内容	确认方法	标准	负责人	完成时间/(年-月-日)
1	未按规定执行	查阅机组定检清单，维护项目内容是否覆盖全面；现场调查维护检修项目是否按规程完成	查阅资料、现场调查	《××风电公司检修规程》要求机组定检维护项目覆盖率100%；定检维护项目完成率100%	尚××、张×	2017-10-12
2	接近开关与偏航大齿轮距离过大	测量接近开关与偏航大齿轮距离大小是否符合标准	现场测量	《Bi5-M18-AP6X-H1141/S34 接近开关技术手册》要求可靠接通有效距离不大于5mm	乔××、赵××、米××	2017-10-12 —2017-10-15
3	接近开关精度低	调查、试验接近开关精度的计数偏差是否满足要求	现场调查、试验分析	《JF750kW 风力机组故障手册》要求扭缆开关动作时机组接近开关检测到的偏航位置角度值为±900°±5°，即偏差不大于5°	冯××、尚××	2017-10-20
4	限位开关角度偏差大	测试扭缆限位开关动作时相应偏航角度是否符合技术要求	现场调查、测试分析	《JF750kW 风力发电机组故障手册》要求扭缆限位开关动作时偏航角度设定触发值为±900°±5°	乔××、赵××、米××	2017-10-12 —2017-10-15
5	程序不优化	测试解缆是否及时，是否存在误解缆、重复解缆对风情况	查阅资料、现场调查、测试分析	参照《JF1500 机组偏航系统控制程序》偏航解缆过程与对风过程应相互关联	李×、王××、杜××	2017-10-12 —2017-10-13

5.4.7.1 要因确认一：未按规定执行

通过查阅机组定检维护清单发现机组维护项目分类明确细致，维护项目覆盖率100%。检修清单如图 5-64 所示。

定期检修是指根据设备运转周期和使用频率而制定的提前进行设备现状确认的维修方式。750kW 机组定检维护情况调查表见表 5-39。

偏航系统						此项检修负责人 杜××正常		
1	检查偏航小齿轮	B	C		检查偏航小齿轮有无磨损、裂纹	目测		正常
2	检查偏航减速器	B	C		检查偏航减速器有无泄漏和油位	目测		正常
3	检查偏航齿轮间隙		C		用铅丝法测量	间隙值 0.4mm～0.8mm	铅丝和卡尺	0.5mm
4	检查接近开关与偏航大齿间隙		C		用塞尺测量	间隙应≤5mm	塞尺	3mm
5	检查偏航轴承内齿轮	B	C		检查偏航轴承内齿轮有无磨损、裂纹	目测		正常
6	润滑偏航齿轮		C		润滑剂为 voler 2000E			添加润滑
7	偏航减速器换油			X2				
8	润滑偏航轴承滚道		C		润滑脂为 Molykote Longtherm 2			已加注
9	检查液压接头	B	C		检查液压管路及接头是否紧固和有无渗漏	目测		正常
10	检查偏航刹车闸片	B	C		厚度≤3mm时更换			正常
11	清洁偏航刹车盘	B	C		用水性清洁剂和大布清洁偏航刹车盘			已清洁
12	检查凸轮控制盒	B	C		检查凸轮控制盒接线是否紧固	目测		正常
13	检查螺栓力矩，偏航减速器 - 底座		C		300N·m 力矩扳手	工具、力矩值请参照附表中的力矩值执行		已紧固
14	检查螺栓力矩，偏航轴承 - 底座		C		800N·m 力矩扳手	工具、力矩值请参照附表中的力矩值执行		已紧固
15	检查螺栓力矩，塔架顶部 - 偏航轴承		C		800N·m 力矩扳手	工具、力矩值请参照附表中的力矩值执行		已紧固
16	检查螺栓力矩，偏航刹车 - 底座		C		800N·m 力矩扳手	工具、力矩值请参照附表中的力矩值执行		已紧固
17	检查偏航刹车片	B	C		检查偏航制动器的几个刹车片，磨损是否均匀	目测		正常
18	检查偏航轴承	B	C		检查偏航轴承是否存在严重漏脂现象，如果是则应检查其密封圈是已否损坏	目测		正常
液压系统						此项检修负责人：杜××正常		
1	检查油位	B	C		检查油位是否在正常位置	目测		正常

第6页

图 5-64　检修清单

表 5-39　　　　　　　　750kW 机组定检维护情况调查表

项目	定期维护频次	项目覆盖率/%	定检维护项目完成率/%	调查人
半年检修	每半年一次，有检查记录	100	100	杜××
全年检修	每一年一次，有检查记录	100	100	杜××

2016 年全年检修完成前后 3 个月机组偏航故障次数对比表见表 5-40。

表 5-40　　　　　　2016 年全年检修前后 3 个月偏航故障次数对比表

项　　目	故　障　次　数			月平均故障次数
	7 月	8 月	9 月	
全年检修前 3 个月偏航系统故障次数	2	2	2	2
项　　目	故　障　次　数			月平均故障次数
	10 月	11 月	12 月	
全年检修后 3 个月偏航系统故障次数	1	2	2	1.67

全年检修前后 3 个月偏航故障对比折线图如图 5-65 所示。

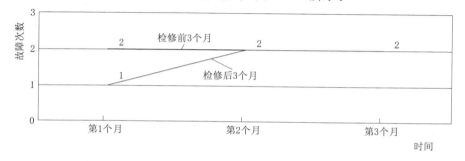

图 5-65　全年检修前后 3 个月偏航故障对比折线图

98

从表 5-40 和图 5-66 的分析可以看出全年检修后偏航系统故障次数变化较小，由此可以看出人员定期检修维护对机组偏航系统故障次数的发生影响不大。

结论：机组检修内容全面，人员执行到位，且人员维护对机组偏航系统故障影响不大，因此人员未按规定执行维护不是造成症结的主要原因。

5.4.7.2 要因确认二：接近开关与偏航大齿轮距离过大

电感式接近开关技术要求可靠接通距离不大于 5mm。若接近开关技术接通距离大于 5mm 时，接近开关的计数精度会大幅降低，甚至不能计数，控制系统检测到错误的数据或者未检测到接近开关数据时，就会导致机组报出偏航系统扭缆保护故障。现场用塞尺实际测量接近开关与偏航大齿轮距离，检测数据统计表见表 5-41。

表 5-41　　　　　　　　接近开关与偏航大齿轮距离检测数据统计表

机组号	1-1	1-8	1-14	1-19	1-25	1-30	2-2	2-9	2-6	2-19	2-33
距离/mm	4.0	3.8	3.1	3.9	2.7	2.8	3.2	3.8	2.9	3.4	3.6

接近开关实际距离与标准距离对比折线图如图 5-66 所示。

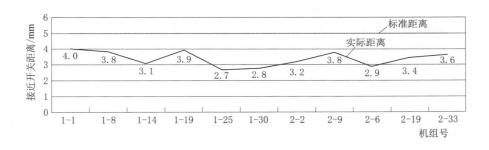

图 5-66　接近开关实际距离与标准距离对比折线图

结论：经现场测量，机组接近开关与偏航大齿轮距离均小于 5mm，故接近开关与偏航大齿轮距离过大不是造成症结的主要原因。

5.4.7.3 要因确认三：接近开关精度低

当前机组偏航位置是通过安装在偏航大齿附近一个接近开关的输出信号计算得到的。偏航大齿轮有 154 个齿，则位置传感器接近开关的精度为

$$360°/154 = 2.338°$$

精度 2.338°对于解缆一圈产生的误差值可以忽略不计，但是风电机组在长期运行中经过多次偏航解缆或对风动作后，误差值不断相加，它们和的绝对值对于机组来说就是一个不容忽视的误差值。这就造成了机组报出扭缆限位开关动作前，往往没有解缆，或者解缆时触发扭缆限位开关动作，扭缆限位开关动作，安全链断开，此时必须登机手动解缆，完成解缆后重新调整凸轮控制器并通过控制面板将扭缆位置清零，因此扭缆开关动作故障对传动链冲击大，对电缆有一定损害，且处理时间长。统计扭缆限位开关动作故障时偏航角度，见表 5-42。

表 5 - 42　　　　　　　　　　扭缆限位开关动作故障时偏航角度统计表

故障机组号	1 - 32	1 - 13	1 - 3	1 - 27	1 - 17	2 - 33	2 - 7	2 - 28	2 - 6
接近开关实际 检测到的角度/(°)	404	580	353	522	−238	456	611	443	390
实际偏差角度/(°)	496	320	547	378	662	444	289	457	510
最大允许偏差角度/(°)	5	5	5	5	5	5	5	5	5

机组技术要求正常情况下扭缆限位开关动作故障时偏航检测角度应为 $900°±5°$ 或 $-900°±5°$，即扭缆开关动作时偏航角度偏差应不大于 $5°$。而由表 5 - 41 可以看出，接近开关计数累计误差值超出标准偏差的几十倍甚至上百倍。

结论：在机组长期运行中，多次偏航解缆后由接近开关输出信号进行计算得到的偏航角度误差累积造成机组故障停机，故接近开关精度低是主要原因。

5.4.7.4　要因确认四：限位开关角度偏差大

限位开关是偏航保护的最后一道保护，同时也是最主要保护之一，若限位开关角度偏差大则会导致机组偏航限位开关误动或者不动，限位开关误动势必增加偏航系统故障频次，甚至会造成机组电缆过缠绕扭断发生火灾、触电等严重后果。现场选择 1 - 2 机组，按照以下步骤进行测试：①按参照《××750kW 机组现场调试手册》调整好限位开关；②测试扭缆开关动作时偏航角度并记录数据。《JF750kW 风力发电机组故障手册》要求：右偏航扭缆限位开关触发时，偏航角度范围应为 $-900°±5°$；左偏航触发扭缆限位设定角度范围应为 $900°±5°$。测试扭缆限位开关动作时偏航角度统计表见表 5 - 43。

表 5 - 43　　　　　　　　　　测试扭缆限位开关动作时偏航角度统计表

次数	第 1 次	第 2 次	第 3 次	第 4 次	第 5 次
实测角度/(°)	900	899	901	−900	−901

结论：从表 5 - 43 的数据可以看出扭缆限位开关动作时偏航角度均在 $±900°±5°$ 范围内，测试结果满足机组的技术要求，因此扭缆限位开关角度偏差大不是造成症结的主要原因。

5.4.7.5　要因确认五：程序不优化

当前风电机组解缆过程与对风过程相对独立，解缆后再次对风时存在重复偏航问题，小风解缆后情况更加严重（无稳定对风风向），由此导致偏航时间以及偏航次数增加，不利于偏航部件的稳定运行。经过 QC 小组现场调查试验分析及查阅资料，当前风电机组偏航分为解缆和对风过程，其流程如图 5 - 67 所示。

当前小风解缆条件为 10min 平均风速 $≤3m/s$、｜扭缆位置｜ $>680°$，强制解缆条件为｜扭缆位置｜ $>800°$，当｜扭缆角度｜ $<20°$ 时，停止解缆；当前对风是 20s 平均风向偏差 $>17°$ 时，机组执行偏航对风，而解缆后对风时，便会出现重复偏航情况。

当前程序解缆后重复对风问题示意图如图 5 - 68 所示。图 5 - 68 中以扭缆位置为 $-800°$，机舱与主风向偏差 $±30°$ 为例测试，说明重复偏航的产生。当扭缆位置为 $800°$ 时，

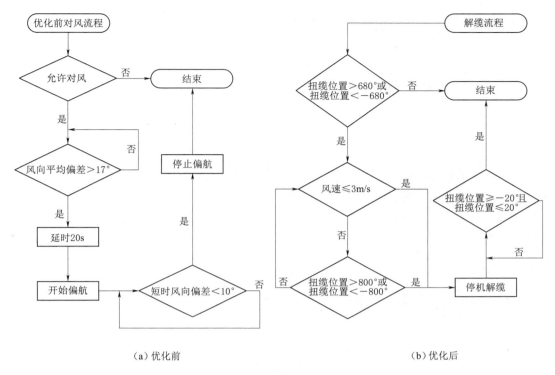

（a）优化前　　　　　　　　　　　　　（b）优化后

图 5-67　当前风电机组解缆、对风控制流程

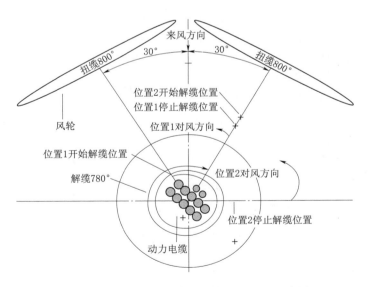

图 5-68　当前程序解缆后重复对风问题示意图

情况类似。

　　QC 小组调查机组偏航凸轮控制器故障时，发现故障大多发生在小风解缆、对风频繁偏航时，具体影响偏航凸轮控制器故障发生的原因统计表见表 5-44。

表 5 - 44　　　　　　　　　影响偏航凸轮控制器故障发生原因统计表

序号	项　目	故障次数				合计次数	占比/%	累计占比/%
		6 月	7 月	8 月	9 月			
1	程序不优化导致偏航凸轮控制器故障	3	5	0	2	10	76.92	76.92
2	其他原因导致偏航凸轮控制器故障	1	0	1	1	3	23.08	100

结论：机组程序不优化，导致小风解缆、对风频繁偏航，引起偏航时间以及偏航次数增加，从而导致偏航凸轮控制器动作报出故障，从表 5 - 44 可以看出程序不优化导致偏航凸轮控制器故障占偏航凸轮控制器总故障的 76.92%，因此系统偏航程序不优化是造成症结的主要原因。

5.4.8　制定对策

根据要因确认得出造成偏航扭缆保护故障高的主要原因是偏航系统程序不优化和接近开关精度低两方面，QC 小组成员经过反复论证，制定了相应的对策，并编制了对策表，见表 5 - 45。

表 5 - 45　　　　　　　　　　　　　对　策　表

序号	要因	对策	目标	措　施	地点	负责人	时间/（年-月-日）
1	接近开关精度低	采用精度更高的电位器来检测偏航角度	提高偏航位置角度的检测精度	（1）将原有的凸轮控制器更换成带电位器计数功能的凸轮控制器；（2）测试新凸轮控制器角度检测的准确率并与之前接近开关计数做对比	JF750kW 机组机舱	杜××、解×、米××、张×、乔××、冯××	2017 - 10 - 22 — 2017 - 10 - 30
2	偏航系统程序不优化	优化当前解缆与对风相对独立的偏航程序	解决机组解缆后再次对风时存在重复偏航的问题	更新控制系统偏航控制部分程序	JF750kW 机组 PLC 控制器	李××、王××、尚××	2017 - 10 - 22 — 2017 - 10 - 30

5.4.9　对策实施

对既定措施 QC 小组成员经反复验证，并咨询厂家确认无误后，由公司总经理审批同意，QC 小组开始实施以下对策：

1. 采用精度更高的电位器来检测偏航角度

当前机组使用的凸轮控制器只有扭缆限位保护功能，更换后的凸轮控制器具有扭缆限位保护和扭缆角度信号输出功能。更换前后凸轮控制器安装位置不变，控制器内扭缆限位保护值及输出的开关信号不变，更换升级后不再使用接近开关计数。新旧凸轮控制盒对比如图 5-69 所示。带电位器与限位保护的凸轮控制器如图 5-70 所示。

（a）改造前　　　　　　　　　　　　　　（b）改造后

图 5-69　新旧凸轮控制盒对比

更换升级完成后，测试机组扭缆限位开关动作故障，具有电位器计数功能的凸轮控制器检测偏航角度，记录数据见表 5-46。

从表 5-46 中可以看出更换成带电位器计数功能的凸轮控制器后偏航角度检测精度明显提高，扭缆开关动作故障时电位器检测到的偏航角度也在 900°±5°或－900°±5°规定的范围内。

图 5-70　带电位器与限位保护的凸轮控制器

表 5-46　　　　测试机组扭缆限位开关动作故障时偏航角度统计表

项　目	机　组　号								
	1-32	1-13	1-3	1-27	1-17	2-33	2-7	2-28	2-6
活动前故障动作时的偏航角度/(°)	404	580	353	522	－238	456	611	443	390
活动前角度偏差/(°)	496	320	547	378	662	444	289	457	510
活动后故障动作时偏航角度/(°)	901	899	900	900	900	901	900	901	900
活动后角度偏差/(°)	1	1	0	0	0	1	0	1	0

结论：从上面内容得出电位器检测偏航角度准确率高，且精度控制在 1°以内，也无精度偏差的波动出现，因此目标实现。

2. 优化当前解缆与对风相对独立的偏航程序

实施过程如下：

（1）准备阶段：装有 TwinCat 软件的笔记本一台，标准以太网连接线一根，更新到最新程序（包括组态文件与程序文件）。

（2）注意事项：机组必须处于停机状态，且塔底维护开关打到"维护"状态；新程序 IP 地址必须与原有 IP 地址一致。

（3）程序优化后解缆对风控制流程图如图 5-71 所示。图 5-71 中，对风偏差的范围为（-180°，180°）。

（4）按照机组调试手册中程序下载指导说明，严格操作更新主控程序。

（5）程序更新结束后进行测试。

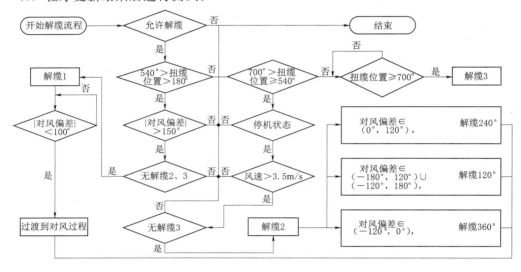

图 5-71　程序优化后解缆对风控制流程图

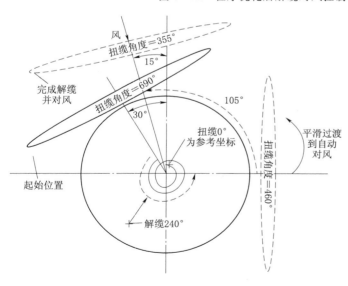

图 5-72　程序优化后解缆与对风关系示意图

由图 5-71 可以看出，程序优化后解缆过程能够自然过渡到对风过程，结合风电机组扭缆位置、风向状态、风速条件进行解缆，以达到适时适度解缆、有效对风、减少机组扭缆保护故障，保证最优发电状态的目的。

以运行中机组扭缆角度 690°为例测试，此时对风偏差为 15°，给定扭缆位置为 700°，达到解缆角度参数设置值，机组执行解缆，解缆 240°后过渡到对风过程，此时对风偏差为 105°，扭缆位置为 460°，给定扭缆位置为 355°，机组持续偏航直到完成解缆并对风。程序优化后解缆与对风关系示意图如图 5-72 所示。

结论：偏航系统程序优化后测试结果显示，解缆过程能够自然过渡到对风过程，结合风电机组扭缆位置、风电机组状态、风速条件进行解缆，以达到适时适度解缆、有效对风，解决了风电机组解缆后再次对风时存在重复偏航问题，因此目标实现。

5.4.10 效果检查

QC 小组对现场 66 台 JF750kW 风电机组偏航系统实施程序升级优化，并对凸轮控制器实施更换改造后，对 JF750kW 机组偏航系统故障追踪观察，统计 2017 年 11 月至 2018 年 2 月期间偏航系统故障数据，活动前后偏航系统故障次数对比统计表见表 5-47。

表 5-47　　　　　　　　活动前后偏航系统故障次数对比统计表

项目	故障次数				月平均故障次数
	2017 年 6 月	2017 年 7 月	2017 年 8 月	2017 年 9 月	
活动前	6	8	4	6	6
项目	故障次数				月平均故障次数
	2017 年 11 月	2017 年 12 月	2018 年 1 月	2018 年 2 月	
活动后	2	1	2	1	1.5

活动前后偏航系统故障折线图如图 5-73 所示。

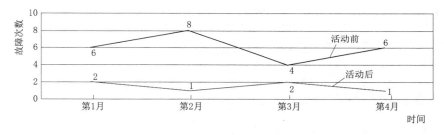

图 5-73　活动前后偏航系统故障折线图

活动前后偏航系统故障次数对比表见表 5-48。

表 5-48　　　　　　　　活动前后偏航系统故障次数对比表

项目	活动前	目标值	活动后
偏航系统月平均故障次数	6	3.5	1.5

活动前后偏航系统故障次数对比柱状图如图 5-74 所示。

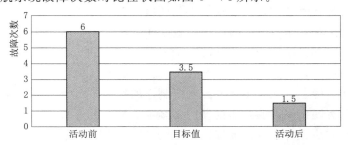

图 5-74　活动前后偏航系统故障次数对比柱状图

由表 5 - 48 和图 5 - 74 可知，活动后偏航系统故障次数明显降低，且故障出现频次相对稳定，因此活动目标实现。

当前风电机组使用的凸轮控制器只有扭缆限位保护功能，当扭缆位置达到凸轮控制器内设定的扭缆限位位置后，凸轮开关动作，安全链断开，此时必须登上机舱手动解缆，完成解缆后重新调整凸轮控制器并通过控制面板将扭缆位置清零，因此扭缆开关动作故障对传动链的冲击大，对电缆有一定损害，且处理时间长。通过对程序优化并更换具有位置变送功能的凸轮控制器后，偏航系统故障次数由原来的月均 6 次下降到现在的月均 1.5 次，提高了扭缆角度计数准确性，极大程度避免了扭缆开关动作故障，同时减少了由此引起的故障时间和紧急刹车对传动链的损伤，提高了设备可靠性，减少了人员登机次数。改造优化完成后 QC 小组调查发现偏航电机、偏航减速器故障也随之减少，截至 2018 年 6 月底，上述故障均未发生。

5.4.11 制定巩固措施

公司已将本次活动成果进行提炼总结，经公司总经理批准同意，对《JF750kW 风机运行维护规程》《JF750kW 风机检修清单》进行重新修订。偏航系统故障改善巩固措施表见表 5 - 49。

表 5 - 49　　　　　　　　　　偏航系统故障改善巩固措施表

序号	措　　施	执行人	完成时间/(年 - 月 - 日)
1	对《JF750kW 风机运行维护规程》第三章第八节增加了凸轮控制盒部分章节内容	杜××	2018 - 3 - 6
2	对现行《JF750kW 风机检修清单》偏航系统第 11 条凸轮控制盒部分维护检查项目进行修改	杜××	2018 - 3 - 6

5.4.12 活动总结和下一步打算

5.4.12.1 活动总结

此次活动是本 QC 小组第一次开展的活动，公司组织 QC 小组成员进行 QC 基础知识教育培训，显著提高了 QC 小组成员的整体水平，较好地掌握了开展 QC 小组活动的相关技巧，对 QC 小组工作的理念有了新的认识理解，具体认识如下：

（1）QC 小组活动涉及的技术有两个方面：①专业技术，就是要解决的这个问题属于什么专业范围，就需要什么专业的技术；②管理技术，也就是程序、证据、方法、技巧等。专业技术和管理技术并用，才能使解决问题做到多快好省。

（2）QC 小组活动遵循 PDCA 循环。每做一件事，完成一项活动或解决一个问题都有一个方法或思路，它都是按照 PDCA 的活动规律（程序）进行的。

（3）以事实为依据，用数据说话。为什么选这个课题？为什么制定这个目标？问题的症结在哪儿？为什么确定这几条主要原因？所制定的每一条对策是否完成，有没有达到预定的效果等。都要有证据来说明，而证据应是客观的不是主观的。

（4）应用统计方法。为了取得证据，QC 小组收集了大量数据，其中有的是有效数据，有的则是无效数据，要对数据进行整理、分析；要判断总体质量，不能做到全数据检验时，需要随机抽取一定数量作为样本，从样本的质量状况，就可以判断总体的质量水平；要优选一些参数进行试验验证时，才能做到试验次数最少而得到的参数最佳。

通过本次 QC 小组活动，锻炼了 QC 小组成员应用科学的质量管理方法、工具，去发现问题、分析问题、解决问题的能力，提高了 QC 小组成员的责任意识，激发了公司团队协作的精神，带动了公司全员分析、解决问题的积极性，使工作效率大大提升。同时，有效降低了偏航系统故障次数，保障了 JF750kW 机组偏航系统安全稳定运行。但在实施中还存在对策实施计划表制定不详细、排列图绘制不规范等问题，QC 小组成员将有针对性地学习充电，掌握更加规范的管理流程、科学分析方法，提升整体素质。

5.4.12.2 下一步打算

下一步，QC 小组将以降低 JF750kW 机组液压系统故障次数为课题进行深入研究，进一步降低 JF750kW 机组故障次数，减少现场检修人员故障处理频次，切实保障 JF750kW 机组的安全稳定运行。

5.5 降低检修工器具吊装时间

本课题针对风电机组重型检修工器具吊装危险性高、效率低下这一问题，通过 QC 小组活动有效降低了检修工器具吊装时间，提高了风电机组的检修效率。

5.5.1 课题背景介绍

××风电公司自 2009 年 7 月一期工程的（750kW）风电机组超出质量保证期后，一直自行维护。每年风电机组大型检修 2 次，小型巡检 24 次，其中大型检修工作强度高，检修项目繁多。尤其风电机组螺栓紧固工作是重中之重，每次单台机组检修共计 4h，螺栓紧固工作就占 3h，影响工作时间的主要是螺栓紧固工作中的液压站等重型工器具垂直吊装。以往每次液压站等重型工器具都由人力背负，危险性高、效率低下、对检修工作影响很大。

通过成立"鹤乡之音"QC 小组要求解决风电机组重型检修工器具吊装问题，提高风电机组检修效率。

5.5.2 小组简介

5.5.2.1 小组概况

QC 小组概况见表 5－50。

表 5－50　　　　　　　　　　　QC 小 组 概 况

项目公司名称	××风电公司		
小组名称	"鹤乡之音"		
课题名称	降低检修工器具吊装时间		
成立时间	2017 年 1 月 4 日	注册时间	2017 年 1 月 6 日
注册编号	CTGNE/QCC－NEB（BC）－01－2018	课题类型	现场型
活动时间	2017 年 1 月—2017 年 8 月	活动次数	15
接受 QC 教育时长	60h/人	出勤率	92%

5.5.2.2 成员简介

QC 小组成员简介表见表 5-51。

表 5-51 QC 小组成员简介表

序号	成员姓名	性别	文化程度	职务	组内职务和分工
1	王×	男	本科	场站经理	组长 组织协调
2	哈×	男	本科	专员	副组长 活动策划
3	肖××	男	本科	经理	组员 技术指导
4	张×	男	大专	值班长	组员 数据收集
5	刘××	男	大专	值班长	组员 技术指导
6	袁×	女	硕士	高级主管	组员 成果编制
7	陈×	男	本科	主值班员	组员 成果编制
8	蒋××	男	大专	主值班员	组员 现场实施
9	刘×	男	大专	主值班员	组员 现场实施
10	林××	男	本科	主值班员	组员 数据收集

5.5.3 选题理由

"鹤乡之音" QC 小组通过对 2016 年全年检修情况进行调查与统计可见，2016 年的全年检修时间长，并且每年检修都在暑期，工作环境十分艰苦。因此提高检修工作效率，缩短检修时长，刻不容缓。2016 年全年检修清单见表 5-52。

表 5-52 2016 年全年检修清单

检修机组号	检修日期 /（年-月-日）	检修时长 /min	检修机组号	检修日期 /（年-月-日）	检修时长 /min
J1、J2	2016-8-12	230	J19、J20	2016-8-23	236
J3、J4	2016-8-13	233	J22、J22、J23	2016-8-24	244
J5、J6	2016-8-14	228	J24、J25、J26	2016-8-25	229
J7、J8	2016-8-15	245	J27、J28、J29	2016-8-26	236
J9、J10	2016-8-16	231	J30、J31、J32	2016-8-27	238
J11、J12	2016-8-18	239	J33、J34、J35	2016-8-28	231
J13、J14	2016-8-19	243	J36、J37、J38	2016-8-29	230
J15、J16	2016-8-20	229	J39、J40	2016-8-30	235
J17、J18	2016-8-22	237			

2016 年全年检修时间折线图如图 5-75 所示。

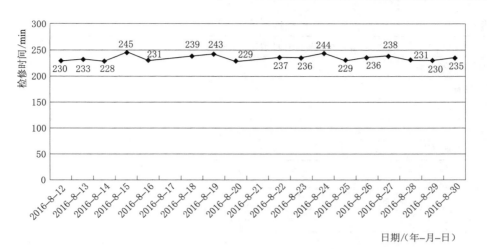

图 5-75　2016 年全年检修时间折线图

5.5.4　现状调查

5.5.4.1　历史数据调查

QC 小组成员通过对机组全年检修作业指导书认真研究，将风电机组单台检修项目所用时间进行统计，见表 5-53。各检修项目时间占比饼分图如图 5-76 所示。

表 5-53　　　　　　　　　各检修项目时间统计表

序号	检修项目	时间/min	占比/%
1	重大型设备检测力矩	180	75
2	单人设备检测力矩	20	8
3	检查设备完好性	10	4
4	设备加注油质	30	13
合计		240	100

由图 5-76 可知，全年各项检修工作中重大型设备检测力矩工作时间占比 75%。

5.5.4.2　现状剖析

QC 小组通过咨询得知，在 A 公司某风电机组塔筒内部可使用特殊设备取代人力进行吊装，省时安全，××风电公司可以借鉴。两公司检修项目时间对比表见表 5-54。检修项目时间对比图如图 5-77 所示。

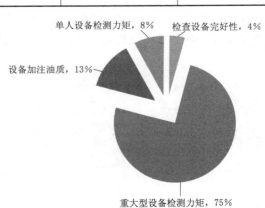

图 5-76　各检修项目时间占比饼分图

表 5 - 54 　　　　　　　　　　　　　　检修项目时间对比表

检修项目	××风电公司检修时间/min	A 公司检修时间/min	相比可缩减时间/min
重大型设备检测力矩	180	140	40
单人设备检测力矩	20	20	0
检查设备完好性	10	10	0
设备加注油质	30	30	0
合　计	240	200	40

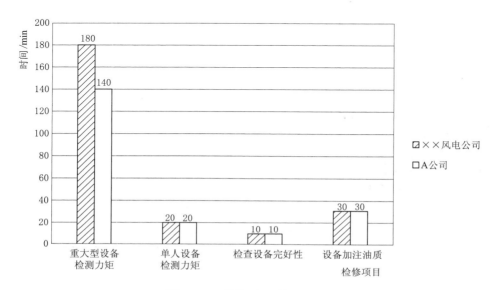

图 5 - 77　检修项目时间对比图

从图 5 - 77 中可直观看出重大性设备检测力矩项目工作时间不仅长且可缩减时间幅度最大，故定为症结。

5.5.5　确定目标

依据表 5 - 54 的数据，QC 小组将此次活动目标定为将重大型设备检测力矩工作时间控制在 200min 内。减少检修时间活动目标图如图 5 - 78 所示。

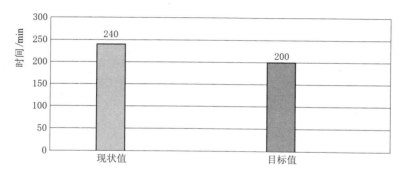

图 5 - 78　减少检修时间活动目标图

5.5.6　原因分析

针对发现的症结进行细致的分析，按照人、机、料、法、环分析末端原因。原因分析图如图 5 - 79 所示。

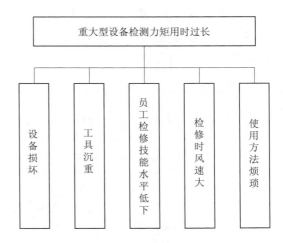

图 5 - 79　原因分析图

5.5.7　要因确认

为找到重大型设备力矩检测工作时间长这一症结的主要原因，QC 小组成员集中开展了要因确认。

1. 设备损坏

确认方法：现场检查。

验证情况：通过查阅历史检修数据，发现重大型检测力矩设备损坏并没有影响设备检修时长。

确认结果：非要因。

2. 工具沉重

确认方法：现场试验。

验证情况：检修工具重达 20kg，作业现场又为风机塔筒内，均为垂直移动，且面积较小无法双人同时工作，增加工作时长。

确认结果：要因。

3. 员工检修技能水平低下

确认方法：现场试验。

验证情况：在现场进行检修技能考试，考试后进行技能实际操作，对比后认为两组检修人员基本未出现检修时间上的差距。技能考试及实操情况表见表 5 - 55。

表 5 - 55　　　　　　　　　　技能考试及实操情况表

2017 年 6 月 3 日				2017 年 6 月 3 日			
机组号	使用人	使用时间	技能考核成绩	机组号	使用人	使用时间	技能考核成绩
J1	刘××、陈×	176min	92	J1	张×、蒋××	177min	87

确认结果：非要因。

4. 检修时风速大

确认方法：现场检查。

验证情况：通过后台监视屏得知当时平均风速 4.78s/m，并不影响检修时长。

确认结果：非要因。

5．使用方法烦琐

确认方法：现场检查。

验证情况：重新依据检修作业指导书梳理检测力矩工艺流程，此流程时长已精简至最低，并不影响检修时长。

确认结果：非要因。

5.5.8 制定对策

针对要因"鹤乡之音"QC 小组做出对策表，见表 5－56。

表 5－56 对 策 表

主要原因	对策	目标	措　　施
工具沉重	研制吊装工具	将检修机组检测力矩时间控制在 140min 内	（1）测量检修工具的重量及体积； （2）测量机组爬梯尺寸及爬梯承重力； （3）根据工程脚手架吊装原理制作特种工具

5.5.9 对策实施

QC 小组自行研究并开发出针对 JF750/1500kW 发电机组塔筒内垂直吊装的工具。垂直工具研发流程如图 5－80 所示。

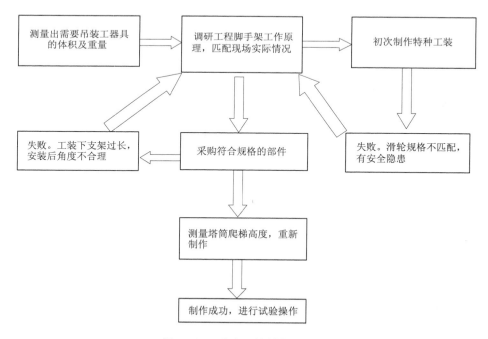

图 5－80 垂直工具研发流程图

2017 年 7 月，首先进行吊装工具试验。试验效果显著，可持续使用并推广。实施前后效果图如图 5 - 81 所示。

结论：实施后不但能保障人身安全还能极大提高检修效率。

5.5.10　效果检查

2017 年 7 月××风电公司 2017 年全年检修工作对比去年效果明显，单台机组检修时间大幅度缩减，见表 5 - 57。

（a）实施前　　　　（b）实施后

图 5 - 81　实施前后效果图

表 5 - 57　　　　　　　　　　　　2017 年各检修项目时间表

序号	检修分类	时间/min	占比/%	序号	检修分类	时间/min	占比/%
1	重大型设备检测力矩	120	66	4	设备加注油质	30	17
2	单人设备检测力矩	20	11	5	合计	180	100
3	检查设备完好性	10	6				

2017 年各检修项目时间饼分图如图 5 - 82 所示。

结合表 5 - 57，QC 小组对活动前后全年检修时间进行了对比。圆满达成并超过了 QC 小组活动的预期目标。活动前后风电机组检修时间对比图如图 5 - 83 所示。

5.5.11　制定巩固措施

为巩固本次 QC 小组活动成果，并形成长效机制，经××风电公司场站经理批准，将活动成果提炼总结，把检修工作中特种工具的使用这一措施编入检修规程、作业指导书等内容中，于 2018 年 4 月 1 日起发布并执行。

图 5 - 82　2017 年各检修项目时间饼分图

5.5.12　活动总结和下一步打算

5.5.12.1　活动总结

本次 QC 小组活动圆满完成课题目标。在研发吊装工具的过程中，提高了运行人员的检修技能，同时也解决了检修中的实际问题，培养了员工由被动操作变为主动创新的良好习惯。

5.5.12.2　下一步打算

下一阶段 QC 小组准备以缩短 JF750 机组偏航断裂螺栓扣取时间为课题开展活动，继续积累经验，持续进行技改，努力提高风电场设备安全运行水平。

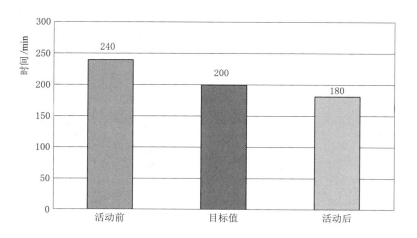

图 5-83　活动前后风电机组检修时间对比图

5.6　降低 JF1.5MW 风电机组塔底风扇反馈丢失故障次数

本课题针对风电机组塔底风扇反馈丢失故障造成机组非计划停运和发电量损失这一问题，通过 QC 小组活动有效降低了机组塔底风扇反馈丢失故障次数，降低了风电机组故障率。

5.6.1　课题背景介绍

近期 JF 风电机组频繁报出机组塔底风扇反馈丢失故障，自 2017 年 6 月初到 11 月末已经发生该类故障 8 次，造成风电机组非计划停运和发电量损失。严重时会导致塔底风扇变频器受到冲击损坏，导致风电机组器件损坏、发电损失等经济损失。QC 小组选择了降低塔底风扇反馈丢失故障次数为课题内容，进行进一步研究，以降低风电机组故障率，提高风电机组可利用率。

5.6.2　小组简介

5.6.2.1　小组概况

QC 小组概况见表 5-58。

表 5-58　　　　　　　　　　　　　　QC 小组概况

小组名称	"风 行 者"		
课题名称	降低 JF1.5MW 风电机组塔底风扇反馈丢失故障次数		
成立时间	2017 年 6 月 1 日	注册时间	2017 年 6 月 1 日
注册编号	CTGNE/QCC-IM（HD）-01-2017	课题类型	现场型
活动时间	2017 年 6 月 1 日—2017 年 9 月 30 日	出勤率	100%

5.6.2.2 成员简介

QC 小组成员简介表见表 5-59。

表 5-59　　　　　　　　QC 小组成员简介表

序号	成员姓名	性别	文化程度	组内职务和分工
1	冯××	男	本科	组长　策划及成果编制
2	张××	男	本科	副组长　协调、技术支持
3	冯×	男	本科	副组长　协调、技术支持
4	田×	男	本科	副组长　协调、技术支持
5	王××	男	本科	组员　现场实施
6	曹×	男	本科	组员　现场实施
7	韩×	男	本科	组员　整理资料
8	朱××	男	本科	组员　现场实施
9	郭××	男	专科	组员　现场实施

5.6.3　选题理由

××风电公司一期 33 台 JF1.5MW 机组，分为集电Ⅰ线、集电Ⅱ线、集电Ⅲ线，2017 年风电机组出现 8 次塔底风扇反馈丢失故障，造成风电机组非计划停运和发电量损失。严重时会导致塔底风扇变频器受到冲击损坏，导致风电机组器件损坏、发电损失等经济损失。"风行者"QC 小组通过开展 QC 小组活动，降低风电机组塔底风扇反馈丢失故障次数，提高风电机组可利用率。

5.6.4　现状调查

5.6.4.1　历史数据调查

QC 小组成员对 2017 年 6—11 月××风电场塔底风扇反馈丢失故障进行了调查与统计。塔底风扇反馈丢失故障统计表见表 5-60。塔底风扇反馈丢失故障统计图如图 5-84 所示。

表 5-60　　　　　　　塔底风扇反馈丢失故障统计表

序　号	故障时间/（年-月-日）	故障风机号	序　号	故障时间/（年-月-日）	故障风机号
1	2017-6-13	A2-3	5	2017-10-2	A1-2
2	2017-7-21	A3-4	6	2017-10-29	A2-5
3	2017-8-23	A3-3	7	2017-11-1	A2-4
4	2017-9-27	A1-5	8	2017-11-2	A2-10

5.6.4.2　现状剖析

风电机组塔底风扇反馈丢失故障有多种原因，对每次故障进行具体原因分析，故障原因统计表见表 5-61。

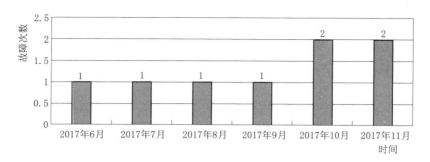

图 5 - 84　塔底风扇反馈丢失故障统计图

表 5 - 61　　　　　　　　　　　故 障 原 因 统 计 表

原　　　因	次 数	占比/%
接线盒至风扇电机接线工艺差	6	75.0
风扇电机故障	1	12.5
线路老化	1	12.5

图 5 - 85　故障原因占比饼分图

1. 原因占比分析

故障原因占比饼分图如图 5 - 85 所示。

由图 5 - 85 可知，接线盒至风扇电机接线工艺差，（以下简称"接线工艺差"）导致的塔底风扇故障占比为 75.0%，是要解决的主要症结。

2. 目标测算分析

当前××风电场塔底风扇平均故障次数为 8 次/6 月，可等价为 4 次/季度。若××风电场塔底风扇故障次数下降 80%，则塔底风扇平均故障次数约为 1 次/季度。

5.6.5　确 定 目 标

本次 QC 小组活动目标为将××风电场塔底风扇故障次数由 4 次/季度降至 1 次/季度。塔底风扇故障次数降低活动目标图如图 5 - 86 所示。

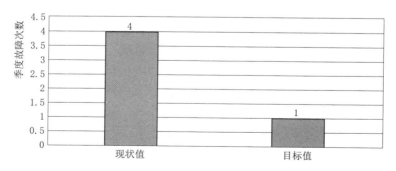

图 5 - 86　塔底风扇故障次数降低活动目标图

5.6.6　原因分析

QC 小组针对发现的症结进行细致分析，按照人、机、料、法、环分析末端原因。塔底风扇反馈丢失因果图如图 5-87 所示。

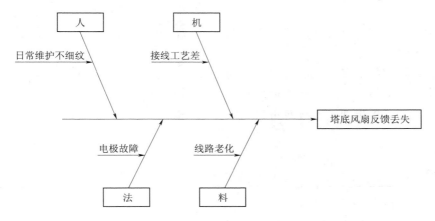

图 5-87　塔底风扇反馈丢失因果图

5.6.7　要因确认

为找到风机塔底反馈丢失故障这一症结的主要原因，QC 小组成员集中开展了要因确认。

1. 日常维护不细致

QC 小组对塔底风扇零部件进行了再检查，检查发现塔底风扇维护列入每季度巡视中，巡视维护得当。

结果确认：非要因。

2. 电机故障

QC 小组对塔底风扇电机进行了检查，在 2017 年 6—11 月期间，只有 A3-4 发生 1 次因电机故障导致的塔底风扇反馈丢失故障。

结果确认：非要因。

3. 线路老化

QC 小组对塔底风扇接线盒内线路及风扇电机进行检查，检查发现盒内 A2-3、A3-4 风机存在老化现象，在 2017 年 6—11 月期间，只有 A2-3 风机发生 1 次因线路老化导致的塔底风扇反馈丢失故障。

结果确认：非要因。

4. 接线工艺差

QC 小组在对集电Ⅰ、Ⅱ、Ⅲ线 33 台风电机组塔底风扇接线盒接线进行检查时发现，接线盒至风扇电机接线柱的接线较细，工艺较差。当发现 6 台风电机组报出塔底反馈丢失故障后，在将这 6 台风机接线盒至风扇电机接线柱的接线更换后，故障消除，查其原因为接线盒至风扇电机接线柱的线较细，工艺较差易发生相间短路或者与外壳接触。塔底风扇接线盒如图 5－88 所示，其中黑色接线为较细接线。

结果确认：要因。

5.6.8　制定对策

要因为接线盒至电机内接线柱接线工艺差，在 QC 小组能力范围内。

为了更好地解决要因，在制定对策计划表之前，围绕如何解决接线工艺差运用头脑风暴法开展讨论，得出两个改进对策，见表 5－62。

较细接线

图 5－88　塔底风扇接线盒

表 5－62　　　　　　　　　　　接 线 工 艺 差 对 策 表

要因	对策	目标	措施	负责人	地点	完成日期 /（年－月－日）
接线工艺较差	改善接线工艺	符合标准《电气装置安装工程接地装置施工及验收规范》（GB 50169—2016）	将接线盒至电机内接线柱接线缠绕绝缘胶带	××	集电Ⅰ线 A1－1 风电机组	2017－12－1
			更换接线盒至电机内接线柱接线	×××	集电Ⅰ线 A1－1 风电机组	2017－12－1

对策列出后，QC 小组成员通过实际检验的方法对可靠性进行了实证分析。

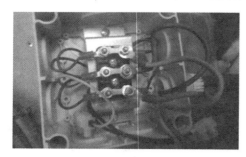

图 5－89　更换粗线后的风扇接线盒

针对对策 1，QC 小组成员使用绝缘胶带对接线进行缠绕，结果并不是特别理想。

（1）缠绕接线不均与，导线绝缘受到影响，效果不好。

（2）缠绕接线耗时较长，时长 30min。

针对对策 2，QC 小组成员更换粗的且质量、绝缘良好的导线，替换原来较细的接线。改进了原有导线较细、绝缘差的不足，提高了绝缘性，用时 25min。更换粗线后的风扇接线盒如图 5－89 所示。

5.6.9　对策实施

根据评价结果，QC 小组成员组织人员对集电Ⅰ、Ⅱ、Ⅲ线的 33 台风电机组接线盒至电机的接线进行了更换，截至 3 月初，发生 1 次因其他原因引起的塔底反馈丢失故障。

5.6.10　效果检查

结合之前的统计情况，QC 小组成员对活动前后塔底风扇反馈丢失故障次数进行了对比，如图 5-90 所示。

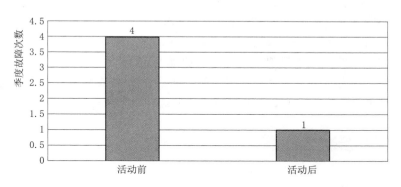

图 5-90　活动前后塔底风扇反馈丢失故障次数对比图

事实证明，通过 QC 小组活动的实施，故障次数明显减少，由 4 次/季度降低到 1 次/季度，完成预期目标。

5.6.11　制定巩固措施

××风电公司总结经验，将塔底风扇接线盒至电机接线柱的接线检查列为巡检项目，纳入检修规程。

5.6.12　活动总结和下一步打算

5.6.12.1　活动总结

本次 QC 小组活动是公司领导鼓励和支持下的首次尝试，通过活动的开展，大大减少了故障次数，为××风电场减少了发电量损失，提高了效率。汲取了他人经验，充分发挥团结协作的作用，仔细观察、踊跃讨论、大胆论证，最终达到了改进的目标；QC 小组成员在这次活动中开拓了思路，锻炼了技能，加强了团队精神，学习到了很多宝贵的 QC 经验。

5.6.12.2　下一步打算

QC 小组将继续在风电场日常运行管理中不断总结、积累经验，持续改进，努力提高风电场设备安全运行水平。

5.7　降低风电机组动力电缆护圈下滑频次

本课题针对风电机组内电缆护圈下滑会使电缆之间产生摩擦，引起着火隐患这一问题，通过 QC 小组活动有效降低了风电机组动力电缆护圈下滑次数，电缆的磨损得到了有效治理，减少了风电机组着火的风险。

5.7.1　课题背景介绍

××风电场装机容量 99MW，一期（49.5MW）采用 GW87/1500 型风机 33 台，于 2013 年 12 月 21 日并网发电；二期（49.5MW）采用 GW93/1500 型风机 33 台，于 2016 年 3 月 19 日并网发电。随着公司的不断发展，风电机组装机容量不断增大，生产过程中的安全风险也不断增多。检修人员在维护过程中发现风电机组动力电缆护圈在运行过程中有不同程度的下滑，检修人员发现后及时提升电缆护圈，但在巡检及检修过程中还是发现提升过的电缆护圈依然存在下滑现象。在电缆护圈的下滑不仅会造成动力电缆失去保护造成磨损，甚至会产生着火的风险，还会导致马鞍桥处预留的弧垂电缆部分下垂与塔筒平台摩擦，因此"荒漠之星"QC 小组通过开展 QC 小组活动以防止风电机组动力电缆磨损。

5.7.2　小组简介

5.7.2.1　小组概况

QC 小组概况见表 5 - 63。

表 5 - 63　　　　　　　　　　　QC　小　组　概　况

课题名称	降低 JF 风电机组动力电缆护圈下滑频次		
小组名称	"荒漠之星"		
成立时间	2017 年 5 月	课题类型	现场型
小组成员	9 人	活动次数	36 次
注册日期	2017 年 6 月 1 日	注册号	CTGNE/QCC - NWB（DCD）- 01 - 2017
每次活动平均时长	3h	活动时间	2017 年 6 月—2018 年 6 月

5.7.2.2　成员简介

QC 小组成员简介表见表 5 - 64。

表 5 - 64　　　　　　　　　　　QC　小　组　成　员　简　介　表

序号	成员姓名	文化程度	职务/职称	组内职务和分工
1	赵××	大专	副总经理	组长　组织协调
2	杨××	本科	副值长	副组长　现场实施
3	任××	本科	专职安全员	组员　成果编制
4	虎×	本科	运维工程师	组员　技术指导
5	赖×	本科	主值班员	组员　现场实施
6	朱××	本科	主值班员	组员　数据收集
7	秦××	本科	值班员	组员　现场实施
8	雷××	本科	高级主管	组员　组织协调
9	杨××	本科	副经理	组员　组织协调
10	哈×	本科	专员	组员　组织协调

5.7.3 选题理由

2017年6—8月对××风电场现场Ⅰ期33台风电机组、Ⅱ期33台风电机组进行日常巡检，得到风电机组塔筒内截面积为185mm²的动力电缆护圈下滑情况表见表5-65。

表 5-65　　　　　　　　　　　　　　　电缆护圈下滑情况表

序　号	项　　　目	月　　份			合计
		6	7	8	
1	巡检机组数量/台	22	22	22	66
2	发现电缆护圈下滑数量/台	8	12	13	33
3	电缆护圈下滑占比/%	36	55	59	50

根据表5-65绘制出动力电缆护圈下滑情况图，如图5-91所示。

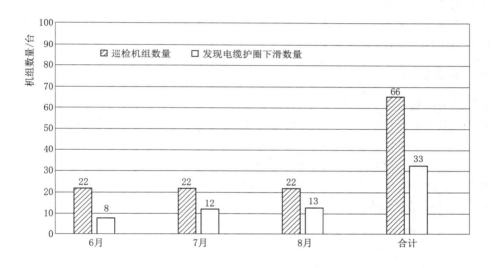

图 5-91　动力电缆护圈下滑情况图

从图5-91中可以看出××风电场66台风电机组在3个月内有50%的风电机组存在电缆护圈下滑的情况。

风电机组内电缆护圈下滑会使电缆之间产生摩擦，造成着火隐患。故选择降低风电机组动力电缆护圈下滑次数作为本次课题内容。

5.7.4 现状调查

针对风电机组动力电缆护圈下滑情况，QC小组对现场66台JF风电机组进行了详细检查，共计查出问题机组33台。QC小组通过调查、分析得到风电机组动力电缆护圈下滑问题分别是电缆护圈扎带破损29台；电缆护圈螺栓松动1台；电缆护圈扎带未扎紧3台。风电机组动力电缆护圈下滑原因统计表见表5-66。

表 5 - 66　　　　　　　　　　风电机组动力电缆护圈下滑原因统计表

序号	项　目	台数	占比/%	累计占比/%
1	电缆护圈扎带破损	29	87.88	87.88
2	电缆护圈螺栓松动	1	3.03	90.91
3	电缆护圈扎带未扎紧	3	9.09	100
4	合计	33	100	

风电机组动力电缆护圈下滑原因饼分图如图 5 - 92 所示。

从图 5 - 92 中可以看出，电缆护圈扎带破损共 29 台，占 87.88%，因此电缆护圈扎带破损是风电机组电缆护圈下滑存在的主要问题。QC 小组与厂家维护人员沟通得知风电机组电缆护圈下滑频次标准为每月不超过 10%。

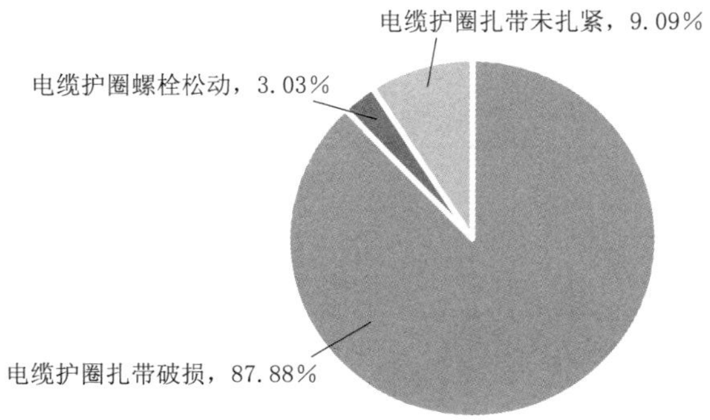

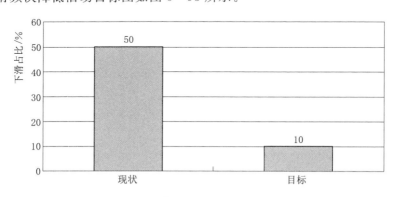

图 5 - 92　风电机组动力电缆护圈下滑原因饼分图

5.7.5　确定目标

小组成员经过认真讨论和分析，明确只要解决电缆护圈扎带破损的主要问题，就能降低风电机组电缆护圈下滑占比至：

$$(33 \text{ 台} - 29 \text{ 台})/66 \text{ 台} = 6.06\%$$

以 2017 年 6—8 月发生 33 台次作为依据，使之降低至 7% 是能够实现的。为此，QC 小组考虑了一定的裕度，将 QC 小组活动目标值定为 10%。

护圈下滑频次降低活动目标图如图 5 - 93 所示。

图 5 - 93　护圈下滑频次降低活动目标图

5.7.6　原因分析

QC 小组针对电缆护圈扎带损坏这个症结问题，运用鱼骨图进行分析，找出该问题的各种原因，如图 5 - 94 所示。

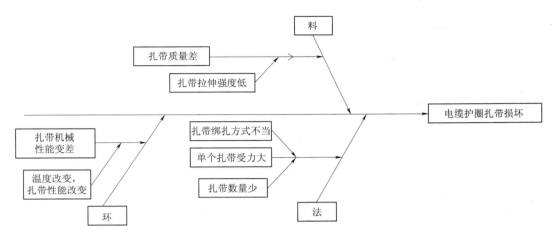

图 5-94 电缆护圈扎带损坏原因分析鱼骨图

通过鱼骨图分析，小组共找出四个末端因素：①扎带拉伸强度低；②温度改变，扎带性能改变；③扎带数量偏少；④扎带绑扎方式不当。

5.7.7 要因确认

1. 扎带拉伸强度低

扎带拉伸强度低原因确认表见表 5-67。

表 5-67　　　　　　　　　　　扎带拉伸强度低原因确认表

确认方法	现 场 试 验			
标准要求	不同拉力下扎带的断裂情况			
确认结果	扎带拉力/kg	扎带数量/个	断裂数量/个	扎带断裂频次/%
	4	10	0	0
	8	10	0	0
	12	10	8	80
	结论：QC 小组成员通过测试得到，扎带在承受 8kg 以下的拉力时扎带断裂频次为 0，电缆护圈扎带承受拉力为 4.5kg，排除扎带拉伸强度低引起扎带断裂			
确认人	赖×	确认时间		2017-9-3
确认结果	非要因			

2. 温度改变，扎带性能改变

温度改变导致扎带性能改变原因确认表见表 5-68。

表 5-68　　　　　　　　　　温度改变导致扎带性能改变原因确认表

确认方法	试 验 对 比			
标准要求	不同环境温度下电缆护圈扎带断裂情况			
确认结果	温度	扎带数量/个	断裂数量/个	扎带断裂频次/%
	−20~0℃	10	0	0

续表

确认方法	试 验 对 比		
确认结果	0～20℃	10	0	0
	20～40℃	10	0	0
	结论：QC小组成员在室外和室内不同环境温度下，模拟扎带绑扎电缆护圈，在−20～40℃的温度中扎带断裂频次为0，故可以排除温度对扎带性能的影响			
确认人	朱××	确认时间	2017−9−3
确认结果	非要因		

3. 扎带数量少

扎带数量少原因确认表见表5−69。

表5−69　　　　　　　扎带数量少原因确认表

确认方法	对 比 检 查		
标准要求	扎带少是否会产生扎带断裂		
确认结果	机组电缆护圈上扎带的数量	扎带数量/个	断裂数量/个	扎带断裂频次/%
	扎带多于4根	10	0	0
	扎带少于4根	10	6	60
	结论：通过对比发现，电缆护圈扎带少于4根的机组扎带断裂频次为60%，电缆护圈扎带多于4根的机组扎带断裂频次为0%，确认扎带数量少为引起电缆护圈扎带断裂的要因			
确认人	秦××	确认时间	2017−9−2
确认结果	要因		

4. 扎带绑扎方式不当

扎带绑扎方式原因确认表见表5−70。

表5−70　　　　　　　扎带绑扎方式原因确认表

确认方法	对 比 检 查		
标准要求	扎带绑扎方式不同是否会引起扎带断裂		
确认结果	扎带绑扎情况	扎带数量/个	下滑台数/台	下滑频次/%
	与超过两根电缆一起绑	10	0	0
	与一根电缆一起绑	10	0	0
	结论：通过对比，扎带和不同数量电缆绑扎时，扎带断裂频次为0，排除扎带绑扎方式不同对扎带断裂的影响			
确认人	秦××	确认时间	2017−9−2	
确认结果	非要因		

QC小组通过要因确认步骤确认的要因为扎带数量少。

5.7.8　制定对策

根据要因，QC 小组制定对策措施表，见表 5－71。

表 5－71			对 策 措 施 表			
要因	对策	目标	措施	地点	负责人	完成时间/（年-月-日）
扎带数量少	增加电缆护圈扎带数量	使电缆护圈下滑频次低于10%	在电缆护圈上下两端16个孔各绑扎4根扎带，并在电缆护圈外圈绑扎三根扎带	66台风电机组	×××	2017－10－3

5.7.9　对策实施

增加扎带数量实施效果如图 5－95 所示。

目标检查：在对策实施后，经过一周时间的观察，电缆护圈加绑扎带后未发现电缆护圈下滑情况。

5.7.10　效果检验

对策实施后，2017 年 12 月—2018 年 2 月对××风电场 66 台风电机组进行了巡视，对电缆护圈下滑情况进行了统计，见表 5－72。

（a）实施前　　　　（b）实施后

图 5－95　增加扎带数量实施效果

表 5－72	活动后电缆护圈下滑情况统计表			
项　　目	月　　份			合计
	12	1	2	
巡检机组数量/台	22	22	22	66
发现电缆护圈下滑台数/台	1	2	1	4
电缆护圈下滑占比/%	4.5	9.1	4.5	6.1

电缆护圈下滑原因统计表见表 5－73。

表 5－73	电缆护圈下滑原因统计表		
原　因	台数	占比%	累计占比/%
电缆护圈扎带破损	0	0	0
电缆护圈螺栓松动	1	1.52	1.52
电缆护圈扎带未扎紧	3	4.55	6.07
合计	4	6.07	

将表 5-72 与表 5-65 进行对比，得到活动前后扎带破损情况对比表，见表 5-74。

可以看出××风电场 66 台风电机组增加了电缆护圈扎带后，扎带破损引起的电缆护圈下滑频次降低为 0，实际电缆护圈下滑频次降到了每月 6.1%，低于目标值 10%。活动前后电缆护圈下滑故障占比对比图如图 5-96 所示。

表 5-74 活动前后扎带破损情况对比表

阶段	扎带破损引起护圈下滑台数	占比/%
活动前	29	87.88
活动后	0	0

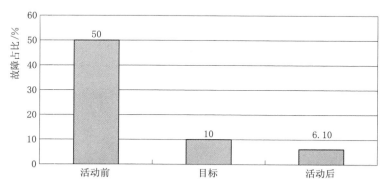

图 5-96 活动前后电缆护圈下滑故障占比对比图

5.7.11 指定巩固措施

此次活动的巩固措施为：

（1）经××风电场电力运行部批准，将此项目纳入《××风电场风机作业指导手册》现场电气安装接线工艺。

（2）此次活动内容作为培训讲课材料，在班内得以学习和应用。

5.7.12 活动总结和下一步打算

通过本次活动，风电机组中电缆护圈下滑问题得到很大改善，电缆的磨损得到有效治理，减少了风电机组着火的风险；QC 小组成员通过这次活动，对质量控制有了新的认识，通过头脑风暴法找问题、解决问题，使得思路更加开阔，也找到了更多解决问题的方式方法，在以后的工作中思路更清晰，目标更明确，团队之间的协作也更有默契，人人发言，使每个成员的组织能力、语言表达能力都有所提高，QC 小组成员综合素质有了质的提升。把这次 QC 小组活动的成果写进电站作业指导手册中，也为电站的管理提供了新思路，未来电站的各项工作也会通过讨论，写进电站工作规程中，使得电站管理更加有序。QC 小组将以该成果为契机，大力推行和开展 QC 小组活动，提升公司的创新创效能力。

5.8 降低场站生活水系统故障次数

本课题针对场站生活水系统故障造成停水，影响员工正常生活用水这一问题，通过 QC 小组活动有效降低了场站生活水系统故障次数，减少了生活水系统故障带来的影响，实现了节能、降耗的效果。

5.8.1 课题背景介绍

××风电公司坐落于赤峰市克什克腾旗芝瑞镇，健康的饮用水是这里生活、生产的关键保障。××风电公司生活水系统自投入以来，经常有停水现象发生，员工们不得不到附近村庄打水来保障基本的生活用水，为减少生活水系统故障带来的影响，实现节能、降耗的效果，"塞北风暴" QC 小组成立并开展此项目研究。××风电场生活水系统图如图 5-97 所示。

图 5-97　××风电场生活水系统图

5.8.2 小组简介

5.8.2.1 小组概况

"塞北风暴" QC 小组于 2017 年 7 月 9 日登记注册成立，注册编号：CTGNE/QCC - IM（GH）- 01 - 2017。QC 小组概况见表 5-75。

表 5-75　　　　　　　　　　　　QC 小组概况

小组名称	"塞北风暴"		
课题名称	降低场站生活水系统故障次数		
注册单位	××风电公司		
成立时间	2017 年 7 月 5 日	注册时间	2017 年 7 月 9 日
注册编号	CTGNE/QCC - IM（GH）- 01 - 2017	课题类型	现场型
活动时间	2017 年 7 月 5 日—12 月 7 日	出勤率	93%

5.8.2.2 成员简介

QC 小组成员简介表见表 5-76。

表 5-76　　　　　　　　　　　　QC 小组成员简介表

序号	成员姓名	性别	文化程度	组内职务和分工
1	郭×	男	本科	组长　组织协调
2	哈×	男	本科	副组长　技术支持
3	孙××	男	本科	副组长　技术支持
4	姚××	男	本科	组员　数据收集
5	张××	男	本科	组员　现场实施
6	杨×	男	本科	组员　技术实施
7	张××	男	本科	组员　活动策划及材料编写
8	常××	女	本科	组员　材料编写

5.8.3　选题理由

据 2017 年上半年统计，场站生活水系统共出现问题 4 次，生活上员工们不能够及时用到水；生产上不能保障消防水的紧急供应。为了减少生活水系统出现问题带来的影响，QC 小组决定对其进行改造处理。

5.8.4　现状调查

2017 年 7 月 5 日—9 月 24 日，生活水系统共故障 4 次，严重影响员工生活及生产，因此 QC 小组选定降低场站生活水系统故障次数作为本次活动的课题。QC 小组对场站生活水系统 2017 年 7—9 月故障次数进行统计，见表 5-77。

表 5-77　场站生活水系统故障次数统计表

月份	故障次数	总故障次数
7	1	1
8	2	3
9	1	4

场站生活水系统故障次数柱状图如图 5-98 所示。

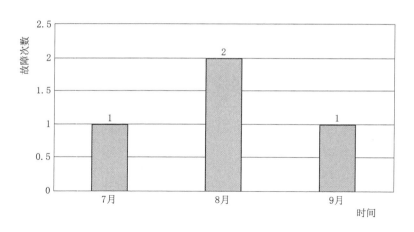

图 5-98　场站生活水系统故障次数柱状图

场站生活水系统故障原因统计表见表 5-78。

表 5-78　　　　　　　　场站生活水系统故障原因统计表

序号	故障原因	次数	占比/%	累计占比/%
1	压力罐压力气囊漏气	1	25	25
2	净水箱浮子故障	1	25	50
3	热继电器烧毁	2	50	100

5.8.5　确定目标

目前××风电场生活水系统故障频率为

4 次/3 个月＝1.3 次/季度

QC 小组决定将生活水系统故障降低 30％，则故障频率为 0.91 次/季度。

基于上述计算，QC 小组决定将生活水系统故障频率降低到 0.91 次/季度。

生活水系统设定目标故障频次对比图如图 5-99 所示。

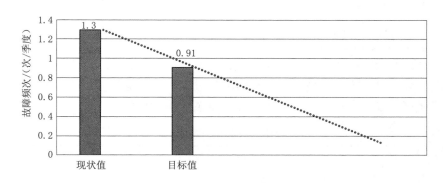

图 5-99　生活水系统设定目标故障频次对比图

5.8.6　原因分析

针对热继电器烧毁故障率偏高这一症结，QC 小组在人、机、料、法、环五个环节进行分析并找出末端原因。利用因果图分析末端原因如图 5-100 所示。

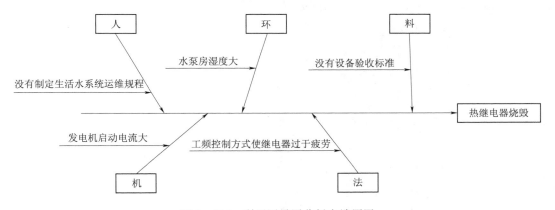

图 5-100　利用因果图分析末端原因

5.8.7　要因确认

为了找到热继电器烧毁的主要原因，QC 小组成员开展了要因确认。

1. 没有制定生活水系统运维规程

目前公司对生活水系统的运维制定了每周由运行人员进行一次检查的制度。由此可见这一原因非要因。

2. 发电机启动电流大

稳压泵电机的额定电流是 15A。由于发电机的绕组接法是三角形连接，则其启动电流

为 $I_{启} = \sqrt{3} I_{额} = 25.98A$。热继电器的额定电流为 40A。因此热继电器可正常使用，不会烧毁。由此可见这一原因非要因。

3. 水泵房湿度大

生活水系统的水泵房里有储水箱和净水箱，它们都是开口不封闭的容器，致使室内湿度达到 40%RH。但热继电器是安装在封闭柜子内，柜子内湿度测量为 22%RH，比较干燥。由此可见这一原因非要因。

4. 工频控制方式使继电器过于疲劳

生活水系统有两台稳压泵，工作时会定时（每 2h）进行相互切换以免稳压泵工作时间过长造成其温度过高而被烧毁。在频繁切换的过程中热继电器不断有冲击电流，使继电器过于疲劳而被烧毁。随机抽选日期来统计稳压泵切换的频率，见表 5-79。

表 5-79　　稳压泵切换频率统计表

序号	日期	切换次数	切换频率	平均日切换次数	平均切换频率
1	7 月 13 日	8	33.3%		
2	7 月 14 日	11	45.8%		
3	7 月 15 日	9	37.5%	9.4	39.2%
4	7 月 16 日	9	37.5%		
5	7 月 17 日	10	41.7%		

稳压泵切换次数柱状图如图 5-101 所示。

由此可见这一原因是要因。

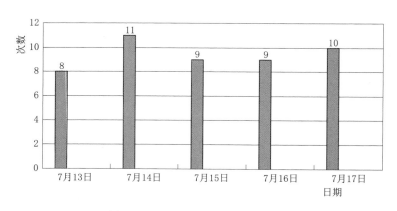

图 5-101　稳压泵切换次数柱状图

5. 没有设备验收标准

设备现场安装后进行验收，经观察发现在试运行的 3 个月期间没有出现问题。由此可见，这一原因非要因。

5.8.8　制定对策

根据末端原因工频控制方式使继电器过于疲劳制定了相应的对策，对策表见表 5-80。

表 5 - 80　　　　　　　　针对工频控制方式使继电器过于疲劳制定的对策表

序号	要因	对策	目标	措施	负责人	地点	完成日期/（年-月-日）
1	工频控制方式	改变工频控制方式	使用变频控制	改造为变频控制器	姚××、张××	水泵房	2017 - 9 - 26
2	工频控制方式	减少切换稳压泵次数	每天切换 7 次	修改控制切换时间逻辑	姚××、张××	水泵房	2017 - 9 - 26

5.8.9　对策实施

经 QC 小组全体成员讨论决定后采取对策 1 的方案，"塞北风暴" QC 小组首先向公司领导进行改造请示。

经公司领导批准后于 2017 年 9 月 26 日进行改造，改造步骤如下：①拆掉原有的工频装置；②布置接线；③安装变频器；④调试变频器控制频率范围。

改造前工频电源如图 5 - 102 所示。改造后变频电源如图 5 - 103 所示。改造后变频装置如图 5 - 104 所示。

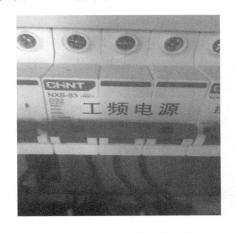

图 5 - 102　改造前工频电源

图 5 - 103　改造后变频电源

5.8.10　效果检查

在变频控制方式改造完成后，对生活水系统故障进行检测，从 2017 年 10 月 7 日—12 月 7 日期间生活水系统由热继电器烧毁造成故障 0 次，统计表见表 5 - 81。降低目标值 50%，实现了预期的目标。

目标值为故障频率 0.91 次/季度，现每季度故障频率＝0.91×0.5＝0.46 次/季度。

活动前后生活水系统故障频率对比图如图 5 - 105 所示。

图 5 - 104　改造后变频装置

表 5 – 81　　　　　　活动后生活水系统由热继电器烧毁造成故障次数统计表

序号	时间/日	故障次数	占比/%	累计占比/%
1	10	0	0	0
2	11	0	0	0
3	12	0	0	0

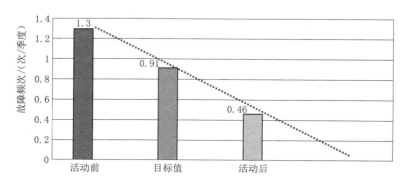

图 5 – 105　活动前后生活水系统故障频率对比图

5.8.11　制定巩固措施

为使生活水系统能够稳定运行，经过公司领导批准，"塞北风暴"小组于 2018 年 12 月 5 日对生活水系统编制了定期检查维护手册，每周四由值班人员对水泵房进行检查，并对生活水系统运行情况进行记录。

5.8.12　活动总结和下一步打算

此次 QC 小组活动，每位成员都各司其职，发挥自己的聪明才智。在活动期间锻炼了 QC 小组团结协作的能力，对生活水系统装置有了更深的了解，提高了技术水平，开启了思维能力。下一步 QC 小组将针对提高风功率预测的准确率进行活动，希望能够继续做好质量管理，提高技术水平和个人素质，为公司献出自己的一份力量。

5.9　降低蓄电池故障次数

本课题针对蓄电池随运行时间增加，故障次数呈上升趋势这一问题，通过 QC 小组活动有效降低了蓄电池装置故障率，减少了处理故障时所消耗的人力、物力，提高了工作效率。

5.9.1　课题背景介绍

某风电公司前期勘察、设计与施工时未充分考虑当地气候情况，导致建成后蓄电池室温度过热，蓄电池存在不同程度的故障，设备运行中存在一定的安全隐患。故风电场结合蓄电池现有问题，在符合相关技术规范、节约施工成本的前提下，以降低蓄电池故障次数为目的，对蓄电池故障进行处理。

5.9.2　小组简介

5.9.2.1　小组概况

QC小组概况见表5-82。

表 5 - 82　　　　　　　　　QC 小 组 概 况

小组名称	"风起石井"		
课题名称	降低蓄电池故障次数		
成立时间	2016 年 6 月 1 日	注册时间	2018 年 1 月 20 日
注册编号	CTGNE/QCC - HBB（SY）- 01 - 2018	课题类型	现场型
活动时间	2016 年 6 月—2017 年 11 月	活动次数	15
QC 教育时长	32h	出勤率	100%

5.9.2.2　小组成员简介

QC小组成员简介表见表5-83所示。

表 5 - 83　　　　　　　　QC 小 组 成 员 简 介 表

序号	成员姓名	性别	文化程度	职务/职称	组内职务
1	李××	男	本科	总经理	组长
2	哈×	男	本科	副专员	副组长
3	黄××	男	大专	主值班员	副组长
4	王×	男	研究生	主管	组员
5	乔××	女	大专	主管	组员
6	刘××	男	本科	值班员	组员
7	任××	男	大专	值班员	组员
8	李×	男	大专	副值班员	组员

5.9.3　选题理由

　　××风电场共有4组蓄电池组，两组48V蓄电池组和两组220V蓄电池组。2012年投产，至2017年已经运行将近6年，接近蓄电池的实际使用年限。2016年风场蓄电池总故障次10次，远大于2015年风场蓄电池故障次数。2016年蓄电池故障次数统计表见表5-84。蓄电池直流系统给机组的继电保护、自动装置、通信设备、事故照明以及机组的热工保护和自动控制等设备供电，要求有足够的可靠性和稳定性，即使在全厂停电交流电源全部消失的情况下，也要维持直流负荷供电。因此为了避免蓄电池故障影响风电场的业绩，QC小组选定降低蓄电池故障次数作为本次活动的课题。以风电场2015年蓄电池故障次数为依据，QC小组这次活动目标为降低故障次数的40%。2015年蓄电池故障次数统计表见表5-85。

表 5 - 84　　　　　　　　　　　　2016 年蓄电池故障次数统计表

月份	故障次数	占比/%	累计占比/%	月份	故障次数	占比/%	累计占比/%
6	2	20	20	10	1	10	90
7	2	20	40	11	1	10	100
8	2	20	60	合计	10	100	100
9	2	20	80				

表 5 - 85　　　　　　　　　　　　2015 年蓄电池故障次数统计表

月份	故障次数	占比/%	累计占比/%	月份	故障次数	占比/%	累计占比/%
6	0	0	0	10	1	25	100
7	1	25	25	11	0	0	100
8	1	25	50	合计	4	100	100
9	1	25	75				

5.9.4　现状调查

5.9.4.1　历史数据调查

　　QC 小组成员 2016 年 6—11 月对石井风电场蓄电池故障班次数进行了调查与统计，见表 5 - 86。

表 5 - 86　　　　　　　　　　　　蓄电池故障班次数统计表

项　　目	班　　次		合计次数
	甲班/次	乙班/次	
故障次数	4	6	10

　　由表 5 - 86 可知，蓄电池出现的故障与两个班次之间没有太大的关系，QC 小组成员对蓄电池故障原因进行分析，蓄电池故障原因次数统计表见表 5 - 87。

表 5 - 87　　　　　　　　　　　　蓄电池故障原因次数统计表

故障名称	月　　份						合计次数	占比/%	累计占比/%
	6	7	8	9	10	11			
电池漏液	1	1	1	2	1	0	6	60	60
变形	0	0	1	0	0	1	2	20	80
鼓包	0	1	0	0	0	0	1	10	90
裂纹	1	0	0	0	0	0	1	10	100
合计	2	2	2	2	1	1	10	100	100

　　蓄电池故障图如图 5 - 106 所示。

　　由表 5 - 87 可知，蓄电池出现的故障，体现在电池漏液、变形、鼓包、裂纹、四个方面。其中电池漏液故障次数最多。因此 QC 小组针对电池漏液这一故障做了进一步的调查与分析。

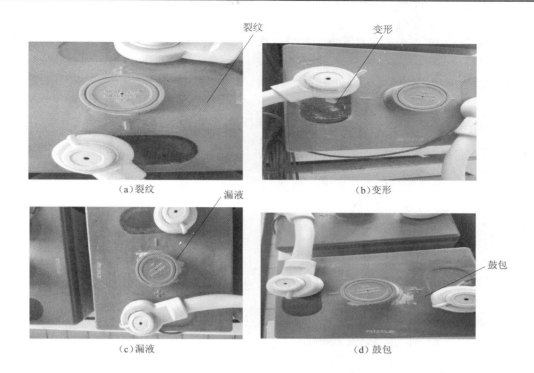

图 5 - 106 蓄电池故障图

QC 小组进一步对电池漏液进行分类统计，见表 5 - 88。

表 5 - 88   电池漏液分类统计表

故障名称	月 份						合计次数	占比/%	累计占比/%
	6	7	8	9	10	11			
接线端	1	1	0	1	0	0	3	50	50
加液塞	0	0	1	0	1	0	2	33	83
封口胶圈	0	0	0	1	0	0	1	17	100
合计	1	1	1	2	1	0	6	100	100

综上可见，蓄电池漏液多出现在接线端和加液塞两个位置。风电场蓄电池故障次数逐渐增多，找到故障原因、降低故障次数迫在眉睫。

5.9.4.2 现状剖析

漏液故障分类饼分图如图 5 - 107 所示。由图 5 - 107 可知，电池漏液故障多集中在接线端和加液塞，接线端漏液和加液塞漏液在漏液故障中总占比 83%，这是要解决的症结。

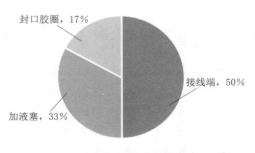

图 5 - 107 漏液故障分类饼分图

5.9.4.3　目标测算分析

该风电场 2016 年 6—11 月蓄电池故障总次数为 10 次。

结合 QC 小组的调查、分析，QC 小组成员一致认为可解决蓄电池接线端漏液和加液塞漏液两大故障问题，因此，可将指标值降至：

$$10-10\times60\%\times83\%=5.02$$

最终将本次活动蓄电池故障次数的目标值设定为 6 次。

5.9.5　确定目标

本次 QC 小组活动目标为将该风电场蓄电池故障次数由 10 次降至 6 次，目标图如图 5-108 所示。

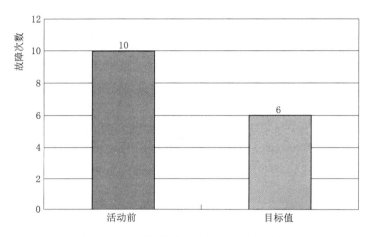

图 5-108　降低蓄电池故障活动目标图

5.9.6　原因分析

QC 小组针对发现的症结进行细致分析，按照人、机、料、法、环来分析末端原因。末端原因为密封胶腐蚀性能差、塞体耐腐蚀性能差、无降温装置等，详见图 5-109。

5.9.7　要因确认

QC 小组成员对三条末端原因进行了逐一确认，其中认为密封胶腐蚀性能差为蓄电池内部原因，不在 QC 小组能力范围内，故不做要因确认。蓄电池故障要因确认表见

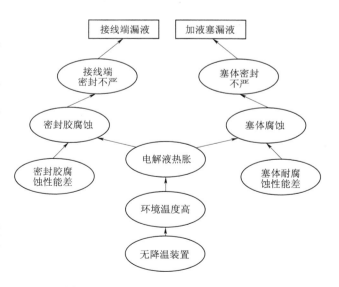

图 5-109　蓄电池漏液原因分析关联图

表 5-89。

表 5-89　　　　　　　　　　　蓄电池故障要因确认表

末端原因	确认内容	确认方法	确认时间/（年-月-日）	负责人	地点	确认结果
塞体耐腐蚀性能差	蓄电池室温度过低，是否对蓄电池故障有影响	统计分析	2017-1-11	×××	蓄电池室	非要因
无降温装置	蓄电池室温度过高，未装设空调，故温度不降低	统计分析	2017-1-11	×××	蓄电池室	要因

1. 塞体耐腐蚀性能差

QC 小组成员对塞体耐腐蚀性能差展开模拟实验。2016 年 11 月和 12 月为最冷的季节，在室温 $-2℃$ 的情况下对蓄电池进行现场测试，实验结果见表 5-90。

分析表明：蓄电池在 $-2℃$ 的情况下没有发生故障，因此 QC 小组成员认为塞体耐腐蚀性能差为非要因。

2. 无降温装置

QC 小组成员 2017 年对无降温装置展开模拟实验。在室温为 20℃ 的情况下对蓄电池进行现场测试，实验结果见表 5-91。

表 5-90　　2016 年塞体耐腐蚀性能现场模拟实验统计表

月份	11	12
蓄电池故障次数	0	0

表 5-91　　2016 年无降温装置现场模拟实验统计表

月份	3	4	5
蓄电池故障次数	0	1	0

确认过程：QC 小组成员对蓄电池室安装风扇，温度控制在 20℃ 左右，蓄电池漏液故障次数明显较少，有明显的效果。因此蓄电池室无降温装置为要因。

5.9.8　制定对策

要因为无降温装置，在 QC 小组能力范围内。为了更好地解决要因，QC 小组围绕如何解决蓄电池室无降温装置的问题运用头脑风暴法展开讨论，得出 2 个改进对策，见表 5-92。

表 5-92　　　　　　　　　　　无降温装置改进对策表

序号	主要原因	对策	目标	措施	负责人	地点	完成日期/（年-月-日）
1	无降温装置	增加通风装置	达到通风效果	现场安装电风扇	×××	蓄电池室	2017-5-6
2	无降温装置	增加降温装置	达到降温效果	现场安装空调	×××	蓄电池室	2017-5-12

对策列出后，QC 小组成员通过现场实践检验的方法对方案的可靠性进行实证分析。

针对对策 1，QC 小组成员购买来风扇，对蓄电池室降温，结果并排特别理想。风扇安装如图 5-110 所示。

　　最终得出结论：风扇风太小，降温效果不好；现场噪声较大。

　　针对对策 2，QC 小组成员通过现场实践，在蓄电池室安装了一台立式空调，满足了蓄电池室降温的要求。空调安装图如图 5-111 所示。

图 5-110　风扇安装图

图 5-111　空调安装图

　　两对策成本对比表见表 5-93。

　　综合考量，采用效果好的对策 2，即在蓄电池室安装空调。

表 5-93　两对策成本对比表

对　策	成本/元	效果
安装电风扇，安装暖气	2500	效果较差
安装空调	4000	效果好

5.9.9　对策实施

　　根据评价结果，QC 小组购买了一台立式空调。2017 年 5 月，QC 小组成员在蓄电池室安装立式空调，验证改造效果。截至 2017 年 11 月，蓄电池发生故障的次数明显减少。

5.9.10　效果检查

　　在蓄电池室装设空调后，2017 年 6—11 月期间蓄电池发生 6 起故障。实现了预期的目标，如图 5-112 所示。

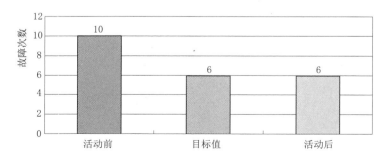

图 5-112　活动前后蓄电池故障次数对比

　　安装空调后，QC 小组成员对蓄电池故障原因次数进行了统计，见表 5-94。

表 5 - 94 活动后蓄电池故障原因次数统计表

故障名称	月　份						合计次数	占比/%	累计占比/%
	6	7	8	9	10	11			
电池漏液	0	0	0	1	1	0	2	33	33
变形	0	0	1	0	0	1	2	33	66
鼓包	0	1	0	0	0	0	1	17	83
裂纹	1	0	0	0	0	0	1	17	100
合计	1	1	1	1	1	1	6	100	100

5.9.11 制定巩固措施

为巩固此次活动成果，QC 小组成员重新修订了蓄电池管理制度。对蓄电池日常管理工作进行了明确的规定：

（1）绘制电压趋势曲线，对有电压降低趋势的蓄电池提前做好活化准备。

（2）每月对蓄电池电压进行测量，做好蓄电池故障记录，进行统计分析，保障蓄电池稳定运行。

（3）加强设备巡检，密切关注活化后的蓄电池电压变化、室内环境温度。

5.9.12 活动总结和下一步打算

5.9.12.1 活动总结

QC 小组成员给场站蓄电池室安装了空调，加强了蓄电池室的温度补偿控制，大大减少了蓄电池故障次数，同时减少了处理故障时所花费的人力物力，提高了效率。

QC 小组成员也在这次改造中开拓了思路，锻炼了技能，加强了团队精神，增加了 QC 经验。

5.9.12.2 下一步打算

QC 小组将继续在风电场日常运行管理中不断总结，积累经验，持续进行技改，努力提高风电场设备安全运行水平。下一阶段 QC 小组准备以降低 SVG 装置温度为课题，进一步加强风电场的平稳运行。

5.10 降低 SVG 故障次数

本课题针对雨雪天气时经常发生安装 SVG 功率柜的集装箱内部进水导致 SVG 跳闸这一问题，通过 QC 小组活动有效降低了风电场 SVG 因进水造成的频繁跳闸次数，提高了设备的可利用率。

5.10.1 课题背景介绍

××风电公司成立于 2011 年 3 月 30 日，负责××风电场 20 万 kW 项目的运营管理。项目新建一座 220kV 升压站，安装无功补偿系统两套及户外敞开式配套设施。现场使用的两套 SVG 功率柜柜体经集装箱安装在户外，雨雪天气时经常发生集装箱内部进水导致 SVG 跳闸，影响了设备的正常运行和电压的稳定，设备故障处理给现场运行人员带来很大的不便和困难。

5.10.2 小组简介

5.10.2.1 小组概况

QC 小组于 2017 年 6 月 1 日登记注册成立，注册编号：CTGNE/QCC-IM（DM）-01-2017，QC 小组概况见表 5-95。

表 5-95   QC 小 组 概 况

小组名称	"草原苍狼"		
课题名称	降低 SVG 故障次数		
成立时间	2017 年 6 月 1 日	注册时间	2017 年 6 月 1 日
注册编号	CTGNE/QCC-I(DM)-01-2017	课题类型	现场型
活动时间	2017 年 2 月 1 日-3 月 10 日	活动次数	8 次
接受 QC 教育时长	48h/人	出勤率	92%

5.10.2.2 成员简介

QC 小组成员简介表见表 5-96。

表 5-96   QC 小 组 成 员 简 介 表

序号	成员姓名	性别	文化程度	组内职务和分工
1	王×	男	本科	组长 组织协调
2	哈×	男	本科	副组长 活动策划
3	刘××	男	大专	副组长 活动策划
4	王×	男	大专	组员 技术指导
5	赵××	男	本科	组员 技术指导
6	孔××	男	专科	组员 现场实施
7	杨×	男	专科	组员 现场实施
8	侯×	男	本科	组员 成果编制
9	闫××	女	本科	组员 成果编制

5.10.3 选题理由

2017 年 2—6 月，1 号、2 号 SVG 共发生跳闸 9 次，影响了设备的安全稳定运行，因此 QC 小组选定降低 SVG 故障次数作为本次活动的课题。将 SVG 的跳闸次数降到可控范围内。QC 小组对现场 1 号和 2 号 SVG 在 2017 年 2—6 月故障数据进行统计分析，1 号、2 号 SVG 跳闸次数统计表见表 5-97。

表 5 - 97　　　　　　　　1 号、2 号 SVG 跳闸次数统计表

月份	1 号 SVG 跳闸次数	2 号 SVG 跳闸次数	总故障次数	月份	1 号 SVG 跳闸次数	2 号 SVG 跳闸次数	总故障次数
2	1	0	1	5	1	0	1
3	2	1	3	6	2	0	2
4	0	2	2	合计	6	3	9

SVG 跳闸次数统计图如图 5 - 113 所示。

5.10.4　现状调查

针对 SVG 频繁跳闸，QC 小组对跳闸原因类型进行了统计，主要有以下三种类型：①SVG 功率单元板故障导致 SVG 跳闸停运；②雨雪天气时 SVG 引风口吸入雨雪落到功率单元板上导致功率单元板短路引起 SVG 跳闸；③C 相均压损坏导致跳闸。

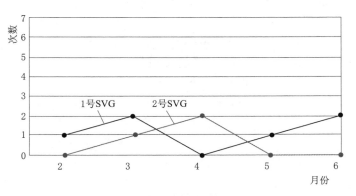

图 5 - 113　SVG 跳闸次数统计图

SVG 跳闸原因类型统计表见表 5 - 98。

表 5 - 98　　　　　　　　SVG 跳闸原因类型统计表

序号	项目	次数	占比/%	累计占比/%
1	C 相均压电阻损坏	1	11.11	11.11
2	集装箱进水导致功率单元板短路	6	66.67	77.78
3	功率单元板故障	2	22.22	100

SVG 跳闸原因类型占比饼分图如图 5 - 114 所示。

由图 5 - 114 可以看出，集装箱进水导致功率单元板短路是导致 SVG 跳闸的主要症结，是需要解决的主要问题。

5.10.5　确定目标

目前××风电场 SVG 年故障次数为

$$（9 次/5 月）×12＝21.6 次$$

经 QC 小组集体讨论决策将 SVG 故障率降低 80% 在 QC 小组能力范围之内，即每年故障次数为 4.32 次。

基于上述测算，QC 小组决定将 SVG 的跳闸次数降低为每年不大于 4 次。

图 5 - 114　SVG 跳闸原因类型占比饼分图

5.10.6　原因分析

针对集装箱进水导致功率单元板短路这一主要问题 QC 小组利用树图进行了末端原因分析，如图 5 - 115 所示。

根据图 5 - 115 可以得出，导致集装箱进水的末端原因有以下四个：①集装箱引风口与功率单元板之间距离太小；②雨雪天气引风口吸入雨雪；③门框密封条老化脱落；④防尘网质量单薄。

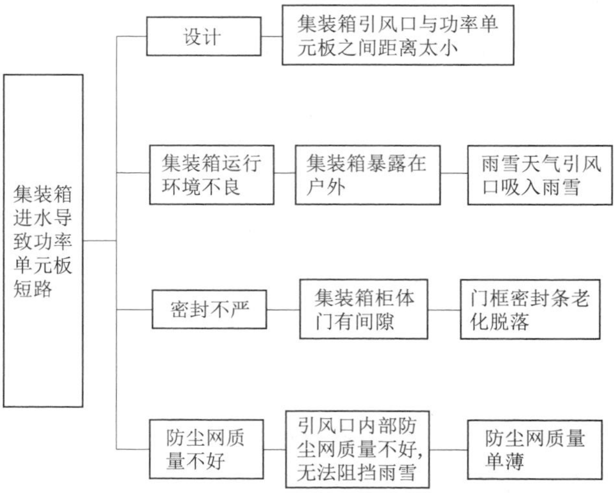

集装箱进水导致功率单元板短路

设计　集装箱引风口与功率单元板之间距离太小

集装箱运行环境不良　集装箱暴露在户外　雨雪天气引风口吸入雨雪

密封不严　集装箱柜体门有间隙　门框密封条老化脱落

防尘网质量不好　引风口内部防尘网质量不好，无法阻挡雨雪　防尘网质量单薄

图 5 - 115　集装箱进水分析树形图

5.10.7　要因确认

对不同原因逐一进行要因确认。

1. 要因确认一

经查，集装箱引风口与功率单元板之间距离太小。正是这两者之间的距离太小导致引风口吸入雨雪落到功率单元板上造成短路。但由于在 SVG 整套设备设计时，已经确定了该距离，在后续运行中无法进行再次更改。因此，此原因为非要因。

2. 要因确认二

雨雪天气引风口吸入雨雪：由于××风电场所处地区西北风居多且现场 SVG 集装箱布局为引风口朝向正北方向，雨雪天气时经常发生 SVG 引风口吸入雨雪落到功率单元板上引起功率单元板短路导致 SVG 跳闸。因此，此原因为要因。

集装箱进水导致功率单元板短路示意图如图 5 - 116 所示。图 5 - 116（a）为 SVG 的引风口，当雨雪天气时 SVG 引风口将雨雪吸入集装箱内部，图 5 - 116（b）为引风口内部机构，图 5 - 116（c）为功率单元板，雨雪落到 SVG 功率单元板上引起单元板短路，SVG 发生跳闸。

3. 要因确认三

门框密封条老化脱落：经过运行人员对集装箱柜体门框密封条进行更换封堵，发现雨雪还是会进入到集装箱内部。因此，此原因为非要因。

4. 要因确认四

防尘网质量单薄：经 QC 小组讨论决定后将 1 号 SVG 的防尘网更换为密度更大的棉质防尘网，更换完毕后发现设备内部进风量减少，SVG 经常出现超温现象，对设备运行不利。同时其未能阻止雨雪进入到集装箱内部。因此，此原因为非要因。

5.10.8　制定对策

要因为雨雪天气引风口，QC 小组经过集体讨论制定对策。

对策目标为阻止引风口吸入雨雪。

（a）SVG引风口   （b）SVG引风口内部结构

（c）SVG功率单元板

图 5-116   集装箱进水导致功率单元板短路示意图

吸入雨雪对策表见表 5-99。

表 5-99   吸入雨雪对策表

序号	对策	目标	措施	负责人	地点	完成时间
1	在 SVG 集装箱引风口处装设挡板	防止雨雪进入 SVG 集装箱内部	用高强度塑料板在 SVG 引风口装设挡板	××	SVG 集装箱引风口	2017 年 3 月
2	在 SVG 集装箱外加盖房屋	将 SVG 集装箱与外部环境隔离	在 SVG 集装箱外部加盖砖混结构房屋	××	SVG 集装箱外部	2017 年 9 月

对策 1 为在 SVG 引风口处装设挡板，防止雨雪从集装箱引风口吸入内部。QC 小组首先考虑在 SVG 引风口处装设塑料挡板，防止雨雪进入集装箱内部，因××风电场所在地年平均风速较高，阵风可以达到 20m/s 以上，QC 小组试验后发现挡板因固定不牢存在经常被风吹倒的情况，效果不佳。

对策 2 为将 SVG 集装箱与外界环境隔离，避免雨雪落入 SVG 引风口。在 SVG 集装箱外加盖砖混结构房屋，集装箱的前、左、右用砖混结构砌成并开百叶窗进行通风散热，集装箱后面用钢材结构与房屋屋顶支撑留出上部空间通风。这样将集装箱与外部环境完全隔离，防止了雨雪天气引风口吸入雨雪的情况。

5.10.9 对策实施

经 QC 小组全体成员讨论决定后采取对策 2 的方案，QC 小组人员经过现场勘察，测量画出了 SVG 集装箱外围房屋的施工图，经现场总经理批准后，请专业施工队伍对该工程进行施工。经过近一个月的工期，××风电场 SVG 集装箱外围房屋建筑完工。SVG 集装箱外围房屋外部面貌如图 5-117 所示。SVG 集装箱外围房屋内部面貌如图 5-118 所示。

图 5-117　SVG 集装箱外围房屋外部面貌

图 5-118　SVG 集装箱外围房屋内部面貌

5.10.10　效果检查

在集装箱外部房屋建筑完工后，SVG 投入运行后开始效果检测，2017 年 8 月—2018 年 3 月 SVG 发生跳闸 2 次，其中 1 次是由于设备进水导致的。实现了预期的目标。活动后跳闸次数统计表见表 5-100。

表 5-100　　　　　　　　　　　　活动后跳闸次数统计表

月份	1 号 SVG 跳闸次数	2 号 SVG 跳闸次数	总故障次数	月份	1 号 SVG 跳闸次数	2 号 SVG 跳闸次数	总故障次数
8	0	0	0	1	0	0	0
9	0	0	0	2	0	1	1
10	1	0	1	3	0	0	0
11	0	0	0	合计	1	1	2
12	0	0	0				

活动前后 SVG 跳闸次数对比图如图 5-119 所示。

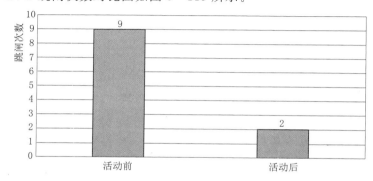
图 5-119　活动前后 SVG 跳闸次数对比图

活动前后集装箱进水次数统计表见表 5 - 101。

表 5 - 101　　　　　　　　　活动前后集装箱进水次数统计表

活动前集装箱进水次数	活动后集装箱进水次数
6	1

活动前后集装箱进水次数对比图如图 5 - 120 所示。

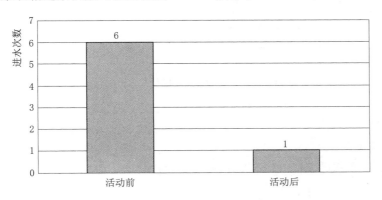

图 5 - 120　活动前后集装箱进水次数对比图

5.10.11　制定巩固措施

（1）为保持 QC 小组成果的有效性和持续性，将 SVG 房屋建筑设计图纸整理归档，存入档号为 SXXNYJNBY01 - 200 的档案盒内。

（2）将 SVG 新建房屋的沉降观察、密封性及日常维护保养等纳入风电场运行规程。

5.10.12　活动总结和下一步打算

本次 QC 小组活动在全体成员的共同参与下完成，全体成员掌握了 QC 活动的基本程序，明白了活动的意义。通过开展活动大大降低了风电场 SVG 因进水造成频繁跳闸的次数，提高了设备的可利用率。下一步将总结活动中的不足和缺点为以后的 QC 小组活动开展奠定良好的基础。

5.11　降低无功设备停运时间

本课题针对省级调度对场站无功设备考核日益严苛这一现状，通过 QC 小组活动有效降低了无功设备停运时间，避免了无功设备停运影响电网安全。

5.11.1　课题背景介绍

××风电场是一座 220kV 电压等级的升压站，搭载 3 台 220kV 断路器、2 台主变压器和 20 台 35kV 断路器，断路器中包含 6 台 SVG 35kV 断路器，SVG 为主要无功设备。上述设备均受省级调度直接管辖与监控。××风电场设备连接示意图如图 5 - 121 所示。

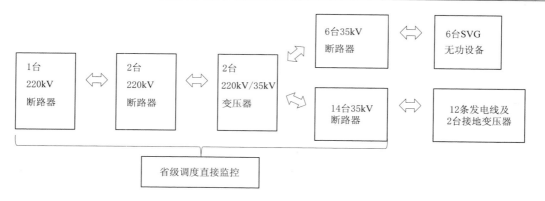

图 5-121 ××风电场设备连接示意图

5.11.2 小组简介

5.11.2.1 小组概况

QC 小组概况图如图 5-122 所示。

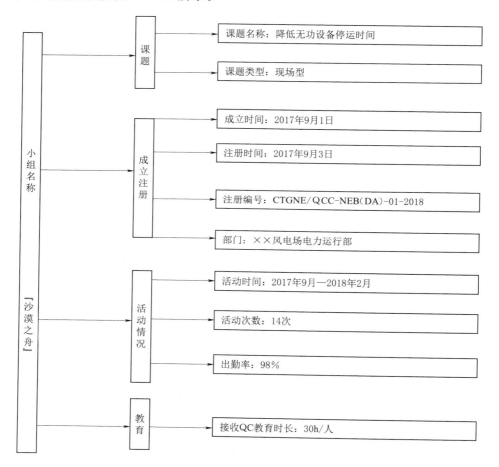

图 5-122 QC 小组概况图

5.11.2.2 成员简介

QC 小组成员简介表见表 5 – 102。

表 5 – 102 QC 小 组 成 员 简 介 表

序号	成员姓名	文化程度	职务/职称	组内职务和分工
1	赵××	大专	一级场站经理	组长 组织协调
2	哈×	本科	专员	副组长 活动策划
3	肖××	本科	部门经理	副组长 技术指导
4	袁×	硕士	高级主管	组员 成果编制
5	康××	本科	值班长	组员 组织实施
6	刘××	本科	主值班员	组员 成果编制
7	李×	专科	值班员	组员 数据收集
8	孙××	专科	值班员	组员 现场实施
9	赵××	本科	副值班员	组员 现场实施
10	张×	专科	副值班员	组员 现场实施

5.11.3 选题理由

随着省级调度（以下简称"省调"）对场站无功设备考核日益严苛，要求无功设备的月停运时间在 12h 以下，QC 小组对 6—8 月无功设备停运时间进行统计。无功设备停运时间统计表见表 5 – 103。无功设备停运时间统计图如图 5 – 123 所示。

表 5 – 103 无功设备停运时间统计表

月份	省调要求时间/h	无功设备停运时间/h	月份	省调要求时间/h	无功设备停运时间/h
6	12	11	8	12	14
7	12	12	月平均停运时间	12	12.3

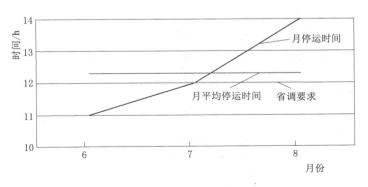

图 5 – 123 无功设备停运时间统计图

5.11.4 现状调查

QC 小组成员对 6—8 月造成无功设备停运时间的原因展开调查，6—8 月无功设备停运原因及时间统计表见表 5 - 104。6—8 月无功设备停运原因及时间统计图如图 5 - 124 所示。

表 5 - 104　　　　　　　6—8 月无功设备停运原因及时间统计表

序号	停运原因	6月停运时间/h	7月停运时间/h	8月停运时间/h	停运时间小计/h	累积停运时间/h	停运时间占比/%	累积占比/%
1	SVG 本体故障	0	10	12	22	22	59.5	59.5
2	断路器过流保护	9	0	0	9	31	24.3	83.8
3	SVG 清灰	0	2	0		33	5.4	89.2
4	SVG 调试	0	0	2	2	35	5.4	94.6
5	SVG 更换滤网	2	0	0	2	37	5.4	100
	小计/h	11	12	14	37			
	月平均停运时间/h		12.3					

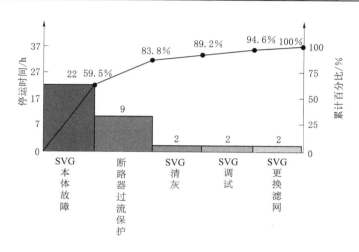

图 5 - 124　6—8 月无功设备停运原因及时间统计图

通过以上数据统计可以看出，SVG 本体故障和断路器过流保护动作造成无功设备停运时间占比 82%，因此确定症结为 SVG 本体故障和断路器过流保护动作。

5.11.5　确定目标

通过 QC 小组对 6—8 月无功设备停运时间的统计，可得无功设备月平均停运时间为 12.3h，其中症结对无功设备停运时间的影响占比 83.8%，因此确定此次活动目标为降低无功设备月停运时间至 3h。无功设备停运时间降低目标图如图 5 - 125 所示。

5.11.6　原因分析

在确定症结为 SVG 本体故障和断路器过流保护动作的情况下，通过鱼骨图分别对 SVG 本体故障和断路器过流保护动作从人、机、料、法、环五个方面进行原因分析，如图 5 - 126 和图 5 - 127 所示。

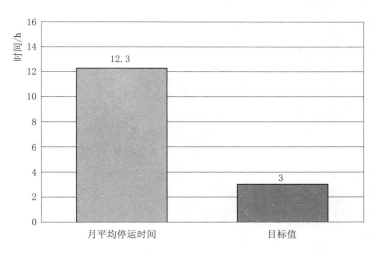

图 5-125　无功设备停运时间降低目标图

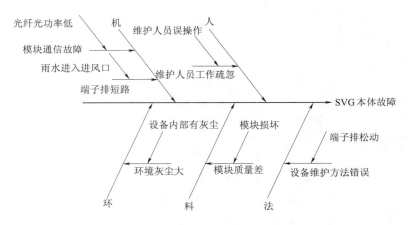

图 5-126　SVG 本体故障鱼骨图原因分析

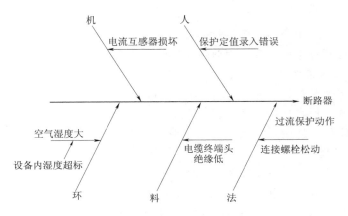

图 5-127　断路器过流保护动作鱼骨图原因分析

5.11.7　要因确认

QC 小组对末端原因进行要因确认。

1. 维护人员误操作

确认标准为按照操作规程对 SVG 控制面板操作，监控人员对操作步骤进行确认。

验证情况：操作记录与操作规程、操作内容均保持一致，模拟操作记录操作步骤对设备进行操作，操作完成后设备运行正常，确定维护人员误操作为非要因。

2. 雨水进入进风口

确认标准为验证雨水从进风口进入是否造成端子排短路。

验证情况：在端子排上盖上一张平整的纸，在进风口外用水枪模拟降雨，持续 30min，发现端子排上的纸张发生湿润褶皱，因此确定雨水进入进风口为要因。

3. 光纤光功率低

确认标准为行业标准：光功率在 11~16dBm 范围内。

验证情况：现场用光功率测试仪对光功率进行测试，测试显示光纤光功率值为 50dBm，不在行标的 11~16dBm 范围内，引起模块通信故障，造成 SVG 本体故障。因此确定光纤光功率低为要因。

4. 设备内部有灰尘

确认标准为出厂标准：设备内部模块需在无尘环境下工作。

验证情况：在设备内部放置一张白色纸张，并拍照做记录，待设备运行 3 日后，将白色纸张慢慢取出，再次拍照记录，发现纸张表面并无遗落灰尘，对比前后照片无明显变化，因此确定设备内部有灰尘为非要因。

5. 模块损坏

确认标准为出厂标准：模块压降 2.0V±0.3V。

验证情况：现场用万用表对 IGBT 模块进行压降测试，实测压降为 2.1V 满足出厂标准 2.0V±0.3V。因此确定模块损坏为非要因。

6. 端子排松动

确认标准为出厂标准：端子排紧固力矩 4~6N·m。

验证情况：现场用小型力矩杆测量力矩值为 5N·m，与出厂标准值 4~6N·m 进行对比，确定力矩值满足出厂标准，因此端子排松动为非要因。

7. 保护定值录入错误

确认标准为定值单：过流保护定值 2A，0.3s。

验证情况：现场检查打印设备保护定值，显示设备定值为 2A，0.3s，与保护定值单进行对比，保护定值保持一致，因此确定保护定值录入错误为非要因。

8. 电流互感器损坏

确认标准为出厂标准：电流互感器变比 800∶5。

验证情况：在电流互感器一次侧通入 160A 电流时，二次侧有 1A 电流，因此确定电流互感器变比为 800∶5，与出厂标准相保持一致，因此确定电流互感器损坏为非要因。

9. 设备内湿度超标

确认标准为出厂标准：相对湿度小于 75%。

验证情况：用湿度测试仪测量设备内湿度，计算出相对湿度为30%，满足出厂标准相对湿度小于75%的规定，因此设备内湿度超标为非要因。

10. 电缆终端头绝缘度低

确认标准为35kV电缆头耐压行业标准：65kV/30min。

验证情况：对电缆头进行耐压测试，在加压65kV的情况下，只能持续5min，与加压65kV持续30min的行业标准相比，不满足行业标准，因此电缆终端头绝缘度低为要因。

11. 连接螺栓松动

确认标准为出厂标准：螺栓力矩值69～88N·m。

验证情况：用力矩杆对连接螺栓进行力矩测试，实测力矩值为72N·m、75N·m、77N·m，与出厂标准69～88N·m进行对比，满足出厂标准，因此连接螺栓松动为非要因。

根据以上分析，确定要因为雨水进入进风口、光纤光功率低、电缆终端头绝缘度低。

5.11.8 制定对策

QC小组根据所确定的要因逐条制定对策，降低无功设备停运时间对策表见表5-105。

表5-105　　　　　　　　　　降低无功设备停运时间对策表

序号	主要原因	对策	目标	措　施	负责人	地点	完成日期/(年-月-日)
1	雨水进入进风口	在进风口加装直角防雨通风管道	进风方向与降雨方向成180°	（1）拆除有进风口的百叶窗；（2）在进风口口朝下安装直角防雨通风管道	×××	SVG室进风口	2017-9-30
2	光纤光功率低	对光纤进行清洁，提高光纤光功率	将光功率提升至12DB	（1）拔出光纤插头；（2）用高浓度酒精对光纤头及光纤进行擦拭；（3）在测量光功率满足行业标准的情况下再插入光纤头	×××	SVG室	2017-10-13
3	电缆终端头绝缘度低	对电缆头进行重新制作以提高绝缘度	将电缆头绝缘度提升至65kV/30min	（1）拆除因绝缘度低而被烧损的电缆头；（2）使用符合行业标准的3M电缆头及胶带；（3）采用厂家配套工艺对电缆头进行装配；（4）在耐压试验数据符合行业标准后进行安装	××	35kV开关室	2017-10-8

5.11.9 对策实施

1. 对策实施一

拆除SVG室进风口百叶窗，使用直角防雨通风管道，在进风口墙壁打孔，打入膨胀螺栓，将直角防雨通风管道口朝下固定在膨胀螺栓上。安装完成后，在进风处手持一软质长纸条，打开进风风扇，纸条垂直地面朝上飘动，而雨水垂直地面朝下降落，因此进风方向与降雨方向成 180°。加装的直角防雨通风管道示意图如图 5-128 所示。

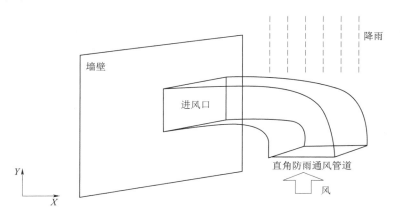

图 5-128 加装的直角防雨通风管道示意图

2．对策实施二

拔出光纤头，用专用擦拭纸蘸取 98% 浓度的酒精对光纤头进行擦拭，用软纱布蘸取 98% 浓度的酒精对光纤进行擦拭，用光功率测试仪对清洁后的光纤进行测试，测试值均在行业标准 11~16dB 范围内，将光纤插回原光纤口。清洁光纤过程图如图 5-129 所示。

（a）拔出光纤

（b）清洁光纤

（c）测试光功率

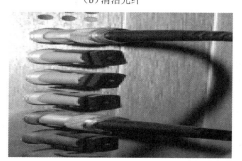

（d）插入光纤口

图 5-129 清洁光纤过程图

3. 对策实施三

拆除因绝缘度低而烧损的电缆头，购买符合行业标准的3M电缆头和胶带，对电缆头进行重新制作，在新电缆头上加压65kV持续30min，满足耐压试验的行业标准，用70N·m的力矩螺栓对电缆头和断路器进行连接。电缆头更换过程图如图5-130所示。

（a）拆除原电缆头　　　　　　　　（b）3M电缆头和胶带

（c）制作电缆头并进行耐压试验　　　　（d）安装电缆头

图5-130　电缆头更换过程图

5.11.10　效果检查

在活动后，QC小组对2017年11月、12月和2018年1月的无功设备停运时间进行统计。活动后无功设备停运原因及时间统计表见表5-106。活动后无功设备停运原因及时间统计图如图5-131所示。

表5-106　　　　　　　　　活动后无功设备停运原因及时间统计表

序号	停运类型	11月停运时间/h	12月停运时间/h	1月停运时间/h	停运时间小计/h	累计停运时间/h	停运时间占比/%	累计占比/%
1	SVG 设备清灰	0	0	3	3	3	37.5	37.5
2	SVG 设备调试	2	0	0	2	5	25	62.5
3	SVG 更换滤网	0	3	0	3	8	37.5	100
	小计	2	3	3	8			
月平均停运时间/h		2.7						

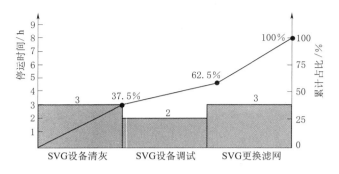

图 5－131　活动后无功设备停运原因及时间统计图

通过对活动后无功设备停运时间的数据统计，活动后无功设备停运时间中症结的占比已经消除，月平均停运时间为 2.7h，较活动前的月平均停运时间 12.3h 有较大的降幅，完成了月平均停运时间 3h 的目标值活动前后无功设备停运时间对比图如图 5－132 所示。

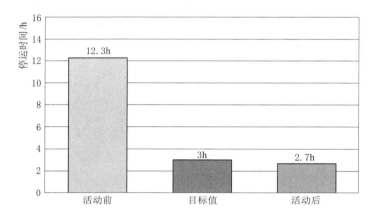

图 5－132　活动前后无功设备停运时间对比图

5.11.11　制定巩固措施

将 SVG 进风口的巡检工作编入到巡检记录的第三项中，将进风口防雨的改造方法编入到作业指导书（HTZYZD20180005）的大部件更换内容中，作为电力运行部的经典案例，为今后类似问题的解决提供技术支持。

将 SVG 模块通信光纤的清理工作作为维护项目，添加到设备维护手册（HTWHSVG20180003）第五项中，在每年的春季和秋季停电检修过程中，对设备内部及通信光纤进行清灰工作，对光纤插头做细致的清洁工作。

今后再有其他设备高压电缆终端头出现问题，一律采用 3M 胶带及冷缩头，配合厂商提供的配套工艺，严格执行高标准的电缆终端头制作标准，并编入到作业指导书（HTZYZD20180005）电缆终端头制作标准内容中。

5.11.12　活动总结和下一步打算

5.11.12.1　活动总结

通过此次 QC 小组活动，有效降低了无功设备的停运时间，在完成了课题既定目标的同时，也提高了 QC 小组成员 SVG 的技术水平和动手安装能力，在组织协调方面，QC 小组成员也有了更积极的响应和更默契的配合，为场站的安全稳定运行提供了有力保障。

5.11.12.2　下一步打算

QC 小组将对 SVG 35kV 断路器跳闸情况做进一步的研究，通过调整跳闸逻辑和二次信号方向，避免因 SVG 故障造成 35kV 断路器跳闸的不良影响，此方案还在进一步的改进和完善中，如果此方案能够最终得以落实和实施，对于新能源发电企业将具有较大推广价值。

5.12　缩短双馈风电机组集电环更换时间

本课题针对 33 台风电机组集电环升级改造过程中新型集电环更换时间长这一问题，通过 QC 小组活动有效缩短了集电环的更换时间，降低了风电机组停机时间，提高了风电机组的发电量。

5.12.1　课题背景介绍

××风电场共安装 33 台 LHDL UP86－1500 双馈风电机组，在运行中发现 33 台风电机组集电环存在缺陷，于是现场对 33 台风电机组集电环进行升级改造。在改造过程中必须更换新型集电环，其更换过程分为四个阶段：①安装主碳刷阶段；②安装发电机后罩阶段；③安装编码器阶段；④安装集电环本体阶段。四个阶段如图 5－133 所示。现场人员按照作业指导书方法进行 3 次更换后，发现更换时间过长。为了缩短集电环的更换时间，特成立 QC 小组开展活动来解决此问题。

（a）安装主碳刷阶段　　（b）安装发电机后罩阶段　　（c）安装编码器阶段　　（d）安装集电环本体阶段

图 5－133　更换集电环四个阶段

5.12.2　小组简介

5.12.2.1　小组概况

本 QC 小组于 2017 年 7 月 18 日成立，并于 2017 年 7 月 22 日登记注册，注册编号：CTGNE/QCC－NEB（KY）－01－2018。QC 小组概况见表 5－107。

表 5－107　　　　　　　　　　　　QC 小组概况

小组名称	"蓝色天空"
课题名称	缩短双馈风电机组集电环更换时间
注册单位	××风电公司

续表

成立时间	2017 年 7 月 18 日	注册时间	2017 年 7 月 22 日
注册编号	CTGNE/QCC-NEB（KY）-01-2018	课题类型	现场型
活动时间	2017 年 7—9 月	活动次数	15 次
接受 QC 教育时长	60h/人	出勤率	100%

5.12.2.2　成员简介

QC 小组成员简介表见表 5-108。

表 5-108　　　　　　　　QC 小组成员简介表

序号	成员姓名	性别	文化程度	职务/职称	组内职务和分工
1	安××	男	本科	助理工程师	组长　组织协调
2	哈×	男	本科	专员	副组长　活动策划
3	肖××	男	本科	高级工程师	组员　成果编制
4	袁×	女	硕士研究生	工程师	组员　活动策划
5	田×	男	本科	助理工程师	组员　组织协调
6	佟×	男	本科	助理工程师	组员　技术指导
7	杨×	男	专科		组员　技术指导
8	黎×	男	本科	中级技师	组员　技术指导
9	刘×	男	本科	助理工程师	组员　现场实施
10	李×	男	本科	助理工程师	组员　现场实施
11	张×	男	本科	工程师	组员　成果编制
12	初×	男	专科	技术员	组员　成果编制
13	田×	男	本科		组员　数据收集
14	任×	男	本科	助理工程师	组员　数据收集

5.12.3　选题理由

QC 小组成员对已完成更换的集电环机组的时间数据进行统计分析，见表 5-109。

通过数据分析判定，目前更换集电环工作平均用时为 4.8h。

QC 小组成员广泛调研、查阅资料，其他风电场同类型风电机组更换集电环的时间统计表见表 5-110。

表 5-109　　已完成更换集电环机
组时间统计表　　　单位：h

机位	B10	B14	C29
总体用时	4.80	4.95	4.65
平均用时	4.80		

表 5-110　　其他风电场同类型风电机组
更换集电环的时间统计表　　单位：h

电场名称	A 风电场	B 风电场
总体用时	3.13	2.70
平均用时	2.92	

经数据分析，其他风电场同类型机组进行此项工作平均用时约为 2.9h。QC 小组成员通过表 5-109、表 5-110 做出风电场更换集电环平均用时对比图，如图 5-134 所示。

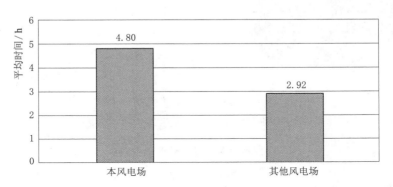

图 5-134 本风电场与其他风电场更换集电环平均用时对比图

通过对比，本电场平均用时明显超出其他风电场，于是认为该工作需要改进，从而确定课题：缩短双馈风电机组集电环更换时间。

5.12.4 现状调查

1. 现场安装时间数据调查

由 QC 小组成员对集电环更换时间数据进行调查统计。按照阶段的更换平均用时图如图 5-135 所示。按照阶段的更换平均用时统计表见表 5-111。

图 5-135 按照阶段的更换平均用时图

表 5-111　　　　　　　　　　按照阶段的更换平均用时统计表

机位	安装主碳刷时间/h	安装发电机后罩时间/h	安装编码器时间/h	安装集电环本体时间/h	合计时间/h
B10	1.3	0.8	0.2	2.5	4.8
B14	1.2	0.9	0.15	2.7	4.95
C29	1.1	0.7	0.25	2.6	4.65
平均用时	1.2	0.8	0.2	2.6	4.8
占比/%	25	17	4	54	100

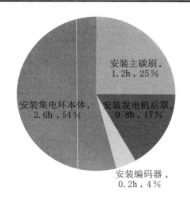

图 5-136　现阶段更换平均用时统计图

现阶段更换平均用时统计图如图 5-136 所示。

结论：单台安装过程中安装集电环本体阶段用时为 2.6h，占比为 54%，耗时最多。

2. 对其他风电场同型号机组更换集电环时间数据的统计调查

三个风电场更换集电环时间对照表见表 5-112。三个风电场更换集电环时间柱形图如图 5-137 所示。

表 5-112　　　　　　　三个风电场更换集电环时间对照表　　　　　　　单位：h

电场名称	安装主碳刷时间	安装发电机后罩时间	安装编码器时间	安装集电环本体时间	合计时间
××风电场	1.2	0.8	0.2	2.6	4.8
A 风电场	1.3	0.9	0.15	0.78	3.13
B 风电场	1.2	0.6	0.25	0.65	2.7

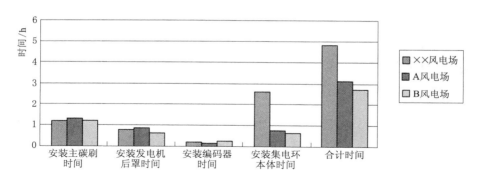

图 5-137　三个风电场更换集电环时间柱形图

结论：从以上调查可以看出，××风电公司在进行更换集电环工作时，安装发电机集电环本体阶段用时最多。因此，此次解决的主要症结是安装集电环本体时间长。

目标测算分析：

根据 QC 小组对 A 风电场、B 风电场数据和现场实际工作调查分析后，将安装发电机集电环本体阶段时间设定为下降 80%。

则该阶段工作时间为

$$2.6h\times(1-0.8)=0.52h$$

该安装发电机集电环本体阶段时间缩短为

$$2.6h-0.52h=2.08h$$

更换集电环总体工作时间缩短为

$$4.8h-2.08h=2.72h$$

总体下降率约为

$$2.08h \div 4.8h \times 100\% \approx 43.33\%$$

5.12.5 确定目标

本次 QC 小组活动目标为将 ×× 风电场安装集电环总时间由原来的 4.80h 降低至 2.72h，下降率为 43.33%。安装集电环时间目标图如图 5-138 所示。

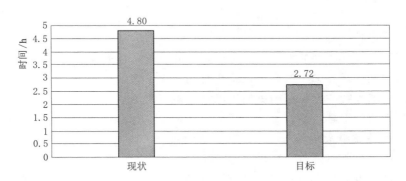

图 5-138 安装集电环时间目标图

5.12.6 原因分析

QC 小组针对发现的症结运用头脑风暴法展开细致分析和解剖，对造成这一问题的原因认真讨论，经过汇总形成树图。安装集电环本体时间长原因分析树形图如图 5-139 所示。

5.12.7 要因确认

1. 施工人员专业培训少

确认标准：查阅培训记录，确认是否已对相关知识进行培训。通过笔试确定培训内容是否掌握。按技术能力分成两组进行更换集电环本体实操工作，对比两组员工所用时间。

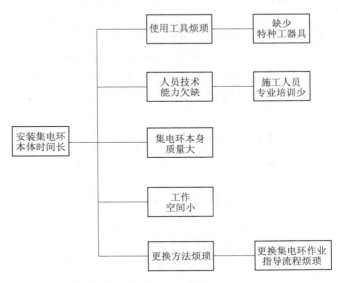

图 5-139 安装集电环本体时间长原因分析树形图

确认过程：通过查阅培训记录发现：在开工前，已按专业要求并结合现场施工情况举办了"风力发电机集电环更换"培训班，对参与施工的所有人员进行培训。并采用考试的方式进行理论考核，成绩均达要求。

另外按照技术能力强弱将施工人员分成两组，技术能力强的为 A 组，技术能力弱的为

B 组，两组进行更换集电环本体工作用时分别为 4.9h 和 5h，对比工时差别不明显。

确认结果：笔试结果达到要求，实操对比所用工时差别不大。

结论：施工人员专业培训少为非要因。

2. 缺少特种工器具

确认标准：现场对 A01 风电机组采用作业指导书所提工具更换集电环进行调查。

确认过程：安装集电环本体时，指导书要求的拆卸集电环的工具有喷灯、撬棍、活动扳手、木槌等。利用喷灯对发电机轴承进行热胀冷缩操作，采用撬棍使集电环根部均匀受力慢慢将集电环从发电机轴承上拔出。将需要更换集电环的中心对准发电机后轴承，利用木槌轻轻地将集电环中心轴敲打进后轴承中，该过程需要 2.6h。

通过查阅资料发现其他风电场同类型机组的此过程工作需要 0.7h。

对比发现后利用指导书中所提工具工作时间较长。

确认结果：缺少特种工具影响更换集电环本体时间。

结论：缺少特种工具为要因。

3. 集电环本身质量大

确认标准：进行 4 组模拟安装，对比时间。

确认过程：将更换的集电环进行称重，每个集电环重量为 40.2kg。该工作阶段所需人数为 2 人，按照体重重、较重、轻、较轻分成 4 组，通过 4 次模拟安装实验，现场员工进行托举时间平均约为 2min，不影响更换时间。4 组所用时间见表 5 - 113。

表 5 - 113　　　　　　　　　　　　　4 组所用时间

模拟托举更换	第一组	第二组	第三组	第四组	平均
所用时间	1min50s	1min43s	2min10s	2min15s	2min

确认结果：集电环质量大并不影响安装集电环本体时间。

结论：集电环质量大为非要因。

4. 工作空间小

确认标准：将工作空间小与工作空间大所用时间进行对比。

确认过程：由于发电机集电环在机舱后半部，工作空间较小。之前更换集电环时间为 2.6h。

在具有较大空间的库房进行两次模拟安装试验，所用时间均为 2.5h。

确认结果：工作空间大、小对更换集电环本体工作时间影响不大。

结论：工作空间小为非要因。

5. 更换集电环作业指导流程烦琐

确认标准：按照作业指导流程进行集电环更换所用时间与其他风电场同类型机组集电环更换用时对比。

确认过程：现场更换 A01 风电机组集电环时，每个更换步骤都按照作业指导书要求进行，通过用喷灯进行热胀冷缩操作，利用撬棍使集电环根部旋转受力，使集电环从发电机的轴承上慢慢移动，达到分离状态，安装时利用人工将集电环中心与轴承对中后，采用木槌使集电环前端慢慢受力，集电环缓慢地移到发电机轴承上。该方式方法消耗时间为 2.6h。

通过查阅资料，对比其他风电场同类型机组更换集电环的工作，发现其他风电场按照其作业指导书进行此项更换工作，更换时间约为 0.7h。

确认结果：更换集电环作业流程烦琐影响更换集电环本体时间。

结论：更换集电环作业流程烦琐为要因。

QC 小组经过认真分析，确认要因为：①缺少特种工器具；②更换集电环作业指导流程烦琐。

5.12.8 制定对策

安装集电环本体时间长对策表见表5－114。

表 5－114　　　　　　　　　　安装集电环本体时间长对策表

序号	要因	对策	目标	措　施	地点	完成日期/（年-月-日）	负责人
1	缺少特种工器具	制作特种工器具	降低更换本体时间	（1）现场测量集电环尺寸，绘制出特种工器具的图纸； （2）依据绘制好的图纸，车床厂进行特种工器具的制作； （3）在现场进行更换，以达到缩短更换集电环本体工作时间的目的	施工现场	2017－7－30	××
2	更换集电环作业指导流程烦琐	优化作业流程	简化安装流程	（1）简化安装集电环本体工作步骤的详细流程； （2）通过实践工作，编制出使用特种工器具更换集电环本体的详细流程	施工现场	2017－8－2	××

5.12.9 对策实施

1. 制作特种工装

QC 小组成员通过研究，绘制出特种工器具图纸如图 5－140 所示。特种工器具实物图如图 5－141 所示。

设计原理为利用物体的相互作用原理，通过工器具的水平位移，带动集电环相对发电机轴承移动。

制作好特种工器具后，QC 小组利用特种工器具进行实践，发现利用特种工器具明显节省时间，并且与之前缺少特种工器具的情况进行了所用时间的对比。利用特种工器具更换集电环如图 5－142 所示，缺少特种工器具和使用特种工器具的时间对比表见表5－115。

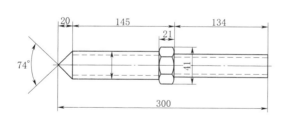

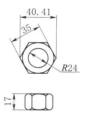

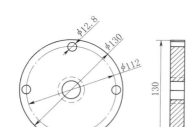

图 5-140　特种工器具图纸（单位：mm）

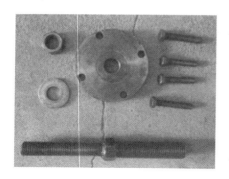

图 5-141　特种工器具实物图

图 5-142　利用特种工器具更换集电环

表 5-115	缺少特种工器具和使用特种工器具的时间对比表	
更换集电环本体工时	缺少特种工器具	使用特种工器具
用时/h	2.6	0.5

2. 编制针对该工器具的作业流程

（1）拆卸集电环本体。拆卸示意图如图 5-143 所示。具体步骤为：

1）利用集电环尾部的 4 个圆孔，用 4 个螺丝将圆盘与集电环紧固。

2）将特种工器具较粗且带有尖头一侧拧入圆盘。

3）用扳手转动螺杆，使螺杆进入集电环中心，则圆盘会带动集电环向外拔出。当粗螺杆一侧全部进入集电环中心时，集电环就会全部脱离。

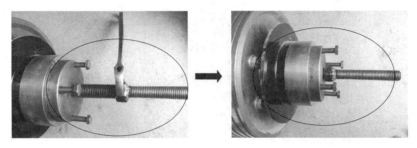

图 5-143　拆卸示意图

（2）安装集电环本体。安装示意图如图 5-144 所示。具体步骤为：

1）利用集电环尾部的 4 个圆孔，用 4 个螺丝将圆盘与集电环紧固。

2）将集电环中心对准发电机后轴。

3）将特种工器具细杆一侧先后套入螺母和垫片，然后将细杆套入圆盘。

4）工作人员沿发电机轴承方向推动螺杆，使螺杆与圆盘紧密接触。

5）用两个扳手同时对固定螺母与套入螺母反向用力，则套入螺母会顶着圆盘向发电机后轴方向移动，当整个细杆露出集电环后，集电环会全部套入发电机轴承。

图 5-144　安装示意图

缺少特种工器具和使用特种工器具后作业流程对比图如图 5-145 所示。

5.12.10　效果检查

2017 年 8 月，现场工作人员利用特种工器具，按照作业指导书进行集电环更换。2017 年 8 月 28 日完成××风电场最后一台集电环更换任务。共用 77.8h，节省 61.48h。对 29

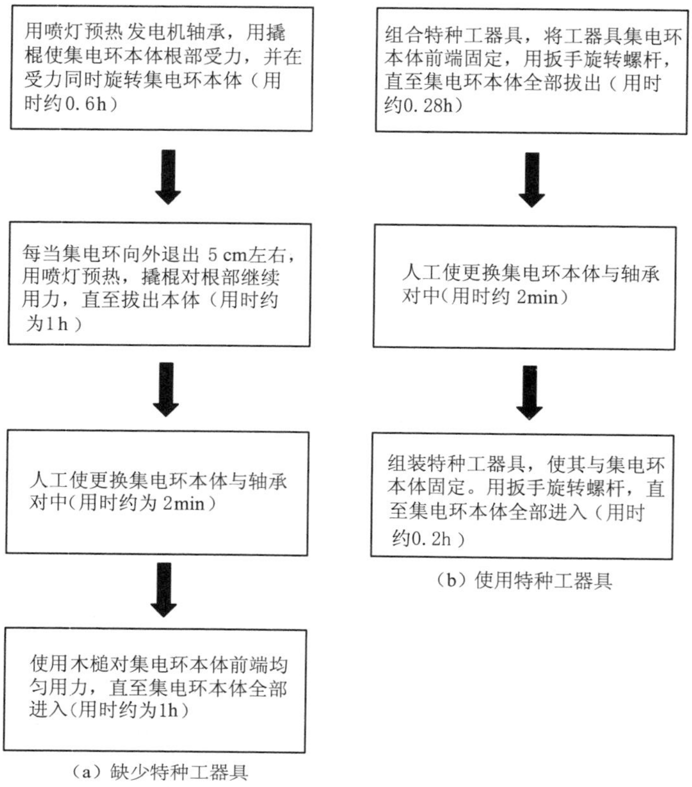

用喷灯预热发电机轴承，用撬棍使集电环本体根部受力，并在受力同时旋转集电环本体（用时约0.6h）

每当集电环向外退出 5 cm左右，用喷灯预热，撬棍对根部继续用力，直至拔出本体（用时约为1h）

人工使更换集电环本体与轴承对中（用时约为2min）

使用木槌对集电环本体前端均匀用力，直至集电环本体全部进入（用时约1h）

（a）缺少特种工器具

组合特种工器具，将工器具集电环本体前端固定，用扳手旋转螺杆，直至集电环本体全部拔出（用时约0.28h）

人工使更换集电环本体与轴承对中（用时约 2min）

组装特种工器具，使其与集电环本体固定。用扳手旋转螺杆，直至集电环本体全部进入（用时约0.2h）

（b）使用特种工器具

图 5-145　缺少特种工器具和使用特种工器具后作业流程对比图

台机组更换集电环的时间统计表见表 5-116。

表 5-116　　　　　　　　对 29 台机组更换集电环的时间统计表

更换阶段	安装主碳刷	安装发电机后罩	安装编码器	安装集电环本体	合计
总用时/h	34.5	23.1	6.4	13.8	77.8
平均单台用时/h	1.19	0.8	0.2	0.48	2.68
占比/%	44	30	8	18	100

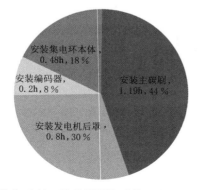

图 5-146　活动后更换平均用时饼分图

活动后更换平均用时饼分图如图 5-146 所示。

从图 5-146 可以看出，安装集电环本体时间由原来所用的 2.6h，占比 54%，变成现在所用的 0.48h，占比 18%，该项工作所用时间明显降低。

QC 小组成员对活动前后更换集电环整体平均用时做了数据统计，见表 5-117。

表 5－117	活动前后更换集电环整体所用时间对比表	
项目	活动前	活动后
平均用时/h	4.8	2.68

根据表 5－117，QC 小组成员对活动前、目标值、活动后情况进行对比。活动前后更换集电环时间柱形图如图 5－147 所示。

结论：活动后更换时间明显缩短，平均单台风电机组更换集电环时间为 2.68h，小于目标值 2.78h。更换集电环作业时间的减少，降低了风电机

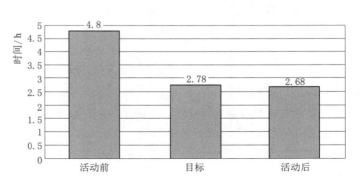

图 5－147　活动前后更换集电环时间柱形图

组停机小时数，提高了风电机组的发电量。QC 小组活动取得了圆满成功。

经济效益：通过以上统计数据表明，此次 QC 小组活动缩短了风电机组更换集电环的时间。按照总工时计算，活动前推算所需工时为 130h，活动后实际用工时 70h，共节省工时 61.48h。

提高风电机组发电量为

$$61.48h \times 1100kWh = 67628kWh$$

提高电费收入为

$$67628kWh \times 0.61 元/kWh = 41253.08 元$$

制作工器具费用共计 420 元。

人工费用约为

$$61.48h \times 50 元/(人 \cdot h) \times 3 人 = 9222 元$$

共节省费用为

$$41253.08 - 420 + 9222 = 50055.08 元$$

5.12.11　制定巩固措施

为更好地使用工器具，QC 小组制定了详细的作业指导方案。

（1）利用集电环尾部的 4 个圆孔，采用 4 个螺丝将圆盘与集电环紧固。

（2）将特种工器具较粗且带有尖头一侧拧入圆盘。

（3）用扳手转动螺杆，使螺杆向集电环中心进入，则圆盘会带动集电环向外拔出。当粗螺杆一侧全部进入集电环中心，集电环就会全部脱离。

（4）利用集电环尾部的 4 个圆孔，采用 4 个螺丝将圆盘与集电环紧固。

（5）将集电环中心对准发电机后轴。

（6）将特种工器具细杆一侧先后套入螺母和垫片，然后将细杆套入圆盘。

（7）工作人员沿发电机轴承方向推动螺杆，使螺杆与圆盘紧密接触。

（8）用两个扳手同时对固定螺母与套入螺母反向用力，则套入螺母会顶着圆盘向发电

机后轴方向移动，当整个细杆露出集电环后，集电环会全部套入发电机轴承。

经××风电公司场站一级经理批准，将指导方案编写在《××风电公司部件维护作业指导书》中，指导书编号为：SXXNY－QENC－KYWY－29。

通过该工作以点带面，将作业程序进一步明确化、制度化，在以后的同类施工中执行。并且在以后设备检修工作中设计出更合理、更适合现场的工器具。

5.12.12　活动总结和下一步打算

5.12.12.1　活动总结

首先通过 QC 小组活动让风电场员工的专业技术水平得到了提高。在具体工作中，能主动思考、查找问题，继而解决问题，在管理方法上，能够充分发动群众，集思广益，创造性地提出方案并遵循 PDCA 方法去解决问题，从而提高了现场生产质量和效率，锻炼了队伍，提高了员工综合素质。

5.12.12.2　下一步打算

QC 小组会继续在风电场日常检修与运行工作中不断进行总结，积累经验，持续发现工作中存在的改进方法，努力提高××风电公司的设备安全运行水平。下阶段××风电公司会以降低风电机组部分设备故障率为研究方向，按照 QC 小组活动程序方法，继续针对该问题，提高设备可利用率。

5.13　研制集水池自动放水系统

本课题针对集水池内反渗透废水量不能长时间满足员工正常使用冲洗水这一问题，通过 QC 小组活动设计了自动放水系统，提高了员工对生活设施的满意度。

5.13.1　课题背景介绍

××风电公司综合楼生活冲洗水（如马桶用水等）是由反渗透制造纯水过程中产生的废水提供，由于（反渗透装置设定）的纯水与废水产出比例为 3∶1，常常造成集水池内反渗透废水量不能正常满足员工使用需求，有时需自己接水冲洗，给员工造成不便。

5.13.2　小组简介

5.13.2.1　小组概况

本 QC 小组于 2017 年 12 月 1 日成立，并于 2017 年 12 月 1 日登记注册，注册编号：CTGNE/QCC－IM（SZW）－02－2017，QC 小组概况见表 5－118。

表 5－118　　　　　　　　　　QC 小 组 概 况

小组名称	"智能者"		
课题名称	研制集水池自动放水系统		
成立时间	2017 年 12 月 1 日	注册时间	2017 年 12 月 1 日
课题类型	创新型	注册编号	CTGNE/QCC－IM（SZW）－02－2017
活动时间	2017 年 12 月 1 日—2018 年 3 月 10 日	出勤率	99%

5.13.2.2　成员简介

QC小组成员简介表见表5-119。

表5-119　　　　　　　　　　　QC小组成员简介表

序号	成员姓名	性别	文化程度	内组职务和分工
1	赵××	男	专科	组长　组织协调、技术指导
2	哈×	男	本科	副组长　组织协调
3	高××	男	本科	副组长　组织协调、技术指导
4	梁××	男	本科	副组长　活动策划
5	成××	男	本科	成员　现场实施
6	谢×	男	本科	成员　现场实施
7	朝××	男	本科	成员　成果编制
8	邵××	男	本科	成员　成果编制
9	李××	男	本科	成员　数据收集

5.13.3　选择课题

为了保证生活冲洗水的供应 QC小组成员通过网络查询未发现能够满足现场的自动放水系统，为了提高员工对生活设施的满意度，QC小组成员依据污水自动排放原理，设计了自动放水系统课题开展势在必行。

确定课题内容为研制集水池自动放水系统

5.13.4　确定目标

本次 QC活动小组活动的目标是改变生活冲洗水集水池放水的方式，实现24h冲洗水不断。

QC小组成员均具有设备运维管理知识，多次参与 QC成果的研制，具有丰富的活动经验。同时公司在资金方面予以支持，因此本课题有实际研究价值。

5.13.5　提出方案并确定最佳方案

2017年12月4日，QC小组成员采用头脑风暴法提出以下方案：

QC小组结合污水排放系统设计自动放水系统，将反渗透废水与自动放水装置相结合，节约水资源，不需指派人员参与放水工作，满足生活区内冲洗水的正常需要。加装自动放水系统装置的原理图如图5-148所示。自动放水系统树图如图5-149所示。

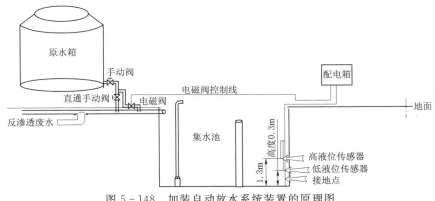

图5-148　加装自动放水系统装置的原理图

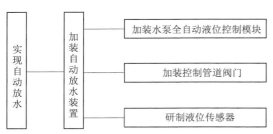

图 5-149　自动放水系统树图

1. **自动液位控制器选择**

自动液位控制器选择方案见表 5-120。

2. **电磁阀选择**

电磁阀选择方案见表 5-121。

3. **液位传感器选择**

液位传感器是控制液位保证自动上水的关键，因此 QC 小组人员经过讨论，并结合市场调研，提出以下几种方案，见表 5-122。

表 5-120　　自动液位控制器选择方案

方案	测算分析	特点	分析结论
方案一：全自动液位控制模块	现场测量配电箱空间	占用空间小，安装方便，价格低廉（154 元），运行稳定可靠	为方便运行、维护，选用全自动液位控制模块
方案二：液位显示控制仪		电路运行维护复杂，价格较高（2500 元），占用空间较大	

表 5-121　　电磁阀选择方案

方案	实验分析	特点	分析结论
方案一：发热电磁阀	通电后不通水，经过20min 后，发热电磁阀烧毁	价格较便宜（60 元）	为了缺水时不被烧坏，QC 小组决定使用不发热电磁阀
方案二：不发热电磁阀		原水箱线圈不会发热，线圈不会烧坏，但价格稍贵些（110 元）	

表 5-122　　液位传感器选择方案

方案	实验分析	特点	分析结论
方案一：选择液位浮球微动开关	多次液位变化后，浮球微动开关动作不灵敏，失去可靠性	优点：价格较便宜（60 元）；缺点：容易损坏，不宜长期使用	配置适合现场长度的线缆且加粗，可符合现场生锈不会断裂的要求，选择方案三
方案二：选择原厂家配置的传感器	原厂家配置的 0.5mm² 线缆的传感器线路长度不够，且线缆较细容易断裂	缺点：没有符合现场环境要求长度的液位传感器，且水质较差，原液位传感器线缆较细，与探头接触后生锈，长期使用容易断裂	
方案三：研制符合现场使用条件的液位传感器	水位变化后，液位传感器将变化传到控制器，控制器利用电位变化来控制电磁阀的动作，依据现场水质条件，配置适合现场长度的线缆，且加粗到 2.5mm²，将探头更换成耐腐蚀的碳钢材质	符合现场环境要求的相应长度，且生锈后长期使用不容易断裂	

根据以上分析、对比实验，QC 小组确定了研制集水池自动放水系统的最佳方案。最佳方案树图如图 5-150 所示。

5.13.6　制定对策

研制集水池自动放水系统对策表见表 5-123。

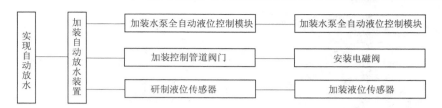

图 5-150　最佳方案树图

表 5-123　　　　　　　　　　研制集水池自动放水系统对策表

序号	对　策	目　标	措　施	负责人	完成日期/（年-月-日）
1	加装水泵全自动液位控制模块	控制电磁阀通断	在冲洗水控制箱内加装水泵全自动液位控制模块	赵××	2017-12-8
2	安装不发热电磁阀	控制管道的通断	安装电磁阀	赵××	2017-12-8
3	加装液位传感器	将液位信息传递给水泵全自动液位控制模块	制作液位传感器并加装到合适位置	赵××	2017-12-9
4	放水实验	系统运行符合现场要求且运行可靠	调试加装后的系统	赵××	2017-12-9

5.13.7　对策实施

1. 加装水泵全自动液位控制模块

在冲洗水控制箱内加装水泵全自动液位控制模块。

加装水泵全自动液位控制模块前、后如图 5-151 和图 5-152 所示。

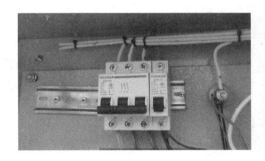

图 5-151　加装水泵全自动液位控制模块前

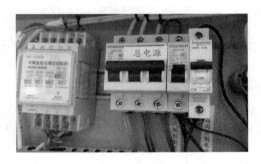

图 5-152　加装水泵全自动液位控制模块后

2. 安装不发热电磁阀

在出水口加装电磁阀。加装电磁阀如图 5-153 所示。

3. 加装液位传感器

用 2.5mm² 的线缆和碳钢探头制作成液位传感器，通过计算将高液位设置在距底面 1.3m 处，低液位设置在距底面 0.8m 处。液位传感器如图 5-154 所示。

4. 放水实验

对系统进行调试后，进行放水实验，实验证明能够实现自动放水。可以达到预期目标。

图5-153 加装电磁阀

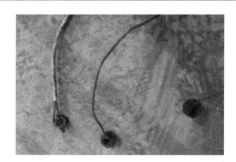

图5-154 液位传感器

5.13.8 效果检查

在水位低于低液位传感器时，管道电磁阀启动能实现自动放水，当水位到达高液位传感器时，管道电磁阀关闭能实现停止放水。自从2017年12月9日安装自动放水装置后，至今从未再进行人工放水工作，且从未溢水，节约水资源，实现既定目标。

在经济方面，电磁阀110元，管道及手动阀门436元，水泵全自动液位控制模块和液位传感器154元，电线50元。总计花费750元，与厂家提供的方案相比较，成本明显较低，且能够较好实现预期目标。

5.13.9 标准化

将自动放水装置的设计资料、图纸整理归档，并制定了自动放水系统作业指导书，经总经理批准纳入公司的日常管理中。建议在反渗透废水不能得到充分利用的其他公司，将此成果进行推广，以达到节约水资源的目的。

5.13.10 活动总结和下一步打算

通过QC活动，全面提高了小组人员的素质，激发了创造性思维。

由于当地水质较差且泥沙较多，马桶频繁堵塞，造成生活不便，下一步计划增加机械过滤器，改善水质。

5.14 降低35kV SVG故障跳闸次数

本课题针对SVG故障跳闸影响调度考核结果这一问题，通过QC小组活动有效降低了35kV SVG故障跳闸次数，提高了经济效益。

5.14.1 课题背景介绍

××风电场220kW变电站2套35kVSVG，采用QNSVG-13/10型装置。该装置正常运行时要求SVG室温度为0~35℃，总进风量需大于出风量，减少房间负压。SVG室原设计进风方式为采用4个11kW电机风扇强制进风，SVG室内设备热量由散热风道排出室外。在运行过程中，冬、春季节，由于当地湿度大、雨雪天气多，多次造成进风口积雪或结霜封堵，进气量不足，从而导致室内温度高，设备发生跳闸事故。为解决此问题，

××风电公司特成立"风行者"QC 小组来解决 SVG 设备跳闸事故。

5.14.2　小组简介

5.14.2.1　小组概况

QC 小组概况见表 5-124。

表 5-124　　　　　　　　　　　　QC 小组概况

小组名称	"风行者"		
课题名称	降低 35kV SVG 故障跳闸次数		
成立时间	2017 年 2 月 20 日	注册时间	2018 年 1 月
注册编号	CTGNE/QCC-HBB（XY）-01-2018	课题类型	现场型
活动时间	2017 年 2 月—2018 年 3 月	活动次数	12 次
接收 QC 教育时长	26 学时	出勤率	100%

5.14.2.2　成员简介

QC 小组成员简介表见表 5-125。

表 5-125　　　　　　　　　　QC 小组成员简介表

序号	成员姓名	性别	文化程度	职务/职称	组内职务
1	唐××	男	大专	场长	组长
2	王××	男	大专	值班长	副组长
3	哈×	男	本科	专员	副组长
4	颜××	男	大专	副值班长	组员
5	段××	女	大专	主办	组员
6	王××	男	大专	值班员	组员
7	李××	男	大专	值班员	组员
8	赵×	男	大专	值班员	组员

5.14.3　选题理由

SVG 是山西省级调度管辖的重要设备，已纳入《华北区域风电场并网运行管理实施细则（试行）》（华北监能市场〔2014〕637 号）考核范围。为加强 SVG 设备管理，减少调度考核，××风电公司对风电场提出明确要求：SVG 故障跳闸频率≤1 次/季度。

5.14.4　现状调查

5.14.4.1　历史数据调查

由 QC 小组成员对 2016 年 9 月—2017 年 2 月之间 SVG 跳闸信息进行了统计，见表 5-126。

表 5-126　　　　　　　　　　　SVG 故障跳闸信息统计表

序号	季节	气温/℃	天气	跳闸日期	设备名称	跳闸情况
1	秋季	12~26	晴	2016 年 9 月 22 日	2 号 SVG	0℃以上、晴天跳闸
2	冬季	-8~-3	小雪	2016 年 11 月 21 日	2 号 SVG	0℃以下、雪天跳闸
3	冬季	-4~6	大雾	2016 年 11 月 29 日	1 号 SVG	0℃以下、雾天跳闸
4	冬季	-6~-5	中雪	2016 年 12 月 12 日	1 号 SVG	0℃以下、雪天跳闸
5	冬季	-8~1	大雪	2016 年 12 月 25 日	2 号 SVG	0℃以下、雪天跳闸
6	冬季	-14~3	晴	2016 年 12 月 29 日	1 号 SVG	0℃以下、晴天跳闸

5.14.4.2　现状剖析

SVG 故障跳闸类别统计表见表 5 - 127。

表 5 - 127　　　　　　　　　　　　SVG 故障跳闸类别统计表

序号	跳闸情况	故障次数	占比/%	累计占比/%
1	0℃ 以上、晴天跳闸	1	16.67	16.67
2	0℃ 以下、雪雾天跳闸	4	66.66	83.33
3	0℃ 以下、晴天跳闸	1	16.67	100

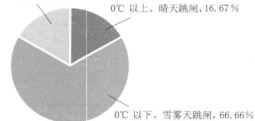

图 5 - 155　SVG 故障类别占比饼分图

SVG 故障类别占比饼分图如图 5 - 155 所示。

由表 5 - 127 和图 5 - 155 可知，气温 0℃ 以下、雪雾天跳闸是 QC 小组要解决的症结。

5.14.4.3　目标测算分析

当前××风电场 SVG 统计周期内平均跳闸频率为 6 次/2 季度，相当于 3 次/季度，若解决气温 0℃ 以下、雪雾天跳闸问题，则平均跳闸频率降为 1 次/季度，下降了 (3−1)/3×100%≈66.67%。

5.14.5　确定目标

本次 QC 小组活动目标为将××风电场 SVG 故障跳闸次数由 3 次/季度降至 1 次/季度。降低 SVG 故障跳闸次数活动目标图如图 5 - 156 所示。

5.14.6　原因分析

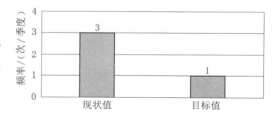

图 5 - 156　降低 SVG 故障跳闸次数活动目标图

QC 小组成员运用头脑风暴法，针对发现的症结进行细致的分析和解剖，用树图进行分类分析，共整理出末端原因 3 条。SVG 故障跳闸树形图如图 5 - 157 所示。

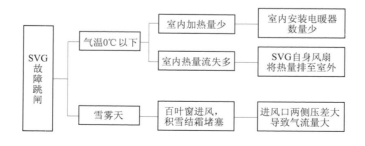

图 5 - 157　SVG 故障跳闸树形图

5.14.7　要因确认

为找到"0℃以下、雪雾天跳闸"症结的要因，QC 小组成员开展末端因素逐一确认。

1. 室内安装电暖器数量少

运维人员加装电暖气（2000W/个）共 15 个，加热时间 8h，房间温度由－5℃升至－4℃，升高 1℃，温度升高不明显，对温度影响程度很小。

结果确认：非要因。

2. SVG 自身风扇将热量排至室外

2016 年 12 月 29 日（－14～3℃），SVG 故障跳闸后，运维人员于当天进行对比试验：将 SVG 散热风道热量排至室内，运行 8h，房间温度由－9℃升至 3℃，升高 12℃，温度明显升高。

结果确认：要因。

3. 进风口两侧压差大导致气流量大

2016 年 12 月 25 日（－8～1℃，大雪，SVG 室 4 个进风口百叶窗均被积雪封堵）2 号 SVG 跳闸。运维人员立即将 4 个百叶窗积雪清理干净，于当天进行进风口积雪对比试验：SVG 室东南侧进风口的进风电机运行，其他 3 个进风电机停运，经 8h，进风电机停运后的百叶窗未积雪，效果明显。进风电机停运后的百叶窗（未积雪）如图 5-158 所示。进风电机运行的百叶窗（积雪结霜）如图 5-159 所示。

图 5-158　进风电机停运后的百叶窗（未积雪）　图 5-159　进风电机运行的百叶窗（积雪结霜）

结果确认：要因。

5.14.8　制定对策

通过对以上要因进行确认，找出造成 SVG 故障跳闸的 2 项要因，QC 小组针对这 2 项要因进行分析，并提出解决方案。减少 SVG 故障跳闸对策表见表 5-128。

表 5-128　　　　　　　　　　减少 SVG 故障跳闸对策表

序号	要因	对策	目标	措施	负责人	地点	完成日期/（年-月-日）
1	SVG 自身风扇将热量排至室外	减少 SVG 热量排出	将 SVG 室内温度升至 0℃以上	散热风道上加装风道挡板	唐××	SVG 室	2017-7-31

序号	要因	对策	目标	措施	负责人	地点	完成日期/(年-月-日)
2	进风口两侧压差大导致气流量大	减少进风口两侧压差	进风口无结霜积雪，室内无负压	（1）将原来的进风电机拆除；（2）扩大墙上进风面积	唐××	SVG 室	2017 - 7 - 31

5.14.9　对策实施

2017 年 5—6 月在 SVG 室实施对策并进行效果验证，截至 2018 年 2 月 28 日，2 套 SVG 未发生一起因气温 0℃以下、积雪结霜故障跳闸。

1. 散热风道上加装风道挡板

在 SVG 散热风道上加装风道挡板如图 5-160 所示。

（a）0℃以上关闭挡板，热量排至室外　　　　　（b）0℃以下打开挡板，热量排至室内

图 5-160　在 SVG 散热风道上加装风道挡风板

2. 将原来的进风电机拆除，扩大墙上进风面积

拆除原来的进风电机如图 5-161 所示。扩大进风窗面积并改为百叶窗如图 5-162 所示。

图 5-161　拆除原来的进风电机　　　　　　　图 5-162　扩大进风窗面积并改为百叶窗

5.14.10　效果检查

××风电场于 2017 年 10 月—2018 年 1 月对实施效果进行检查。降低 SVG 故障跳闸

次数效果检查表见表 5–129。

表 5–129　　　　　　　　　降低 SVG 故障跳闸次数效果检查表

序号	对　策	目　标	效　果	检查人员
1	将原来的进风电机拆除，扩大墙上进风面积	0℃以下时进风口无结霜积雪，室内无负压	0℃以下时无结霜积雪（设备运行正常）	颜××
2	散热风道上加装风道挡板	0℃以下时 SVG 室内温度升至 0℃以上	0℃以下时 SVG 室内温度升至 0℃以上（设备运行正常）	颜××

活动前后 SVG 故障跳闸频率数据对比图如图 5–163 所示。

4 个进风电机（型号：Y160M、额定功率 11kW），一年节省场用电量为 $4 \times 11kW \times 24h \times 365 = 385440kWh = 38.544$ 万 kWh。SVG 室进风电机铭牌如图 5–164 所示。

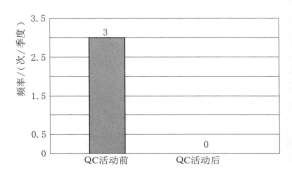

图 5–163　活动前后 SVG 故障跳闸频率数据对比图　　　图 5–164　SVG 室进风电机铭牌

5.14.11　制定巩固措施

××风电场对 SVG 实施对策后，取得非常好的效果，与此同时积极联系变电站设计单位和 SVG 设备厂家，将现场情况进行反馈，为以后的设计和设备运行提供很好的借鉴。QC 巩固措施记录表见表 5–130。

表 5–130　　　　　　　　　QC 巩 固 措 施 记 录 表

序号	要因	制定对策	巩固措施	负责人	反馈日期/（年-月-日）
1	SVG 自身风扇将热量排至室外	散热风道上加装风道挡板	建议设备厂家：在冬季气温 0℃以下地区，加装风道挡板，0℃以下时打开挡板提高 SVG 室内温度	王××	2018-1-26
2	进风口两侧压差大导致气流量大	将原来的进风电机拆除，扩大墙上进风面积	建议设计院：对于雨雪多的地区，不采用进风电机进风，采用自然进风方式	王××	2018-1-26

5.14.12　活动总结和下一步打算

5.14.12.1　活动总结

（1）解决现场问题。此次 QC 小组活动，有效解决了 SVG 在 0℃以下时进风口结霜积雪和进气温度低的问题，明显降低 SVG 故障跳闸次数；同时，减少了场用电量，提高了经济效益。

（2）提高人员专业水平。通过此次 QC 小组活动，风电场员工学习并掌握了处理问题的思路和方法，提高了解决问题的能力，为今后的生产运行、QC 小组活动打下良好基础。

5.14.12.2　下一步打算

××风电场将持续开展 QC 小组活动，注重解决实际问题，在解决问题过程中与 QC 小组活动结合，积累更多的经验，为风电场锻炼和储备人才。

在风电场风电机组维护过程中，检修人员发现由于风电机组齿轮箱故障导致风电机组停机这一问题比较突出，QC 小组将针对此问题展开活动，下一次 QC 小组活动课题为减少风电机组齿轮箱故障次数。

5.15　降低 S50/750kW 风电机组故障频次

本课题针对频发性故障对设备的发电效益带来不利影响这一问题，通过 QC 小组活动有效降低了风电机组故障频次，提高了风电机组的整体质量。

5.15.1　课题背景介绍

××风电场一期工程有 40 台 S50/750kW 风电机组，于 2011 年 3 月全部并网发电。该型号机组运行比较稳定，但一些频发性故障仍然会给设备的发电效益带来不利影响。为了提高机组的整体质量，降低机组的故障频次（故障频次＝统计期内故障次数÷机组数量÷统计期自然月个数），特成立 QC 小组开展活动以解决此问题。

5.15.2　小组简介

5.15.2.1　小组概况

QC 小组概况见表 5 – 131。

表 5 – 131　　　　　　　　　　QC 小组概况

小组名称	"逆风北地"		
所属公司	××风电公司		
课题名称	降低 S50/750kW 风电机组故障频次		
成立时间	2017 年 11 月 1 日	注册时间	2017 年 11 月 5 日
注册编号	CTGNE/QCC – NEB(YCTYF) – 01 – 2018	课题类型	现场型
活动时间	2017 年 11 月—2018 年 3 月	活动次数	15 次
接受 QC 教育时长	20 学时	出勤率	78%

5.15.2.2 QC 小组成员简介

QC 小组成员简介表见表 5-132。

表 5-132   QC 小 组 成 员 简 介 表

序号	成员姓名	性别	文化程度	职务/职称	组内职务和分工
1	于×	男	本科	场站经理　中级工程师	组长　组织协调
2	哈×	男	本科	专员　高级工程师	副组长　活动策划
3	郭×	男	本科	主值班员　助理工程师	副组长　组织协调
4	肖××	男	本科	经理　高级工程师	组员　成果审核
5	马×	男	本科	主值班员　助理工程师	组员　成果编制
6	袁×	女	硕士	高级主管　中级工程师	组员　成果编制
7	刘×	男	专科	主值班员　技术员	组员　现场实施
8	张××	男	专科	副值班员　技术员	组员　现场实施
9	王××	男	专科	值班员　技术员	组员　数据收集
10	肖××	男	专科	副值班员　技术员	组员　数据收集

5.15.3　选题理由

QC 小组成员对 2017 年 7 月 1 日—10 月 31 日 40 台 S50/750kW 风电机组故障情况进行了统计，见表 5-133。根据要求，S50/750kW 机组故障频率应不大于 0.26 次/(台·月)。S50/750kW 风电机组故障频率折线图如图 5-165 所示。

表 5-133　S50/750kW 风电机组故障统计表

月份	故障数量/次	故障频率/[次/(台·月)]
7	16	0.4
8	8	0.2
9	10	0.25
10	14	0.35
总计	48	
月平均故障频率/[次/(台·月)]		0.3

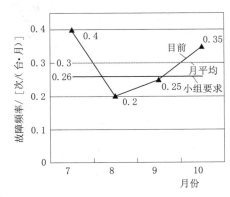

图 5-165　S50/750kW 风电机组故障频率折线图

5.15.4　现状调查

5.15.4.1　调查统计

"逆风北地" QC 小组成员对 S50/750kW 风电机组故障类型进行跟踪调查统计，故障类型统计表见表 5-134。

表 5 - 134　　　　　　　　S50/750kW 风电机组故障类型统计表

序号	故障类型	次数	占比/%	累计占比/%	序号	故障类型	次数	占比/%	累计占比/%
1	液压系统	18	37.50	37.50	5	控制系统	4	8.33	87.50
2	刹车系统	8	16.67	54.17	6	测风系统	4	8.33	95.83
3	偏航系统	6	12.50	66.67	7	外部故障	2	4.17	100
4	齿轮箱系统	6	12.50	79.17	8	合计	48		

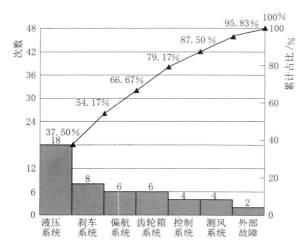

图 5 - 166　S50/750kW 风电机组故障类型图

S50/750kW 风电机组故障类型图如图 5 - 166 所示。

根据调查结果，2017 年 7—11 月，液压系统故障次数 18 次，占总故障次数的 37.5%。

5.15.4.2　深入分析

QC 小组成员对液压系统故障的具体情况做了进一步的深入分析，液压系统故障类型统计表见表 5 - 135。液压系统故障类型图如图 5 - 167 所示。

表 5 - 135　　　　　　　　液压系统故障类型统计表

序号	故障类型	次数	占比/%	累计占比/%	序号	故障类型	次数	占比/%	累计占比/%
1	液压油管漏油	10	55.56	55.56	4	液压站缺油	2	11.11	94.45
2	液压缸损坏	3	16.67	72.23	5	压力继电器损坏	1	5.55	100
3	防爆膜损坏	2	11.11	83.34	6	合计	18	100	

经过深入调查和分析，液压油管漏油占液压系统故障总次数的 55.56%，是风电机组故障频次较高的症结。

5.15.4.3　目标测算分析

QC 小组成员对 S50/750kW 风电机组自投运以来历年的月平均故障频次进行了统计，见表 5 - 136。

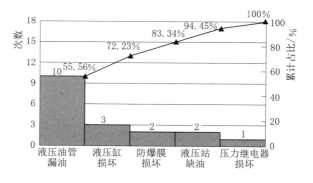

图 5 - 167　液压系统故障类型图

表 5－136　　　　　　S50/750kW 风电机组历年故障频次表

项　　目	2012 年	2013 年	2014 年	2015 年	2016 年
故障次数	91	101	110	125	149
故障频次/[次/(台·月)]	0.19	0.21	0.23	0.26	0.31

通过与历年数据对比，根据运维人员的检修工作经验，有能力将液压系统故障次数降低 80%。即

$$48-（48×37.5％×55.56％×80％）≈40（次）$$

$$40÷40÷4＝0.25 次/（台·月）$$

机组的故障频次可以达到要求。

5.15.5　确定目标

根据上述分析和计算过程，本次活动确定的目标为 S50/750kW 风电机组故障频次不高于 0.25 次/（台·月），如图 5－168 所示。

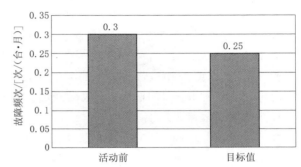

5.15.6　原因分析

针对液压油管漏油这一问题，QC 小组成员认真讨论分析，其因果图如图 5－169 所示。

图 5－168　降低风电机组故障频次活动目标图

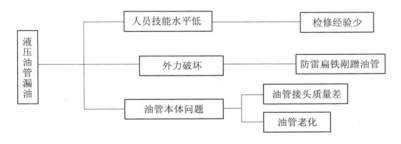

图 5－169　液压油管漏油因果图

5.15.7　要因确认

为进一步确认造成液压油管漏油这一症结的最主要原因，QC 小组成员进行了深入的研究分析。

1. 检修经验少

验证情况：由两名从事检修工作不同年限的人员分别独立安装液压油管。两名检修人员情况表见表 5－137。

表 5－137　　　两名检修人员情况表

测试人员一	测试人员二
姓名：张×××	姓名：肖××
检修工作年限：5 年	检修工作年限：1 年
检修机组：1 号风电机组	检修机组：2 号风电机组

经测试，两台机组的油管均未出现漏油情况。说明检修经验少对症结无影响。

确认结果：非要因。

2. 防雷扁铁剐蹭油管

验证情况：QC 小组成员将漏油的油管安装在备用液压站上，将压力调整至风电机组正常运行时的压力，即 96～104bar，10 根油管的漏油点均在管路上，发现其中 8 根油管的漏油点处附近有大面积深浅不一的划痕，初步确定为由外力破坏所致。为进一步确认要因，QC 小组成员到叶片内部查看了油管所在的工作环境，其与旁边的防雷扁铁距离较近，根据液压系统的工作原理和机械结构，手动模拟了工作时防雷扁铁的形变过程，可以确定在风电机组运行时防雷扁铁确实有可能剐蹭到油管的管路部分。说明防雷扁铁剐蹭油管对症结有影响。

确认结果：要因。

经 QC 小组成员分析确认，要因为防雷扁铁剐蹭油管和油管老化。

3. 油管接头质量差

验证情况：QC 小组成员将漏油的油管安装在备用液压站上，将压力调整至机组正常运行时的压力，即 96～104bar，10 根漏油的油管接头均未发现液压油溢出现象，这说明油管接头质量对症结无影响。

确认结果：非要因。

4. 油管老化

验证情况：QC 小组成员将漏油的油管安装在备用液压站上，将压力调整至机组正常运行时的压力，即 96～104bar，10 根油管的漏油点均在管路上，其中 2 根油管的漏油点处无硬伤痕迹，查阅检修记录得知这 2 根油管已运行 5 年，且并未更换过，用手轻按漏油点有脆化现象，可以确定是由老化引起的漏油，这说明油管老化对症结有影响。

确认结果：要因。

5.15.8　制定对策

液压油管漏油对策表见表 5 - 138。

表 5 - 138　　　　　　　　　　　　　液压油管漏油对策表

序号	主要原因	对策	目标	措　施	负责人	地点	完成时间
1	防雷扁铁剐蹭油管	将油管与防雷扁铁之间做隔离处理	油管与防雷扁铁发生剐蹭的情况不超过 0.01 次/（台·月）	（1）在液压油管外加装 PPR 套管；（2）用扎带将套管绑紧	××	风电机组叶片	2017 年 11 月

续表

序号	主要原因	对策	目标	措　施	负责人	地点	完成时间
2	油管老化	增加油管的巡视检查次数	每3个月进行一次机组的油管巡视检查工作	（1）将 750kW 机组维护手册中油管的巡视检查周期由6个月更改为3个月； （2）发布更改后的维护手册，并告知全体员工	××	风电机组叶片	2017 年 11 月

5.15.9　对策实施

1. 将油管与防雷扁铁之间做隔离处理

在液压油管外加装套管并绑紧，实施前后图如图 5-170 所示。

2. 增加油管的巡视检查次数

油管巡视检查由每 6 个月一次更改为每 3 个月一次，巡视检查油管时观察管路表面是否有裂纹，同时用手轻按管路查看是否脆化。

5.15.10　效果检查

2017 年 11 月 15 日—2018 年 3 月 15 日，对 S50/750kW 风电机组故障频次跟踪调查统计，活动后机组故障统计表见表 5-139。

（a）实施前　　　（b）实施后

图 5-170　在液压油管外加装套管并绑紧实施前后图

表 5-139　　　　　　活动后机组故障统计表

序号	故障类型	次数	占比/%	累计占比/%	序号	故障类型	次数	占比/%	累计占比/%
1	偏航系统	9	23.08	23.08	4	液压系统	7	17.95	84.62
2	刹车系统	9	23.08	46.16	5	控制系统	6	15.38	100
3	齿轮箱系统	8	20.51	66.67	6	合计	39		

活动后机组故障类型统计图如图 5-171 所示。

活动后 S50/750kW 机组的故障频次为

$$39 \div 40 \div 4 = 0.24 \text{ 次}/(台 \cdot 月)$$

结合之前的统计情况，对 QC 小组活动前后机组故障频次数据进行了对比，圆满完成并超过了 QC 小组活动的预期目标。活动前后机组故障频次对比图如图 5-172 所示。

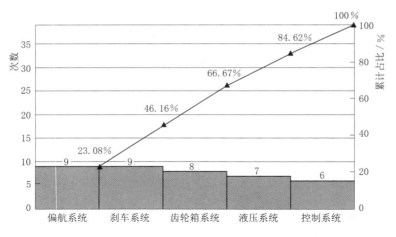

图 5-171　活动后机组故障类型统计图

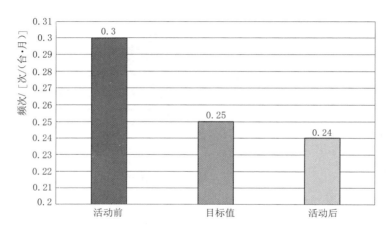

图 5-172　活动前后机组故障频次对比图

5.15.11　制定巩固措施

为保证本次 QC 小组活动的落实，并形成长效机制，经风电场场站经理批准，将活动成果提炼总结编入 S50/750kW 风电机组作业指导书和维护手册中，于 2018 年 4 月 1 日起发布并执行。降低 S50/750kW 风电机组故障频次巩固措施表见表 5-140。

表 5-140　　　　　　　降低 S50/750kW 风电机组故障频次巩固措施表

序号	措　　　　施	执行人	时间
1	将液压油管外加装 PPR 套管并用扎带绑紧编入《S50/750kW 机组作业指导书》第三章 750kW 风机典型故障处理第 2 条建压超时、第 27 条叶尖压力低、第 35 条液压油位低的处理措施中	于×	2018 年 4 月
2	将《S50/750kW 机组维护手册》表 7.1 维护清单的液压系统检查项中的"检查油管有无泄漏和表面裂纹、脆化，检查周期 6 个月"更改为"检查油管有无泄漏和表面裂纹、脆化，检查周期 3 个月"	于×	2018 年 4 月

5.15.12 活动总结和下一步打算

5.15.12.1 活动总结

本次 QC 小组活动不仅圆满完成了课题目标，降低了 S50/750kW 风电机组故障频次，还在多方面对公司健康发展起到了推动作用。

通过本次活动，QC 小组的团队协作和个人技术得到了有机结合，实现了成员在小组活动中的存在感、参与感、成就感，让成员的创造性和积极性得以充分激发。通过发挥团队的力量，使成员学会了如何运用科学方法和系统流程来解决问题，让成员自身的综合素质得到了提高。

本次活动问题的解决以及后续的巩固措施，不仅使公司设备方面的质量管理有了一定的进步，而且通过在活动中运用数据统计、图表分析等多种方法，不断进行管理工具以及管理方法的改进，也使得管理水平不断提升。

此次 QC 小组活动，结合现场实际情况，完成了对现有技术、工艺的改进和探索，从当前需要解决的问题出发，以数据作为课题选择的依据，提出了具体的解决方案，之后通过对课题成果的巩固、制度化、标准化，实现了技术水平提升的目的，同时也为今后的机组维护工作提供了新思路。

5.15.12.2 下一步打算

下一阶段"逆风北地"QC 小组准备以缩减 1500kW 机组半年检修工时为课题开展活动，继续积累经验，持续进行技改，努力提高风电场设备安全运行水平。

5.16 缩短风电机组塔基锚栓防腐漆去除时间

本课题针对在进行锚栓力矩检测工作时去除防腐漆需要花费大量的时间、人力，且效果不理想这一问题，通过 QC 小组活动有效缩短了风电机组塔基锚栓防腐漆去除时间，提高了工作效率。

5.16.1 课题背景介绍

××风电公司共有 297 台风电机组，其中 228 台风电机组塔基使用的是反向平衡法兰，根据锚栓检测技术文件要求，每 1.5 年需要检测 1 次，每次需要对 228 台风电机组锚栓进行检测（每台风电机组共有 176 颗锚栓，每次只需检测 50% 的锚栓，即 88 颗），每次进行锚栓力矩检测工作时需要将锚栓防腐漆去除后方能将螺杆紧固在锚栓上进行力矩拉伸工作，由于锚栓防腐漆附着力强，去除防腐漆需要花费大量的时间、人力且效果不理想（每次进行锚栓的力矩检测工作后，还需再次对锚栓进行刷漆防腐处理）。因此将缩短风电机组塔基锚栓防腐漆去除时间作为 QC 小组课题研究的方向。

反向平衡法兰主要用于风电机组塔架筒体之间的连接，由反向的法兰板和加劲板在塔筒内向心设置"平衡面"，在循环风载荷作用下"平衡面"可以基本抵消通过加劲板作用于筒节的拉应力力矩，所需的连接螺栓直径小、长度适当，且可精确控制预拉力值，从而达到抗疲劳和免维护的功能。使用反向平衡法兰作为连接件可以确保塔筒在循环动力载荷下抗弯刚度不变，极大改善了风机塔筒的受力。

锚栓检测分为 5 个步骤：①去除塔基锚栓防腐漆；②安装锚栓检测工具；③塔基锚栓力矩压力检测；④拆除锚栓检测工具；⑤最后将锚栓进行防腐刷漆。

5.16.2　小组简介

5.16.2.1　小组概况

本 QC 小组于 2017 年 6 月 1 日成立，并于 2017 年 6 月 1 日登记注册，注册编号：CTGNE/QCC‐IM（HD）‐01‐2017，QC 小组概况见表 5‐141。

表 5‐141　　　　　　　　　　　　QC 小 组 概 况

小组名称	"风电梦之队"		
课题名称	缩短风机塔基锚栓防腐漆去除时间		
成立时间	2017 年 6 月 1 日	注册时间	2017 年 6 月 1 日
注册编号	CTGNE/QCC‐IM(HD)‐01‐2017	课题类型	现场型
活动时间	2017 年 6 月 1 日—2017 年 9 月 30 日	出勤率	92%

5.16.2.2　成员简介

QC 小组成员简介表见表 5‐142。

表 5‐142　　　　　　　　　　　　QC 小 组 成 员 简 介 表

序号	成员姓名	性别	文化程度	组内职务和分工
1	蔡××	男	本科	组长　策划及成果编制
2	哈×	男	本科	副组长　协调、技术支持
3	高××	男	本科	副组长　协调、技术支持
4	樊×	男	专科	副组长　协调、技术支持
5	李×	男	本科	组员　技术支持
6	寇××	男	本科	组员　现场实施
7	刘×	男	本科	组员　现场实施
8	武××	男	本科	组员　现场实施
9	梁×	男	本科	组员　现场实施
10	刘×	女	本科	组员　整理资料

5.16.3　选题理由

2017 年 5 月 13—22 日××风电公司风电机组检修人员对第 5～8 期 132 台机组中的 19 台风电机组塔基锚栓力矩进行了检测，检测了 5 台风电机组后，现场检修人员反馈 4 人每天只能完成 1 台风电机组的锚栓检测工作。在锚栓检测过程中，锚栓除漆使用的时间最长，影响到锚栓检测所用的整体时间（以下统计的时间按照四舍五入取整），对剩余 14 台风电机组锚栓力矩检测时间进行统计，见表 5‐143。

锚栓各项检测时间占比图如图 5‐173 所示。

表 5 - 143　　　　　　　　　　**14 台风电机组锚栓力矩检测时间统计表**

机　组　号	项目内容	每台机组所用时间 /min	平均时长 /min	占比/%
5/12/14/21/31/32/47/59/ 69/104/114/119/129/130	塔基锚栓 防腐漆去除	239/238/240/243/237/235/239/ 238/239/240/239/238/238/242	239	67.71
5/12/14/21/31/32/47/59/ 69/104/114/119/129/130	安装锚栓 检测工具	44/44/43/45/43/45/44/ 45/43/46/44/45/47/44	44	12.46
5/12/14/21/31/32/47/59/ 69/104/114/119/129/130	塔基锚栓 力矩检测	29/28/29/27/28/29/30/ 32/28/30/31/32/29/29	29	8.22
5/12/14/21/31/32/47/59/ 69/104/114/119/129/130	拆除锚栓 检测工具	40/41/43/40/43/43/42/ 39/38/41/42/43/41/44	41	11.61
合　计			353	100

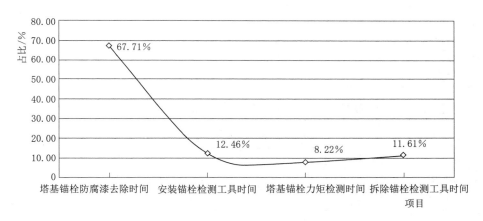

图 5 - 173　锚栓各项检测时间占比图

由图 5 - 173 可知，锚栓防腐漆去除时间占锚栓检测总时间的百分比最多，为 67.71%。为此 QC 小组选定缩短风电机组塔基锚栓防腐漆去除时间作为本次活动的课题。

5.16.4　现状调查

锚栓除漆使用的是一字螺丝刀、锤子。螺丝刀一字面接触锚栓螺纹上的防腐层油漆，用锤子敲击一字螺丝刀把手，使螺丝刀一字面受力去除防腐层油漆。由于塔基锚栓周围空间狭小，经常导致锚栓背面防腐层油漆去除不干净，力矩检测的螺栓不能顺利拧到锚栓上，还需进行二次除漆。锚栓除漆需要 3 个步骤：一次除漆；二次除漆；除漆效果检查。除漆工具如图 5 - 174 所示。螺栓背面防腐漆去除不干净照片如图 5 - 175 所示。

从第 5~8 期 132 台风电机组中选取了 5 台对锚栓除漆时间进行统计，见表 5 - 144。

图5-174　除漆工具

图5-175　螺栓背面防腐漆去除不干净照片

表5-144　　　　　　　　　　**5台机组锚栓除漆时间统计表**

检测时间 /(年-月-日)	机组号	一次锚栓除漆用时 /min	二次锚栓除漆用时 /min	除漆效果检查用时 /min
2017-5-25	11	245	8	3
2017-5-25	38	243	9	3
2017-5-26	122	243	13	4
2017-5-26	2	246	10	4
2017-5-27	8	245	9	3
平均时间		244	10	3

　　QC小组成员对锚栓防腐层除漆时间进行统计分析，见表5-145。

表5-145　　　　　　　　　　**锚栓防腐层除漆时间及占比表**

项目	平均时间/min	占比/%	项目	平均时间/min	占比/%
一次锚栓除漆用时	244	94.9	除漆效果检查用时	3	1.2
二次锚栓除漆用时	10	3.9	合计	257	100

　　锚栓防腐层除漆时间占比图如图5-176所示。

　　从图5-176中可以清晰地看到一次锚栓除漆用时占比为94.9%，由此可知锚栓除漆用时较长的主要症结为一次锚栓除漆时间长。

5.16.5　确定目标

　　根据公司制度要求，每天工作8h，每天由4个人对2台机组进行锚栓检测，需要将每台锚栓检测时间缩短到4h内。通过理论计算将每台机组一次锚栓除漆时间由244min缩短到126min（51.6%），则有一次锚栓除漆时间126min+安装锚栓检测工具时间44min+塔基锚栓力矩检测时间29min+拆除锚栓检测工具时间41min=240min，240min即4h，就可以实现每天4人/2台机组锚栓力矩的检测。

　　活动目标：QC小组将每台机组一次锚栓除漆时间由244min缩短到不大于126min，如图5-177所示。

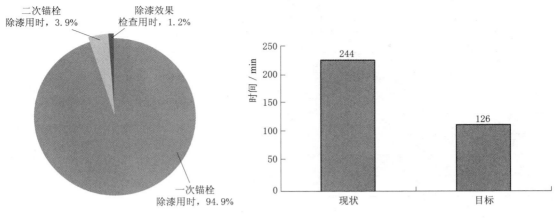

图 5-176　锚栓防腐层除漆时间占比图　　　　图 5-177　一次锚栓除漆时间目标图

5.16.6　原因分析

QC 小组成员针对锚栓检测一次除漆用时长这一问题进行细致分析，并进行多次现场了解、讨论，找出末端原因，一次锚栓除漆时间长原因树图分析如图 5-178 所示。

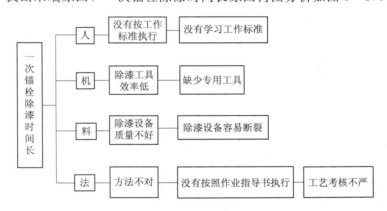

图 5-178　一次锚栓除漆时间长原因树图分析

5.16.7　要因确认

1. 没有学习工作标准

2017 年 6 月 26 日对××风电公司锚栓除漆人员是否学习过相关除漆标准进行调查，学习工作标准统计表见表 5-146。

对××风电公司所有锚栓检测人员的学习情况进行调查，可知大家都已学习过锚栓检测相关标准，不存在相关标准学习遗漏问题，人员学习率 100％。

结论：非要因。

2. 缺少专用工具

2017 年 6 月 27 日将更换后的锚栓除漆工具与之前使用的除漆工具进行对比，见表 5-147。

表 5-146　　　　　　　　　　　　学习工作标准统计表

锚栓检测人员	是否学习过锚栓检测相关标准	学习情况	相关标准文件
曹××	是		
刘××	是		
李××	是		
赵××	是		
李×	是		
寇××	是		
刘×	是		
武××	是		
梁×	是	在对机组锚栓检测前，组织大家集体学习过锚栓检测标准	《×××风电公司风电机组锚栓组合件预应力作业指导书》
王××	是		
罗×	是		
郭×	是		
曹××	是		
郝×	是		
陈××	是		
徐××	是		
徐××	是		
赵××	是		
魏××	是		
石××	是		

表 5-147　　　　　　　　　　　　除 漆 工 具 对 比 表

工具	锚栓除漆数量	第一次锚栓除漆用时/min	工具	锚栓除漆数量	第一次锚栓除漆用时/min
锤子、一字螺丝刀	88 颗	245	板牙、扳手	88 颗	155

由表 5-147 可以看出更换合适的除漆工具后比使用之前的除漆工具所用时间少，说明除漆工具使用得当可以缩短除漆时间。

结论：要因。

3. 除漆设备容易断裂

2017 年 6 月 28 日对锚栓除漆工具进行检查，除漆工具检查表见表 5-148。

表 5-148　　　　　　　　　　　　除 漆 工 具 检 查 表

使用的工具	完好率/%	库存量	使用效果
一字螺丝刀、橡皮锤	92	各有 10 把	良好

橡皮锤如图 5-179 所示。一字螺丝刀如图 5-180 所示。

图 5-179　橡皮锤

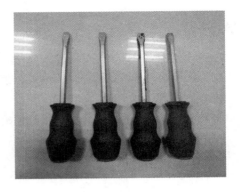

图 5-180　一字螺丝刀

QC 小组成员对除漆工具进行检查，发现除漆工具良好，不存在断裂等质量问题。

结论：非要因。

4. 工艺考核不严

2017 年 7 月 2 日进行的锚栓力矩检测工艺执行情况调查见表 5-149。

表 5-149　　　　　　　　　锚栓力矩检测工艺执行情况调查表

地点	检查/学习内容	检查/学习情况	实施情况	执行率/%
公司会议室	考核××风电公司人员对风电机组锚栓组合件预应力作业指导书内锚栓检测流程的学习情况	考核合格	良好	100
锚栓检测现场	检查使用工器具是否符合公司风电机组锚栓组合件预应力作业指导书要求	工作前检查一次	良好	100

经过对工艺考核情况的调查可知大家对工艺考核执行非常到位。

结论：非要因。

通过对 4 个末端因素的调查验证，QC 小组确定导致一次锚栓除漆时间长的要因是缺少专用工具。

5.16.8　制定对策

根据要因确认得出一次锚栓除漆时间长的主要原因是缺少专用工具，QC 小组人员经过讨论制定了相应的对策，并编制了对策表，见表 5-150。

表 5-150　　　　　　　　　　　　　对　策　表

要因	对策	目标	措　施	负责人	工作地点	完成时间/（年-月-日）
缺少专用工具	研制适合现场使用的除漆工具	将一次锚栓（88 颗）除漆时间由 244min 缩短到 126min	（1）设计符合现场除漆的工具； （2）选择公司现有的物资； （3）根据设计和现有的物资制作专用的除漆工具	×××	锚栓检测现场	2017-8-15

5.16.9　对策实施

2017 年 8 月 10 日 QC 小组成员经过反复讨论、研究，充分考虑使用方便性、稳定性、安全性，最终制订方案，研制板牙的联动工装。

利用公司现有的工具，研制出锚栓除漆联动工装，重新制作的板牙工装草图如图 5-181 所示。焊接完成的套筒＋板牙如图 5-182 所示。

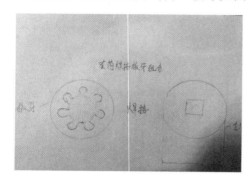

图 5-181　重新制作的板牙工装草图

图 5-182　焊接完成的套筒＋板牙

图 5-183　使用联动板牙工装、棘轮扳手工作

2017 年 8 月 16 日使用专用除漆工具进行除漆测试。使用联动板牙工装、棘轮扳手工作如图 5-183 所示。专用除漆工具除漆时间表见表 5-151。

使用改装后的除漆工具除漆效果好，不需要二次除漆，一次除漆使用时间能够从 244min 缩短到 89min，活动目标能够实现。

此除漆工具的优点是除漆时间短，不需要二次除漆，使用棘轮扳手节省力气，板牙＋套筒使用平稳、牢固、安全。

表 5-151　　　　　　　　　　　　专用除漆工具除漆时间表

工　具	一次锚栓除漆用时 /min	二次锚栓除漆用时 /min	除漆效果检查用时 /min
联动板牙工装、棘轮扳手	89	0	3

5.16.10　效果检查

对策实施以后，继续使用专用的除漆工具对锚栓进行除漆，专用工具除漆用时统计表见表 5-152。

表 5 - 152　　　　　　　　　　专用工具除漆用时统计表

检测时间 /（年-月-日）	机组号	一次锚栓除漆用时 /min	二次锚栓除漆用时 /min	除漆效果检查用时 /min
2017 - 8 - 21	6	90	0	3
2017 - 8 - 22	22	88	0	3
2017 - 8 - 22	87	86	0	4
2017 - 8 - 23	110	92	0	3
2017 - 8 - 23	118	91	0	3
平均时间/min		89		3

活动前后一次除漆使用时间对比表见表 5 - 153。

表 5 - 153　活动前后一次除漆使用时间对比表

项目	活动前用时/min	活动后用时/min
一次除漆时间	244	89

活动前后一次锚栓除漆使用时间对比图如图 5 - 184 所示。

活动前后除漆使用时间对比图如图 5 - 185 所示。

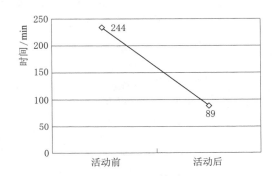

图 5 - 184　活动前后一次锚栓除漆使用时间对比图

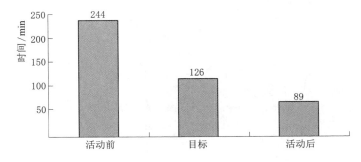

图 5 - 185　活动前后除漆使用时间对比图

5.16.11　制定巩固措施

为了推广改装后除漆工具的使用，QC 小组制定巩固措施，巩固措施表见表 5 - 154。

表 5 - 154　　　　　　　　　　巩 固 措 施 表

措　　施	责任人	时间/（年-月-日）
为了推广改装后除漆工具的应用，2017 年 9 月 28 日经过场站总经理的批准将专用的除漆工具纳入《××风电公司风电机组锚栓组合件预应力作业指导书》第五项第十八条中	×××	2017 - 9 - 28

5.16.12　活动总结和下一步打算

通过开展本次 QC 活动，缩短了锚栓力矩检测时间，提高了工作效率，增强了全队的凝聚力，拓宽了大家解决问题的思路。QC 小组在活动中也存在一些不足，希望大家经过此次努力，找出自己的问题，弥补自己的不足，不断提升自己。

下一步打算解决风机轮毂叶片螺栓断裂取出困难问题。

5.17　降低风电机组设备运行故障率

本课题针对风电机组故障小时数逐年增长，导致风电机组发电量减少这一问题，通过 QC 小组活动有效降低了风电机组设备运行故障率，提高了风电机组的整体质量。

5.17.1　课题背景介绍

××风电公司场站容量 40 万 kW，是国内最大风电单体容量场站之一，目前公司有 198 台 JF1500kW 风电机组。由于风电机组故障小时数逐年增长，导致风电机组发电量减少，为此将减少风电机组设备故障作为 QC 小组课题研究的方向。

风电机组设备运行故障率＝风电机组设备月均故障小时数/风电机组设备月均运行小时数

风电机组示意图如图 5－186 所示。

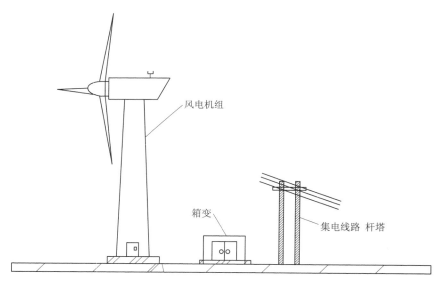

图 5－186　风电机组示意图

5.17.2　小组简介

5.17.2.1　小组概况

QC 小组于 2017 年 6 月 1 日成立，并于 2018 年 6 月 21 日登记注册，QC 小组概况见

表 5 – 155。

表 5 – 155 QC 小组概况

小组名称	"风电梦之队"		
课题名称	降低风电机组设备运行故障率		
成立时间	2017 年 6 月 1 日	注册时间	2018 年 6 月 21 日
注册编号	CTGNE/QCC – IM（HD）– 01 – 2018	课题类型	现场型
活动时间	2018 年 6 月 15 日—12 月 25 日	出勤率	96%

5.17.2.2 成员简介

QC 小组成员简介表见表 5 – 156。

表 5 – 156 QC 小组成员简介表

序号	成员姓名	性别	文化程度	职务/职称	组内职务和分工
1	蔡××	男	本科	中级工程师	组长 策划及成果编制
2	樊×	男	本科	中级工程师	副组长 协调及技术支持
3	李×	男	本科	中级工程师	组员 协调
4	寇××	男	本科	初级工程师	组员 现场实施
5	刘×	男	本科	初级工程师	组员 现场实施
6	武××	男	本科	中级工程师	组员 现场实施
7	梁×	男	本科	中级工程师	组员 现场实施
8	王××	男	本科	中级工程师	组员 现场实施
9	刘×	女	本科	初级工程师	组员 整理资料
10	焦××	男	本科	中级工程师	组员 整理资料

5.17.3 选题理由

QC 小组成员通过对周边同等规模具有同种风电机组的 A 风电公司进行调查，对 2018 年 2—4 月数据进行对比分析，风电机组故障率统计表见表 5 – 157。

表 5 – 157 风电机组故障率统计表

序号	项目公司	类型	月份 2	3	4
1	××风电公司	风电机组故障时间/h	1154	1006	1100
		风电机组运行时间/h	133056	147312	142560
		月故障率/%	0.87	0.68	0.77
		月均故障率/%	0.77		
2	A 风电公司	风电机组故障时间/h	418	367	432
		风电机组运行时间/h	133056	147312	142560
		月故障率/%	0.31	0.25	0.30
		月均故障率/%	0.29		

风电机组月均故障率对比图如图 5-187 所示。

通过图 5-187 中可以看出××风电公司风电机组月均故障率高于 A 风电公司，为此 QC 小组选定降低风电机组设备运行故障率作为本次活动的课题。

5.17.4　现状调查

QC 小组成员对 2018 年 2—4 月风电机组各类型故障时间进行统计分析，见表 5-158。

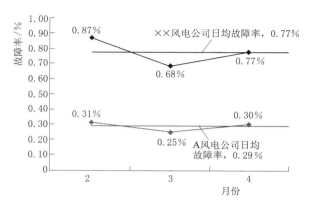

图 5-187　风电机组月均故障率对比图

表 5-158　　　　　　　　风电机组各类型故障时间统计表

序号	故障类型	故障时间/h			总时间/h	占比/%	累计占比/%
		2 月	3 月	4 月			
1	变流器故障	963	834	921	2718	83.4	83.4
2	变桨设备故障	127	99	113	339	10.4	93.8
3	发电机故障	37	58	43	138	4.2	98.0
4	其他故障	27	15	23	65	2	100
5	合计	1154	1006	1100	3260		

风电机组各类型故障时间排列图如图 5-188 所示。

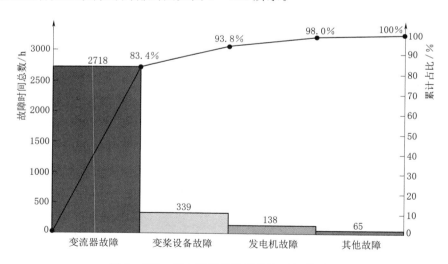

图 5-188　风电机组各类型故障时间排列图

从图 5-188 中可以看出变流器故障小时数最多，是需要解决的问题。

2018 年 6 月 22 日 QC 小组成员对变流器故障类型进行统计，见表 5-159。

表 5-159   变流器故障类型小时数统计表

故障类型	时间/h	占比/%	累计占比/%
功率模块故障	2465	90.7	90.7
风扇故障	93	3.4	94.1
水冷散热故障	76	2.8	96.9
浪涌保护器故障	51	1.9	98.8
其他故障	33	1.2	100
合计	2718	100	

变流器故障类型时间排列图如图 5-189 所示。

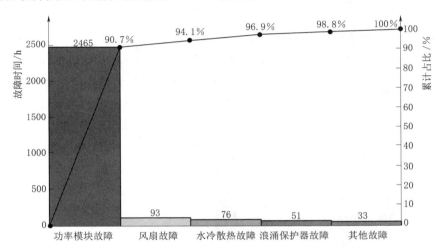

图 5-189 变流器故障类型时间排列图

从图 5-189 中可以清晰地看到功率模块故障时间占比为 90.7%,其故障时间最长,因此主要症结是功率模块故障。

QC 小组于 2018 年 2—4 月对周边同规模的 A 风电公司的同种风电机组功率模块故障情况进行调查,见表 5-160。

表 5-160   功率模块故障情况统计表

序号	项目公司	故障时间/h			
		2 月	3 月	4 月	合计
1	××风电公司	957	736	772	2465
2	A 风电公司	194	156	173	523

××风电公司与 A 风电公司风电机组设备型号相同,运行条件相近,经考查应能达到一样的水平。

$$[(957-194)+(736-156)+(772-173)]/2465×100\% ≈ 78.8\%$$

则 QC 小组可以将功率模块故障降低 78.8%。

风电机组的月平均故障率可降为

$$0.77\% - 0.77\% \times 83.4\% \times 78.8\% \approx 0.26\%$$

QC 小组在获得公司领导的大力支持及小组成员有丰富工作经验的前提下,将风电机组设备运行故障率从 0.77% 降为 0.26%,从理论上是能够实现的。

因此将风电机组设备运行故障率降到 0.26% 作为本次 QC 小组活动目标。

5.17.5 确定目标

降低风电机组设备运行故障率目标图如图 5-190 所示。

5.17.6 原因分析

QC 小组成员对功率模块故障进行细致

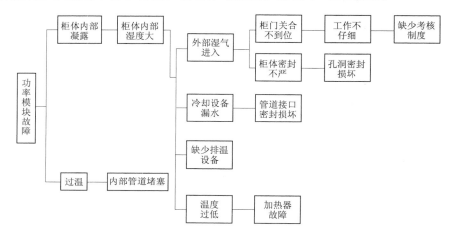

图 5-190 降低风电机组设备运行故障率目标图

分析,并进行多次现场了解、讨论,找出末端原因,如图 5-191 所示。

图 5-191 功率模块故障原因树图

5.17.7 要因确认

QC 小组对各末端原因进行深入分析,并逐个进行要因确认。

1. 缺少考核制度

××风电公司拥有健全的考核制度及风电机组责任到人管理方案,人员工作不认真、失职等情况都会受到处罚,由于风电机组各项责任都落实到人,处罚比较公正。通过查阅 2018 年 2—4 月巡视记录、缺陷处理情况没有发现变流器柜门未关闭的情况,因此风电机组运行故障率高不是由缺少考核制度导致的。巡视检查记录如图 5-192 所示。

结论:非要因。

2. 孔洞密封损坏

QC 小组成员对现场风电机组变流器柜体密封条及箱变连接变流器底部电缆孔处进行细致的检查,孔洞密封防火泥脱落,变流器柜体底部水蒸气可通过孔洞进入变流器柜内,直接导致柜内水蒸气浓度升高。因此孔洞密封不严是功率模块发生故障的原因。柜体密封检查如图 5-193 所示。

图 5-192 巡视检查记录

（a）柜体密封条正常

（b）柜体线缆孔洞密封脱落损坏　　（c）柜体底部空间较大并与风电机组外部环境相通

图 5-193 柜体密封检查

孔洞密封防火泥脱落情况及外部湿度见表 5 - 161。

表 5 - 161　　　　　　　　　　　孔洞密封防火泥脱落情况及外部湿度

风电机组编号	12	24	37	50	100	108	117	124	146	159
孔洞密封防火泥情况	脱落	脱落	脱落	脱落	脱落	脱落	脱落	脱落	脱落	脱落
柜体外部湿度/%RH	74	81	82	83	81	83	77	75	86	77

结论：要因。

3. 管道接口密封损坏

QC 小组成员对现场风电机组变流器柜内冷却水管检查时，发现变流器柜内冷却水管接口处有渗漏，底部有水迹，冷却水管渗漏的水蒸发后，柜体内湿度增大，导致功率模块发生故障。管道漏水如图 5 - 194 所示。

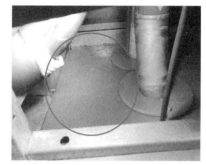

图 5 - 194　管道漏水

管道接口漏水情况及柜内湿度见表 5 - 162。

表 5 - 162　　　　　　　　　　　管道接口漏水情况及柜内湿度

风电机组编号	34	36	52	73	95	121	130	143	155
是否漏水	是	是	是	是	是	是	是	是	是
柜体内湿度/%RH	86	88	85	86	87	89	83	85	86

结论：要因。

4. 缺少排湿设备

QC 小组成员查阅图纸并到现场检查发现没有排湿设备，经与变流器生产厂家联系确认确定没有排湿设备，原理图中只预留除湿机电源位置并无除湿机，变流器内部湿度大，容易导致功率模块故障。

结论：要因。

5. 加热器故障

QC 小组成员通过控制软件进行手动启动加热器测试，启动 10min 后，温度由原先的 22.8℃ 达到 30.41℃。停止加热器后，温度没有继续上升，说明加热器启停工作正常，加热器故障不是导致功率模块故障的原因。

结论：非要因。

6. 内部管道堵塞

QC 小组成员查询发现 2018 年 2—4 月 11 台风电机组报过温故障，功率模块采用水冷散热，由于冷却液运行时间长会结垢，会使内部管道堵塞，造成散热效果不好，容易引起功率模块过温故障（温度达到 70℃ 报故障）。11 台报警风电机组温度情况见表 5－163。

表 5－163　　　　　　　　　　　　　　11 台报警风电机组温度情况

风电机组编号	运行功率/kW	进阀温度/℃	网侧功率模块故障温度/℃	机侧功率模块温度/℃
71	1226	42.7	70	56
75	1202	42.1	70	58
88	1224	43.5	70	55
94	1197	43.5	70	58
99	1228	43.7	70	55
106	1219	42.6	70	59
124	1295	33.4	70	55
132	1226	42.4	70	56
138	1233	40.6	70	57
147	1315	42.8	70	57
154	1256	41.2	70	56

结论：要因。

通过对 6 个末端因素的调查验证，QC 小组确定导致功率模块故障要因是：①孔洞密封损坏；②管道接口密封损坏；③缺少排湿设备；④内部管道堵塞。

5.17.8　制定对策

针对造成功率模块故障的要因，QC 小组成员经过反复讨论，制定了相应的对策，见表 5－164。

表 5－164　　　　　　　　　　　　　　功率模块故障对策表

序号	要因	对策	目标	措施	负责人	地点	完成时间/（年-月-日）
1	孔洞密封损坏	重新对孔洞密封	防火泥密封后脱落台数不能超过 3 台	（1）寻找合适尺寸的防火材料支撑物；（2）将防火材料均匀打孔；（3）用防火泥将线缆孔洞封堵严实	×××	变流器柜体内部	2018－7－6

续表

序号	要因	对策	目标	措施	负责人	地点	完成时间 /（年-月-日）
2	管道接口 密封损坏	重新对管道 接口密封	冷却管道密 封后漏水台数 不能超过 2 台	（1）排空主管道水液； （2）清理原先管道螺 纹的杂质； （3）使用新型密封材 料进行密封	刘×	变流器 柜体内部	2018-7-17
3	缺少排湿 设备	增加 抽湿机	将变流器柜 内湿度降到 50%RH 以下	（1）设计抽湿机； （2）根据抽湿机功率 安装合适可靠的电源； （3）寻找变流器柜内 可安装抽湿机的具体位 置并安装； （4）抽湿机通过导流 管（硅胶管）将形成的 水流排出风机塔筒外	武××	变流器 柜体内部	2018-7-25
4	内部管道 堵塞	疏通堵塞管道	功率模块温度 不超过 70℃	（1）排空冷却液及拆 卸功率模块； （2）清理功率模块内 部堵塞管道； （3）更换内部绕流丝	寇××	变流器柜体 内部	2018-7-11

5.17.9　对策实施

1. 孔洞密封损坏

对策：重新对孔洞密封。具体措施为：

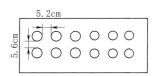

图 5-195　绝缘板打孔

（1）准备长 37cm、宽 17cm、厚 2cm 的绝缘板。

（2）在绝缘板上均匀打 12 个孔，左右距离 5.2cm，上下距离 5.6cm，如图 5-195 所示。

（3）将电缆穿入绝缘板，用防火泥在绝缘板孔洞周围安放防火泥。

孔洞密封前后效果对比如图 5-196 所示。

QC 小组成员对现场所有 JF1500kW 风电机组变流器柜内连接箱变的电缆孔密封进行排查，有缺陷的孔洞都已重新密封，重新密封后至今未发现防火泥脱落现象。

2. 管道接口密封损坏

对策：重新对管道接口密封。

QC 小组成员组通过讨论一致同意采用 PDCA 图法来指导管道接口密封工作的开展。管道接口密封 PDCA 图如图 5-197 所示。深色箭头代表提出的措施方案行不通或难以实施，浅色箭头表示存在估计到的障碍，设想和制定了相应的应变措施。

（a）实施前

（b）实施中

（c）实施后

图 5-196 孔洞密封前后效果对比

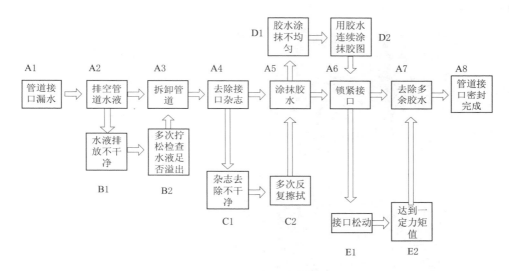

图 5-197 管道接口密封 PDCA 图

具体措施为：

（1）排空管道水液，如图 5-198 所示。

图 5-198 排空管道水液

（2）清理原先管道螺纹的杂质。清理接口杂质如图 5-199 所示。

图 5 - 199　清理接口杂质

（3）使用新型密封材料进行密封。涂抹密封材料如图 5 - 200 所示。密封前后效果对比如图 5 - 201 所示。

图 5 - 200　涂抹密封材料

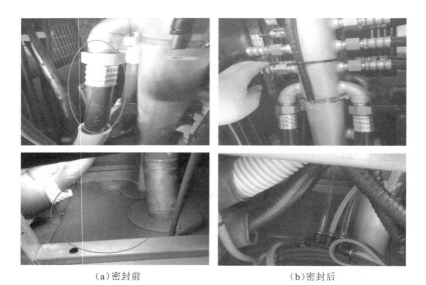

（a）密封前　　　　　　　　　　　（b）密封后

图 5 - 201　密封前后效果对比

　　QC 小组成员对风电机组变流器柜内有接口松动的冷却管都重新密封，检查发现管道密封后还有 1 台风电机组存在漏水情况。

3. 缺少排湿设备

对策：增加抽湿机。

抽湿机是通过半导体制冷系统在其内部创造凝露条件，通过空气循环系统将环境内潮湿空气不断抽入并凝结成水排出柜外，同时抽湿机排出干燥空气，可快速有效降低封闭小空间内空气湿度并防止凝露现象的产生，对因潮湿、凝露引起的电气控制柜及电子装置短路、绝缘性能变差、腐蚀等情况具有有效预防作用。

（1）设计抽湿机。

（2）根据抽湿机功率安装合适可靠的电源开关，如图 5-202 所示。

图 5-202 安装合适可靠的电源开关

（3）寻找变流器柜内可安装抽湿机的具体位置并安装。抽湿机安装前测量如图 5-203 所示。安装后的抽湿机如图 5-204 所示。抽湿机整体安装位置如图 5-205 所示。

图 5-203 抽湿机安装前测量

（4）抽湿机通过导流管（硅胶管）将形成的水流排出风机塔筒外。导流管安装如图 5-206 所示。

抽湿机安装完成后的整体示意图如图 5-207 所示。

风电机组变流器柜内安装抽湿机后，通过与之相连的手机软件可以看到柜内湿度降到 50％RH 以下。

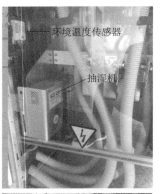

图 5 - 204　安装后的抽湿机

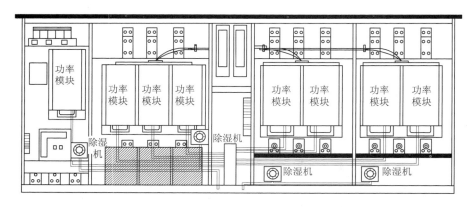

图 5 - 205　抽湿机整体安装位置

4. 内部管道堵塞

对策：疏通堵塞管道，具体措施为：

（1）排空冷却液及拆卸功率模块。排空管道冷却液如图 5 - 208 所示。功率模块拆卸如图 5 - 209 所示。

（2）清洗功率模块内部堵塞管道。功率模块清洗如图 5 - 210 所示。

（3）更换内部绕流丝。新绕流丝如图 5 - 211 所示。

图 5-206　导流管安装

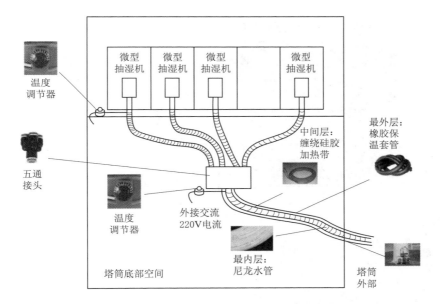

图 5-207　抽湿机安装完成后的整体示意图

图 5-208　排空管道冷却液

图 5 - 209　功率模块拆卸

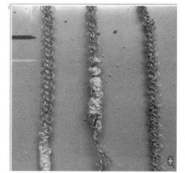

图 5 - 210　功率模块清洗

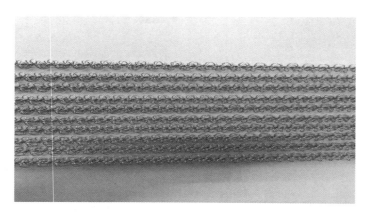

图 5 - 211　新绕流丝

　　QC 小组成员从功率模块内部管道清理出大量杂质，彻底疏通了管道，功率模块运行后的温度没有超过 70℃。清洗前后功率模块运行温度如图 5 - 212 所示。清洗后功率模块运行温度见表 5 - 165。

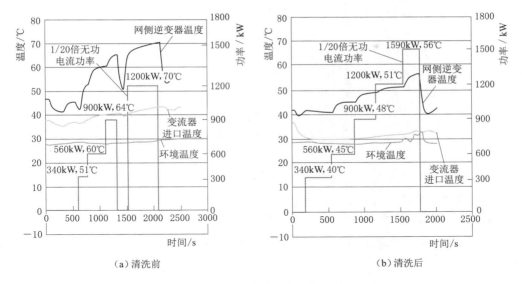

（a）清洗前　　　　　　　　　　　　　　　（b）清洗后

图 5-212　清洗前后功率模块运行温度

表 5-165　　　　　　　　　　　　　清洗后功率模块运行温度

机组编号	运行功率/kW	进阀温度/℃	网侧功率模块温度/℃	是否故障
71	1226	42.7	52	否
75	1202	42.1	47	否
88	1224	43.5	51	否
94	1197	43.5	48	否
99	1228	43.7	52	否
106	1219	42.6	51	否
124	1295	33.4	54	否
132	1223	42.4	47	否
147	1315	33.8	53	否
154	1256	41.2	52	否

5.17.10　效果检查

1. 目标值检查

QC 小组成员在活动后统计了 2018 年 8—10 月的风电机组设备运行故障率，见表 5-166。

表 5-166　　　　　　　　　　　　风电机组设备运行故障率统计表

公司	项目	8 月	9 月	10 月
××风电公司	风电机组故障时间/h	354	360	372
	风电机组运行时间/h	147312	142560	147312
	月故障率/%	0.24	0.25	0.25
	月均故障率/%	0.25		

活动后风电机组设备运行故障率对比图如图 5 - 213 所示。

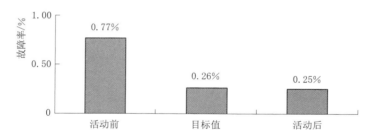

图 5 - 213　活动后风电机组设备运行故障率对比图

活动后风电机组设备运行故障率达到 0.25%，此次 QC 小组活动实现了既定目标。

2. 症结解决情况检查

QC 小组成员在活动后对 2018 年 8—10 月风电机组故障类型数据进行统计，见表 5 - 167。

表 5 - 167　　　　　　　　　　　风电机组故障类型数据统计表

序号	故障类型	故障时间/h				累计占比/%
		8 月	9 月	10 月	合计	
1	变流器故障	186	157	135	478	44
2	变桨设备故障	74	106	124	304	72
3	发电机故障	68	73	87	228	93
4	其他故障	26	24	26	76	100
5	合计	354	360	372	1086	

风电机组故障类型时间占比图如图 5 - 214 所示。

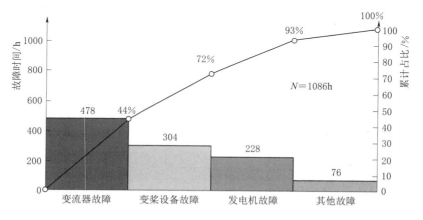

图 5 - 214　风电机组故障类型时间占比图

QC 小组成员在活动后对 2018 年 8—10 月风电机组变流器故障数据进行统计，见表 5 - 168。

表 5-168 　　　　　　　　　　风电机组变流器故障数据统计表

故障类型	故障时间/h	占比/%	累计占比/%	故障类型	故障时间/h	占比/%	累计占比/%
功率模块故障	231	48.3	48.3	浪涌保护器故障	48	10	93.1
风扇故障	109	22.8	71.1	其他故障	33	6.9	100
水冷散热故障	57	12	83.1	合计	478	100	

风电机组变流器故障数据排列图如图 5-215 所示。

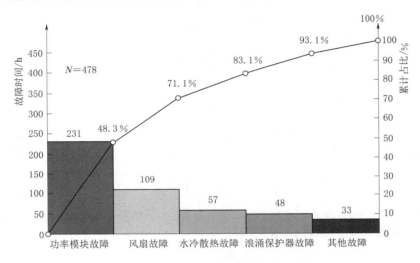

图 5-215　风电机组变流器故障数据排列图

3. 同期对比检查

通过图 5-213 可以看出在 QC 小组活动实施后，风电机组设备运行月均故障率小于目标值，此次 QC 小组活动效果很理想，达到了活动目标。

5.17.11　制定巩固措施

通过本次 QC 活动，××风电公司风电机组设备运行故障率显著降低，为了保持此次 QC 活动的稳定、持续性，特采取以下巩固措施，见表 5-169。

表 5-169 　　　　　　　　　降低风电机组设备故障率巩固措施

序号	措　　施	日期/(年-月-日)	落实人	批准人
1	将变流器功率模块内部管道清洗操作规程加入到《JF1500kW 系列风电机组运行维护手册》中	2018-12-3	×××	××风电公司总经理
2	将变流器柜体密封、水管密封 、除湿设备检查项加入到入到《××风电场运行规程》中并进行定期巡检	2018-12-4	××	

QC 小组在 2018 年 12 月 10 日对 11 月的风电机组设备故障率进行了效果跟踪，如图 5-216所示。

通过图 5-216 可以看出 11 月风电机组设备故障率低于目标值，说明后续效果持续。

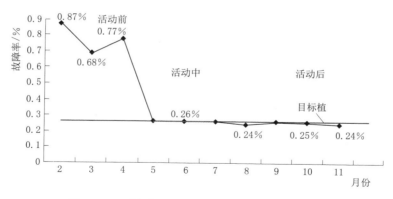

图5-216　活动后风电机组设备故障率效果跟踪

5.17.12　活动总结和下一步打算

在遇到问题时，QC小组组织开会讨论，QC小组成员运用头脑风暴法把能想到的问题都提出来，大家发表各自的观点，然后互相讨论，将讨论出来的措施落实到具体执行人。

（1）专业技术方面：从QC小组的组建到活动结束，大家掌握了老七种工具要素，熟悉了新七种工具的使用，了解了新材料的使用，对风电机组设备内部构造有了进一步认识，获得了处理风电机组故障的经验，每个人对QC活动有了更深层次的理解，提高了质量的意识，又学到了维护风电机组故障处理的新分析方法。

（2）管理方面：QC小组活动调动了大家解决问题的积极性，每个人分工不同但目的一致。虽然在处理突发事件和一些新问题时有较大欠缺，考虑问题不够全面，走了一些弯路，但是通过此次QC活动大家积累了经验，相信在以后工作中会不断完善自我，提高应变能力，解决更多的问题。

（3）QC小组成员在活动中综合素质得到了明显提高，综合素质评分表见表5-170。

表5-170　综合素质评分表

项目	活动前评分	活动后评分	项目	活动前评分	活动后评分
QC知识	65	78	团队精神	85	90
专业知识	86	90	解决问题能力	78	85
管理能力	80	85			

QC小组致力于持续降低风电机组设备运行故障率，提高发电量。在此次QC活动中风电机组小组成员发现变桨设备故障小时数有了上升趋势，打算将降低风电机组变桨设备故障率作为下一次活动课题。

5.18　降低风电机组水冷系统故障频次

本课题针对水冷系统出现故障引发风电机组停机，造成电量损失这一问题，通过QC

小组活动有效降低了风电机组水冷系统故障频次，提高了风电机组的发电量。

5.18.1　课题背景简介

　　××风电场坐落于青岛莱西市南墅镇，共布置 24 台 JF1.5MW 风电机组，总装机容量 36MW，该类型机组是通过水冷系统源源不断将变流器中大功率电器元件工作时产生的大量热量带走，从而保证整个系统的正常运行。若水冷系统出现故障会引发机组停机，造成电量损失，因此，解决水冷系统故障可以在一定程度上提高风电机组的发电量。水冷系统示意图如图 5-217 所示。

　　故障频次＝月故障次数/机组总台数 24。

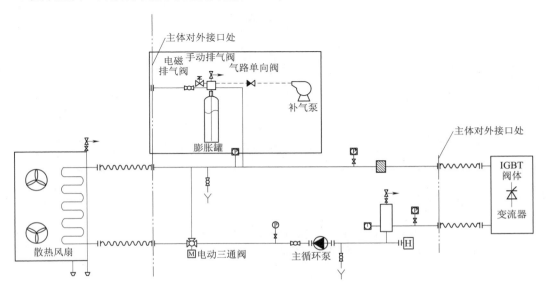

图 5-217　水冷系统示意图

　　水冷系统工作原理：冷却介质由主循环泵升压后流经空气散热器，得到冷却后进入变流器将热量带出，再回到主循环泵，密闭式往复循环。循环管路设置电动三通阀，根据冷却介质温度的变化，自动调节经过空气散热器冷却介质的比例，空气散热器将冷却介质带出的热量交换出去。循环管路内有气囊式膨胀罐、气泵及电磁阀组成的稳压系统，以使系统保持恒压并吸收冷却介质的体积变化，从而保证整个系统的正常运行。

5.18.2　小组简介

5.18.2.1　小组概况

　　QC 小组概况见表 5-171。

表 5-171　　　　　　　　　　　　　QC 小组概况

小组名称	"青风"		
课题名称	降低风电机组水冷系统故障频次		
成立时间	2018 年 7 月 3 日	注册时间	2018 年 7 月 5 日

注册编号	CTGNE/QCC-SDB(RL)-02-2018	课题类型	现场型
活动时间	2018 年 7 月—2019 年 1 月	活动次数	10 次
接受 QC 教育时长	25h/人	出勤率	100%

5.18.2.2　成员简介

QC 小组成员简介表见表 5-172。

表 5-172　　　　　　　　　　　QC 小 组 成 员 简 介 表

序号	成员姓名	性别	文化程度	组内职务和分工
1	王×	男	本科	组长　组织协调
2	汝××	男	本科	副组长　组织协调
3	哈×	男	本科	副组长　组织协调
4	辛××	男	本科	组员　技术指导
5	王×	男	大专	组员　现场实施
6	韩××	男	本科	组员　成果整理
7	张××	男	本科	组员　数据收集
8	李×	男	本科	组员　成果整理

5.18.3　选题理由

现场管理团队要求每月水冷系统平均故障频次不大于 0.2 次/台。

通过对现场情况进行调查，可得到水冷系统故障频次统计表和频次图，统计表见表 5-173。频次图如图 5-218 所示。

表 5-173　　　　　　　　　　　水冷系统故障频次统计表

月份	1	2	3	4	5	6	平均	合计
故障次数	5	6	9	10	14	7	8.5	51
故障频次/(次/台)	0.20	0.25	0.38	0.42	0.58	0.29	0.35	2.13

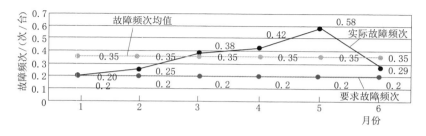

图 5-218　水冷系统故障频次图

经统计，2018 年 1—6 月水冷系统故障总次数为 51 次，频次为 2.13 次/台，每月平均故障次数 8.5 次，频次 0.35 次/台，相比其他风电场故障频次较高。

5.18.4 现状调查

QC 小组成员对 2018 年 1—6 月的水冷系统进行了详细的调查与统计。水冷系统故障总次数为 51 次，总频次为 2.13 次/台，每月平均故障次数 8.5 次，每月平均故障频次 0.35 次/台，故障频次较高。水冷系统故障类型及次数统计表见表 5-174。

表 5-174　　　　　　　　　　水冷系统故障类型及次数统计表

序号	故障类型	故障次数/次						
		1 月	2 月	3 月	4 月	5 月	6 月	合计
1	出阀压力低	1	2	4	3	5	4	19
2	出阀压力超低	1	1	2	2	3	1	10
3	水冷主循环泵故障	1	1	0	2	2	1	7
4	1 号散热风扇警告	1	1	1	1	1	0	5
5	2 号散热风扇警告	0	0	1	0	1	0	2
6	3 号散热风扇警告	0	0	0	1	0	1	2
7	进阀压力高	1	1	0	0	0	1	3
8	温度比较故障	0	0	1	0	1	0	2
9	水冷系统流量低	0	0	0	1	0	0	1
10	合计	5	6	9	10	13	8	51

QC 小组成员根据表 5-174，按照处理方法进行分类，得到水冷系统故障类型占比表，见表 5-175。

表 5-175　　　　　　　　　　水冷系统故障类型占比表

序号	故障类型	故障次数	占比/%	累计占比/%
1	出阀压力故障	29	56.86	56.86
2	散热风扇警告	9	17.65	74.51
3	水冷主循环泵故障	7	13.73	88.24
4	进阀压力故障	3	5.88	94.12
5	其他水冷系统故障	3	5.88	100
6	合计	51	100	

水冷系统主要故障为出阀压力故障、散热风扇警告、水冷主循环泵故障、进阀压力故障以及其他水冷系统故障。水冷系统故障类型占比图如图 5-219 所示。

由表 5-175 可知，2018 年 1—6 月，出阀压力故障次数为 29 次，占总故障次数的 56.86%，因此出阀压力故障为本次 QC 小组活动主要需要解决的问题。

5.18.5 确定目标

5.18.5.1 目标依据

每月出阀压力故障频次统计见表 5-171。

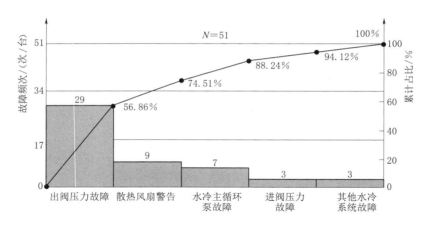

图 5-219　水冷系统故障类型占比图

表 5-176　　　　　　　　　　　出阀压力故障频次统计表

月　　份	故障次数	故障频次/（次/台）
1	2	0.08
2	3	0.125
3	6	0.25
4	5	0.21
5	8	0.33
6	5	0.21
月度平均值	4.83	0.20

根据 QC 小组成员多年的维护经验、以往处理类似故障的效果以及咨询厂家得到的其他场站水冷系统故障次数的信息，可将每月出阀压力故障总次数控制在 1 次左右，由此测算出阀压力故障月平均值可降低：

$$0.2-1/24≈0.16 \text{ 次/台}$$

水冷系统故障频次可下降至：

$$0.35-0.16=0.19 \text{ 次/台}$$

因此，将月度水冷系统故障频次目标值定为 0.2 次/台，根据以往经验测算是能够实现的。

5.18.5.2　目标设定

根据 QC 小组成员讨论结果，本次 QC 小组活动目标为将××风电场风电机组水冷系统故障频次由 0.35 次/台降低至 0.20 次/台，如图 5-220 所示。

5.18.6　原因分析

QC 小组成员针对发现的症结运用头脑风暴法进行分析，对造成这一结果的各种原因反复进行了讨论，经汇总归类，绘制了出阀压力故障树形图。如图 5-221 所示。

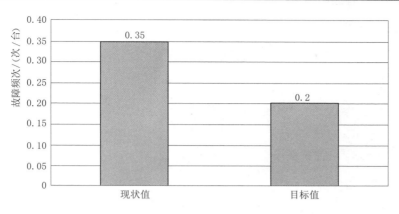

图 5-220　降低水冷系统故障频次目标图

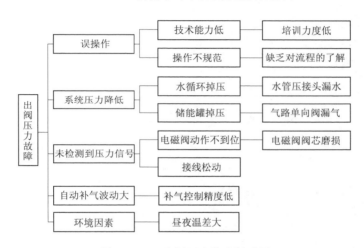

图 5-221　出阀压力故障树形图

5.18.7　要因确认

QC 小组成员根据树图，采取现场调查、验证、比较、分析等方法，对引起出阀压力故障的末端因素进行逐个确认，并绘制了出阀压力故障要因确认计划表，见表 5-177。

表 5-177　　　　　　　　　　　　出阀压力故障要因确认计划表

序号	末端原因	确认方法	标准要求	确认人	确认时间/(年-月-日)
1	培训力度低	(1) 检查培训记录；(2) 查阅考试试卷及成绩；(3) 查看厂家培训合格证书	是否按照公司下发的培训计划每周进行培训；考试成绩是否都达到 90 分以上；是否获得厂家培训合格证书	王×	2018-7-10
2	缺乏对流程的了解	向故障处理人员进行现场询问	操作流程是否与 QGW 2SJ1500SM.37-2011JF1.5MW 系列风力发电机组运行维护手册一致	辛××	2018-7-12

续表

序号	末端原因	确认方法	标准要求	确认人	确认时间 /(年 - 月 - 日)
3	水管压接头漏水	(1) 现场观察； (2) 用吸水纸测试	现场查看水循环回路压接头处是否有水滴形成；吸水纸是否有水渍产生	张××	2018 - 7 - 15
4	气路单向阀漏气	(1) 现场观察； (2) 涂抹肥皂水观察	现场是否有漏气声；充放气回路涂抹肥皂水后是否有气泡产生	辛××	2018 - 7 - 15
5	电磁阀阀芯磨损	(1) 通电实验； (2) 现场拆解观察	通电实验查看电磁排气阀是否动作；阀芯密封圈是否磨损变形	辛××	2018 - 7 - 17
6	接线松动	查看故障处理记录	查看故障处理记录是否是通过紧固线路消除的出阀压力故障	张××	2018 - 7 - 17
7	补气控制精度低	补气后压力数据分析	检查后台记录查看每次补气完成后出阀压力是否等于 0.6bar	辛××	2018 - 7 - 22
8	昼夜温差大	温度数据分析	故障次数与昼夜温差的关系	王×	2018 - 7 - 17

　　QC 小组成员对末端原因逐一进行确认。

1. 培训力度低

（1）查看员工培训学习记录，培训学习记录如图 5 - 222 所示。培训结业证书如图 5 - 223 所示。

图 5 - 222　培训学习记录

图 5 - 223　培训结业证书

（2）对维护人员进行风电机组维护理论培训考试，考试成绩单见表 5 - 178。

表 5-178   考 试 成 绩 单

姓名	辛××	张××	邢×	李×	刘×	王×
成绩	98	97	96	95	96	95

（3）查看员工在 JF 厂家的培训合格证书，参加培训人员合格证书见表 5-179。

表 5-179   参加培训人员合格证书

姓名	王×	辛××	李×	张××	李××
培训课时	25	25	26	25	26
培训是否合格	合格	合格	合格	合格	合格

确认结果：通过检查发现技能培训每月按时开展；参加风电场理论考试人员成绩优异，参加风电机组厂家培训人员均已取得结业合格证书，合格通过率均 100%，没有发生培训不达标的情况。

结论：培训力度低不是主要原因。

2. 缺乏对流程的了解

对故障处理流程不了解，很容易导致在故障处理过程中对不应该操作的器件进行了误操作，QC 小组成员向主要维护人员现场询问水冷系统故障处理方法以及维护操作程序，并在风电机组报出故障时由维护人员进行故障现场处理。

确认结果：维护人员熟知操作流程，现场故障处理完成后风电机组可以并网运行。

结论：缺乏对流程了解不是主要原因。

3. 水管压接头漏水

（1）水管压接头处漏水会造成系统压力降低，现场查看水循环回路压接头处是否有漏水现象，水管压接头如图 5-224 所示。

（2）用吸水纸擦拭观察吸水纸是否有水渍。用吸水纸擦拭水管压接头如图 5-225 所示。

图 5-224 水管压接头

图 5-225 用吸水纸擦拭水管压接头

确认结果：通过现场查看水循环回路确认无水滴形成；用吸水纸擦拭观察吸水纸无水渍。

结论：水管压接头漏水不是主要原因。

4. 气路单向阀漏气

水冷系统中气回路静压稳定在 1.2bar 左右，少量的漏气也会造成系统压力低，具体检查步骤为：

（1）现场直观检查，通过在现场用耳听的方法判断气路有无漏气，现场检查发现并无明显的"嘶嘶"漏气声。

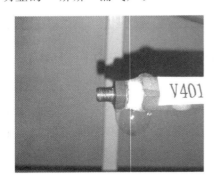

（2）若漏气量较少并不会产生明显漏气声，现场取少量肥皂液涂抹于气嘴及接头上，静置一段时间后发现气嘴和接头处有缓慢肥皂泡产生，证实存在轻微漏气现象，如图 5-226 所示。

确认结果：有肥皂泡产生，单向阀及接头处密封不严，存在漏气。

结论：气路单向阀漏气是主要原因。

5. 电磁阀阀芯磨损

（1）现场进行电磁排气阀通电实验，电磁排气阀存在卡塞现象。

图 5-226　气嘴涂抹肥皂水起泡

（2）现场拆解电磁排气阀检测，发现电磁排气阀阀芯存在卡塞现象，对电磁排气阀做手动回弹试验：用尺子以 10cm 处作为基准点，正常应回弹至 11.3cm 处；同样以 10cm 作为基准点，卡塞只能回弹至 10.8cm 处。卡塞和正常回弹长度如图 5-227 和图 5-228 所示。

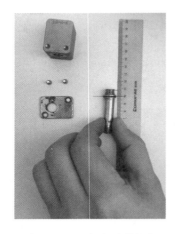

图 5-227　卡塞回弹长度

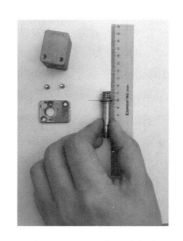

图 5-228　正常回弹长度

确认结果：电磁阀阀芯磨损。

结论：电磁阀阀芯磨损是主要原因。

6. 接线松动

QC 小组成员查看了 2018 年 1—6 月出阀压力故障处理记录，共发生过由接线松动引起的出阀压力故障 1 次，出阀压力故障原因统计表见表 5-180。

表 5 - 180　　　　　　　　　　　出阀压力故障原因统计表

统计月份	1	2	3	4	5	6	合计
接线松动次数	0	0	0	0	1	0	1
其他原因次数	2	3	6	5	7	5	28
故障次数合计	2	3	6	5	8	5	29

确认结果：通过查看记录，由接线松动引起的出阀压力故障仅有 1 次，占比非常小。

结论：接线松动不是主要原因。

7. 补气控制精度低

当进阀水温大于 30℃，出阀压力小于 0.4bar 时，补气泵启动；当出阀压力大于 0.6bar 时，补气泵停止。现场记录了 8 次补气泵补完气后的出阀压力值，补气完实际压力值如图 2 - 229 所示。

确认结果：补气完成后，实际系统压力值会高于补气停止值。

结论：补气控制精度低是主要原因。

8. 昼夜温差大

由于昼夜温差导致的热胀冷缩会对水冷系统压力产生一定的波动，QC 小组

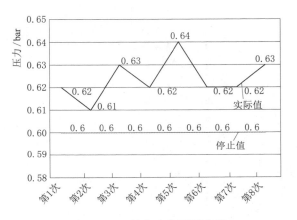

图 5 - 229　补气完实际压力值

成员统计了 1—6 月每月水冷系统故障次数与昼夜温差的关系，如图 5 - 230 所示。图 5 - 230 中横坐标为昼夜温差，纵坐标为水冷系统出阀压力故障次数，由图 5 - 230 可知出阀压力故障次数和昼夜温差并非呈线性正比关系（随着昼夜温差的升高出阀压力故障次数并未升高）。因此，昼夜温差大对出阀压力故障的影响很小。

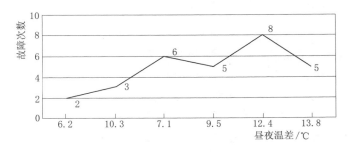

图 5 - 230　水冷系统故障次数与昼夜温差曲线图

确认结果：通过数据统计，昼夜温差的影响对出阀压力故障未有明显影响，

结论：昼夜温差大不是主要原因。

QC 小组成员通过对以上 8 条引起水冷系统故障的末端原因分析，最终确定主要原因有 3 条：①气路单向阀损坏；②电磁阀阀芯磨损；③补气控制精度低。

5.18.8　制定对策

为了更好地解决以上要因，QC 小组针对要因制定了对策表。出阀压力故障对策表见表 5-181。

表 5-181　　　　　　　　　　　　　　　出阀压力故障对策表

序号	主要原因	对策	目标	措　施	负责人	地点	完成日期/（年-月-日）
1	气路单向阀损坏	用汽车气门嘴替换原气路单向阀	不漏气，气压稳定在 1.2bar	（1）将原气路单向阀从膨胀罐拆下；（2）汽车用气门嘴安装在膨胀罐底部；（3）膨胀罐内补气增压后将肥皂水涂抹在气门嘴上，查看气压是否能稳定在 1.2bar	辛××、王×	风电机组水冷柜	2018-8-3
2	电磁阀阀芯磨损	停用电磁排气阀	电磁排气阀自启动次数为 0	（1）拆除电磁排气阀；（2）查看电磁排气阀次数是否为 0	辛××、王×	风电机组水冷柜	2018-8-9
3	补气控制精度低	补气泵不进行自启动	补气泵自启动次数为 0	（1）主控程序禁止补气泵工作；（2）现场拆除补气泵；（3）查看补气泵自启动次数是否为 0	辛××、王×	风电机组水冷柜、JF 后台监控	2018-8-10

由于电磁排气阀和气路单向阀在同一备件上，安装在膨胀罐底部，故在拆除气路单向阀时能同时拆除电磁排气阀，因此对表 5-181 中 1 号对策和 2 号对策会一并实施。

5.18.9　对策实施

1. 对策实施一

用汽车气门嘴替换原气路单向阀。具体步骤为：

（1）从膨胀罐底部拆除气路单向阀及电磁排气阀部件，如图 5-231 所示。

（2）将汽车用的气门嘴安装在膨胀罐底部代替原部件。安装好的气门嘴如图 5-232 所示。

（3）膨胀罐内补气增压后将肥皂水涂抹在气门嘴上，查看会不会产生气泡并运行一段时间。以此来检查气压是否稳定测试气密性如图 5-233 所示。

结论：涂抹肥皂水后观察，未产生气泡，气密性良好。

2. 对策实施二

（1）从膨胀罐底部物理拆除电磁排气阀部件，如图 5-234 所示。

（2）查看电磁阀排气次数是否为 0。

结论：物理拆除电磁排气阀后，自动放气次数为 0。

图 5-231　单向阀及电磁排气阀拆除

图 5-232　安装好的气门嘴

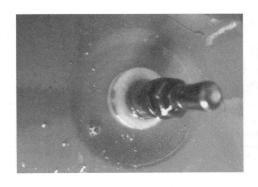

图 5-233　测试气密性

图 5-234　拆除电磁排气阀

3. 对策实施三

通过监控软件屏蔽补气泵，现场拆除补气泵。具体步骤为：

（1）将补气泵从程序中禁用，将 water_cooling_charge_pump_enable＝true 中的 true 改为 false，禁止启动补气泵。程序禁用补气泵如图 5-235 所示。

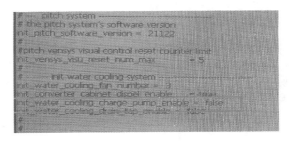

图 5-235　程序禁用补气泵

（2）现场将补气泵开关关闭，保险丝拧出，出气嘴拔下。拆补气泵如图 5-236 所示。

（3）通过后台启动补气泵，就地查看补气泵是否工作（补气泵不工作即为不自启动），压力值是否变化。测试补气泵是否工作如图 5-237 所示。

结论：改动后，补气泵自启动次数为 0，改为手动补气。

图 5-236　拆补气泵

图 5-237　测试补气泵是否工作

5.18.10　效果检查

5.18.10.1　目标值效果检查

2018 年 3 月 1 日，QC 小组成员从中央监控导出 2018 年 9 月 1 日—2019 年 2 月 28 日故障数据，QC 小组成员对活动前后水冷系统平均每月的故障频次进行了对比。活动前后水冷系统故障数据对比表见表 5-182。

表 5-182　　　　　　　　　　　　活动前后水冷系统故障数据对比表

活 动 前							
时间	出阀压力故障次数	散热风扇警告次数	水冷主循环泵故障次数	进阀压力故障次数	其他水冷系统故障次数	故障次数合计	故障频次/(次/台)	平均故障频次/(次/台)
2018 年 1 月	2	1	1	1	0	5	0.21	0.35
2018 年 2 月	3	1	1	1	0	6	0.25	
2018 年 3 月	6	2	0	0	1	9	0.38	
2018 年 4 月	5	2	2	0	1	10	0.42	
2018 年 5 月	8	2	2	0	1	13	0.54	
2018 年 6 月	5	1	1	1	0	8	0.33	

活 动 后							
时间	出阀压力故障次数	散热风扇警告次数	水冷主循环泵故障次数	进阀压力故障次数	其他水冷系统故障次数	故障次数合计	故障频次/(次/台)	平均故障频次/(次/台)
2018 年 9 月	1	1	0	0	1	3	0.13	0.14
2018 年 10 月	0	2	0	1	1	4	0.17	
2018 年 11 月	2	1	1	0	0	4	0.17	
2018 年 12 月	0	2	0	0	0	2	0.08	
2019 年 1 月	2	0	2	0	0	4	0.17	
2019 年 2 月	1	1	0	1	0	3	0.13	

通过 QC 小组开展降低风电机组水冷系统故障频次活动，有效地将水冷系统月平均故障频次从 0.35 次/台降低至 0.14 次/台，达到目标 0.2 次/台，如图 5-238 所示。

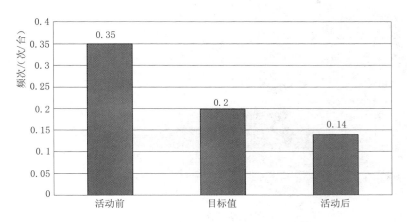

图 5-238　活动前后水冷系统故障频次对比图

5.18.10.2　症结效果检查

活动后水冷系统故障统计表见表 5-183。

表 5-183　　　　　　　　　活动后水冷系统故障统计表

故障类别	故障次数	占比/%	累计占比/%
散热风扇警告	7	35.00	35.00
出阀压力故障	6	30.00	65.00
水冷主循环泵故障	3	15.00	80.00
进阀压力故障	2	10.00	90.00
其他水冷系统故障	2	10.00	100.00
合 计	20	100.00	

根据表 5-183，绘制活动后水冷系统故障统计排列图，如图 5-239 所示。

结论：通过 QC 小组开展降低风机水冷系统故障频次活动，有效将水冷系统故障次数从 51 次降低至 20 次，有效降低了故障次数。

5.18.10.3　经济效益检查

通过 QC 活动的实施，水冷系统故障次数减少，其带来的经济效益如下：

1. 硬性收益

（1）条件：

1）根据现状调查统计的损失发电量为 115000kWh，平均每次故障损失发电量为 115000/51≈2255kWh。

2）××风电场电价为 0.61 元/kWh。

（2）计算：

减少的发电量损失约为

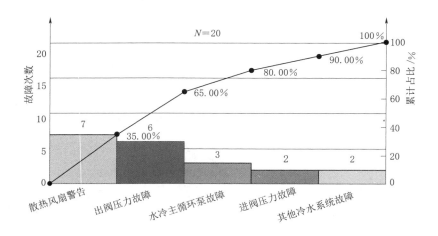

图 5-239　活动后水冷系统故障统计排列图

$$2255 \times 23 = 51865 \mathrm{kWh}$$

减少的发电损失约为

$$51865 \times 0.61 = 31637.65 （元）$$

2. 软性收益

(1) 风电机组故障率、损失电量明显降低，设备健康状况改善。

(2) 员工专业技能提升，设备维护质量提高。

(3) 员工劳动强度降低，工作幸福感提升。

(4) 风电机组故障处理规程、作业指导书更加详细、具体。

5.18.11　制定巩固措施

××风电公司通过本次 QC 活动，有效降低了水冷系统故障频次。为了保持水冷系统运行的稳定性，特编制了以下维护措施，并列入风电机组日常维护手册：

(1) 将全场 24 台风电机组水冷补气泵从程序屏蔽，禁止自启动。

(2) 关闭水冷柜补气泵电源，充气嘴拔下。

(3) 每月两次查看系统压力值，若压力偏低，手动补气。

(4) 气路单向阀漏气的将其更换为汽车用气嘴。

(5) 电磁排气阀拆除。

经××风电公司场站经理批准，将水冷系统维护方案编写在《××风电公司水冷系统日常维护作业指导书》中。废除原版日常维护手册，计划 2019 年 5 月开始执行新版《××风电公司水冷系统日常维护作业指导书》。

5.18.12　活动总结和下一步打算

5.18.12.1　活动总结

(1) 专业技术方面：通过本次活动，QC 小组成员在技术和业务能力方面有了明显提升。增强了自身理论基础，为处理水冷系统故障提供了经验，提高了 QC 小组成员分析解决问题的能力和设备维护的水平。

（2）管理方面：通过本次活动，QC 小组成员间团结协作，凝聚力得到了提高，通过采取有效的管理手段，向管理要效益。

（3）员工综合素质方面：QC 小组成员通过运用 PDCA 循环的方法以及使用相关数据统计工具，增强了质量意识和改进意识，也充分认识到运用 QC 方法解决质量问题的可行性，收获颇丰。

（4）不足之处对 QC 活动中需要用到的统计工具的使用技巧有待提高，分析问题末端原因不够彻底。今后要加强学习，多参加 QC 相关培训。

5.18.12.2 下一步打算

下一阶段 QC 小组继续努力运用 QC 方法解决更多场站问题，降低风电机组的故障率，不断升华和总结认识，深入研究，持续改进，下一步 QC 小组准备以降低风电机组偏航系统故障频次为课题，进一步降低风电机组偏航系统故障次数，提高风电机组可利用率。

5.19 降低风电机组塔基安全链故障率

本课题针对塔基安全链故障导致风电机组频繁紧急停机，对风电机组硬件造成损伤这一问题，通过 QC 小组活动有效降低了风电机组塔基安全链故障率，保证了风电机组整体质量和安全运行。

5.19.1 课题背景介绍

××风电公司采用 35 台海装 2.0MW 风电机组。机组在运行过程中不可避免地会报出故障，而安全链故障是机组最高等级停机故障，将会对机组整体质量产生较大隐患。近期因塔基安全链故障导致风电机组频繁紧急停机，停机后必须现场确认复位，加大了现场维护工作量，同时对风电机组硬件造成不可估量的损伤。因此，为保证风电机组整体质量和安全运行，QC 小组选择降低塔基安全链故障率为本次小组课题。

$$故障率＝塔基安全链故障次数/总故障次数×100\%$$

例如：2018 年 2 月第一周塔基安全链故障次数为 59 次，2018 年 2 月第一周风电机组故障次数为 75 次，因此 2 月第一周塔基安全链故障率＝59/75×100％＝78.67％

本课题对现场工作影响示意图如图 5-240 所示。

5.19.2 小组简介

5.19.2.1 小组概况

"高原雄鹰" QC 小组于 2018 年 3 月 4 日成立，2018 年 3 月 5 日开始开展降低风电机组塔基安全链故障率课题活动，并于 2018 年 3 月 8 日登记注册，注册编号：CTGNE/QCC-SWB（MN）-05-2018。QC 小组概况如图 5-241 所示。

5.19.2.2 成员简介

QC 小组成员简介表见表 5-184。

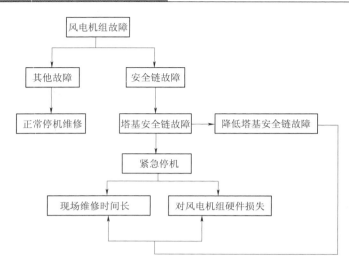

图 5－240 本课题对现场工作影响示意图

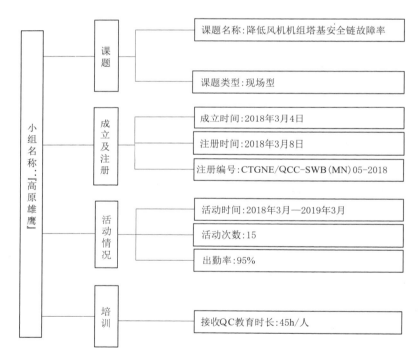

图 5－241 QC 小组概况

表 5－184   QC 小 组 成 员 简 介 表

序号	成员姓名	性别	文化程度	职务/职称	组内职务和分工
1	黄××	男	本科	技师	组长　组织协调
2	徐×	男	本科	助理工程师	副组长　统计分析
3	周×	男	本科	助理工程师	组员　成果编制

序号	成员姓名	性别	文化程度	职务/职称	组内职务和分工	
4	祝××	男	专科	助理工程师	组员	数据收集
5	杨×	男	专科	助理工程师	组员	数据收集
6	郭×	男	专科	助理工程师	组员	现场实施
7	李××	男	专科	助理工程师	组员	现场实施
8	邹×	男	专科	助理工程师	组员	现场实施
9	徐××	男	专科	助理工程师	组员	现场实施

5.19.3 选题理由

经统计，2018 年 2 月塔基安全链周平均故障率为 74.48%，故障率较高。××风电公司电力运行部要求将每周塔基安全链故障率降低至 30% 以下。塔基安全链故障率统计表见表 5-185。塔基安全链故障率统计图如图 5-242 所示。

表 5-185　　　　　　　　　　　塔基安全链故障率统计表

统计周期	第 1 周	第 2 周	第 3 周	第 4 周	合计
塔基安全链故障次数	59	56	60	62	237
总故障次数	75	69	81	77	302
周故障率/%	78.67	81.16	74.07	80.52	
周平均故障率/%			78.48		

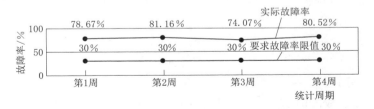

图 5-242　塔基安全链故障率统计图

选定课题为降低风电机组塔基安全链故障率。

5.19.4 现状调查

QC 小组成员从风电机组中央监控导出 2018 年 2 月 1—28 日 35 台风电机组报出的所有塔基安全链故障，共计 237 条，并根据维护人员的现场检查，整理出塔基安全链故障分类统计表，见表 5-186。

表 5-186　　　　　　　　　　　塔基安全链故障分类统计表

序号	故障类别	故障次数					占比/%	累计占比/%
		第 1 周	第 2 周	第 3 周	第 4 周	故障小计		
1	EL6900 模块超温	50	49	52	51	202	85.23	85.23
2	硬件触发	5	4	3	6	18	7.59	92.82

序号	故障类别	故　障　次　数					占比/%	累计占比/%
		第 1 周	第 2 周	第 3 周	第 4 周	故障小计		
3	信号反馈故障	3	2	5	4	14	5.91	98.73
4	误动作	1	1	0	0	2	0.85	99.58
5	误操作	0	0	0	1	1	0.42	100
	合计	59	56	60	62	237		

根据表 5-186，绘制塔基安全链故障统计排列图如图 5-243 所示。

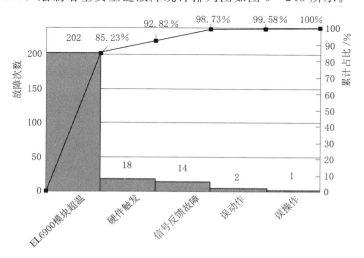

图 5-243　塔基安全链故障统计排列图

由图 5-243 可知，××风电公司 2018 年 2 月 1—28 日，EL6900 模块超温故障 202 次，占塔基安全链总故障的 85.23%，是塔基安全链故障率高的主要症结。

5.19.5　确定目标

5.19.5.1　目标依据

×××风电场 2018 年 2 月对塔基安全链故障统计数据做进一步整理分析，EL6900 模块超温故障率统计表见表 5-187。

表 5-187　　　　　　　　2018 年 2 月 EL6900 模块超温故障率统计表

统计周期	故障次数	故障率/%	统计周期	故障次数	故障率/%
第 1 周	50	84.75	第 4 周	51	82.26
第 2 周	49	87.50	周平均值	50.5	85.23
第 3 周	52	86.67			

QC 小组成员收集 A 风电场 25 台相同厂家、相同配置机型一个月内同类故障数据，见表 5-188。

表 5-188			A 风电场同类型机组 EL6900 模块超温故障率统计表		
统计周期	故障次数	故障率/%	统计周期	故障次数	故障率/%
第 1 周	13	18.96	第 4 周	10	16.29
第 2 周	12	19.62	周平均值	12.25	18.13
第 3 周	14	17.65			

根据 5-188 结合表 5-187 分析，可知 EL6900 模块超温故障率可降低：

$$[(50-13)+(49-12)+(52-14)+(51-10)]/202 \times 100\% = 75.75\%$$

从而可将塔基安全链故障率降低为

$$74.48\% - 74.48\% \times 85.23\% \times 75.75\% = 26.39\%$$

因此，将塔基安全链故障率目标值定为 27%，根据 A 风电场 EL6900 模块超温故障率来看是能够实现的。

5.19.5.2 目标设定

根据以上目标测算结果，通过本课题将塔基安全链周故障率由 74.48% 降低至 27% 以下作为本次活动的目标，如图 5-244 所示。

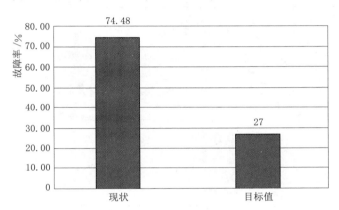

图 5-244 塔基安全链故障率目标图

5.19.6 原因分析

QC 小组成员针对 EL6900 模块超温故障率高的问题运用头脑风暴法展开讨论，对造成这一问题的原因认真分析，经过汇总，形成树形图，如图 5-245 所示。

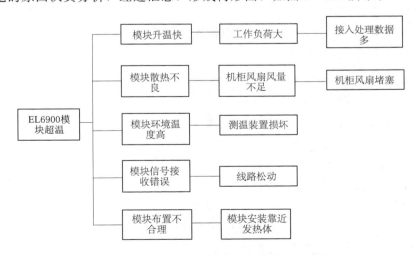

图 5-245 EL6900 模块超温故障原因树形图

5.19.7　要因确认

在进行原因分析时，对不同原因逐一进行要因确认。

1. 接入处理数据多

2018 年 3 月 29 日，QC 小组成员对与 EL6900 处理数据基本相同的模块温度进行比较分析，两个模块对比表见表 5－189。

表 5－189　　　　　　　　　　　两 个 模 块 对 比 表

模块名称	EL6900	EL2809
功率区间/kW	1000～1900	1000～1900
数据处理量	接入数据 18 组，处理器占用 46%	接入数据 19 组，处理器占用 51%
温度变化区间/℃	50.4～57.1	41.5～46.8

两个模块温度对比图如图 5－246 所示。

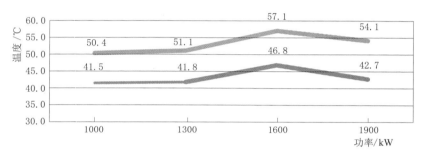

图 5－246　两个模块温度对比图

确认结果：通过和接入的处理量基本相同模块温度的对比，可见接入处理数据多并未对模块温度有较大影响。

结论：接入处理数据过多不是主要原因。

2. 机柜风扇堵塞

2018 年 4 月 1 日，QC 小组成员对风电机组机柜散热风扇过滤网进行更换，然后将更换前后相同负荷下模块温度进行对比，见表 5－190。

表 5－190　　　　　　　　　更换前后相同负荷下模块温度对比

比较项目	更换前	更换后	比较项目	更换前	更换后
功率区间/kW	1000～1900	1000～1900	温度变化区间/℃	50.2～61.5	50.4～59.4

滤网更换前后温度对比图如图 5－247 所示。

确认结果：通过观察发现更换过滤网前后模块温度未有较大变化。

结论：机柜风扇堵塞不是主要原因。

3. 测温装置损坏

2018 年 4 月 2 日，QC 小组成员对 EL6900 模块测温装置进行更换。将 EL6900 模块测温装置更换为新备件后，观察更换前后 3 天相同天气、负荷下温度对比情况，如图 5－248 所示。

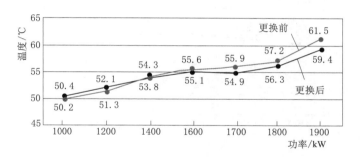

图 5-247　滤网更换前后温度对比图

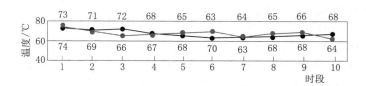

图 5-248　更换测温装置前后温度对比图

确认结果：通过数据对比，EL6900 模块测温装置更换前后温度变化不大。

结论：测温装置损坏不是主要原因。

4. 线路松动

2018 年 4 月 4 日，QC 小组成员对 EL6900 模块进行接线紧固。

将 EL6900 模块更换为厂家提供的新备件，并按要求将每根接入线路都重新紧固，然后观察故障是否重复出现。

确认结果：通过观察，更换新的 EL6900 模块后 2 天内，故障重复出现 6 次。

结论：线路松动不是主要原因。

5. 模块安装靠近发热体

2018 年 4 月 4 日，QC 小组成员将 EL6900 模块移出机柜试验。将 EL6900 模块从原安装位置（所有 PLC 模块集中安装位置）拆下，移动至机柜外进行安装，并将移动前与移动后相同功率下 EL6900 模块的温度进行对比，见表 5-191。

表 5-191　　　　　　　　　　　　不同位置 EL6900 模块温度对比表

比较项目	移动后	移动前
功率区间/kW	1000～2000	1000～2000
温度变化区间/℃	30.1～34.8	52.4～59.3

不同位置 EL6900 模块温度对比图如图 5-249 所示。

确认结果：通过数据对比可知，将 EL6900 模块移动安装后，温度明显下降。

结论：模块安装靠近发热体是主要原因。

通过 QC 小组成员对以上 5 个引起 EL6900 模块超温故障率高的原因共同讨论、分析，最终确定主要原因为模块安装靠近发热体。

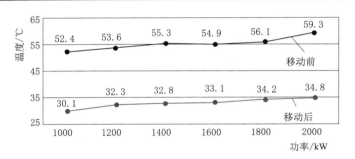

图 5-249　不同位置 EL6900 模块温度对比图

5.19.8　制定对策

5.19.8.1　对策优化

针对引起 EL6900 模块超温故障的主要原因，QC 小组成员运用头脑风暴法，提出了诸多改进措施，并分别采用亲和图加以整理归纳，形成了多个备选对策。对策一和对策二的方案亲和图分别如图 5-250、图 5-251 所示。

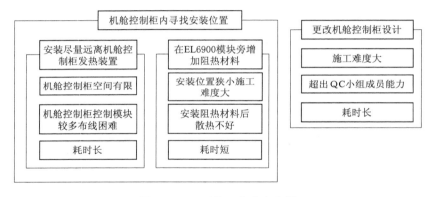

图 5-250　对策一方案亲和图

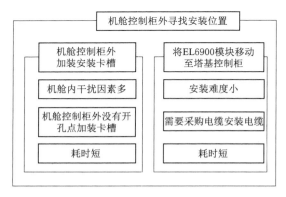

图 5-251　对策二方案亲和图

5.19.8.2　对策优选

（1）安装尽量远离机舱控制柜发热装置，并在 EL6900 模块旁增加阻热材料。因为厂家设计时已充分考虑机舱控制柜的使用率和使用合理性，目前在机舱控制柜内更改、加装和移动任何电器元件，不具备条件。

（2）更改控制柜设计。超出 QC 小组成员能力范围。

（3）机舱控制柜外加装安装卡槽。机舱内部环境复杂，安全链控制单元容易受外界因素干扰，因此不在机舱内部安装卡槽。

（4）将 EL6900 模块移动至塔基控制柜。

风电机组塔基控制柜预留安装位置较多，安装不存在难度，但采购电缆费用较高。

QC 小组成员根据以上优缺点讨论分析后认为将 EL6900 模块移动至塔基控制柜为最优对策。

根据对策优选制定对策表，见表 5－192。

表 5－192　　　　　　　　　　　模块安装靠近发热体对策表

主要原因	对策	目标	措施	负责人	地点	完成日期 /（年-月-日）
模块安装靠近发热体	对现有机型 EL6900 模块的安装位置进行改造	将温度变化量控制在 55℃ 以内	（1）断开控制柜内 24V 供电回路； （2）将机舱控制柜内 EL6900 模块取下； （3）将 EL6900 模块接入电缆移接至端子排 X2、20－45 端子； （4）由机舱至塔基重新放一根 40 芯×1.5mm² 电缆； （5）将模块移动到塔基控制柜 EL1904 模块后端； （6）将机舱控制柜内端子排 X2、20－45 端子接入塔基控制柜 X6、28－53 端子； （7）重新将电缆接入 EL6900 模块	邹×	机舱控制柜及塔基控制柜	2018－4－25

5.19.9　对策实施

经向××风电公司电力运行负责人申请并得到批准后，QC 小组成员将对安全链 EL6900 模块进行安装位置改造。EL6900 模块安装位置移动申请及批复如图 5－252 所示。

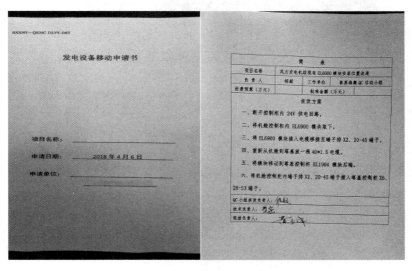

图 5－252　EL6900 模块安装位置移动申请及批复

将 EL6900 模块从机舱控制柜内取下，安装至塔基控制柜 EL1904 模块后端，因为塔基控制柜环境温度相对于机舱控制柜温度较低，有利于 EL6900 模块稳定运行。具体实施步骤为：

图 5 - 253　EL1904 模块后端

（1）断开控制柜内 24V 供电回路，将机舱控制柜内 EL6900 模块取下。

（2）将机舱控制柜内端子排 X2、20 - 45 端子接入塔基控制柜 X6、28 - 53 端子。

（3）由机舱至塔基重新放一根 40 芯 × 1.5mm² 电缆。

（4）将 EL6900 模块移动到塔基控制柜 EL1904 模块后端，EL1904 模块后端如图 5 - 253 所示。

（5）将机舱控制柜内端子排 X2、20 - 45 端子接入塔基控制柜 X6、28 - 53 端子。

（6）重新将电缆接入 EL6900 模块。

EL6900 模块移动位置示意图如图 5 - 254 所示。

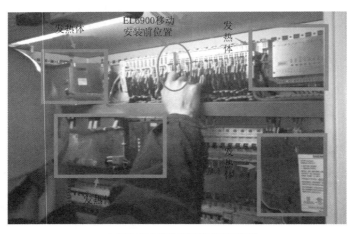

（a）EL6900 模块在机舱控制柜位置

（b）EL6900 模块移动至塔基控制柜安装位置

图 5 - 254　EL6900 模块移动位置示意图

5.19.10 效果检查

2019 年 3 月 1 日，QC 小组成员从中央监控导出 2019 年 2 月 1—28 日故障数据，活动后塔基安全链故障统计表见表 5-193。

表 5-193　　　　　　　　　　活动后塔基安全链故障统计表

序号	故障类别	故障次数					占比/%	累计占比/%
		第 1 周	第 2 周	第 3 周	第 4 周	小计		
1	硬件触发	6	8	0	5	19	55.88	55.88
2	EL6900 模块超温	2	4	1	2	9	26.47	82.35
3	信号反馈故障	1	2	2	0	5	14.71	97.06
4	误动作	0	1	0	0	1	2.94	100
5	误操作	0	0	0	0	0	0	100
	合计	9	15	3	7	34		

根据表 5-193，绘制活动后塔基安全链故障统计排列图，如图 2-255 所示。并与图 2-243 相比较。

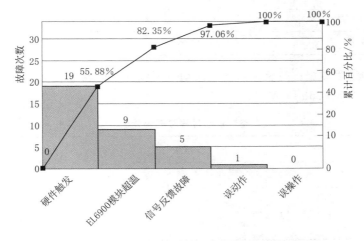

图 2-255　活动后塔基安全链故障统计排列图

活动前后塔基安全链故障率对比表见表 5-194。

表 5-194　　　　　　　　　　活动前后塔基安全链故障率对比表

	活动前							
时 间	故障次数					故障合计	故障率/%	平均故障率/%
	EL6900模块超温	硬件触发	信号反馈故障	误动作	误操作			
2018 年 2 月第 1 周	50	5	3	1	0	59	84.75	
2018 年 2 月第 2 周	49	4	2	1	0	56	87.50	85.23
2018 年 2 月第 3 周	52	3	5	0	0	60	86.67	
2018 年 2 月第 4 周	51	6	4	0	1	62	82.26	

续表

时　　间	活 动 后							
	故 障 次 数							
	EL6900 模块超温	硬件触发	信号反馈故障	误动作	误操作	故障合计	故障率 /%	平均故障率 /%
2019 年 2 月第 1 周	2	6	1	0	0	9	22.22	
2019 年 2 月第 2 周	4	8	2	1	0	15	26.67	26.47
2019 年 2 月第 3 周	1	0	2	0	0	3	33.33	
2019 年 2 月第 4 周	2	5	0	0	0	7	10	

QC 小组成员统计 2019 年 2 月风电机组故障后，计算塔基安全链故障率见表 5 - 195。

表 5 - 195　　　　　　　　　　　活动后塔基安全链故障率

统计周期	第 1 周	第 2 周	第 3 周	第 4 周	合计
塔基安全链故障次数	9	15	3	7	34
总故障次数	34	52	19	29	134
周故障率/%	26.47	28.85	15.79	24.14	
周平均故障率/%	25.37				

对整个活动过程数据进行整理，整个活动过程数据统计表见表 5 - 196。整个活动过程故障率对比图如图 5 - 256 所示。

表 5 - 196　　　　　　　　　　　整个活动过程数据统计表

时间	2018 年											2019 年	
	2 月	3 月	4 月	5 月	6 月	7 月	8 月	9 月	10 月	11 月	12 月	1 月	2 月
周平均故障率 /%	74.48	69.83	54.36	41.26	25.44	22.31	19.38	25.82	17.63	18.35	17.65	19.86	25.37

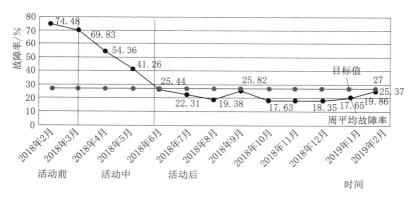

图 5 - 256　整个活动过程故障率对比图

通过本次 QC 活动，QC 小组成功地将塔基安全链故障率由活动前的 74.48％降低到目前的 25.37％，超过了 QC 活动的预期目标，如图 5-257 所示。

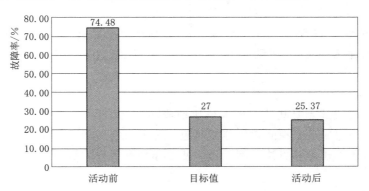

图 5-257 活动前后塔基安全链故障率对比图

"高原雄鹰" QC 小组通过开展降低风电机组塔基安全链故障率活动，将每周风电机组塔基安全链故障率从 74.48％降低至 25.37％，达到了故障率低于 27％的要求。

5.19.11 制定巩固措施

××风电公司通过本次 QC 活动，风电机组塔基安全链故障率有了明显降低，为了保持风电机组安全链系统运行的稳定性，制定了巩固措施。

（1）每月进行一次对塔基控制柜的巡视检查。

（2）定期清洁塔基控制柜柜门过滤网，清洁步骤如下：

1）拆下塔基控制柜柜门滤网。

2）用清水将过滤网冲洗干净。

3）将冲洗后的过滤网放置于阳光下或通风处 1h，直至过滤网没有水珠。

4）安装塔基控制柜过滤网。

（3）每月检查塔基控制柜散热风扇运行情况，检查内容有：

1）外观有无损坏。

2）测试风扇运行是否正常。

（4）每月检查加热器运行是否正常，检查内容有：

1）检查加热器外观有无损坏。

2）闻加热器有无异味。

3）测试加热器是否运行正常。

将上述措施编制进《××风电公司×××风电场运行规程》的第五部分风电机组 5.3 风电机组巡视 5.3.6 风电机组塔基柜巡视内容中。同时编制进《××风电公司风机巡视记录簿》的第二项风机塔基巡视第 12 条中。

5.19.12 活动总结和下一步打算

5.19.12.1 活动总结

本次 QC 活动圆满完成预期目标，现对本次活动进行总结如下：

1. 管理方面

良好的组织和管理，是一项工作取得成功的必要条件。应深入推行全面质量管理，提高广大职工素质，增强主人翁责任感，激发广大职工参与企业管理、改进质量的积极性、创造性，自觉、扎实、健康、有效地开展质量管理小组活动。"高原雄鹰" QC 小组圆满地完成了本次活动，同时也为今后其他工作的开展积累了宝贵的管理经验。

2. 技能方面

管理是活动开展的重要基础，技术是活动成功的有力保障。通过本次 QC 小组活动，不断提升了 QC 小组成员发现问题、分析问题、解决问题的能力。从而更有利于在日常工作中运用质量管理的理论和方法开展工作，使工作具有明确的目的性、高度的民主性和严密的科学性。

3. 协作能力及人员素质方面

在本次活动中，QC 小组成员能够充分发挥自己能力，取长补短，相互扶持，这种积极主动向上的品质，使工作效率明显提高，形成了一个良好的工作氛围，在增进默契的同时，极大地提高了 QC 小组成员的团队协作能力。

通过本次活动，QC 小组成员大大积累了 QC 活动经验，开拓了思路，锻炼了技能，加强了团队精神，提高了个人综合能力。

5.19.12.2　下一步打算

本次活动使风电机组塔基安全链故障率高问题得到了很好改善，近期机舱加速度极限故障率上升，给风电机组安全运行带来风险。因此，下一步计划继续通过开展 QC 活动降低机舱加速度极限故障率，使风电机组运行稳定性进一步提升。

5.20　降低 vensys 变桨系统月均故障率

本课题针对变桨系统发生故障导致风电机组停机，影响发电量和效益这一问题，通过 QC 小组活动有效降低了变桨系统月均故障率，提高了风电机组的整体质量。

5.20.1　课题背景介绍

××风电公司采用 33 台采用风冷系统的 1.5MW 风电机组，其变桨系统为德国 vensys 变桨系统，变桨系统所有部件均安装在风电机组轮毂上。变桨系统通过控制叶片角度来控制发电机扭矩，进而控制风电机组的输出功率，并能够在发生故障时使三个叶片实现 90°顺桨停机。变桨系统发生故障会直接导致风电机组停机，影响风电机组发电量和效益。

变桨系统故障率是指统计时间段内变桨系统故障发生次数与变桨系统总台数的比值乘以 100%。

例如 2018 年 1 月变桨系统故障次数为 11 次，变桨系统总台数为 33 台，则 1 月变桨系统故障率＝11÷33×100%＝33%。变桨系统如图 5-258 所示。

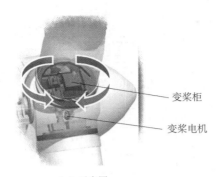

（a）示意图

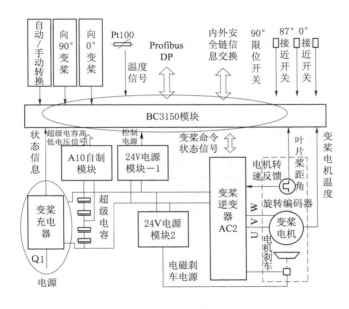

图 5-258 变桨系统

5.20.2 小组简介

5.20.2.1 小组概况

"风之影" QC 小组于 2017 年 7 月 3 日成立。2017 年 7 月—2018 年 4 月，"风之影" QC 小组通过开展降低 JF1.5MW 风电机组风冷系统变流器故障频次课题活动，有效降低了变流器故障频次，提高了机组稳定性，并获得了中国水利电力质量管理协会举办的 2018 年电力行业 QC 小组成果展示活动一等奖和"首届中央企业 QC 小组成果发表赛"一等奖。同时"风之影" QC 小组被评为 2018 年全国优秀质量管理小组。

"风之影" QC 小组计划 2018—2019 年开展降低 vensys 变桨系统月均故障率课题活动，并于 2018 年 7 月 6 日登记注册，注册编号：CTGNE/QCC-NEB（DBS）-01-

2018。QC 小组概况如图 5-259 所示。

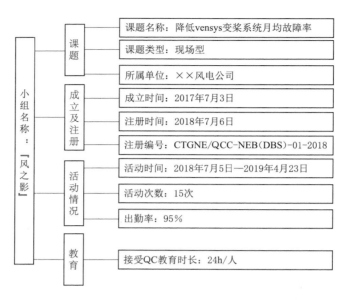

图 5-259　QC 小组概况

5.20.2.2　成员简介

QC 小组成员简介表见表 5-197。

表 5-197　　　　　　　　　QC 小 组 成 员 简 介 表

成员姓名	性别	文化程度	职务/职称	组内职务和分工
杨××	女	硕士研究生	工程师	组长　组织协调
哈×	男	本科	副主任	副组长　活动策划
赵××	男	大专	助理工程师	副组长　组织协调
袁×	女	硕士研究生	工程师	组员　成果审核
刘××	男	大专	助理工程师	组员　技术指导
韩××	男	大专	助理工程师	组员　技术指导
张××	男	大专	助理工程师	组员　现场实施
徐××	男	硕士研究生	助理工程师	组员　现场实施
申×	男	大专	助理工程师	组员　现场实施
董××	男	本科	助理工程师	组员　成果编制

5.20.3　选题理由

××风电公司电力运行部要求 vensys 变桨系统月均故障率不大于 25%。

QC 小组成员将 2018 年 1—6 月变桨系统故障率按月统计，见表 5-198。

表 5-198			变桨系统故障率统计表					
月份	1	2	3	4	5	6	平均	合计
故障次数	11	15	16	14	11	10	12.83	77
变桨系统总台数/台	33	33	33	33	33	33	33	
故障率/%	33	45	48	42	33	30	38.5	

根据表 5-198 绘制变桨系统故障率折线图，如图 5-260 所示。

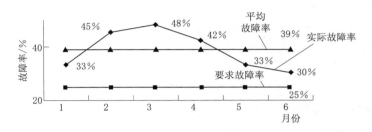

图 5-260　变桨系统故障率折线图

经统计，2018 年 1—6 月我公司 1.5MW 机组变桨系统故障总次数为 77 次，平均每月故障次数 77÷6＝12.83 次，月均故障率 12.83÷33×100％＝39％，月均故障率高于电力运行部要求。

故 QC 小组选题为降低 vensys 变桨系统月均故障率。

5.20.4　现状调查

5.20.4.1　历史数据调查

QC 小组成员从风电机组中央监控导出 2018 年 1 月 1 日—6 月 30 日 33 台风电机组变桨系统报出的所有故障，按照故障位置进行分类，得到变桨系统故障分类调查表见表 5-199。

表 5-199		变桨系统故障分类调查表					
序号	故障类别	故 障 次 数					
		1月	2月	3月	4月	5月	6月
1	变桨柜内故障	5	12	14	10	9	5
2	变桨外围电气设备故障	3	1	1	2	0	2
3	叶片故障	0	1	1	1	0	2
4	变桨轴承故障	2	0	0	0	2	0
5	其他故障	1	1	0	1	0	1
	合计	11	15	16	14	11	10

5.20.4.2　现状剖析

对故障数据进一步整理得到变桨系统故障统计表，见表 5-200。

表 5 - 200　　　　　　　　　　　变桨系统故障统计表

序号	故障类别	故障次数	占比/%	累计占比/%
1	变桨柜内故障	55	71.43	71.43
2	变桨外围电气设备故障	9	11.69	83.12
3	叶片故障	5	6.50	89.62
4	变桨轴承故障	4	5.19	94.81
5	其他故障	4	5.19	100.00
	合计	77	100	

按照表 5 - 189 绘制出变桨系统故障排列图，如图 5 - 261 所示。

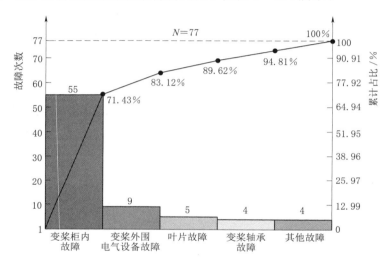

图 5 - 261　变桨系统故障排列图

从图 5 - 261 可以看出变桨柜内故障次数最多，占比最大。为找到引起变桨系统故障的主要症结，QC 小组成员进一步对变桨柜内故障进行深入分析，变桨柜内故障统计表见表 5 - 201。

表 5 - 201　　　　　　　　　　　变桨柜内故障统计表

序号	故障类别	故 障 次 数							占比/%	累计占比/%
		1 月	2 月	3 月	4 月	5 月	6 月	小计		
1	变桨充电器反馈丢失故障	2	6	5	4	6	2	25	45.45	45.45
2	子站总线故障	1	4	7	2	0	1	15	27.27	72.72
3	变桨故障子故障	2	2	1	1	1	0	7	12.73	85.45
4	电容高电压低故障	0	0	1	1	1	0	3	5.46	90.91
5	其他故障	0	0	0	2	1	2	5	9.09	100.00
	合计	5	12	14	10	9	5	55		

按照表 5 - 200 绘制变桨柜内故障排列图，如图 5 - 262 所示。

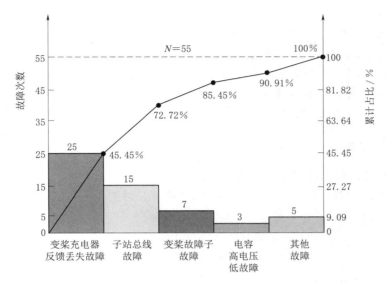

图 5-262 变桨柜内故障排列图

从图 5-262 可以看出变桨充电器反馈丢失故障次数为 35 次，子站总线故障次数为 15 次，此两种故障占变桨柜内故障总数的 72.72%。

5.20.5 确定目标

5.20.5.1 目标依据

变桨充电器反馈丢失故障占变桨柜内故障总数的 45.45%，变桨柜内故障占变桨系统故障总数的 71.43%；经计算得出，变桨充电器反馈丢失故障占变桨系统故障总数的百分比为

$$45.45\% \times 71.43\% = 32.46\%$$

QC 小组成员调查了历史最好时期的故障数据，可将变桨充电器反馈丢失故障率降低 80%，即

$$39\% - 32.46\% \times 80\% \times 77 \div 6 \div 33 = 29\%$$

就可降低 10% 的故障率。

仅降低变桨充电器反馈丢失故障率不能满足公司电力运行部要求的 25% 目标值。

QC 小组成员进一步分析，子站总线故障占变桨柜内故障总数的 27.27%，经计算得出，子站总线故障占变桨系统故障总数的百分比为

$$27.27\% \times 71.43\% = 19.48\%$$

QC 小组成员调查了历史最好时期的故障数据，可将子站总线故障率降低 80%，即

$$29\% - 19.48\% \times 80\% \times 77 \div 6 \div 33 \approx 23\%$$

可降低 6% 的故障率，故 QC 小组最终目标设置为 23%，满足公司电力运行部要求 25% 的目标值。

综上所述，变桨系统故障率高的症结有两个，分别为变桨充电器反馈丢失故障和子站总线故障。

5.20.5.2 目标设定

QC 小组成员采用水平对比法与周边具有同类型风电机组的标杆风电场进行对比，其变桨系统月均故障率为 22%，结合目标论证结果，将变桨系统月均故障率目标值定为 23%，如图 5-263 所示。

5.20.6 原因分析

QC 小组成员针对引起变桨充电器反馈丢失故障和子站总线故障的原因运用头脑风暴法展开讨论，经过汇总形成原因分析关联图，如图 5-264 所示。

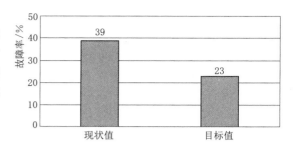

图 5-263 变桨系统月均故障率目标图

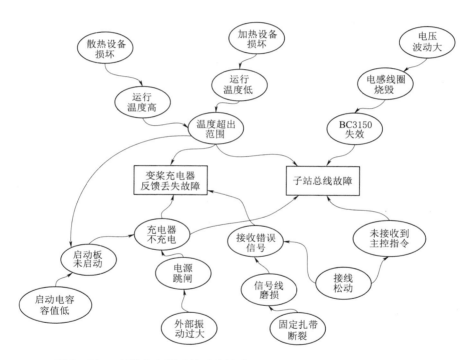

图 5-264 变桨充电器反馈丢失故障和子站总线故障原因分析关联图

5.20.7 要因确认

1. 启动电容容值低

启动电容容值低，可能导致变桨充电器不启动，风电机组报出变桨充电器反馈丢失故障。2018 年 8 月 6 日，QC 小组成员分别选择了 $68\mu F$、$100\mu F$（原启动电容的电容值）、$150\mu F$、$220\mu F$ 和 $330\mu F$ 五种不同电容值的电容，模拟风电机组现场条件依次更换启动电容进行充电器启动实验，实验结果见表 5-202。

表 5 - 202　　　　　　　　　　　启动电容实验数据统计表

序号	电容值 /μF	实验次数 /次	成功次数 /次	失败次数 /次	成功占比 /%
1	68	10	3	7	30
2	100	10	5	5	50
3	150	10	8	2	80
4	220	10	10	0	100
5	330	10	10	0	100

从实验结果可以看出，电容容值不小于 220μF 时，变桨充电器启动成功率均为 100%。

确认结果：通过现场模拟实验和数据统计可知，原启动电容（100μF）启动成功率为 50%，即因启动电容的电容值低导致变桨充电器反馈丢失故障率为 50%；220μF 及以上电容启动成功率为 100%。

结论：启动电容容值低是主要原因。

2. 外部振动过大

外部振动过大可能引起变桨充电器电源空开跳闸，变桨充电器充电中断，风电机组报变桨充电器反馈丢失故障和子站总线故障。2018 年 8 月 7 日，QC 小组成员对变桨充电器进行外部振动模拟实验，实验数据见表 5 - 203。

表 5 - 203　　　　　　　　　　　外部振动模拟实验数据统计表

实验次数	发生故障次数	正常次数	故障占比/%
50	1	49	2

确认结果：通过现场模拟实验和数据统计，由于外部振动过大而发生变桨充电器反馈丢失故障和子站总线故障占比为 2%，影响程度较小。

结论：外部振动过大不是主要原因。

3. 固定扎带断裂

固定扎带断裂将会引起变桨充电器反馈信号线摇摆严重，导致信号线磨损，风电机组报变桨充电器反馈丢失故障。QC 小组成员查阅 2018 年 3 月 1 日缺陷记录本发现 15 台风电机组变桨充电器回路出现扎带断裂，检修班组按照缺陷处理单 3 月 23 日进行缺陷处理，在此期间 15 台机组发生变桨充电器反馈丢失故障 1 次。扎带断裂故障数据统计表见表 5 - 204。

表 5 - 204　　　　　　　　　　　扎带断裂故障数据统计表

风电机组编号	F02	F06	F10	F11	F12
故障次数	0	0	0	0	0
风电机组编号	F14	F16	F17	F18	F20
故障次数	0	0	0	0	0
风电机组编号	F21	F23	F25	F28	F32
故障次数	0	0	1	0	0

确认结果：通过查阅缺陷处理记录，扎带断裂引起变桨充电器反馈丢失故障次数为 1 次，占比为 $1 \div 15 \times 100\% = 6.7\%$，占比较小。

结论：固定扎带断裂不是主要原因。

4. 接线松动

接线松动将会使风电机组接收不到正常的反馈信号，报出变桨充电器反馈丢失故障或子站总线故障。2018 年 8 月 9 日，QC 小组成员查阅了 2018 年 1—6 月的风电机组巡视记录，统计了变桨系统充电器回路和子站通信回路发现接线松动后紧固接线次数与接线松动引起故障次数的数据，见表 5-205。

表 5-205　　接线松动后紧固接线次数与接线松动引起故障次数的数据统计表

巡视记录时间	1 月	2 月	3 月	4 月	5 月	6 月
紧固接线次数	5	3	7	5	4	4
接线松动引起故障次数	0	0	0	1	0	0
接线松动引起故障总次数	1					
接线松动总次数	28					
故障占比/%	3.6					

确认结果：通过数据统计，由于接线松动发生变桨充电器反馈丢失故障或子站总线故障仅一次，占比非常小，为 3.6%。

结论：接线松动不是主要原因。

5. 加热设备损坏

加热设备损坏后不能工作，引起变桨柜设备的工作环境温度持续偏低，工作一段时间

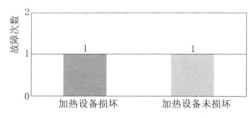

图 5-265　加热设备情况与故障关系图

后可能导致变桨充电器反馈丢失故障或子站总线故障。2018 年 8 月 13 日，QC 小组成员统计了 2018 年 1—3 月 10 台加热设备损坏的变桨系统和 10 台加热设备未损坏的变桨系统报出的变桨充电器反馈丢失故障和子站总线故障次数数据，绘制出柱状图，如图 5-265 所示。

确认结果：通过数据统计，加热设备损坏与未损坏导致变桨系统故障各发生 1 次，偏差为 0。

结论：加热设备损坏不是主要原因。

6. 散热设备损坏

散热设备损坏后不能工作，引起变桨充电器在夏天的工作环境温度持续偏高，工作一段时间可能导致变桨充电器反馈丢失故障或子站总线故障。2018 年 8 月 13 日，QC 小组成员统计了 2018 年 4—6 月 15 台散热设备损坏的变桨系统和 15 台散热设备未损坏的变桨系统报出的变桨充电器反馈丢失故障和子站总线故障次数数据，绘制出柱状图，如图 5-266 所示。

确认结果：通过数据统计，散热设备损坏与未损坏导致变桨系统故障各发生 1 次，偏差为 0。

结论：散热设备损坏不是主要原因。

7. 电压波动大

变桨系统电压波动大可能导致 BC3150 模块内电感线圈烧毁,报出子站总线故障。BC3150 模块内电感线圈烧毁示意图如图 5-267 所示。

2018 年 8 月 15 日,QC 小组成员查阅风电机组中央监控系统数据,统计了变桨系统电压波动次数与子站总线故障次数,见表 5-206。

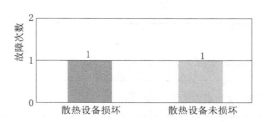

图 5-266 散热设备情况与故障关系图

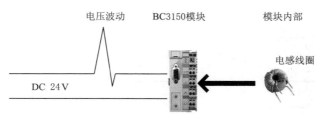

图 5-267 BC3150 模块内电感线圈烧毁示意图

表 5-206 电压波动次数与子站总线故障次数统计表

机组编号	F14	F18	F24	F26	F29
电压波动时间 /(年-月-日)	2018-3-21	2018-5-5	2018-3-7	2018-4-16	2018-6-23
是否引起故障	是	是	是	是	是
波动次数	5		引起子站总线故障次数	5	

确认结果:通过数据统计可知,变桨系统电压波动与子站总线故障次数相当。

结论:电压波动大是主要原因。

通过 QC 小组成员对以上 7 个引起变桨充电器反馈丢失故障和子站总线故障的末端原因进行逐条确认,最终确定主要原因有 2 条,分别为:①启动电容的电容值低;②电压波动大。

5.20.8 制定对策

针对启动电容的电容值低和电压波动大两条要因,QC 小组成员运用头脑风暴法,提出了诸多改进方案,QC 小组成员对各个方案特点进行了讨论,确定了最佳方案。要因一、要因二最佳方案确定表见表 5-207 和表 5-208。

表 5-207 要因一最佳方案确定表

方 案 内 容	方 案 特 点	评 定
将启动电容更换为 $150\mu F$ 电容	不能满足功能需求,电容尺寸合适,利于焊接,成本较低	不适合

续表

方 案 内 容	方 案 特 点	评 定
将启动电容更换为 $220\mu F$ 电容	满足功能需求，电容尺寸合适，利于焊接，成本适中	最佳方案
将启动电容更换为 $330\mu F$ 电容	满足功能需求，电容尺寸过大，不利于焊接，成本较高	不适合

表 5 - 208　　　　　　　　要因二最佳方案确定表

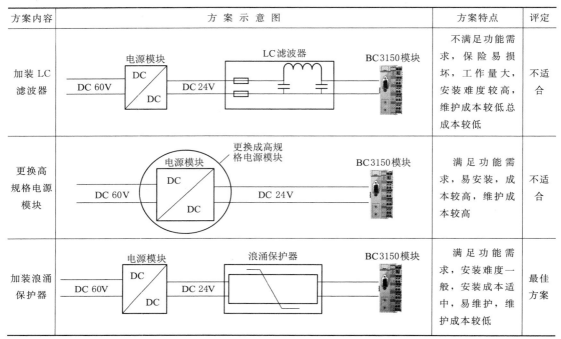

方案内容	方 案 示 意 图	方 案 特 点	评定
加装 LC 滤波器		不满足功能需求，保险易损坏，工作量大，安装难度较高，维护成本较低总成本较低	不适合
更换高规格电源模块		满足功能需求，易安装，成本较高，维护成本较高	不适合
加装浪涌保护器		满足功能需求，安装难度一般，安装成本适中，易维护，维护成本较低	最佳方案

在选定最佳方案后，QC 小组成员制定了详细的对策，见表 5 - 209。

表 5 - 209　　　　　　变桨充电器反馈丢失故障和子站总线故障对策表

序号	主要原因	对策	目标	措　　施	负责人	地点	完成时间 /（年-月-日）
1	启动电容容值低	更换高容值启动电容	将启动电容提升至 $220\mu F$	（1）编制针对启动电容的电容值低的整改方案，由运行部经理确认通过；（2）将变桨柜停电；（3）拆解变桨充电器并拆卸变桨充电器启动电容；（4）用电烙铁将选择的 $220\mu F$ 最佳启动电容焊接好；（5）在新焊接的电容引脚部位用点胶固定；（6）将变桨充电器测试合格后安装至风电机组	×××	叶片轮毂	2018 - 9 - 20

序号	主要原因	对策	目标	措　　施	负责人	地点	完成时间/(年-月-日)
2	电压波动大	增加 24V 浪涌保护器	将 BC3150 模块电源电压波动控制在 DC 24V ± 1V 范围内	（1）编制控制 BC3150 模块电源电压波动的方案，并由运行部经理确认通过； （2）方案选择了 PLT－SEC－T3－24－P 型浪涌保护器； （3）将变桨柜停电； （4）腾出浪涌保护器安装空间，安装浪涌保护器； （5）按照浪涌保护器接线图进行接线	×××	叶片轮毂	2018－9－20

5.20.9　对策实施

5.20.9.1　对策实施一

更换高容值的启动电容。将启动电容由原来的 $100\mu F$ 提升至 $220\mu F$。具体步骤为：

（1）将变桨柜模式由自动模式调至手动模式，总电源空开打至 off 档。变桨柜断电示意图如图 5－268 所示。

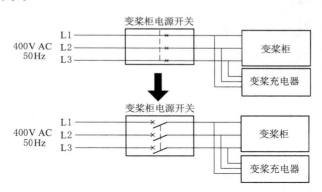

图 5－268　变桨柜断电示意图

（2）拆解变桨充电器，拆卸变桨充电器启动电容。拆卸启动电容如图 5－269 所示。

（3）按照方案，QC 小组成员选择了 $220\mu F$ 电容。用电烙铁将新的启动电容焊接到原来位置。焊接启动电容如图 5－270 所示。

（4）在新焊接的电容引脚部位点胶固定。点胶固定如图 5－271 所示。

（5）将变桨充电器测试合格后安装至风电机组。变桨充电器测试如图 5－272 所示。

对策一实施后，变桨充电器启动电容由原来的 $100\mu F$ 提升至 $220\mu F$，覆盖率为 100%。

5.20.9.2　对策实施二

在变桨柜 BC3150 模块前增加 24V 浪涌保护器。具体步骤为：

（1）将变桨柜模式由自动模式调至手动模式，总电源空开打至 off 档。

图 5-269　拆卸启动电容

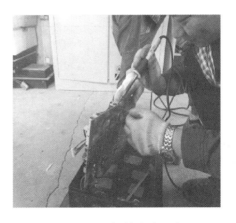

图 5-270　焊接启动电容

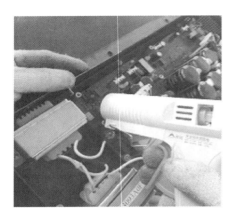

图 5-271　点胶固定

图 5-272　变桨充电器测试

（2）拆除 BC3150 模块左侧固定卡件，将 PLC 模块整体往右移动，安装浪涌保护器。浪涌保护器安装如图 5-273 所示。

（3）按照浪涌保护器接线图进行接线，恢复风电机组运行。安装完成效果如图 5-274 所示。

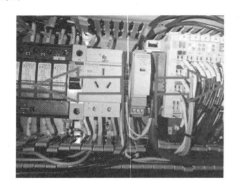

图 5-273　浪涌保护器安装

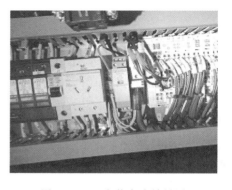

图 5-274　安装完成效果图

改造后的 BC3150 模块接线示意图如图 5－275 所示。

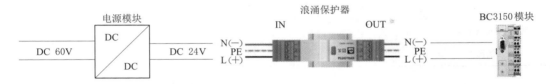

图 5－275　改造后的 BC3150 模块接线示意图

QC 小组成员安装完毕后，现场测量了 BC3150 模块电源电压波动数据，电压波动数据表见表 5－210。

表 5－210　　　　　　　　　　　　　电 压 波 动 数 据 表

测量次序	1	2	3	4	5
测量值/V	24.3	23.5	24.4	24.4	23.6
测量次序	6	7	8	9	10
测量值/V	23.9	23.6	24.2	23.5	23.8

由表 5－208 绘制出电压波动折线图，如图 5－276 所示。

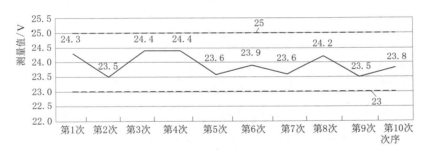

图 2－276　电压波动折线图

由图 5－274 可以看出，安装浪涌保护器后 BC3150 模块电源电压波动区间在 DC 24V ±1V 范围内，达到目标要求。

5.20.10　效果检查

5.20.10.1　与课题目标比较

2019 年 4 月 1 日，QC 小组成员从中央监控导出 2018 年 10 月 1 日—2019 年 3 月 31 日变桨系统故障数据，与活动前故障数据进行了对比，活动前后变桨系统故障率对比表见表 5－211。

表 5－211　　　　　　　　　　活动前后变桨系统故障率对比表

	时间	2018 年 1 月	2018 年 2 月	2018 年 3 月	2018 年 4 月	2018 年 5 月	2018 年 6 月	平均值
活动前	故障次数	11	15	16	14	11	10	12.83
	故障率/%	33	45	48	42	33	30	39

续表

	时间	2018 年 10 月	2018 年 11 月	2018 年 12 月	2019 年 1 月	2019 年 2 月	2019 年 3 月	平均值
活动后	故障次数	6	7	5	4	6	5	5.50
	故障率/%	18	21	15	12	18	15	17

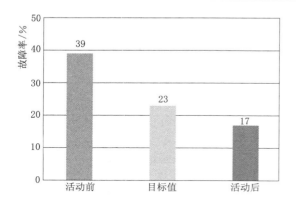

图 5 - 277　活动前后变桨系统故障率对比图

QC 小组成员绘制出活动前后变桨系统故障率对比图，如图 5 - 277 所示。

由图 5 - 277 可知，"风之影" QC 小组通过开展降低 vensys 变桨系统月均故障率课题活动将 1.5MW 风电机组变桨系统月均故障率从 39% 降低至 17%，达到目标 23% 的要求。

QC 小组成员对 2018 年 1 月—2019 年 4 月变桨系统月均故障率进行了统计，见表 5 - 212。

表 5 - 212　　　　　　变桨系统月均故障率数据统计表

活 动 前 数 据							
时间	2018 年 1 月	2018 年 2 月	2018 年 3 月	2018 年 4 月	2018 年 5 月	2018 年 6 月	平均值
故障次数	11	15	16	14	11	10	12.83
故障率/%	33	45	48	42	33	30	38.5

活 动 中 数 据				
时间	2018 年 7 月	2018 年 8 月	2018 年 9 月	平均值
故障次数	13	14	9	12
故障率/%	39	42	27	36

活 动 后 数 据							
时间	2018 年 10 月	2018 年 11 月	2018 年 12 月	2019 年 1 月	2019 年 2 月	2019 年 3 月	平均值
故障次数/次	6	7	5	4	6	5	5.5
故障率/%	18	21	15	12	18	15	16.5

按照表 5 - 212 绘制出变桨系统月均故障率对比图，如图 5 - 278 所示。

由图 5 - 278 可以看出，活动后变桨系统故障率下降明显，均在目标值 23% 以下。

5.20.10.2　与实施前现状对比

QC 小组成员导出 2018 年 10 月—2019 年 3 月变桨柜内故障数据，活动后变将柜内故障统计表见表 5 - 213。

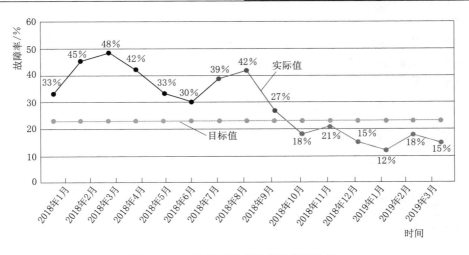

图 5-278 变桨系统月均故障率对比图

表 5-213   活动后变桨柜内故障统计表

故障类别	故障次数							占比	累计占比/%
	2018 年 10 月	2018 年 11 月	2018 年 12 月	2019 年 1 月	2019 年 2 月	2019 年 3 月	小计		
变桨故障子故障	2	0	1	0	2	1	6	30.00	30.00
变桨充电器反馈丢失故障	1	0	1	1	0	1	4	20.00	50.00
子站总线故障	1	0	0	1	1	0	3	15.00	65.00
电容高电压低故障	0	1	0	1	1	0	3	15.00	80.00
其他故障	0	1	0	1	1	1	4	20.00	100.00
合计	4	2	3	3	5	3	20		

按照表 5-213，绘制活动后变桨柜内故障排列图，如图 5-279 所示。并与图 5-262

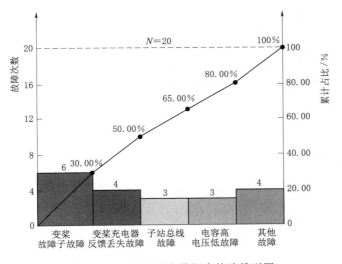

图 5-279 活动后变桨柜内故障排列图

进行对比。

由图 5 - 262、图 5 - 279 可以看出，变桨柜内故障总数由 55 次下降为 20 次，变桨柜内故障得到了很好的控制，变桨充电器反馈丢失故障和子站总线故障由主要影响因素变成了次要影响因素。

QC 小组成员导出 2018 年 10 月—2019 年 3 月变桨系统故障数据，见表 5 - 214。

表 5 - 214　　　　　　　　　　　　活动后变桨系统故障统计表

故障类别	故障次数							占比/%	累计占比/%
	2018 年 10 月	2018 年 11 月	2018 年 12 月	2019 年 1 月	2019 年 2 月	2019 年 3 月	小计		
变桨柜内故障	4	2	3	3	5	3	20	60.61	60.61
变桨外围电气设备故障	1	2	1	0	0	1	5	15.15	75.76
叶片类故障	0	1	1	1	0	0	3	9.09	84.85
变桨轴承故障	0	1	0	0	1	0	2	6.06	90.91
其他故障	1	1	0	0	0	1	3	9.09	100.00
合计	6	7	5	4	6	5	33		

按照表 5 - 214，绘制活动后变桨系统故障排列图，如图 5 - 280 所示。并与图 5 - 261 进行对比。

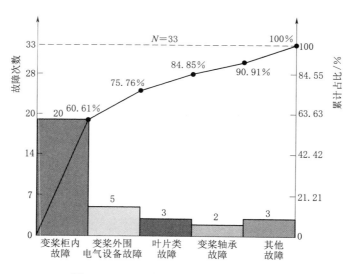

图 5 - 280　活动后变桨系统故障排列图

由图 5 - 261、图 5 - 280 可以看出，变桨系统故障总次数由 77 次下降为 33 次，变桨系统故障得到了很好的控制。

5.20.10.3　有形效益

1. 发电效益

（1）QC 小组成员统计了活动后（2018 年 10 月—2019 年 4 月）1.5MW 风电机组总发电量为 63499280kWh，平均每小时发电量为

$$63499280 \div 33 \div 182 \div 24 = 441 \text{kWh}$$

（2）QC 小组成员统计了处理变桨系统故障平均用时为 5h。

（3）活动后变桨系统故障次数比活动前减少 77−33＝44 次。

发电效益＝44 次（故障减少次数）×5h（处理故障平均用时）×441kWh（机组平均每小时发电量）×0.6 元（上网电价）＝58212 元。

2. 备件节省

通过财务统计，活动前（2018 年 1—6 月）变桨系统更换备件金额为 91270 元；活动后变桨系统更换备件金额为 35394 元。备件节省金额＝91270−35394＝55876 元。

3. 改造成本

（1）启动电容改造成本＝5 元（电容价格）×3 个（每台风电机组使用个数）×33 台（风电机组台数）＝495 元。

（2）增加浪涌保护器成本＝540 元（浪涌保护器价格）×3 个（每台风电机组使用个数）×33 台（风电机组台数）＝53460 元。

4. 发电量损失

（1）QC 小组成员统计了活动中（2018 年 7 月—2018 年 10 月）1.5MW 风电机组总发电量为 21706530kWh，平均每小时发电量为

$$21706530 \div 33 \div 92 \div 24 = 298 \text{kWh}$$

（2）平均每台风电机组变桨系统改造用时为 3h。

发电量损失＝33 台（风电机组台数）×3h（改造用时）×298kWh（机组平均每小时发电量）×0.6 元（上网电价）＝17701.2 元

5. 增加发电量的发电成本

通过财务统计，活动期间度电成本为 0.22 元，则

发电成本＝44 次（故障减少次数）×5 次（处理故障平均用时）×441kWh（机组平均每小时发电量）×0.22 元（度电成本）＝21344.4 元

QC 小组成员通过以上数据绘制出有形效益统计表，见表 5 - 215。

表 5 - 215　　　　　　　　　　有形效益统计表　　　　　　　　　单位：元

效　益		成　本				有形效益
发电效益	备件节省	启动电容改造	增加浪涌保护器	变桨系统改造造成的发电量损失	增加发电量的发电成本	
58212	55876	495	53460	17701.2	21344.4	21087.4

由表 5 - 215 可知，通过本次 QC 活动产生有形效益 21087.4 元，活动有形效益明显。

5.20.11　制定巩固措施

××风电公司通过本次 QC 活动，使变桨系统故障率得到了有效控制，为了持续保持变桨系统运行稳定性，特编制以下巩固措施：

（1）为有效遏制变桨充电器再次因启动电容容值降低出现无法启动现象，QC 小组成员编制了详细的《变桨充电器启动电容更换作业指导书》，文件编号为 SXDBS－JXZDS－

036－2019，文件编入《××风电公司××部件维护作业指导书》，于 2019 年 4 月 15 日开始实施。作业指导书内容如下：

每两年进行一次启动电容的电容值检测，使用 6 年后每年进行一次，当电容值衰减至 150μF 以下时，启动更换步骤。

1）将变桨柜变桨模式由自动模式调至手动模式，总电源空开打至 off 档。

2）卸下变桨充电器。

3）拆除变桨充电器现有启动电容。

4）用电烙铁将新的启动电容焊接好。

5）在新焊接的电容引脚部位点胶固定。

6）将变桨充电器测试合格后安装至风电机组。

（2）当发生因浪涌保护器损坏导致的 BC3150 模块失电时启动更换步骤，QC 小组编制了详细的《变桨柜 24V 浪涌保护器更换作业指导书》，文件编入《××风电公司 JF 部件维护作业指导书》，于 2019 年 4 月 15 日开始实施。作业指导书内容如下：

1）将变桨柜变桨模式由自动模式调至手动模式，总电源空开打至 off 档。

2）卸下现有 24V 浪涌保护器。

3）安装新的 24V 浪涌保护器。

4）检查浪涌保护器正常后送电，恢复风电机组运行。

（3）更新变桨柜原理图，文件编号为 SXDBS－JXTZ－005－2019，文件编入《××风电公司××1.5MW 风机图纸》，于 2019 年 4 月 15 日绘制完成。更新后的变桨柜原理图如图 5－281 所示。

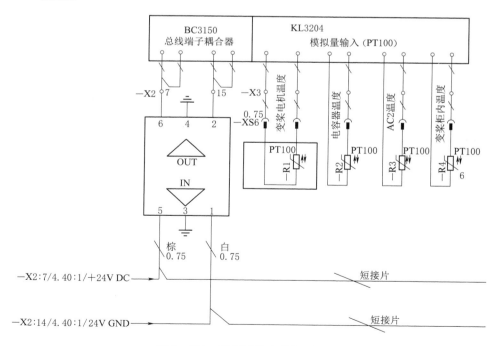

图 5－281　更新后的变桨柜原理图

（4）将 24V 浪涌保护器的外观检查、接线是否松动等检查项目纳入到全年检修工作中，QC 小组成员更新了《1.5MW 风冷机组全年检修清单》，文件编号为 SXDBS－JXQD－003－2019，文件编入《××风电公司××1.5WM 风机检修清单》，于 2019 年 4 月 15 日开始实施。

5.20.12　活动总结和下一步打算

5.20.12.1　活动总结

1. 专业技术方面

通过本次活动，QC 小组成员对变桨系统原理有了重新的认识，提高了对变桨系统问题的分析和处理能力，掌握了变桨充电器启动电容更换和浪涌保护器安装的技能，同时 QC 小组成员也认识到了专业知识还有所欠缺，在以后的工作中还需加强学习。

2. 管理技术方面

在本次活动中，QC 小组成员以客观事实和数据为依据，进行科学的分析和判断。如在要因确认过程中，QC 小组成员对故障元件进行拆解和实验，以事实真相和真实数据为依据；在原因分析时，QC 小组成员对本级原因是否导致上级问题的发生、本级问题是否真正由次级原因引起等展开了讨论，做到了逻辑严密。

3. 员工素质方面

通过本次活动，使 QC 小组成员的质量意识得到了很大的提高，掌握了质量活动中的工具使用方法和管理流程，提升了 QC 小组成员发现问题、分析问题、解决问题的能力。但依然存在一些不足，在此次活动中 QC 小组成员之间的配合度还需进一步提升。

5.20.12.2　下一步打算

两次 QC 小组活动使××风电公司 JF1.5MW 风电机组故障率高问题得到了很好的改善，接下来，QC 小组将依据分公司电力运行部要求，针对风电机组出现的高频率故障展开课题研讨，运用科学的手段降低风电机组故障率，同时建立一支更高效、更和谐的 QC 活动团队。

5.21　提高海上升压站涂装一次合格率

本课题针对防腐涂装养护周期较长，质量缺陷、油漆破坏造成油漆浪费等问题，通过 QC 小组活动提高了海上升压站涂装一次合格率，对加快项目进度、降低造价、优控质量起到了重要作用。

5.21.1　课题背景介绍

A 海上风电项目海上升压站分为上部组块建造和海上吊装施工。在海上升压站施工工艺流程中，防腐涂装验收是升压站上部组块建造过程中，单个组件组拼前的最后一个单项验收环节，而整体拼装往往是项目的重要节点。防腐涂装涉及外表处理（打磨、喷砂等）、喷涂、养护，其中养护周期较长，根据不同养护环境一般为 7 天左右；同时油漆材料及防腐施工成本约占整个项目总成本的 5％以上，质量缺陷、油漆破坏会造成大量的油漆浪费；

修补痕迹也将影响观感质量。因此，提高海上升压站涂装一次合格率，对加快项目进度、降低造价、优控质量有着重要影响；而海上升压站的顺利施工，对项目具有决定性的作用。

一次合格率：在工艺流程中，进行全部或特定的某个项目检查时，第一遍检查结果就能合格，即未经处理或修理即能一次检查合格的，叫作一次检查合格，一次检查合格总数占检查总数的比率，就是一次检查合格率。本课题中提到的涂装一次合格率，就是指涂装验收一次合格，无需返工情况的占比。即：一次合格率＝验收一次合格次数/全部验收次数。

海上升压站上部组块建造工艺流程图如图 5-282 所示。

图 5-282　海上升压站上部组块建造工艺流程图

5.21.2　小组简介

5.21.2.1　小组概况

QC 小组概况见表 5-216。

表 5-216　　　　　　　　　　　　QC 小组概况

小组名称	海上风电升压站优化 QC 小组	成立时间	2018 年 8 月 9 日
课题名称	提高海上升压站涂装一次合格率		
课题类型	现场型	组长	宋××
活动日期	2018 年 10 月—2019 年 3 月	注册时间	2019 年 5 月
小组人数	5	注册编号	SXZJ-QC-001
活动频次	17 次	出勤率	96%

5.21.2.2　成员简介

QC 小组成员简介表见表 5-217。

表 5-217　　　　　　　　　　QC 小组成员简介表

序号	成员姓名	性别	文化程度	年龄	组内职务和分工
1	宋××	男	研究生	34	组长　组织协调
2	于××	女	研究生	40	副组长　现场管理
3	郭××	男	本科	29	组员　执行验证
4	赵××	男	本科	34	组员　分析验证
5	唐×	男	本科	27	组员　分析验证、成果汇总

5.21.3　选题理由

QC 小组成员于 2018 年 10 月 9 日对在建海上升压站项目近 3 个月涂装一次性合格率进行收集统计，见表 5-218。其中 C 海上风电项目于 8 月 6 日成功吊装，因此选取 5—7 月数据作为对比参考。

表 5－218	在建海上升压站项目近 3 个月涂装一次性合格率统计表			
项目	合格率/%			
	7 月（5 月）	8 月（6 月）	9 月（7 月）	平均值（只取整数）
A	87	89	82	86
B	95	95	94	95
C	96	97	96	96

在建海上升压站项目近 3 个月涂装一次性合格率如图 5－283 所示。

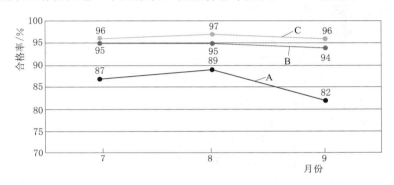

图 5－283　在建海上升压站项目近 3 个月涂装一次性合格率

从表 5－218 和图 5－283 中可看出，A 项目在海上升压站涂装一次性合格率方面均低于 B 项目和 C 项目，具备一定提升空间。作为海上风电场的"心脏"，海上升压站涂装一次性合格率平均值为 86%，低于同类项目近 10 个百分点，是项目建设优化的合理选择。

5.21.4　现状调查

调查一：QC 小组成员对 2018 年 7—9 月影响 A 项目海上升压站涂装一次合格率的因素进行收集统计，发现部分质量问题的反复出现是导致涂装一次合格率不高的问题症结。因此降低常见质量问题的出现频次，是提高涂装一次合格率的方向。为分析主要症结，QC 小组成员统计了反复出现的常见质量问题有油漆破损、油漆橘皮以及油漆流挂等。常见质量问题统计表见表 5－219。

表 5－219		常见质量问题统计表	
序号	质量问题	次数	在影响一次合格率常见质量问题中的占比/%
1	油漆破损	51	42.9
2	油漆橘皮	43	36.1
3	油漆流挂	25	21.0
合计	—	119	100

在影响一次合格率的常见质量问题中各质量问题占比图如图 5－284 所示。

由表 5－219 和图 5－284 可以看出在反复出现的常见质量问题中，漆膜破损占42.9%，属于最常见问题。

调查二：QC 小组成员调查分析了 2018 年 7—9 月造成油漆破损的原因，见表 5 - 220。

图 5 - 284　在影响一次合格率的常见
质量问题中各质量问题占比图

表 5 - 220　2018 年 7—9 月造成油漆破损
原因统计表

序号	原因	次数	占比/%
1	漆膜防护措施失效	40	78.5
2	二次施工损坏	9	17.6
3	人为损坏	2	3.9
4	合计	51	100

油漆破损原因分布图如图 5 - 285 所示。

由表 5 - 220 和图 5 - 285 可以看出，漆膜防护措施失效是油漆破损的主要原因，也是导致最终涂装验收不合格的重要原因，占 78.5%。因漆膜防护措施失效间接造成海上升压站涂装一次性验收不合格的占比为：（51/131）×（40/51）＝30.5%，因此漆膜防护措施失效是造成海上升压站涂装一次合格率低的主要症结，针对主要症结，通过加强漆膜保护措施的方式，能提高海上升压站涂装一次合格率。

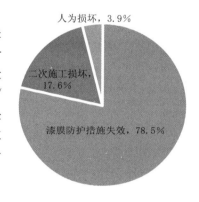

图 5 - 285　油漆破损原因分布图

5.21.5　确定目标

QC 小组成员调查了 2018 年 7—9 月各项目油漆破损情况统计（其中 C 项目为 5—7 月），见表 5 - 221。

表 5 - 221　2018 年 7—9 月各项目油漆破损情况统计表（其中 C 项目为 5—7 月）

	A 项目	B 项目	C 项目
涂装一次性合格率/%	86	95	96
油漆破损造成涂装不合格占比/%	38.9	39.4	35.2
漆膜防护措施失效造成油漆破损占比/%	78.5	47.5	40.6
防护措施失效间接造成涂装验收不合格占比/%	30.5	18.7	14.3

根据类似项目经验，QC 小组成员确定目标为 A 项目海上升压站涂装一次性合格率提高到 95% 以上。

5.21.6　原因分析

经过 QC 小组成员分析、讨论，可得漆膜防护措施失效原因分析关联图，如图 5 - 286 所示。

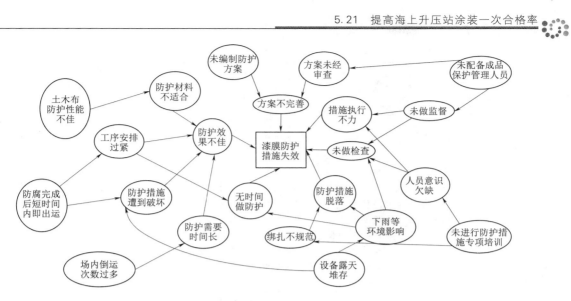

图 5-286 防护措施失效原因分析关联图

由图 5-286 可知,影响漆膜防护措施失效的末端因素有 6 条:①未配备成品保护管理人员;②未进行防护措施专项培训;③设备露天堆存;④场内倒运次数过多;⑤防腐完成后短时间内即出运;⑥土工布防护性能不佳。

5.21.7 要因确认

QC 小组成员通过对上述原因进行讨论分析,制定了漆膜防护措施失效要因确认表,见表 5-222。

表 5-222 漆膜防护措施失效要因确认表

序号	末端原因	确认方法	确认内容	确认标准	验 证 情 况	完成时间/(年-月-日)	责任人	要因确认
1	未配备成品保护管理人员	现场调查	未配备成品保护管理人员是否是导致漆膜防护措施失效的要因	《A一期项目海上升压站施工组织设计》及相关防护措施落实记录	(1) 根据一期项目海上升压站施工组织设计方案编制及审批情况,查找方案内是否有漆膜防护措施,结果是有; (2) 查到方案中含相关措施且符合评审流程后,继续调查方案中措施是否落实到位; (3) 查到现场有防护措施执行记录,当月执行记录 37 份,其中 9 份记录不完善,当周防护措施失效(2 次)在漆膜破损(2 次)中占比 100%; (4) 2018 年 10 月 8 日起,要求现场增加配置 1 名油漆防护监管人员,一周后检查防护措施执行记录,未出现填写不完善情况,防护措施失效(3 次)在漆膜破损(4 次)中占比 75%,与之前月份的平均数据 78.4% 基本持平; (5) 未配备成品保护管理人员对漆膜防护措施失效情况无太大影响,不是主要原因	2018-10-14	×××	非要因

续表

序号	末端原因	确认方法	确认内容	确认标准	验证情况	完成时间/（年-月-日）	责任人	要因确认
2	未进行防护措施专项培训	现场调查	未进行防护措施专项培训是否是导致漆膜防护措施失效的要因	增加工人专项培训，考核合格率不低于90%，之后检查一星期内现场防护措施落实率是否有明显提高	（1）现场随机抽选工作人员进行考核及实操，发现大部分工作人员知晓实施防护措施时的注意事项；统一再培训后，考核合格达98%； （2）调查此后一周内现场防护措施落实情况，抽查发现无绑扎不牢固现象； （3）复核这一周内油漆破损情况，发现漆膜防护措施失效在油漆破损中占比仍为73%； （4）对比后确认未进行防护措施专项培训不是导致漆膜防护措施失效的主要原因	2018-10-17	×××	非要因
3	设备露天堆存	现场调查	设备露天堆存是否导致漆膜防护措施失效的要因	《A一期项目海上升压站施工组织设计》中生产区域划分图	（1）现场检查中发现实际生产过程中生产区域划分与方案中基本一致； （2）对堆存区域部件进行抽检，样本数为10，每个样本检查5个点，油漆防护措施执行概率100%； （3）一周后，对样本进行复查（其中有一个样本因为生产需要调离堆场），样本数为9，发现油漆防护措施仍完好，样本完好率100%； （4）设备露天堆存不是造成油漆防护措施失效的主要原因	2018-10-21	×××	非要因
4	场内倒运次数过多	现场验证	场内倒运次数过多是否是导致漆膜防护措施失效的要因	《A一期项目海上升压站施工组织设计》中需倒运部件及倒运线路	（1）查找发现方案中海上升压站98%以上部件生产完成后需进行倒运； （2）验证现场倒运情况：部件制作完成后一般倒运2次，少数倒运3次，最终到达整体拼装区域； （3）设备制作完成后，对部件进行抽检（样本数为10，每个样本检测5个点），发现均有油漆防护措施，且漆膜完好； （4）倒运一次后，对部件进行抽检，发现油漆防护措施没有脱落，样本油漆未破损； （5）倒运第二次后，对部件进行抽检，发现油漆防护措施没有脱落，但有一个部件2个测点发生油漆破损，破损占比达4%； （6）按照上述流程抽取一批需倒运3次的部件，发现倒运一次油漆破坏率为0，倒运第二次为2%，最终完成后样本油漆破损率为6%； （7）调查B项目，设备部件到达最终拼装区域倒运次数为1次； （8）调查C项目，设备部件到达最终拼装区域倒运次数为1次； （9）确认因倒运次数增加，最终造成部件油漆防护失效概率增加	2018-10-25	×××	要因

序号	末端原因	确认方法	确认内容	确认标准	验 证 情 况	完成时间/(年-月-日)	责任人	要因确认
5	防腐完成后短时间内即出运	现场调查	防腐完成后短时间内即出运是否是导致漆膜防护措施失效的要因	《A一期项目海上升压站施工组织设计》中油漆防护措施安装要求	(1) 对现场部件生产完成后（油漆晾干）的油漆防护措施安装时间进行统计，样本数为10； (2) 发现8个样本当天完成安装，2个样本次日完成安装； (3) 部件出运时间一般为防腐完成（晾干）后2天，紧急情况下为1天； (4) 确认防腐完成后短时间内即出运为非要因	2018-10-14	×××	非要因
6	土工布防护性能不佳	现场验证	土工布防护性能不佳是否是漆膜防护措施失效的要因	《A一期项目海上升压站施工组织设计》《B项目施工组织设计》《C项目施工组织设计》	(1) 查找核对3个类似项目施工方案，发现2个项目油漆防护材料采用土工布包裹，1个项目采用废弃橡胶防护； (2) 对现场部件每批次抽取20个类似样本，其中10个样本在实际过程中按C项目方案要求，采用废弃橡胶防护； (3) 对最终验收情况进行统计，发现采用不同防护材料的样本油漆破损率均为10%； (4) 确认土工布防护性能不佳不是防护措施失效的要因	2018-10-25	×××	非要因

通过要因确认，可知影响漆膜防护措施失效主要原因是场内倒运次数过多。

5.21.8 制定对策

针对主要原因，QC小组成员结合以往的施工经验，通过集体讨论，制定提高涂装一次合格率的对策表，见表5-223。

表5-223　　　　　　　　　提高涂装一次合格率的对策表

要因	对策	目标	具 体 措 施	地点	时间	负责人
场内倒运次数过多	优化场区布置，减少倒运次数	将倒运次数减少到1次	(1) 对照场区布置图，参照堆场面积及沿线起重机械配置，讨论制定可行的新堆场运输线路； (2) 通过项目质量部牵头人、项目施工现场管理人员、项目工程部等人的管理范围和协调能力，组织监理单位、施工单位，商讨优化方案，落实现场布置； (3) 对执行情况进行监督，对执行效果进行每天统计； (4) 过程中分析优化	施工现场	11月1日完成制定并实施	×××

5.21.9　对策实施

对策制定以后，QC 小组活动进入实施阶段，根据具体措施逐条实施。

（1）对照场区布置图及机械配置，选定新的堆场和运输线路。10 月 27 日上午，QC 小组成员聚集，讨论现场倒运的优化思路。场区布置图如图 5-287 所示。

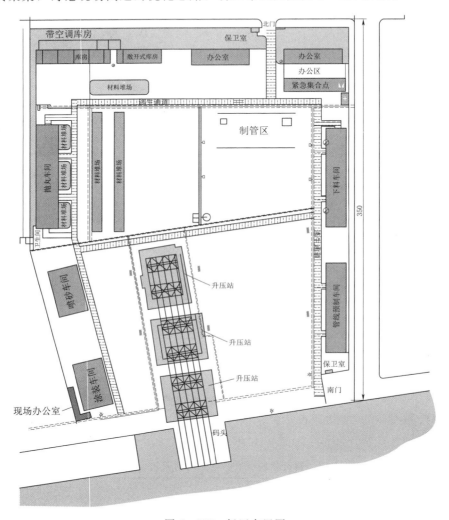

图 5-287　场区布置图

（2）协调相关单位，商讨优化方案。10 月 30 日，QC 小组成员通过 A 公司工程部相关人员，召集参建单位对倒运方案进行讨论优化，并于 11 月 1 日正式执行新的倒运线路。对倒运方案讨论优化如图 5-288 所示。

（3）对执行情况进行监督统计。QC 小组成员从 11 月起常驻现场，对执行情况及效果进行统计。现场施工区如图 5-289 所示。最终组拼场地如图 5-290 所示。QC 小组成员对部件漆膜进行检查如图 5-291 所示。

图 5-288　对倒运方案讨论优化

图 5-289　现场施工区

图 5-290　最终组拼场地

图 5-291　QC 小组成员对部件漆膜进行检查

5.21.10　效果检查

5.21.10.1　效果追踪

1. 目标值完成情况

在海上升压站现场施工过程中，QC 小组于 11 月底对实施情况进行了中间效果检查，得到的结果见表 5-224。

表 5-224　　　　　　　　　　　　　　　中间效果检查表

	时　间			合计
	2018 年 9 月	2018 年 10 月	2018 年 11 月	
每个组件场内倒运次数	2～3	2～3	1	—
倒运导致防护失效次数	4	6	0	9
防护措施失效导致漆膜破损次数	11	13	3	25
漆膜破损导致返修次数	15	16	7	36
返修次数	36	41	17	90
检验次数	200	239	198	637
一次合格率/%	82.0	83.8	91.4	85.9

中间效果检查图如图 5 - 292 所示。

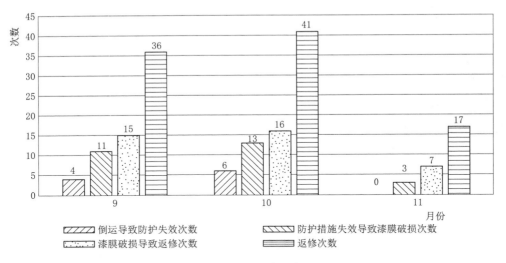

图 5 - 292　中间效果检查图

2. 问题症结解决情况

根据图 5 - 292 可得，防护措施失效从 9—10 月的平均 15 次以上，降到了 11 月的约 7 次，说明这一主要问题症结也得到了较好解决。

5. 21. 10. 2　最终效果

1. 倒运造成的防护失效情况

倒运造成的防护失效情况统计表见表 5 - 225。

表 5 - 225　　　　　　　　　　**倒运导致防护失效情况统计表**

实施前（2018 年 7—9 月）			实施后（2018 年 11 月—2019 年 1 月）		
项目	次数	占比/%	项目	次数	占比/%
倒运造成的防护措施失效	—	—	倒运造成的防护措施失效	2	33.3

注　因此前未注意到倒运次数过多的问题，2018 年 7—9 月数据无完全统计。

2. 防护失效造成的油漆破损情况

漆膜防护措施失效造成的油漆破损情况统计表见表 5 - 226。

表 5 - 226　　　　　　　　　　**漆膜防护措施失效造成的油漆破损情况统计表**

实施前（2018 年 7—9 月）			实施后（2018 年 11 月—2019 年 1 月）		
项目	次数	占比/%	项目	次数	占比/%
漆膜防护措施失效造成的油漆破损	40	78.5	防护失效造成的油漆破损	6	40

3. 油漆破损与涂装一次性合格率的关系

油漆破损与涂装一次性合格率的关系表见表 5 - 227。

表 5－227 　　　　　　　　　　　**油漆破损与涂装一次性合格率关系表**

实施前（2018 年 7—9 月）			实施后（2018 年 11 月—2019 年 1 月）		
项目	次数	占比/%	项目	次数	占比/%
油漆破损影响涂装一次性合格率的情况	51	38.9	油漆破损影响涂装一次性合格率的情况	15	13.7

4.涂装一次性合格率最终水准

涂装一次性合格率最终水准统计表见表 5－228。

表 5－228 　　　　　　　　　　　**涂装一次性合格率最终水准统计表**

项目	合格率/%			
	2018 年 11 月	2018 年 12 月	2019 年 1 月	平均值
A 项目	91.4	95.7	97.9	95.0

从表 5－226 中可以看出：通过优化运输布置，减少场内倒运次数，最终实现了预定目标——海上升压站整体涂装一次合格率达到 95％以上。

在各项效益方面，由于涂装一次合格率的提高，在油漆成本方面节省超过万元，并直接提高了海上升压站的外部观感质量；对于无形效益，涂装合格率的提高优化了项目机械设备的使用效率，加快了项目施工进度；另外，在机械成本缩减、人工成本缩减、场地使用率提高（可开展其他施工，创造新的盈利）等方面也产生了一定的无形效益。

结论：本次活动达到目标。

5.21.11　制定巩固措施

5.21.11.1　标准化

优化场内运输方案，将减少倒运次数的具体措施写入项目作业指导书《A 海上风电项目 220kV 海上升压站上部组块钢结构制作安装施工方案》。

文件编号：SPECSL－YJFD－CON－006（修编上报）。

5.21.11.2　成果巩固

为进一步巩固本次 QC 小组的活动成果，采取了以下措施：

（1）将相关优化措施加入项目例会纪要，要求监理单位督促施工单位按优化后的方案实施。

（2）在施工检查中，加入对上述措施执行情况的检查。

5.21.12　活动总结和下一步打算

5.21.12.1　活动总结

在本次 QC 活动中，虽然遇到不少的困难与挫折，如要因确定时存在分歧、小组讨论中不能完全调动组员的思考能力等，但经公司培训老师的指导及自身的不断努力，终于如期完成活动、达到预期目标。同时，QC 小组成员的逻辑能力和创新能力也得到提高，对项目从技术改进、管理改善方面也有了新的思考。通过施工流程及场区布置的优化，大大提高了项目的施工管理效率。而 QC 小组成员在现场不停奔波、召开各项会议，也提高了现场人员对施工技术细节的重视程度，加强了 QC 小组活动目标成功实现的技术保障。

5.21.12.2　下一步打算

在此次 QC 活动中，大家获得了较高的成就感，也增强了继续进行下一期课题的自信心。2019 年 QC 小组计划针对提高海上风电现场安全隐患整改率等议题，开展第二阶段 QC 小组活动。同时，在公司其他工作中，也将继续推进 QC 活动，进一步理解相关规范和技术标准，持之以恒，加强实践。QC 小组人员素质提升图如图 5-293 所示。

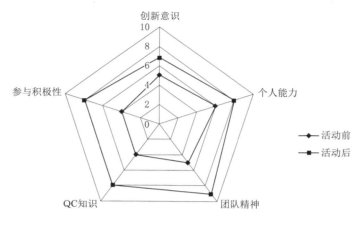

图 5-293　QC 小组人员素质提升图

5.22　降低极端温度下风电机组变频器故障频次

本课题针对极端温度下频繁报出变频器故障导致风电机组频繁停机这一问题，通过 QC 小组活动降低了极端温度下风电机组变频器故障频次，提高了风电机组的可利用率。

5.22.1　课题背景简介

××风电场的风电机组为双馈异步发电机组，其中变流器担任着主要发电机励磁和发电机电能转换的角色，主要功率转换单元变频器为风电机组转换电能的重要单元，在极端温度下频繁报出变频器故障导致风电机组频发停机，降低了风电机组可利用率，影响风电机组的安全运行和场站的经济效益，因此 QC 小组展开了对在极端温度下降低变频器故障频次的课题研究。变频器系统实物图如图 5-294 所示。

另外，有

$$故障频次 = \frac{统计时间段内的故障次数}{统计时间段内的机组总数}$$

5.22.2　小组简介

5.22.2.1　小组概况

本 QC 小组于 2016 年 4 月 12 日成立，并于 2018 年 1 月 12 日登记注册，注册编号：

图 5 - 294　变频器系统实物图

CTG - SXXNY - QC - 01。QC 小组概况见表 5 - 229。

表 5 - 229　　　　　　　　　　　　　QC 小 组 概 况

小组名称	"追风者"		
课题名称	降低极端温度下风电机组变频器故障次数		
成立时间	2016 年 4 月 12 日	注册时间	2018 年 1 月 12 日
注册编号	CTG - SXXNY - QC - 01	课题类型	现场型
活动时间	2018 年 1—10 月	活动次数	15 次
QC 教育时长	60h/人	出勤率	100%

5.22.2.2　成员简介

QC 小组成员简介表见表 5 - 230。

表 5 - 230　　　　　　　　　　　　QC 小 组 成 员 简 介 表

序号	成员姓名	性别	文化程度	组内职务和分工
1	周××	男	本科	组长　组织协调
2	莫××	男	本科	副组长　技术指导
3	陈×	男	本科	组员　现场协调
4	魏××	男	本科	组员　技术指导
5	卞××	男	本科	组员　成果编制

5.22.3　选题理由

通过与附近同机型风电场变频器对比，可知每月变频器平均故障频次应不大于 0.18 次/台。据统计，2017 年 1—10 月变频器故障总次数为 120 次，频次为 5.22 次/台，平均每月故障次数 12 次，频次 0.52 次/台，故障频次较高。2017 年 1—10 月变频器故障频次表见表 5-231。2017 年 1—10 月变频器故障频次图如图 5-295 所示。

因此，选定课题为降低极端温度下风电机组变频器故障频次。

表 5-231　　　　　　　2017 年 1—10 月变频器故障频次表

月份	1	2	3	4	5	6	7	8	9	10	平均	合计
故障次数	16	12	6	7	9	10	19	21	11	9	12	120
故障频次/（次/台）	0.70	0.52	0.26	0.30	0.39	0.44	0.83	0.91	0.48	0.39	0.52	5.22

5.22.4　现状调查

QC 小组成员对 2017 年 1—10 月××风电场极端温度下风电机组变频器故障次数进行了调查与统计，××风电场第五条集电线路机组 2017 年 1—10 月变频器故障类别次数统计表见表 5-232。

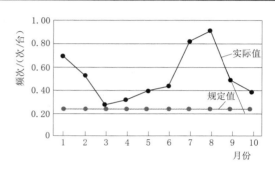

图 5-295　2017 年 1—10 月变频器故障频次图

表 5-232　　　　　　　2017 年 1—10 月变频器故障类别次数统计表

故障类别	故障次数										小计	占比/%	累计占比/%
	1 月	2 月	3 月	4 月	5 月	6 月	7 月	8 月	9 月	10 月			
变频器 IGBT 温度	10	9	13	11	15	24	29	31	28	23	193	72.56	72.56
变频器接触器	11	3	3	5	5	5	2	5	1	2	42	15.79	88.35
变频器充电类	5	7	1	2	3	1	0	2	0	0	21	7.89	96.24
变频器母线	0	1	0	0	0	2	0	0	3	0	6	2.26	98.50
其他故障	1	1	0	2	0	0	0	0	0	0	4	1.50	100.00

2017 年 1—10 月变频器故障类别和统计图如图 5-296 所示。

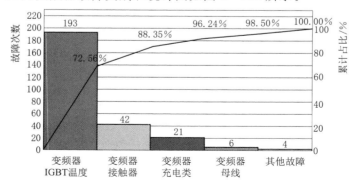

图 5-296　2017 年 1—10 月变频器故障类别和统计图

由表 5-230 和图 5-296 可知,变频器故障原因中变频器 IGBT 温度类故障占比高达 72.56%,如何降低变频器 IGBT 温度类故障频次成为要解决的主要症结。

5.22.5 确定目标

经过与相邻风电场同类型机组对比,根据 QC 小组多年运行检修经验进行合理设定,本次 QC 小组活动目标为将××风电场 5 线风电机组变频器故障频次由 0.52 次/台降至 0.25 次/台,如图 5-297 所示。

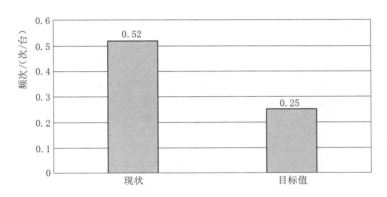

图 5-297 变频器故障频次活动目标图

5.22.6 原因分析

QC 小组成员针对发现的症结进行细致分析和解剖,在环境和机器两方面分析了末端原因。IGBT 温度故障分析图如图 5-298 所示。

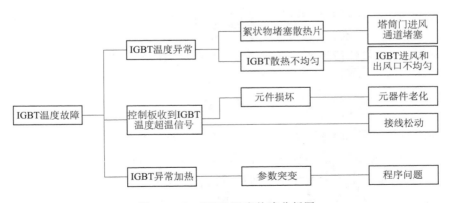

图 5-298 IGBT 温度故障分析图

5.22.7 要因确认

为找到风电机组变频器 IGBT 温度故障这一症结的最主要原因,QC 小组成员集中开展了要因确认。

1．塔筒门进风通道堵塞

2018 年 2 月 5 日，"追风者" QC 小组成员对塔筒门进风通道进行了清扫，现场采用透光测试的方法对清扫前后进行了透光率的对比，对比数据如下：

清扫前，透光率 $T=15\%$。

清扫后，透光率 $T=38\%$。

结果确认：通过对塔筒门散热通道的清扫对比可以发现清扫后的透光率明显增强。

结论：要因。

2．IGBT 进风和出风口不均匀

2018 年 2 月 6 日，QC 小组成员对变流器 IGBT 的散热通道吸风口进行扩张以增大进风面积，在原基础上扩张 1cm 的宽度，拓宽了进风口面积。通过对比进风量，发现效果明显。

清扫前，通风量为 $0.26m^3/s$；清扫后，通风量为 $0.76m^3/s$。

结果确认：IGBT 的吸风口通道面积增大对进风量有改善。

结论：要因。

3．元器件老化

2018 年 2 月 7 日，QC 小组成员对变流器故障的损坏备件进行了整理，对近三年和投运五年的备件更换数量并进行对比，通过对 2015 年 2—4 月的备件和 2015 年 5—9 月的备件的对比发现，元器件的老化均在批量改造中进行了处理。

结果确认：对元器件老化原因可以在消缺中处理掉，并非是造成变流器故障的主要原因。

结论：非要因。

4．接线松动

2018 年 2 月 8 日，QC 小组成员对变流器故障的接线原因进行梳理分析，统计出接线松动的数量，利用一天时间排查和对接线端子进行紧固和更换，后期经过统计得出变流器 IGBT 温度高故障次数降低不明显。

结果确认：通过接线段子的紧固和更换，可以消除部分的 IGBT 温度高故障，降低次数不明显。

结论：非要因。

5．程序问题

2018 年 2 月 8 日，QC 小组成员对变流器各项程序进行检查和验证，现场核对机组的系统参数，发现程序经常出现参数突变现象，与机组厂家沟通检查确认为控制板硬件无法承载运行参数，突然掉电后参数异常，通过对控制板批量升级后故障消除。

结果确认：通过更换升级控制板发现程序问题不是造成 IGBT 温度高故障的要因。

结论：非要因。

5.22.8　制定对策

为了更好地解决要因，QC 小组成员围绕如何解决塔筒门进风通道堵塞和 IGBT 进风和出风口不均匀的问题运用头脑风暴法展开讨论，提出了诸多改进措施，制定了要因对策表，要因对策表见表5-233。

表 5 - 233　　　　　　　塔筒门进风通道堵塞和进风和出风口不均匀对策表

序号	要因	对策	目标	措　施	地点	时间 /(年-月-日)	负责人
1	塔筒门进风通道堵塞	制定特殊通风滤网	增加塔筒门滤网透气性	（1）现场测量塔筒门散热通道尺寸； （2）采购合适材料的过滤网； （3）制定通风通道的防雨罩壳； （4）安装中注意通风网孔和防雨罩固定孔必须一致	44号风机	2017-11-25	×××
2	IGBT进风和出风口不均匀	扩张进出风口面积	通风量要求超过 0.3m³/s	（1）测量前后进风口尺寸； （2）制定切割范围； （3）现场对IGBT进出风口进行切割核实	44号风机	2017-11-25	×××

5.22.9　对策实施

2017年12月，QC小组制定了相应对策后，为实现既定的质量目标，QC小组进行了具体布置落实，对人员进行分工，以实施对策。

对策实施一：

QC小组成员通过现场实践测量，在防护网上加上保温通风网及防雨罩，达到了在原有基础上实现通风效果好、变频器IGBT模块间温度均衡的要求，并能保证阴雨天气雨水无法进入风电机组塔筒内，避免造成电器元件短路。现场实施工流程图如图5-299所示。

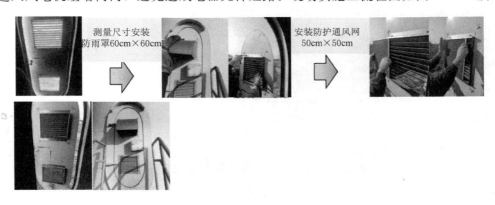

图 5 - 299　现场施工流程图

对策实施二：

QC小组成员首先对IGBT的吸风口面积尺寸进行测量然后对其进行扩张以增大吸风量。

计算通风流量的变化：气体流量计算公式为

$$Q = Sv$$

式中　S——横截面积；

　　　v——气体流速。

经计算，改造后的气体流量 $Q=0.66\text{m}^3/\text{s}$，大于目标值 $0.3\text{m}^3/\text{s}$。吸风口尺寸切割前后对比图如图 5-300 所示。

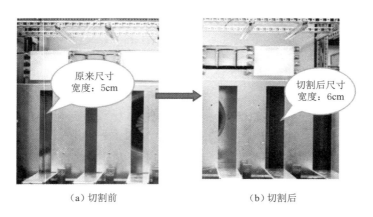

（a）切割前　　　　　　　　　（b）切割后

图 5-300　吸风口尺寸切割前后对比图

5.22.10　效果检查

QC 小组成员于 2017 年 12 月完成××风电场 5 线风电机组的改造，统计 2018 年 1—10 月数据，活动后变频器故障频次排列图如图 5-301 所示。

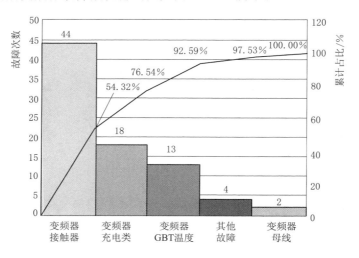

图 5-301　活动后变频器故障频次排列图

通过对策的实施，风电机组在极端温度下的变频器故障频次明显降低。与往年同期数据进行比较可以发现完成改造后，全场变频器故障频次显著下降，平均故障频次达到 0.2 次/台，较好地实现了本 QC 小组的设定目标。故障频次对比图如图 5-302 所示。活动前后故障频次柱状图如图 5-303 所示。

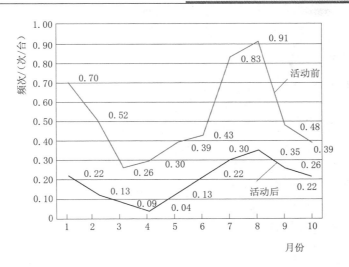

图 5 - 302 故障频次对比图

5.22.11 制定巩固措施

××风电公司总结经验，在《××风电公司风机定期维护保养制度》中将变频器 IGBT 相模块及塔筒门作为重点巡检对象，同时制定了《塔筒门进风通道清洗作业指导书》和《IGBT 散热片清洗作业指导书》，纳入《××风电公司检修作业指导书（A 版）》，将内容中添加到第六章、第七章的作业内容。

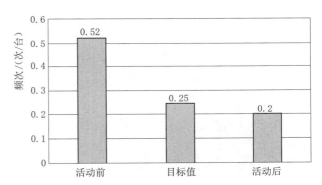

图 5 - 303 活动前后故障频次柱状图

5.22.12 活动总结和下一步打算

5.22.12.1 活动总结

本次活动提高了 QC 小组成员对变频器故障的分析和处理能力，极大降低了风电机组变频器类故障，为××风电场减少了发电量损失，同时 QC 小组成员的专业技术能力得到了较大提升，个人的质量管理意识及运用 QC 工具解决实际问题的能力均有较大提高；QC 小组成员在活动中协作能力和团队精神得到显著提高。

5.22.12.2 下一步打算

QC 小组将继续在风电场日常运行管理中不断总结，发扬大胆创新，稳中求胜的精神，竭力改善风电场的不足之处，努力提高风电场设备安全稳定运行率。

5.23 降低 1.5MW 风电机组齿轮箱月均故障频次

本课题针对齿轮箱故障引发风电机组紧急停机，对风电机组整体质量产生较大隐患这一问题，通过 QC 小组活动降低了齿轮箱月均故障频次，保证了风电机组的整体质量。

5.23.1 课题背景简介

××风电场共安装 33 台 LHDL UP86 - 1500 型双馈风电机组，该类型风电机组是通过齿轮箱将叶轮转速按照 1：101 变比，在高速运转时齿轮箱润滑油通过冷凝器进行散热，从而保证齿轮箱正常运行。齿轮箱高速端使发电机轴承达到高速运行，进行切割磁感线运动，从而发出不稳定、不规则的交流电，经过整流，再逆变为与电网同电压、同频率、同相位的交流电进行并网。风电机组在运行过程中不可避免地会报出故障，而齿轮箱类故障会引发机组紧急停机，会对机组整体质量产生较大隐患。经统计，××风电公司在风电机组大负荷运转时，齿轮箱发生故障频次较高。因此，解决齿轮箱类故障可在一定程度上保证机组整体质量。齿轮箱外形及工作原理示意图如图 5 - 304 所示。

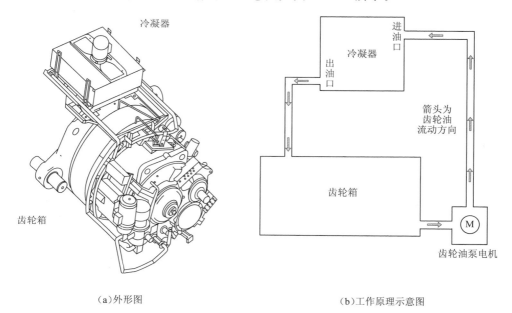

（a）外形图　　　　　　　　　　　　　　　　（b）工作原理示意图

图 5 - 304　齿轮箱外形及工作原理示意图

5.23.2 小组简介

5.23.2.1 小组概况

QC 小组概况见表 5 - 234。

表 5 - 234　　　　　　　　　　　　　QC 小组概况

小组名称	"蓝天"		
课题名称	降低 1.5MW 风电机组齿轮箱月均故障频次		
注册单位	××风电公司		
成立时间	2018 年 7 月 2 日	注册时间	2018 年 7 月 22 日
注册编号	CTGNE/QCC - NEB（KY）- 02 - 2018	课题类型	现场型

活动时间	2018 年 7 月 22 日—2019 年 3 月 4 日	活动次数	15 次
接受 QC 教育时长	60h/人	出勤率	95％

5.23.2.2　成员简介

QC 小组成员简介表见表 5-235。

表 5-235　　　　　　　　　　　QC 小 组 成 员 简 介 表

序号	成员姓名	性别	文化程度	职务/职称	组内职务和分工
1	杨××	女	硕士	工程师	组长　组织协调
2	哈×	男	本科	高级工程师	副组长　技术指导
3	杨××	男	本科	工程师	组员　组织协调
4	赵××	男	专科	中级技师	组员　技术指导
5	田×	男	本科	助理工程师	组员　活动策划
6	初×	男	专科	技术员	组员　数据收集
7	任×	男	本科	助理工程师	组员　现场实施
8	曲×	男	本科	技术员	组员　成果编制

5.23.3　选择课题

××风电公司齿轮箱故障频次较高。针对这一情况，××风电公司调研了具有相同机型的 A 风电场和 B 风电场故障情况，得知这两家风电场每月齿轮箱故障频次均在 0.16 次/台以下。

于是，××风电公司电力生产部要求风电场齿轮箱月均故障频次不大于 0.16 次/台。

风电场齿轮箱故障频次表见表 5-236。风电场齿轮箱故障频次图如图 5-305 所示。

表 5-236　　　　　　　　　　　风电场齿轮箱故障频次表

月份	1	2	3	4	5	6	平均	合计
故障次数	6	8	15	16	7	6	9.67	58
故障频次/(次/台)	0.18	0.24	0.45	0.48	0.21	0.18	0.29	

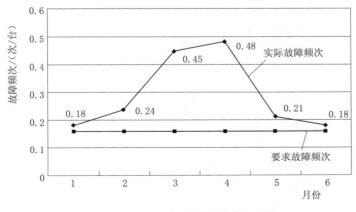

图 5-305　风电场齿轮箱故障频次图

经统计，2018 年 1—6 月齿轮箱故障总次数为 58 次，平均每月故障次数 9.67 次，月均频次 0.29 次/台，故障频次较高。

故选定课题为降低 1.5MW 风电机组齿轮箱月均故障频次。

5.23.4　现状调查

QC 小组成员从风电机组中央监控导出 2018 年 1 月 1 日—6 月 30 日 33 台风电机组报出的所有齿轮箱故障，对影响因素频次进行统计，共计 58 条，齿轮箱故障影响因素频次统计表见表 5-237。

表 5-237　　　　　　　　　　　齿轮箱故障影响因素次数统计表

序号	故障类别	故障次数						小计	占比/%	累计占比/%
		1 月	2 月	3 月	4 月	5 月	6 月			
1	油温超限故障	2	4	8	11	9	4	38	65.52	65.52
2	低油位故障	1	0	2	2	1	1	7	12.07	77.59
3	润滑油压故障	2	0	3	0	0	1	6	10.34	87.93
4	油过滤故障	0	1	0	1	1	1	4	6.90	94.83
5	油泵保护空开故障	1	1	0	1	0	0	3	5.17	100.00
	合计	6	6	13	15	11	7	58	100	

按照表 5-237 绘制齿轮箱故障影响因素次数统计图，如图 5-306 所示。

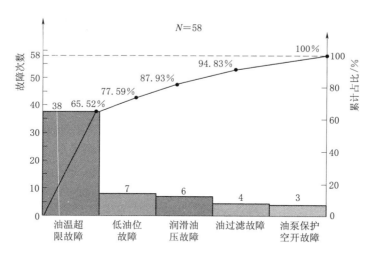

图 5-306　齿轮箱故障影响因素次数统计图

由表 5-237 和图 5-306 可知油温超限故障是齿轮箱故障频次较高的要因。

经统计，2018 年 1—6 月齿轮箱每月平均故障频次为 0.29 次/台，频次较高。××风电公司调研了具有相同机型机组的 A 风电场和 B 风电场故障情况，见表 5-238。得知两家风电场每月齿轮箱故障频次均为 0.16 次/台以下。（月故障频次＝故障次数/统计时间段内运行机组总数/月数）

表 5-238　　　　具有同机型机组的风电场故障数据对比表

序号	故障类别	A 风电场		B 风电场		×× 风电场	
		2018 年 1—6 月		2018 年 1—6 月		2018 年 1—6 月	
		故障次数	月故障频次/(次/台)	故障次数	月故障频次/(次/台)	故障次数	月故障频次/(次/台)
1	油温超限故障	9	0.05	10	0.05	38	0.19
2	低油位故障	4	0.02	5	0.02	7	0.03
3	润滑油压故障	4	0.02	4	0.02	6	0.03
4	油过滤故障	7	0.03	5	0.02	4	0.02
5	油泵保护空开故障	8	0.04	9	0.05	3	0.02
	合计	32	0.16	33	0.16	58	0.29

　　QC 小组成员通过调查其他风电场的故障处理资料,经过认真分析和测算,得出结论可将每月的油温超限故障次数控制在平均 1.5 次左右,按此假设则齿轮箱在 2018 年 1—6 月总故障次数为

$$58 次 - 38 次 + 9 次 = 29 次$$

齿轮箱总故障频次为

$$29 次 / 33 台 / 6 = 0.15 次 / 台$$

$$0.15 次 / 台 < 0.16 次 / 台$$

因此,将月度齿轮箱故障频次目标值定为 0.15 次/台,根据以往经验测算是能够实现的。

5.23.5　确定目标

　　经过 QC 小组成员的讨论、分析和测算,×× 风电场将齿轮箱月度故障频次由 0.29 次/台降低至 0.15 次/台以下作为本次活动的目标。齿轮箱故障频次目标图如图 5-307 所示。

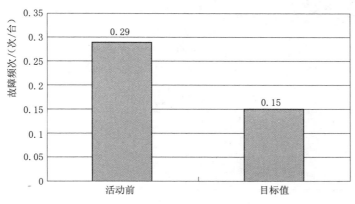

图 5-307　齿轮箱故障频次目标图

5.23.6　原因分析

QC 小组成员结合环境因素针对齿轮箱油温超限故障频次高问题运用头脑风暴法展开分析，对造成这一问题的原因认真讨论，经过汇总形成因果分析图，如图 5-308 所示。

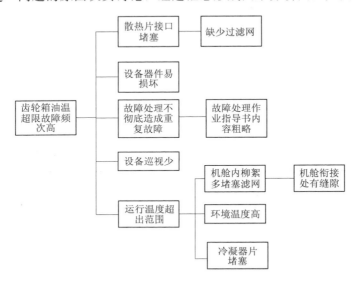

图 5-308　齿轮箱油温超限故障因果分析图

5.23.7　要因确认

QC 小组成员对引起齿轮箱油温超限故障的 7 条原因进行了认真的分析。

图 5-309　散热片口

1. 缺少过滤网

2018 年 8 月 13 日，QC 小组成员检查通风口散热片，散热片接触口直接与空气接口，导致空气中的毛絮、灰尘、较大杂质等均能堵塞散热片口。散热片口如图 5-309 所示。维护人员针对此问题，在通风口处加装了滤网，通过对加装滤网和未加装滤网机组的运行温度数据进行对比发现，加装滤网机组异物进入的概率明显降低，散热功能显著提升。因此缺少过滤网是重要原因。加装和未加装滤网机组数据对比表见表 5-239。

表 5-239　　　　　　　　　　　加装和未加装滤网机组数据对比表

项　　目	已安装	未安装
平均齿轮箱油温/℃	45	56
灰尘毛絮覆盖散热片情况	无	覆盖面积为 30%

结论：要因。

2. 设备器件易损坏

通过查看近 6 个月内的维护记录，发现仅有一次故障是因为温控阀损坏导致的，在更换温控阀后，机组恢复运行。齿轮箱油温超限故障前两个季度报出 38 次，备件原因仅一次。因此，设备器件易损坏不是重要原因。

结论：非要因。

3. 故障处理作业指导书内容粗略

QC 小组成员查阅了该类故障发生率较低的其他风电场的作业流程，与××风电公司的作业指导书进行对照后发现无差异。因此，故障处理作业指导书内容粗略不是重要原因。

结论：非要因。

4. 设备巡视少

2018 年 8 月 10 日，QC 小组成员对近 6 个月的风电机组巡视记录进行检查，从巡视记录中发现，××风电公司员工严格按照电力生产部的要求执行，做到了每月对 33 台风电机组至少巡视一轮，并且将发现的齿轮箱缺陷进行及时处理。风机巡视记录簿如图 5 - 310 所示。因此设备巡视少为非要因。

图 5 - 310　风机巡视记录簿

结论：非要因。

5. 机舱衔接处有缝隙

2018 年 8 月 9 日，QC 小组成员对机舱衔接缝隙进行检查，发现机舱衔接缝隙较大，并沾有灰尘等异物。机舱衔接缝隙如图 5 - 311 所示。维护人员针对此问题，将 4 台机组缝隙进行清理后分成两组对比：一组采用简易封堵的办法，将机舱缝隙进行了封堵；二组并未采取措施。经过查阅两周数据和上塔观察，得到风电机组封堵数据对比表见表 5 - 240。因此机舱衔接处有缝隙为要因。

图 5 - 311　机舱衔接缝隙

表 5 - 240　　　　　　风电机组封堵数据对比表

组名	一组（封堵）	二组（无措施）
平均齿轮箱油温/℃	42	58
灰尘毛絮覆盖散热片情况	无	覆盖面积为 30%

结论：要因。

6. 环境温度高

2018 年 8 月 8 日，QC 小组成员统计了 1—6 月每月平均温度与故障次数。环境温度—故障次数曲线图如图 5 - 312 所示。图 5 - 312 中横坐标为环境温度，纵坐标为齿轮箱温度故障次数，当温度超过 20℃或低于 0℃时，故障次数并未升高，得出故障次数和环境温度并非呈线性正比关系。因此，环境温度高不是重要原因。

结论：非要因。

7. 冷凝器片堵塞

2018 年 8 月 12 日，QC 小组成员检查齿轮箱冷凝器片，发现冷凝器片被灰尘和毛絮堵塞，如图 5-313 所示，这导致齿轮箱空冷风扇处进风量不足，测试得知进风量为 2m/s。在将冷凝器片灰尘和毛絮等杂物清理后，进风量为 8m/s，散热效果显著增强。因此，冷凝器片堵塞是重要原因。

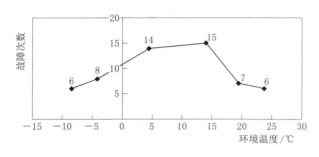

图 5-312　环境温度—故障次数曲线图

图 5-313　冷凝器片堵塞

通过 QC 小组成员对以上 7 个引起齿轮箱油温超限故障的原因共同讨论、分析，最终确定以下 3 个主要原因：①缺少过滤网；②机舱衔接处有缝隙；③冷凝器片堵塞。

5.23.8　对策制定

齿轮箱油温超限故障对策表见表 5-241。

表 5-241　　　　　　　　　　齿轮箱油温超限故障对策表

序号	主要原因	对策	目标	措施	负责人	地点	完成日期/(年-月-日)
1	缺少过滤网	在进风口处增设抽拉式滤网	设计长 1m、宽 0.5m 的抽拉式过滤网	(1) 在冷凝器前端安装固定抽拉滤网滑道；(2) 在风扇散热片处增加抽拉式过滤网	田×	机舱空冷风扇散热片处	2018-8-25
2	机舱衔接处有缝隙	对机舱衔接处进行密封改造	保证衔接处小于 0.1mm	(1) 测量机舱衔接边缘；(2) 增设螺丝加固机舱衔接缝隙；(3) 用防水胶皮密封机舱衔接缝隙	××	风电机组机舱处	2018-8-30
3	冷凝器片堵塞	清理冷凝气片	冷凝器散热片进风口风速 8m/s，出风口风速 7m/s	(1) 制定滤网清洁进度计划；(2) 组织人员进行滤网清洁；(3) 制定定期清理维护	××	机舱空冷风扇处	2018-8-30

5.23.9　对策实施

对策实施一：在齿轮箱进风口处增设抽拉式滤网。

2018 年 8 月 25 日，检修班组织维护人员对全机组的风扇进风口散热滤网经过测量后，对 33 台风电机组增设抽拉式滤网，这样能防止进风口散热片直接接触空气，抽拉式滤网也可以在清理时减少维护时间。抽拉式滤网安装流程图如图 5－314 所示。抽拉式滤网安装过程图如图 5－315 所示。

实施效果验证：增设上下层抽拉式滤网，可以使冷凝器散热片无法直接接触空气。

结论：通过增设抽拉式滤网，保证毛絮不能直接接触进风口散热片，从而防止冷凝器散热片堵塞，而且滤网为抽拉式能使滤网清理过程方便、彻底。

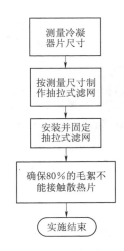

图 5－314　抽拉式滤网安装流程图

（a）安装前　　　　　　　　　（b）安装中　　　　　　　　　（c）安装后

图 5－315　抽拉式滤网安装过程图

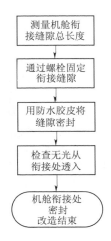

图 5－316　机舱密封改造流程图

对策实施二：对机舱衔接处进行密封改造。

2018 年 8 月 30 日，检修班组织维护人员对全场 33 台风电机组的机舱进行密封改造。该方法通过螺栓对衔接处紧固，用防水胶皮进行密封处理。

机舱密封改造流程图如图 5－316 所示。机舱密封改造过程图如图 5－317 所示。

实施效果验证：经过密封改造后，现场人员通过测量发现机舱连接处缝隙小于 0.1mm，满足设定目标。

结论：通过螺栓紧固和用防水胶皮密封，已经确定机舱衔接处无光进入，从而保证毛絮无法从机舱衔接缝隙中进入。

对策实施三：清理冷凝器片。

（a）改造前

（b）改造中

（c）改造后

图 5-317　机舱密封改造过程图

2018 年 8 月 30 日，检修班组成员对冷凝器散热片进行清洁，并制定月度巡检计划。

冷凝器片清理流程图如图 5-318 所示。冷凝器片清理前后实物图如图 5-319 所示。

实施效果验证：在清理完成后，启动风扇，现场员工通过风速测试仪测得进口风速 8.3m/s，出口风速 7.1m/s，满足目标设定。

结论：通过清洗散热片从而使冷凝器散热片无灰尘和柳絮覆盖，并且定期对冷凝器散热片进行巡视清理，保证散热片无堵塞现象。

5.23.10　效果检查

QC 小组成员继续对运行情况进行观察，2019 年 3 月 2 日调出 2018 年 9 月 1 日—2019 年 2 月 28 日数据，与 2018 年前 6 个月数据进行对比，齿轮箱故障效果检查表见表 5-242。效果检查图如图 5-320 所示。

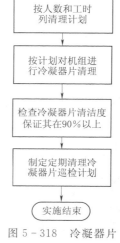

图 5-318　冷凝器片
清理流程图

（a）清理前　　　　　　　　（b）清理后

图 5-319　冷凝器片清理前后实物图

表 5 - 242 齿轮箱故障效果检查表

序号	故障类别	活 动 前		活 动 后	
		2018 年 1—6 月		2018 年 9 月—2019 年 2 月	
		故障次数	月故障频次/(次/台)	故障次数	月故障频次/(次/台)
1	油温超限故障	38	0.19	5	0.03
2	低油位故障	7	0.04	9	0.04
3	润滑油压故障	6	0.03	5	0.03
4	油过滤故障	4	0.02	4	0.02
5	油泵保护空开故障	3	0.02	5	0.03
	合计	58	0.29	28	0.14

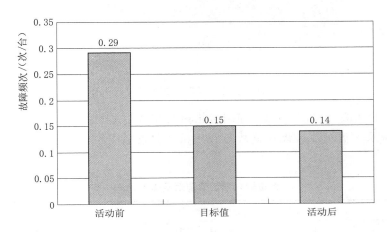

图 5 - 320 齿轮箱故障效果检查图

由图 5 - 320 可知，××风电公司 QC 小组通过开展降低 1.5MW 风电机组齿轮箱故障频次质量控制活动将变流器每月故障频次从 0.29 次/台降低至 0.14 次/台，达到目标 0.15 次/台。

2019 年 3 月 2 日，QC 小组成员从中央监控调出齿轮箱历史故障日志，齿轮箱故障次数明显降低，见表 5 - 243。

表 5 - 243 齿轮箱故障类别及频次统计表

序号	故障类别	故 障 次 数						小计	占比 /%	累计占比 /%
		2018 年 9 月	2018 年 10 月	2018 年 11 月	2018 年 12 月	2019 年 1 月	2019 年 2 月			
1	油过滤故障	1	1	2	2	1	2	9	32.14	32.14
2	油温超限故障	0	1	2	0	2	0	5	17.86	50.00
3	低油位故障	1	1	0	1	1	1	5	17.86	67.86
4	润滑油压故障	0	2	0	1	1	1	5	17.86	85.72
5	油泵保护空开故障	2	0	1	1	0	0	4	14.28	100.00
	合计	4	5	5	5	5	4	28	100	

按照表 5 - 243 绘制活动后齿轮箱故障统计排列图，如图 5 - 321 所示。并与图 5 - 306 对比。

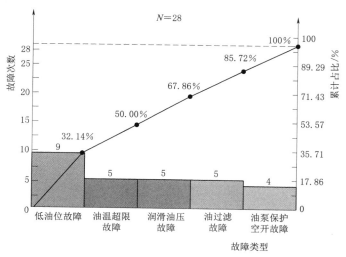

图 5 - 321 活动后齿轮箱故障统计排列图

由图 5 - 306 和图 5 - 321 可知，症结齿轮箱油温超限故障在 QC 小组活动后明显降低。

QC 小组成员对活动前后齿轮箱故障频次按照月度进行统计并计算月平均故障频次，见表 5 - 244。

表 5 - 244   **齿轮箱故障活动前后数据对比表**

活 动 前					
时间	2018 年 1 月	2018 年 2 月	2018 年 3 月	2018 年 4 月	2018 年 5 月	2018 年 6 月
月均故障频次/(次/台)	0.18	0.18	0.39	0.45	0.30	0.21

活 动 后					
时间	2018 年 9 月	2018 年 10 月	2018 年 11 月	2018 年 12 月	2019 年 1 月	2019 年 2 月
月均故障频次/(次/台)	0.12	0.15	0.15	0.15	0.15	0.12

活动前后齿轮箱故障频次对比图如图 5 - 322 所示。

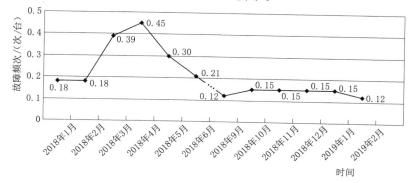

图 5 - 322 活动前后齿轮箱故障频次对比图

由以上数据可得，QC 小组活动达到目标值，解决了症结并且在活动后齿轮箱故障频次明显得到控制，因此此次小组活动取得了成功。

通过以上统计数据表明，此次 QC 活动降低了风电机组故障时间，从历史故障停机数据可以分析 2018 年 9 月—2019 年 2 月大约减少了 300h 停机时长，大大提高了发电量。

（1）提高的风电机组发电量约为

$$300h \times 1300kWh = 390000kWh$$

（2）提高的电费收入为

$$390000kWh \times 0.61(元/kWh) = 237900 元$$

该方案可以适用于含有风电齿轮箱的风电机组，如果在该场站进行推广，也可以大大提高经济效益。

5.23.11　制定巩固措施

××风电公司通过 QC 小组活动，齿轮箱故障有了很好的改善，为了保持齿轮箱系统的运行稳定性，特制定了巩固措施。

为保持过滤网的清洁，QC 小组制定了详细的过滤网清洗作业指导方案。作业指导书内容如下：

（1）每月对过滤网进行一次清洁工作。

（2）清洁步骤如下：

1）拆下抽拉式过滤网。

2）用高压水枪将过滤网冲洗干净。

3）将冲洗后的过滤网放置于阳光下或通风处 1h，直至过滤网没有水珠。

4）安装过滤网。

经××风电公司场站一级经理批准，将指导方案编写在《××风电公司 LHDL 部件维护作业指导书》中，指导书编号为 SXXNY - QENC - KYWY - 32。

跟踪追查，××风电公司统计了 2019 年 3 月齿轮箱故障分类及频次，见表 5 - 245。

表 5 - 245　　　　　　　　　2019 年 3 月齿轮箱故障分类及频次统计表

故障名称	油过滤故障	油温超限故障	低油位故障	润滑油压故障	油泵保护空开故障
故障次数	1	0	1	1	0
月故障频次/(次/台)	0.09				

根据表 5 - 243 进行分析，对比分析可证明跟踪检查期活动目标值稳定。

5.23.12　活动总结和下一步打算

5.23.12.1　活动总结

本次 QC 小组活动使××风电公司员工的专业技术水平得到了提高，能从工作中思考问题的存在，通过查找资料进而解决问题。在管理方法方面，确定小组结构，细化岗位职责，编制工作流程，完善规章制度。在员工综合素质方面，现场员工基本掌握了遇到问题遵循 PDCA 方法去解决，从而提高了现场生产质量的效率。

5.23.12.2　下一步打算

下阶段××风电公司仍会以降低 35kV 熔断器故障频次为方向进行研究，需要让 QC 小组成员继续学习，在技术方面进一步提升，在下一个课题中吸取上次活动的不足，在管理中完善规章制度。同时在员工中多开展 QC 培训工作，让每个人熟练掌握 PDCA 的运用方法，从而解决问题。

5.24　降低 JF750kW 风电机组液压系统故障次数

本课题针对液压系统故障影响风电机组可利用率和发电量这一问题，通过 QC 小组活动降低了机组液压系统的故障次数，为风电机组的稳定运行打下了良好基础。

5.24.1　课题背景简介

风电机组液压系统的主要功能是刹车（高、低速轴，偏航刹车）、变桨控制和偏航控制。JF750kW 风电机组液压系统由电动机、油泵、油箱、过滤器、管路及各种液压阀等组成，主要作用是提供风电机组的气动刹车、机械刹车所需要的压力，控制机械与气动刹车的开启实现了风电机组的启动和停机，同时也控制偏航刹车机构。液压系统在机组设计与运行中至关重要，关系到机组安全启停机、故障时长、备件消耗等问题，因此提高液压系统运行稳定性的意义重大。液压系统故障可能导致元器件的损坏、液压油渗漏，甚至可能造成飞车；液压系统故障增加了运行人员的检修时间和登机次数，同时影响机组可利用率和发电量。经调查统计 2018 年 4—8 月液压系统故障 24 次，占总故障的 54.55%。鉴于此问题，QC 小组积极围绕降低液压系统故障次数这一课题展开活动，为机组稳定运行打下了良好基础。

故障次数为统计周期内设备运行过程中因故障造成的非正常停运次数之和。

5.24.2　小组简介

5.24.2.1　小组概况

本 QC 小组于 2017 年 6 月 1 日成立，并于 2018 年 5 月 1 日登记注册，注册编号为：CTGEN/QCC - IM(SD) - 02 - 2018。QC 小组概况见表 5 - 246。

表 5 - 246　　　　　　　　　　QC 小组概况

小组名称	"追风逐日"			
课题名称	降低 JF750kW 风电机组液压系统故障次数			
成立时间	2017 年 6 月 1 日	注册时间	2018 年 5 月 1 日	
注册编号	CTGEN/QCC - IM(SD) - 02 - 2018	课题类型	现场型	
活动时间	2018 年 5 月 1 日—2019 年 1 月 31 日	活动次数	10	出勤率	90%

5.24.2.2　成员简介

QC 小组成员简介表见表 5 - 247。

表 5 - 247   QC 小 组 成 员 简 介 表

序号	成员姓名	性别	文化程度	组内职务和分工
1	贾××	男	本科	组长　组织协调
2	杜××	男	本科	副组长　组织协调、技术指导
3	尚××	男	本科	副组长　活动策划、技术指导
4	李×	男	本科	组员　技术指导
5	王××	男	专科	组员　现场实施
6	刘××	男	本科	组员　数据采集
7	赵××	男	本科	组员　数据采集
8	冯××	男	专科	组员　数据采集
9	张×	男	本科	组员　数据采集
10	王××	男	专科	组员　成果编制

5.24.3　选题理由

2018 年 5—8 月以来，公司发现一期 JF750kW 风电机组液压系统故障频发，QC 小组对 5—8 月 66 台 JF750kW 风电机组故障数据进行整理分析，发现累计发生液压系统故障 24 次，偏航系统故障 7 次，电控系统故障 6 次，发电机故障 5 次，传动系统故障 2 次，共计 44 次，故障类型调查表见表 5 - 248。

表 5 - 248   故 障 类 型 调 查 表

序号	故障类型	次数	占比/%	累计占比/%
1	液压系统故障	24	54.55	54.55
2	偏航系统故障	7	15.90	70.45
3	电控系统故障	6	13.64	84.09
4	发电机故障	5	11.36	95.45
5	传动系统故障	2	4.55	100
	总计	44	100	

故障类型排列图如图 5 - 323 所示。

根据表 5 - 248 和图 5 - 323 可知，液压系统故障报出 24 次，各类型故障总共报出 44 次，液压系统故障占总故障的 54.55%，明显高于其他几类故障，且 66 台风电机组液压系统故障月均 6 次，超出了公司规定的月平均故障次数应不大于 4 次/台的考核要求，因此 QC 小组决定将降低 750kW 机组液压系统故障次数作为 QC 小组的课题。

5.24.4　现状调查

QC 小组对现场 66 台 JF750kW 机组 2018 年 5—8 月期间液压系统故障数据进行调查统计，见表 5 - 249。

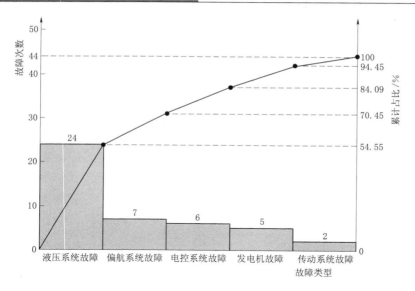

图 5-323　故障类型排列图

表 5-249　　　　　　　　　　　　　　液压系统故障调查表

序号	故障类型	故障次数					月均故障次数	占比/%	累计占比/%
		5 月	6 月	7 月	8 月	合计			
1	建压超时故障	3	3	4	4	14	3.5	58.34	58.34
2	液压油位故障	1	0	1	1	3	0.75	12.50	70.84
3	系统压力故障	0	1	1	1	3	0.75	12.50	83.34
4	叶尖压力故障	0	1	0	1	2	0.5	8.33	91.67
5	液压泵过载故障	0	1	1	0	2	0.5	8.33	100

按照表 5-249 绘制液压系统故障排列图，如图 5-324 所示。

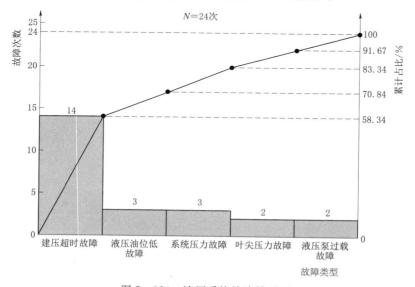

图 5-324　液压系统故障排列图

根据现状调查情况可以看出，风电场 66 台 750kW 机组建压超时故障月均 3.5 次，占液压系统故障的 58.38%，是造成液压系统故障次数偏高的症结所在。

5.24.5 确定目标

造成液压系统故障频发的主要症结在于建压超时故障次数较多，因此解决本课题的关键在于降低建压超时故障次数。

QC 小组结合现场风电机组的实际运行情况及其他类型故障的月平均故障次数开会研究讨论，认为建压超时故障次数至少可以降低 80%，同时可以将液压系统的月平均故障次数降至达到公司考核要求的不大于 4（次/台）。

通过计算得出液压系统故障次数可降低为

$$3.5 \times (1-0.80) + 0.75 + 0.75 + 0.5 + 0.5 = 3.2（次/月）$$

根据上述分析计算及目标依据，本次活动目标设定为将 JF750kW 风电机组液压系统故障次数降至小于 3.5 次/月。降低液压系统故障活动目标图如图 5-325 所示。

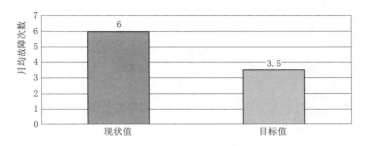

图 5-325 降低液压系统故障活动目标图

5.24.6 原因分析

QC 小组成员针对建压超时故障偏高这一症结，从人、机、料、法四个方面进行多次现场了解、讨论、分析，找出末端原因，建压超时故障原因分析关联图如图 5-326 所示。

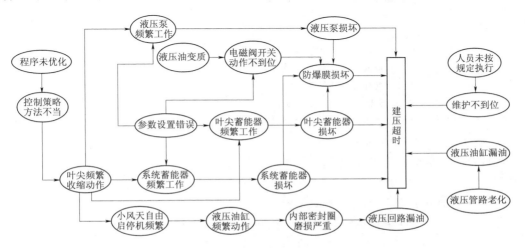

图 5-326 建压超时故障原因分析关联图

5.24.7　要因确认

根据原因分析结果，QC 小组对所有末端原因进行收集整理，制定要因确认表，并逐条进行确认。建压超时故障要因确认表见表 5 - 250。

表 5 - 250　　　　　　　　　　建压超时故障要因确认表

序号	末端原因	确认内容	确认方法	标　准	负责人	完成日期 /（年-月-日）
1	人员未按规定执行	查阅风电机组定检清单，维护项目内容是否覆盖全面；现场调查维护检修项目是否按规程完成	查阅资料；现场调查	《××风电公司检修规程》要求机组定检维护项目覆盖率 100%；定检维护项目完成率 100%	×××、××	2018 - 9 - 12
2	液压油变质	采样化验液压油各项参数是否符合标准，是否影响建压超时故障	查阅资料；采样化验	根据国家、行业标准要求，液压油检验标准：运动黏度 40℃ 时为 272～368mm²/s，酸值为不大于 1mgKOH/g，水分为不大于 0.05mg/kg，液压油满 5 年更换一次。每年进行一次采样化验	×××、×××	2018 - 9 - 12 — 2018 - 9 - 15
3	参数设置错误	查阅风电机组现场调试报告中液压系统给定参数与现场机组参数是否一致	现场调查测试分析	《JF750kW 现场调试报告》中给定液压系统参数值	×××	2018 - 9 - 12 — 2018 - 9 - 15
4	液压管路老化	目测检查液压油管是否有老化、破损、渗油现象	现场调查	油管外表无损伤、折痕，接口无渗油	×××、×××	2018 - 9 - 20
5	程序未优化	测试小风天停机是否频繁、甩叶尖收甩动作是否频繁	查阅资料；现场调查；测试分析	小风天自由停机不甩叶尖	×××、×××	2018 - 9 - 12 — 2018 - 9 - 13

1. 要因确认一：人员未按规定执行

通过查阅机组检修清单发现机组维护项目分类明确细致，维护项目覆盖率 100%。检修清单如图 5 - 327 所示。

750kW 机组定检维护情况调查表见表 5 - 251。

定期检修是指根据设备运转周期和使用频率而制定的提前进行设备现状确认的维修方式。2017 年全年检修完成前后 3 个月机组液压故障次数对比。统计表见表 5 - 252。

液压系统					此项检修负责人	杜潇宇
1	检查油位	B C	检查油位是否在正常位置		目测	正常
2	检查过滤器	B C	检查过滤器有无损坏		目测	正常
3	检查接头有无泄漏	B C	检查各处管接头无漏油及松动		目测、扳手	正常
4	检查油管	B C	有无泄漏和表面裂纹、脆化		目测	正常
5	检查偏航刹车压力	B C	运行15bar~30bar，刹车140bar~160bar		偏航余压表	20bar
6	检查高速轴刹车开启压力	B C	观察系统压力表	140bar~160bar	目测	正常
7	检查叶尖压力	B C	观察叶尖压力表	叶尖收回105bar 泄压107bar 补压102bar	目测	正常
8	更换液压油	X2				
9	检查过滤器	B C	检查过滤器，如果有阻塞显示，更换			硬板
10	检查压力	B C	检查机械压力表与面板比较是否显示正常，误差≤4bar		目测	正常
机舱罩和底板					此项检修负责人	杜潇宇
1	检查机舱罩	B C	外观一无裂纹、损伤、漏雨		目测	正常
2	检查螺栓力矩，测风支架-机舱	C	300N·m 力矩扳手	工具、力矩值请参照附表中的力矩值执行		已紧固
3	检查螺栓力矩，角型托架-机舱	C	300N·m 力矩扳手	工具、力矩值请参照附表中的力矩值执行		已紧固
4	检查螺栓力矩，角型托架-弹性支撑	C	300N·m 力矩扳手	工具、力矩值请参照附表中的力矩值执行		已紧固
5	检查螺栓力矩，弹性支撑-前梁/后梁	C	300N·m 力矩扳手	工具、力矩值请参照附表中的力矩值执行		已紧固
6	检查螺栓力矩，前梁-底座	C	300N·m 力矩扳手	工具、力矩值请参照附表中的力矩值执行		已紧固

图 5-327　检修清单

表 5-251　　　　　　　　　750kW 机组定检维护情况调查表

项目	频率	项目覆盖率/%	定检维护项目完成率/%
半年检修	每半年一次，有检查记录	100	100
全年检修	每一年一次，有检查记录	100	100

表 5-252　　　2017 年全年检修完成前后 3 个月机组液压故障次数对比统计表

时间	7月	8月	9月	月均值
全年检修前 3 个月液压系统故障次数	2	2	2	2
时间	10月	11月	12月	月均值
全年检修后 3 个月液压系统故障次数	1	2	2	1.67

全年检修完成前后 3 个月液压系统故障对比柱状图如图 5-328 所示。

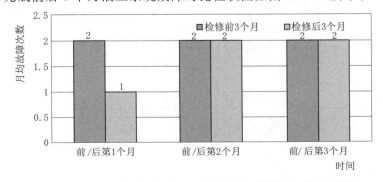

图 5-328　全年检修完成前后 3 个月液压系统故障对比柱状图

从表 5-252 和图 5-328 可以看出全年检修完成前后液压系统故障次数几乎没有变化，定期检修维护对机组液压系统故障影响不大，且机组检修内容全面，人员执行到位，因此人员未按规定执行是非要因。

2. 要因确认二：液压油变质

液压油变质可能是液压油含大量杂质，液压油水分、40℃时运行黏度、酸值、元素分析等数据异常，可能导致电磁阀开关动作不到位或灵敏度降低。报出建压超时故障。

2016 年对液压油抽样检测发现液压油各项指标不合格，且运行液压油满五年，随后进行更换。QC 小组对 2015 年、2017 年 5—8 月液压系统故障次数进行统计对比，见表 5-253。2015 年和 2017 年更换液压油前后故障次数对比柱状图如图 5-329 所示。可以发现更换前后液压系统故障次数基本持平。

表 5-253　　　　　2015 年和 2017 年更换液压油前后故障次数对比统计表

时间	2015 年					月均值
	5 月	6 月	7 月	8 月	合计	
故障次数	2	3	2	1	8	2
时间	2017 年				合计	月均值
	5 月	6 月	7 月	8 月		
故障次数	3	2	2	2	9	2.25

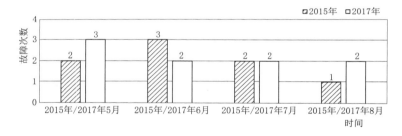

图 5-329　2015 年和 2017 年更换液压油前后故障次数对比柱状图

根据表 5-253 和图 5-329 分析得出结论：液压油变质是非要因。

3. 要因确认三：参数设置错误

参数设置正确是保障机组各零部件安全运行的前提，是为了保证各零部件按其本身技术规范正常运行。如果参数设置不当，可能导致零部件误动作并引发事故，或者零部件不在其可承受的参数范围内运行，造成其使用寿命降低，以致损坏。机组液压系统参数设定值统计表见表 5-254。

表 5-254　　　　　　　　机组液压系统参数设定值统计表

机组号	启泵压力 /bar	停泵压力 /bar	停止叶尖 进油压力 /bar	开始叶尖 进油压力 /bar	叶尖 泄压时间 /s	叶尖 泄压压力 /bar
1-05	132	142	103	96	0.1	110
1-23	132	142	103	96	0.1	110

续表

机组号	启泵压力 /bar	停泵压力 /bar	停止叶尖 进油压力 /bar	开始叶尖 进油压力 /bar	叶尖 泄压时间 /s	叶尖 泄压压力 /bar
1－31	132	142	103	96	0.1	110
2－02	132	142	103	96	0.1	110
2－18	132	142	103	96	0.1	110

厂家参数定值单与现场风电机组参数设定对比图如图 5－330 所示。

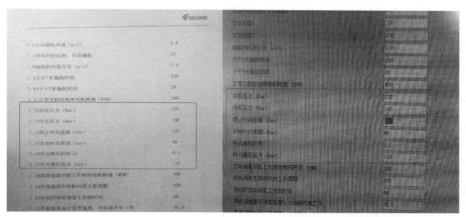

（a）厂家参数定值单　　　　　　　　（b）现场风电机组参数设定

图 5－330　厂家参数定值单与现场风电机组参数设定对比图

结论：从表 5－254 和图 5－330 可以看出所有风电机组参数设定值都未进行修改，不存在因参数设置不当导致液压系统误动作或元器件损坏的可能，因此参数设置错误是非要因。

4. 要因确认四：液压管路老化

液压管路长期处于空气冷热交替且不密封的空间内，在风电机组运行状态下还会有振动、摩擦的状况，各种因素会加速液压管路的老化，进而使管路破裂或管路接口密封不严，从而导致故障的发生。检修人员对投运第 4 年（2014 年）与投运第 8 年（2018 年）机组由于液压管路老化而更换液压油管的相关备件数量进行了统计，见表 5－255。

表 5－255　　　　　　　　　　　液压油管相关备件更换统计表

年份	液压油管相关备件更换数量/件	年份	液压油管相关备件更换数量/件
2014	2	2018	1

结论：通过对比机组运行 4 年和运行 8 年由于液压管路老化损坏而进行更换情况，可以得出液压管路老化是非要因。

5. 要因确认五：程序未优化

QC 小组调查风电机组液压系统故障时，发现 750kW 机组在低风速期（2～6m/s）运行时，由于现场风况脉动频率较高，阵风的峰值与谷值相差较大从而导致风速不稳，机组经常出现并网、脱网现象，导致叶尖频繁甩出，液压系统动作频繁，故障率随之增加。风电机组运行数据截图如图 5-331 所示。风电机组运行状态及故障表截图如图 5-332 所示。

主要信息时间	风机状态数字	风速（m/s）	发电机转速（RPM）	叶轮转速（RPM）	叶尖压力（0-255）	系统压力（0-255）
2018/7/6 0:40	17	3.6	945	13	103	139
2018/7/6 0:41	17	3.4	1049	14	102	139
2018/7/6 0:42	9	3.4	1364	19	99	140
2018/7/6 0:43	9	2.1	1382	19	98	140
2018/7/6 0:44	9	2.7	1488	21	104	136
2018/7/6 0:45	7	2.8	1499	21	103	137
2018/7/6 0:46	7	3.5	1499	21	99	137
2018/7/6 0:47	7	2.9	1501	21	99	137
2018/7/6 0:48	7	2.6	1501	21	104	145
2018/7/6 0:49	7	3.7	1502	21	103	145
2018/7/6 0:50	7	2.7	1499	21	99	144
2018/7/6 0:51	7	3.2	1503	21	98	144
2018/7/6 0:52	7	2.3	1500	21	105	149
2018/7/6 0:53	7	3	1500	21	104	149
2018/7/6 0:54	7	2.7	1498	21	101	148
2018/7/6 0:55	12	4.7	206	2	1	148
2018/7/6 0:56	17	4.2	192	0	10	13
2018/7/6 0:57	17	4.6	369	5	96	133
2018/7/6 0:58	17	4.1	418	5	107	150
2018/7/6 0:59	9	4	1224	17	101	146
2018/7/6 1:00	7	3.3	1503	21	99	145
2018/7/6 1:01	7	3.2	1497	21	96	145
2018/7/6 1:02	7	3.7	1500	21	107	152
2018/7/6 1:03	7	2.8	1503	21	100	150
2018/7/6 1:04	7	3.4	1497	21	100	150
2018/7/6 1:05	7	3.1	1497	21	96	150
2018/7/6 1:06	12	3.4	1181	18	1	150
2018/7/6 1:07	17	3.4	191	2	18	22
2018/7/6 1:08	17	4	215	0	81	83
2018/7/6 1:09	17	4.5	537	7	103	147
2018/7/6 1:10	17	3.9	977	13	102	146
2018/7/6 1:11	7	4.1	1498	21	99	145
2018/7/6 1:12	7	3.5	1500	21	99	146
2018/7/6 1:13	7	2.8	1503	21	96	145
2018/7/6 1:14	7	3.2	1501	21	108	148
2018/7/6 1:15	7	3.4	1498	21	101	147

叶尖压力释放，叶尖甩出

主要信息时间	风机状态数字	风速（m/s）	发电机转速（RPM）	叶轮转速	叶尖压力（0-255）	系统压力（0-255）
2018/7/6 1:16	7	2.9	1503	21	100	147
2018/7/6 1:17	12	3.7	446	6	1	147
2018/7/6 1:18	12	4	344	4	1	147
2018/7/6 1:19	17	4.3	190	0	13	17
2018/7/6 1:20	17	4.3	359	5	96	133
2018/7/6 1:21	17	5	403	5	107	151
2018/7/6 1:22	9	3.6	1377	19	100	145
2018/7/6 1:23	9	3.6	1423	20	100	145
2018/7/6 1:24	7	3	1501	21	97	145
2018/7/6 1:25	7	3.3	1503	21	97	145
2018/7/6 1:26	13	2.6	1163	17	1	150
2018/7/6 1:26	13	3.1	554	8	1	150
2018/7/6 1:26	13	3.2	405	5	1	149
2018/7/6 1:26	2	3.2	0	0	1	145

叶尖压力释放，叶尖甩出

叶尖动作频繁，报出建压超时故障

图 5-331　风电机组运行数据截图

以上所列的风电机组运行数据是典型的小风时间段风电机组运行状态的变化情况，可以明显地看到风电机组短时间内在小风运行阶段由并网状态到自由停机的次数。图 5-328 和图 5-329 显示从 2018 年 7 月 6 日 00:40:00—01:26:00 的 46min 时间里，此台风电机组由并网到脱网的次数为 4 次，风电机组由主程序控制的液压系统在 46min 的时间里反复工作次数为 7 次（收叶尖 3 次、甩叶尖 4 次）。这样一来在小风月份时，液压系统以这样的频率工作，必然会加重设备的损耗，导致建压超时故障频发，造成经济上不必要的损失，增加了现场人员的维护工作量和工作难度。

风机编号	时间	风机状态		风机编号	时间	故障描述
A-32	2018/7/6 0:41	启动		A-32	2018/7/6 0:41	系统正常
A-32	2018/7/6 0:45	并网		A-32	2018/7/6 1:26	建压超时 故障号57
A-32	2018/7/6 0:54	自由关机				
A-32	2018/7/6 0:56	空转				
A-32	2018/7/6 0:58	启动				
A-32	2018/7/6 1:00	并网				
A-32	2018/7/6 1:06	自由关机				
A-32	2018/7/6 1:07	空转				
A-32	2018/7/6 1:10	启动				
A-32	2018/7/6 1:11	并网				
A-32	2018/7/6 1:17	自由关机				
A-32	2018/7/6 1:18	空转				
A-32	2018/7/6 1:22	启动				
A-32	2018/7/6 1:23	并网				
A-32	2018/7/6 1:26	正常关机				
A-32	2018/7/6 1:26	停机				

图 5-332　风电机组运行状态及故障表截图

影响建压超时故障的原因统计见表 5-256。

表 5-256　　　　　　　　　　影响建压超时故障的原因统计表

序号	项目	次数					占比/%	累计占比/%
		5月	6月	7月	8月	合计		
1	程序未优化导致建压超时故障	3	1	3	3	10	71.42	71.42
2	元器件老化导致建压超时故障	0	1	1	0	2	14.29	85.71
3	其他原因导致建压超时故障	0	1	0	1	2	14.29	100
	合计	3	3	4	4	14	100	

结论：从图 5-331、图 5-332 和表 5-256 可以看出程序未优化导致建压超时故障占液压系统故障的 71.42%，因此液压系统程序未优化是要因。

5.24.8　制定对策

根据要因确认得出造成建压超时故障高的主要原因是液压系统程序未优化，QC 小组成员经过反复论证，制定了相应的对策，并编制了对策表，见表 5-257。

表 5-257　　　　　　　　　　建压超时故障对策表

要因	对策	目标	措施	地点	负责人	时间/(年-月-日)
液压系统程序未优化	优化液压系统控制程序，降低甩叶尖次数	风电机组小风停机过程甩叶尖次数降至不大于10次	更新控制系统液压控制部分程序，优化小风停机甩叶尖控制策略，降低甩叶尖次数	JF750kW机组 PLC控制器	×××	2018-9-22

5.24.9　对策实施

对既定措施 QC 小组成员经反复验证，并咨询厂家确认无误后，由公司总经理审批同意，QC 小组开始实施优化当前小风停机甩叶尖动作控制程序的对策。

程序优化后液压控制流程图如图 5-333 所示。

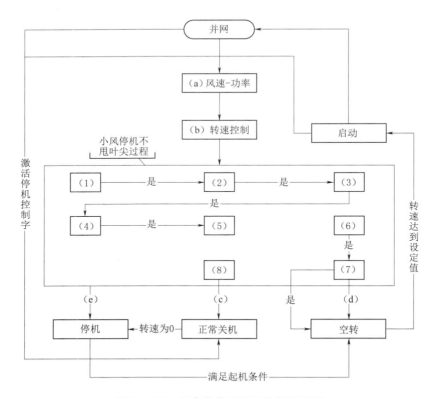

图 5 - 333   程序优化后液压控制流程图

图 5 - 333 中，（a）为脱网。满足脱网功率、时间、风速条件后进入小风停机过程。

（b）为转速控制，分为以下 8 步：

（1）风速小于 2m/s 或转速降小于 2r/s（风速稍大且转速下降趋势较弱）。

（2）判断偏航条件与方向（根据偏航优先级与风向输出偏航方向指令）。

（3）转速降小于 2.5r/s，转速不大于 1400r/min 或转速小于 1350r/min 或风向角度在 70°至 110°之间，停偏且置标志 1。

（4）若转速降不大于 1r/s，且转速大于 1240r/min，输出再偏指令。

（5）有标志 1 且在偏航过程中，15s 后，若转速降不小于 0 且转速不大于 1300r/min，停偏。

（6）若转速大于 1550r/min，释放叶尖，累加甩叶尖次数。

（7）释放叶尖 12s 后，若转速降不大于 0.5r/s 持续 3s，且转速小于 500r/min，进入正常关机状态。

（8）计算不甩叶尖 ok 比率（不甩叶尖 ok 即为机组程序根据当前风速、发电机转速、偏航角度判定机组不用执行叶尖甩出动作，不甩叶尖信号正常，ok 可以解释为正常）。

（c）为进入正常关机过程的条件，分为以下 4 种情况：

（1）检测到故障。

（2）30s 平均风速不小于 13m/s。

（3）小风停机小时次数达到 5 次。

（4）转速达到 1550r/min（最低转速抱闸）。

（d）为进入空转条件，分为以下 6 种情况：

（1）风速大于 4.5m/s 持续 1min。

（2）风速大于 5m/s 持续 40s。

（3）风速大于 5.5m/s 持续 30s。

（4）风速大于 6m/s。

（5）转速降不大于 1r/s 且转速大于 1350r/min。

（6）转速降 24r/s 持续 3s 且转速大于 1100r/min。

（e）为进入停机条件，即当叶轮转速、发电机转速为 0 并持续 20s 后进入停机状态。实施过程如下：

（1）准备阶段：装有 SIMATIC Wincc flexible 软件的笔记本一台，USB/MPI 编程电缆数据线一根，更新到最新程序（包括组态文件与程序文件）。

（2）机组必须处于停机状态，且塔底维护开关调到"维护"状态；新程序 IP 地址必须与其原 IP 地址一致。

（3）新程序原理图如图 5-333 所示。

（4）按照机组调试手册中的程序下载指导说明严格操作更新主控程序。

（5）程序更新结束后进行测试。

液压系统程序优化如图 5-334 所示。

在图 5-333 中，"小风停机不甩叶尖过程"与"并网""正常关机""停机""空转""启动"状态通过状态字进行有效衔接，不会发生状态衔接紊乱情况。小风停机程序优化进行了软件变更，并且保留了原小风停机流程，可以通过 HMI 面板关闭和打开小风停机不甩叶尖控制。

图 5-334 液压系统程序优化

结论：液压系统程序优化后测试结果显示，风电机组原小风停机过程执行甩叶尖动作，待发电机转速降至 200～300r/min 时收叶尖并再次并网，导致小风天叶尖频繁动作。

程序优化后小风停机过程不甩叶尖，以保护叶尖、液压站等部件，程序优化后小风停机甩叶尖次数可降低 90% 以上，解决了风电机组小风停机过程甩叶尖导致的叶尖频繁动作问题，实现了既定目标。

5.24.10　效果检查

5.24.10.1　目标值检查

2019 年 2 月 11 日，QC 小组对 2018 年 10 月—2019 年 1 月液压系统故障次数进行统计，活动前后液压系统故障次数对比统计表见表 5-258。活动前后液压系统故障次数折线图如图 5-335 所示。

表 5-258　　　　　　活动前后液压系统故障次数对比统计表

阶段	次　　数				
	2018 年 5 月	2018 年 6 月	2018 年 7 月	2018 年 8 月	月均值
活动前	4	6	7	7	6

阶段	次　　数				
	2018 年 10 月	2018 年 11 月	2018 年 12 月	2019 年 1 月	月均值
活动后	3	3	3	2	2.75

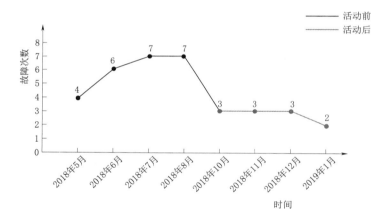

图 5-335　活动前后液压系统故障次数折线图

活动前后液压系统故障次数效果对比表见表 5-259。

表 5-259　　　　　　活动前后液压系统故障次数效果对比表

项目	活动前	目标值	活动后
液压系统月均故障次数	6	3.5	2.75

活动前后液压系统故障次数对比柱状图如图 5-336 所示。

优化后机组运行数据截图如图 5-337 所示。

通过对 66 台 JF750kW 机组液压系统实施程序升级优化后，达到自由停机时不甩叶尖的效果，且液压系统月均故障次数降低至 2.75 次，故障出现频次相对稳定，因此活动目标实现。

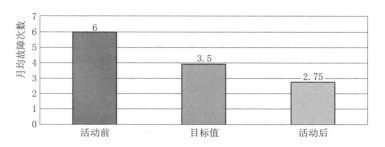

图 5-336 活动前后液压系统故障次数对比柱状图

主要信息时间	风机状态数字	风速（m/s）	发电机转速（RPM）	叶轮转速（RPM）	叶尖压力（0-255）	系统压力（0-255）
2018/11/10 2:55	7	3	1499	21	98	139
2018/11/10 2:56	12	4	360	5	100	137
2018/11/10 2:57	17	4	206	0	105	55
2018/11/10 2:58	17	3.3	273	0	98	146
2018/11/10 2:59	17	2.8	464	6	97	143
2018/11/10 3:00	17	2.8	1066	15	102	136
2018/11/10 3:01	9	3	1083	15	102	132
2018/11/10 3:02	9	2.1	1081	15	99	134
2018/11/10 3:03	9	2.4	1077	15	99	152
2018/11/10 3:04	9	2.2	1102	15	97	147
2018/11/10 3:05	9	1.9	1093	15	97	141
2018/11/10 3:06	9	2.1	1015	14	103	135
2018/11/10 3:07	9	2.1	1016	14	103	157
2018/11/10 3:08	9	2.3	1090	15	100	151
2018/11/10 3:09	9	2.3	1106	15	99	143
2018/11/10 3:10	9	3.2	1362	19	99	147
2018/11/10 3:11	9	3.2	1387	19	99	140
2018/11/10 3:12	9	3.4	1486	21	97	137
2018/11/10 3:13	9	3.4	1429	20	97	136
2018/11/10 3:14	9	4.2	1458	20	96	132
2018/11/10 3:15	7	3.6	1499	21	102	157
2018/11/10 3:16	7	3.5	1501	21	101	145
2018/11/10 3:17	7	3.5	1499	21	99	141
2018/11/10 3:18	7	4.8	1502	21	99	136
2018/11/10 3:19	7	3.7	1501	21	96	139
2018/11/10 3:20	7	3.8	1500	21	97	152
2018/11/10 3:21	7	3.3	1499	21	102	151
2018/11/10 3:22	7	3.3	1501	21	101	143
2018/11/10 3:23	7	2.3	1500	21	99	148
2018/11/10 3:24	7	2.6	1500	21	99	141
2018/11/10 3:25	12	3.8	869	12	102	138
2019/4/10 3:27	17	2.8	198	0	105	146

自由停机时，不释放叶尖压力

自由停机时，不释放叶尖压力

图 5-337 优化后机组运行数据截图

5.24.10.2 症结检查

2019 年 2 月 12 日，QC 小组成员对 2018 年 10 月—2019 年 1 月液压系统的各种故障进行了详细调查，故障统计表见表 5-260。故障排列图如图 5-338 所示。

表 5-260 2018 年 10 月—2019 年 1 月液压系统故障统计表

故障类型	合计次数	占比/%	累计占比/%
液压油位故障	3	27.28	27.28
系统压力故障	2	18.18	45.46
叶尖压力故障	2	18.18	63.64
液压泵过载故障	2	18.18	81.82
建压超时故障	2	18.18	100
合计	11	100	

由表 5-260、图 5-338 可以看出，活动后主要症结建压超时故障次数大幅度降低，且已成为影响液压系统故障的次要因素。

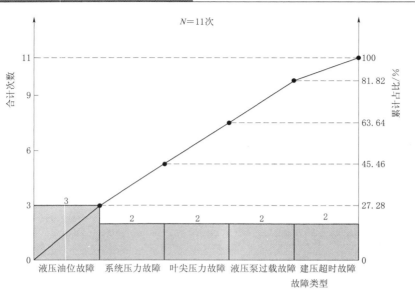

图 5 - 338　2018 年 10 月—2019 年 1 月液压系统故障排列图

5.24.11　制定巩固措施

公司已将本次活动成果进行提炼总结，经公司风电机组技术责任人同意，对《JF750kW 风机运行维护规程》《JF750kW 风机检修清单》进行重新修订。降低液压系统故障巩固措施表见表 5 - 261。

表 5 - 261　　　　　　　　　　　　降低液压系统故障巩固措施表

序号	内　容	巩固措施	完成时间/(年-月-日)	执行情况	监督人
1	重新修订风电机组运行维护规程，增加小风自由停机叶片及电磁阀动作情况检查内容	《JF750kW 风机运行维护规程》（编号：SXXNYNMG - SDTR - WHGC - SCYX - 2019）经分公司备案发布	2019 - 2 - 20	已完成	××
2	在检修清单内新增液压系统关于叶尖收合及叶尖压力判定的检修项目	经电力运行部统一修改、下发《JF750kW 风机检修清单》	2019 - 2 - 20	已完成	××

QC 小组在标准重新修订后又对液压系统故障进行了 2 个月的标准化跟踪，结合前 4 个月的液压系统故障，制作活动后液压系统故障统计表，见表 5 - 262。

表 5 - 262　　　　　　　　　　　　活动后液压系统故障统计表

项　目	时　间						月均值
	2018 年 10 月	2018 年 11 月	2018 年 12 月	2019 年 1 月	2019 年 2 月	2019 年 3 月	
液压系统故障次数	3	3	3	2	2	1	2.33

根据表 5 - 249 绘制活动后液压系统故障趋势图，如图 5 - 339 所示。

活动后对液压系统故障进行跟踪统计，发现液压系统故障次数明显降低且趋于平稳，活动效果得到很好的维持并巩固在良好水平。

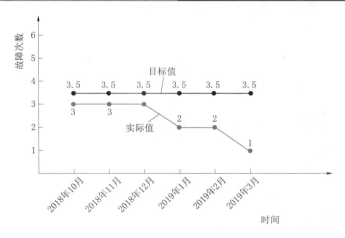

图 5-339　活动后液压系统故障趋势图

5.24.12　活动总结及下一步打算

5.24.12.1　活动总结

（1）专业技术方面：在本次活动中，QC 小组成员开拓了思路，锻炼了技能，独立解决问题和团队协作解决问题的能力逐步提高，每个成员的分析能力和实际动手能力得到了锻炼，为进一步解决实际问题打下坚实的基础。

（2）管理方面：通过本次课题的研究，QC 小组成员有了更加深入的交流，互相启发、探讨、学习，使成员对管理技术有了更深刻的认识，实际解决问题的能力有了很大的提高。

（3）小组成员的综合素质方面：本次活动的开展，使广大管理人员和技术人员的个人能力、团队意识、责任心等无形中得到了很大程度的提高，充分发挥了各自的主观能动性，提高了团队成员协同作战的能力，同时提高了班组的工作效率。本次课题的研究成果是 QC 小组集体智慧的一种体现，通过全体成员认真讨论、修改、补充、完善，完成成果报告，为以后的工作积累了宝贵的经验。

感谢公司领导对于 QC 小组的支持，给予这个锻炼的机会，QC 小组成员会把在活动中学到的知识应用到以后的工作中，为公司的发展贡献自己的力量。

降低液压系统故障活动自我评价表见表 5-263。

表 5-263　　　　　　　　降低液压系统故障活动自我评价表

序号	评价内容	自我评价得分	
		活动前	活动后
1	质量意识	2	4
2	QC 知识掌握	2	4
3	团队协作精神	3	5
4	个人能力	3	4
5	工作积极性	4	5

注　5 为优，3 为良，1 为差。

5.24.12.2　下一步打算

下一步 QC 小组将以研制风电机组断螺栓取出工装为课题进行深入研究。

第 **6** 章 光伏发电 QC 小组成果范例

6.1 降低 9 号箱式变压器室凝露发生率

本课题针对箱式变压器凝露可能引起设备腐蚀、短路现象，停机清理凝露会造成发电量损失这一问题，通过 QC 小组活动降低了箱变凝露发生率，提高了设备可利用率。

6.1.1 课题背景介绍

箱式变压器（以下简称"箱变"）室凝露指的是箱变室内水蒸气浓度达到饱和时，在温度较低部位凝结成水珠的现象。箱变凝露可能引起设备腐蚀、短路，危害极大，同时在光照强度最强的时间段停机清理凝露会造成很大的发电量损失。一般箱变凝露现象多发于秋冬季节，××光伏电站自并网发电以来，秋冬季节 9 号箱变凝露现象频繁发生，严重影响箱变的安全稳定运行，同时引起发电量损失，降低 9 号箱变凝露发生率迫在眉睫。

$$凝露发生率＝凝露发生天数/凝露调查周期$$

箱变如图 6-1 所示。箱变凝露现象如图 6-2 所示。

图 6-1 箱变

图 6-2 箱变凝露现象

6.1.2 小组简介

6.1.2.1 小组概况

QC 小组概况见表 6-1。

表 6-1   QC 小 组 概 况

小组名称	"叶绿素"		
单位	××光伏发电公司		
课题名称	降低 9 号箱式变压器室凝露发生率		
成立时间	2017 年 6 月 1 日	注册时间	2017 年 7 月 1 日
注册编号	CTGNE/QCC-TM(WLT)-01-2017	课题类型	现场型
活动时间	2017 年 7 月 8 日—12 月 31 日	出勤率	95%

6.1.2.2 成员简介

QC 小组成员简介表见表 6-2。

表 6-2   QC 小 组 成 员 简 介 表

序号	成员姓名	性别	文化程度	组内职务组和分工
1	刘××	男	本科	组长 组织协调
2	朱××	男	本科	副组长 组织协调
3	句××	男	本科	组员 成果编制和发布
4	鲁×	男	本科	组员 具体实施
5	张×	男	本科	组员 具体实施
6	王××	女	本科	组员 具体实施
7	魏×	男	本科	组员 具体实施
8	董××	男	本科	组员 数据采集
9	张×	男	本科	组员 数据采集
10	张××	女	本科	组员 成果编制
11	李×	男	本科	组员 技术指导
12	哈×	男	本科	组员 组织协调

6.1.3 选题理由

    ××光伏电站共有箱变 20 台。QC 小组统计站内其他 19 台箱变 2016 年 9—12 月数据发现，平均箱变凝露月平均发生率为 15%。

    9 号箱变同期凝露发生情况见表 6-3。

表 6-3 　　　　　　　　　　　　　　9 号箱变凝露发生情况

序号	月份	发生天数/天	累计天数/天	统计周期/天	发生率/%
1	9	5	5	30	16.67
2	10	9	14	31	29.03
3	11	13	27	30	43.33
4	12	12	39	31	38.71
总计			39	122	31.97

9 号箱变与其他箱变凝露发生率对比如图 6-3 所示。

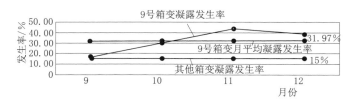

图 6-3 　9 号箱变与其他箱变凝露发生率对比

6.1.4 现状调查

6.1.4.1 历史数据调查

除 9 号箱变外 QC 小组成员另随机选取 12 号、7 号、18 号，3 号四台箱变，根据 2016 年 9 月 1 日—12 月 31 日《35kV 箱变定期巡检表》的记录内容，结合主控室后台监控和箱变监控记录的数据制作箱变历史数据调查表，其节选见表 6-4。

表 6-4 　　　　　　　　　　　　　　箱变历史数据调查表节选

调查时间/（年-月-日）		2016-11-1					2016-11-2				备注
箱变编号		9 号	12 号	7 号	18 号	3 号	9 号	12 号	7 号	18 号	3 号	
是否凝露发生		否	否	否	否	否	是	否	否	否	否	
天气情况		晴/4℃					多云/5℃					
外观检查	箱体是否完好	是	是	是	是	是	是	是	是	是	是	
	密封是否完好	是	是	是	是	是	是	是	是	是	是	
	基础有无孔洞	无	无	无	无	无	无	无	无	无	无	
本体检查	油位/（剩余油位占比）	2.3	2.3	2.4	2.4	2.0	2.3	2.3	2.4	2.4	2.0	
	顶端铁皮温度/℃	5.2	7.4	6.3	6.5	5.5	5.5	5.9	6.1	5.9	5.7	
	箱变室内是否有雨雪进入	无	无	无	无	无	无	无	无	无	无	
	室内空气湿度/%	48.3	32.1	28.4	33.7	35.2	54.2	34.2	30.5	35.7	37.3	
运行参数	油温/℃	23	22	24	23	22	23	24	21	22	22	
保护部分	压力是否释放	否	否	是	否	否	是	否	否	否	否	

续表

调查时间/(年-月-日)		2016 - 12 - 1					2016 - 12 - 2					备注
箱变编号		9 号	12 号	7 号	18 号	3 号	9 号	12 号	7 号	18 号	3 号	
是否凝露发生		是	否	否	否	否	否	否	否	否	否	
天气情况		小雪/0℃					多云/1℃					
外观检查	箱体是否完好	是	是	是	是	是	是	是	是	是	是	
	密封是否完好	是	是	是	是	是	是	是	是	是	是	
	基础有无孔洞	无	无	无	无	无	无	无	无	无	无	
本体检查	油位/(剩余油位占比)	2.2	2.3	2.3	2.2	2.2	2.3	2.3	2.3	2.2	2.2	
	顶端铁皮温度/℃	2.5	2.2	3.1	2.7	2.4	3.5	4.0	3.4	3.5	2.9	
	箱变室内是否有雨雪进入	有雪进入	无	无	无	无	无	无	无	无	无	
	室内空气湿度/%	49.2	35.7	31.5	37.4	35.9	52.5	35.0	35.3	35.3	35.4	
运行参数	油温/℃	22	23	22	24	21	23	24	21	23	22	
保护部分	压力是否释放	否	是	否	否	否	否	否	否	否	否	

6.1.4.2 现状剖析

QC 小组成员按照表 6 - 4 所列内容，运用排除法分析总结外观、本体、运行参数、保护部分等各项与凝露产生之间的联系，得出结论凝露产生与以下因素有关：①箱变室内湿度大于 50%；②箱变顶端铁皮温度低于 5℃；③雨、雪进入箱变室；④其他。

随后 QC 小组对导致 9 号箱变 39 次凝露现象产生的 4 个因素进行分类整理，见表 6 - 5。

表 6 - 5　　　　　　　　　　箱变凝露现象分类整理统计表

序号	问　题	发生天数	占比/%	累计占比/%
1	箱变室内湿度大于 50%	18	46.15	46.15
2	箱变顶端铁皮温度低于 5℃	16	41.03	87.18
3	雨、雪进入箱变室	3	7.69	94.87
4	其他	2	5.13	100

箱变凝露现象产生分类统计饼分图如图 6 - 4 所示。

由图 6 - 4 可知，箱变室内湿度大于 50% 和箱变顶端铁皮温度低于 5℃ 两个原因占比达到 87.18%，这两者是 QC 小组要解决的主要问题。

6.1.4.3 目标测算分析

通过对 2016 年 9—12 月箱变凝露的产生原因深入分析可知：箱变室内湿度大于 50% 以及箱变顶端铁皮温度低于 5℃ 是导致 9 号箱变凝露发生的症结，占总量的 87.18%。

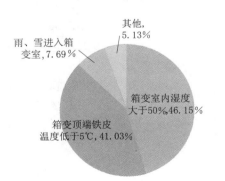

图 6 - 4　箱变凝露现象产生分类统计饼分图

如果能控制箱变室内湿度在 50% 以内，箱变顶端铁皮温度不低于 5℃，那么 9 号箱凝

露发生率将降为

$$1-87.18\%＝12.82\%＜15\%$$

6.1.5　确定目标

依据现状调查结果，本次 QC 小组活动目标为将 9 号箱变凝露现象的发生率降低至 15％以内。降低凝露发生率目标设定图如图 6－5 所示。

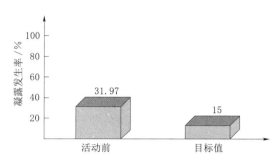

图 6－5　降低凝露发生率目标设定图

6.1.6　原因分析

QC 小组成员针对两大症结，进行细致的分析和解剖。运用头脑风暴法得出两症结，分析过程如图 6－6 所示。

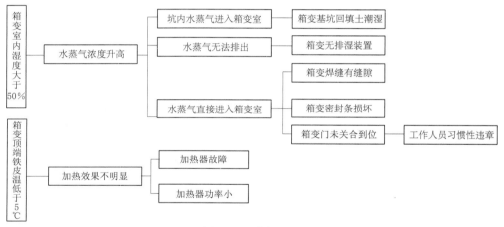

图 6－6　分析过程

6.1.7　要因确认

通过图 6－6，可得出如下 7 条末端原因：①箱变基坑回填土潮湿；②箱变无排湿装置；③箱变焊缝有缝隙；④箱变密封条损坏；⑤工作人员习惯性违章；⑥加热器故障；⑦加热器功率小。

QC 小组成员对各末端原因进行深入分析，并逐个进行要因确认。

1. 箱变基坑回填土潮湿

QC 小组成员进入箱变基坑对回填土进行 5 组随机采样并分别采用烘干法测其含水率，回填土含水率见表 6－6。

表 6－6　　　　　　　　　　　　回 填 土 含 水 率

采样编号	1	2	3	4	5
含水率/％	46.5	49.6	50.4	46.2	50.5

同时基坑内空气湿度为75%。由于基坑与箱变室之间存在电缆孔洞，基坑内水蒸气可通过电缆孔洞进入箱变室内，会直接导致箱变室内水蒸气浓度升高，因此可得出9号箱变基坑回填土潮湿是导致箱变室内湿度大于50%的直接原因。9号箱变基坑回填土如图6-7所示。9号箱变电缆孔洞如图6-8所示。

图6-7 9号箱变基坑回填土

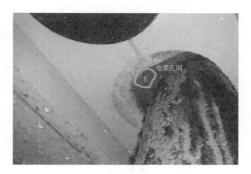

图6-8 9号箱变电缆孔洞

结论：箱变基坑回填土潮湿为要因。

2. 箱变无排湿装置

QC小组成员进行现场查看同时查阅箱变图纸并未发现箱变安装有排湿装置，与箱变生产厂家进行联系确认上述结论正确。箱变室内水蒸气确实无法排出，即在箱变室有水蒸气持续进入的情况下，水蒸气浓度会持续升高。则箱变室内水蒸气浓度大于50%与箱变无排湿装置有直接联系。

结论：箱变无排湿气装置为要因。

3. 箱变焊缝有缝隙

QC小组成员对9号箱变焊缝进行细致的检查，并未发现焊缝存在缝隙，同时电站于2016年4月2日进行过全部箱变的焊缝密封工作，结果确认箱变焊缝无缝隙，即箱变内水蒸气浓度高于50%并不是由箱变焊缝有缝隙导致外界水蒸气进入引起的。

9号箱变密封处理痕迹和密封工作记录如图6-9、图6-10所示。

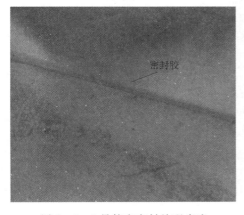

图6-9 9号箱变密封处理痕迹

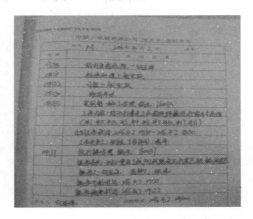

图6-10 9号箱变密封工作记录

结论：箱变焊缝有缝隙为非要因。

图 6-11　检查箱变密封条

4. 箱变密封条损坏

QC 小组成员对 9 号箱密封条进行细致的检查，并未发现箱变密封条存在损坏现象，确认箱变密封条完好，即箱变内水蒸气浓度高于 50% 并不是由箱变密封条损坏导致外界水蒸气进入引起的。检查箱变密封条如图 6-11 所示。

结论：箱变密封条损坏为非要因。

5. 工作人员习惯性违章操作

××光伏发电公司拥有健全的箱变巡视制度以及严格的巡视流程，各项责任落实到人，通过查阅记录，未发现有因工作人员习惯性违章操作引起的箱变门未关到位现象，因此不存在工作人员习惯性违章操作问题，其属于非要因。

结论：工作人员习惯性违章现象为非要因。

6. 加热器故障

QC 小组成员手动启停加热器测试，启动后 5min 进行测温，测温结果显示加热器温度为 156℃，加热器启停工作正常，则加热器故障不是箱变室顶端铁皮温度低于 5℃的直接原因，属于非要因。测试加热器温度如图 6-12 所示。

加热器

图 6-12　测试加热器温度

结论：加热器故障属于非要因。

7. 加热器功率小

2016 年部分环境温度和箱变顶端铁皮温度数据见表 6-7。

表 6-7　　　　　　　　**2016 年部分环境温度和箱变顶端铁皮温度数据**

时间/（年-月-日）	2016-11-7	2016-11-20	2016-12-5
环境温度/℃	−2	−3	−8
箱变顶端铁皮温度/℃	4.2	2.9	−2.5

表 6-7 表明加热器在启动情况下箱变顶端铁皮温度未达到 5℃，确认加热器功率小属

于要因。

结论：加热器功率小属于要因。

经过要因确认得到三条要因：①箱变基坑回填土潮湿；②箱变无排湿装置；③加热器功率小。

6.1.8 制定对策

(1) 针对要因一（箱变基坑回填土潮湿），QC 小组成员决定采用将潮湿回填土直接清除的方式解决。

(2) 针对要因二（箱变无排湿装置），QC 小组成员讨论出两种对策。要因二对策表见表 6-8。

表 6-8　　　　　　　　　　　要因二对策表

对策序号	对策内容	对策序号	对策内容
1	箱变室增加排湿口	2	箱变室内安装抽湿机

QC 小组成员对于两条对策的可靠性及实操性进行分析对比，见表 6-9。

表 6-9　　　　　　　　　　　要因二对策对比表

对策序号	内容	优点	缺点
1	箱变室增加排湿口	(1) 施工方便； (2) 施工所需材料易取得	(1) 对排湿口直径以及数量难以估算（除湿效果难以估计）； (2) 所处地区风沙较大，排湿口可能会导致尘土进入箱变室内加速设备老化； (3) 箱变属于高压设备，密封要求高，增加排湿口可能会增加安全隐患
2	箱变室内安装抽湿机	除湿效果明显	(1) 需要进行系统设计； (2) 设备设计、安装过程较为繁琐

经过综合考虑，QC 小组成员决定采用对策二作为要因二的应对方案。

(3) 针对要因三（加热器功率小），QC 小组成员运用头脑风暴法针对箱变所需增设加热器的功率、安装位置等进行仔细研究，最终决定采用散热材料安装于箱变室内顶部。

综上所述，QC 小组成员制定两症结对策表，见表 6-10。

表 6-10　　　　　　　　　　　两症结对策表

序号	要因	对策	目标	措施	地点	负责人	时间/（年-月-日）
1	箱变基坑回填土潮湿	直接清除潮湿回填土	将箱变基坑潮湿回填土全部清除	两人合作使用铁锹、吊桶等工具清除回填土	9 号箱变基坑	××	2017-8-5
2	箱变无排湿装置	增设抽湿机	将箱变室内湿度降至 50% 以内	(1) 寻找箱变内可安装抽湿机的具体位置； (2) 考虑抽湿机安装所需要的辅助材料； (3) 设计并安装抽湿机	9 号箱变内部	××	2017-8-9

续表

序号	要因	对策	目标	措　施	地点	负责人	时间/(年-月-日)
3	加热器功率小	增设加热装置	保持9号箱变顶端铁皮温度在5℃以上	（1）考虑加热装置的形状、材料； （2）考虑加热器安装所需的辅助支撑材料； （3）设计安装加热装置	9号箱变内部	××	2017-8-9

6.1.9 对策实施

1. 对策实施一

QC小组成员于2017年8月15日将9号箱变基坑内潮湿回填土以两人合作的方式进行清除。9号箱变基坑回填土清理如图6-13所示。箱变基坑回填土清理前后对比如图6-14所示。

图6-13　9号箱变基坑回填土清理

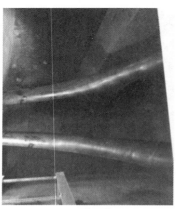

（a）清理前　　　　　　　　　　（b）清理后

图6-14　箱变基坑回填土清理前后对比

2. 对策实施二

QC 小组成员在执行要因二（箱变内无排湿装置）及要因三（加热器功率小）的对策过程中发现二者可设计为同一系统解决，实施过程如下：

（1）材料确认阶段。结合安全性以及箱变室空间综合考虑，本着占用最小空间使加热功率最大的原则，QC 小组决定采用硅胶加热膜作为加热材料。除湿装置采用微型抽湿机，同时需要检测箱变顶端铁皮温度及室内温湿度的传感器，控制硅胶加热膜及微型抽湿机启停的加热除湿监控装置。

（2）系统设计阶段。系统原理框图如图 6-15 所示。

（3）材料准备阶段。所需材料表见表 6-11。

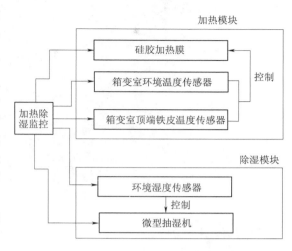

图 6-15　系统原理框图

表 6-11　　　　　　　　　　　所 需 材 料 表

序号	名　称	单位	数量	备　注
除湿加热系统主材料				
1	除湿加热监控装置	台	1	
2	微型抽湿机	台	2	
3	硅胶加热膜	片	10	200mm×400mm，100W，A 型，硅胶
4	箱变顶端铁皮温度传感器	台	2	
5	箱变室环境温湿度传感器	台	2	
除湿加热系统辅助材料				
1	小型断路器	个	1	
2	固定导轨	根	20	
3	支架	个	2	
4	电线、压线/接线端子、扎带、螺丝等耗材、塑料管、空瓶子	批	若干	

（4）硅胶加热膜用量计算阶段。QC 小组成员对箱变尺寸进行现场测量（宽为 950mm，长为 1950mm），结合硅胶加热膜规格（200mm×400mm）对加热膜布置方式及用量进行设计和计算。箱变尺寸测量如图 6-16 所示。箱变顶端硅胶加热膜铺设示意图如图 6-17 所示。图 6-17 中，白色矩形表示硅胶加热膜，灰色矩形表示固定导轨。

图 6-16　箱变尺寸测量

（5）具体实施阶段。具体实施过程为：

1）首先对 9 号箱变进行停机并断开高低压侧电源，确保实施过程的人员安全。

2）按照实施流程图进行，实施流程图如图 6-18 所示。

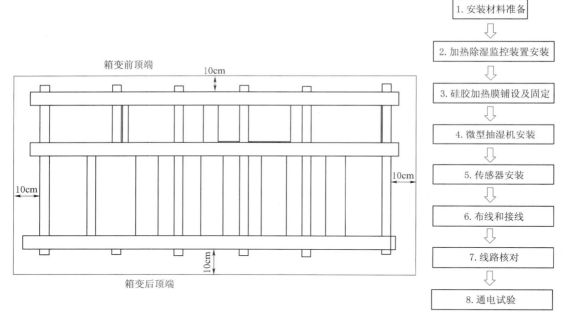

图 6-17　箱变顶端硅胶加热膜铺设示意图　　　图 6-18　实施流程图

　　a. 安装材料准备。安装所需材料主要包括：1 台除湿加热监控装置、10 片硅胶加热膜、2 台微型抽湿机、2 台箱变顶端铁皮温度传感器、2 台箱变室环境温湿度传感器、固定导轨、工具及其他辅料（螺丝、电线、空气开关、塑料管、接线端子等）。

　　b. 加热除湿监控装置安装。首先将箱变室仪表门拆下，然后按照监控装置尺寸进行开孔，在仪表门上开好孔之后将门复原，再将加热除湿监控装置安装到箱变门上。加热除湿监控装置安装前后对比图如图 6-19 所示。

 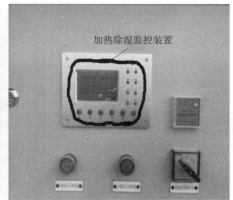

（a）实施前　　　　　　　　　　　　　　　（b）实施后

图 6-19　加热除湿监控装置安装前后对比图

c. 硅胶加热膜铺设及固定。按照先标记位置再安装的顺序对硅胶加热膜进行铺设，加热膜铺设好之后在加热膜下面安装固定导轨。硅胶加热膜安装前后对比如图 6-20 所示。

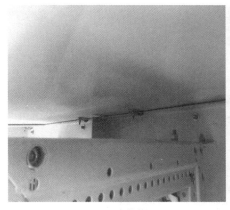 

（a）实施前　　　　　　　　　　　　　　　（b）实施后

图 6-20　硅胶加热膜安装前后对比图

d. 微型抽湿机安装。2 台抽湿机分别安装在箱变室左右两侧，首先将抽湿机固定在支架上，然后将支架固定于箱变室内，再安装导流管将抽湿形成的水流引入至储水容器瓶子内，瓶子做密封处理。抽湿机安装前后对比图如图 6-21 所示。系统接水部分如图 6-22 所示。

e. 传感器安装。共需安装 2 个箱变顶端铁皮温度传感器，2 个箱变室环境温湿度传感器。传感器安装效果图如图 6-23 所示。

f. 布线和接线。先在箱变室内右侧固定架上安装一根导轨，并在导轨上安装 2 个空开和 24 位接线端子。然后将 10 根加热膜电源线、2 根铁皮温度传感器引线、2 根温湿度传感器引线及 2 根微型抽湿器电源线全部接到空气开关及接线端子上，然后把相关引线接到除湿加热监控装置，最后将电送入空气开关。空气开关图如图 6-24 所示。

图 6-21　抽湿机安装前后对比图

图 6-22　系统接水部分

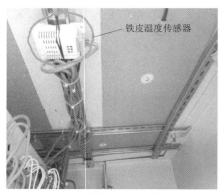

（a）箱变顶端铁皮温度传感器

（b）箱变环境温湿度传感器

图 6-23　传感器安装效果图

图 6-24　空气开关图

g. 线路核对。QC 小组成员根据设备原理及系统框图，使用万用表进行线路通断检查，确认接线无误。

h. 通电试验。确认接线无误后，QC 小组成员恢复箱变运行，然后给系统供电进行调试，经检查各元器件工作正常，整体安装效果图如图 6-25 所示。

QC 小组于 2017 年 8 月 25 日完成对策实施。

图 6 - 25 整体安装效果图

6.1.10 效果检查

QC 小组成员自对策实施后，对 9 号箱变开展持续追踪巡视，2017 年 9 月 1 日—12 月 31 日巡视 122 次（每日巡视）。进行分层统计分析，活动前后凝露现象原因分类对比见表 6 - 12。

表 6 - 12　　　　　　　　　　活动前后凝露现象原因分类对比表

阶段	箱变内湿度大于50% 发生天数	箱变顶端铁皮温度小于5℃ 发生天数	雨雪进入 发生天数	其他 发生天数
活动前	18	16	3	2
活动后	3	2	4	4

活动前后凝露现象原因分类对比图如图 6 - 26 所示。

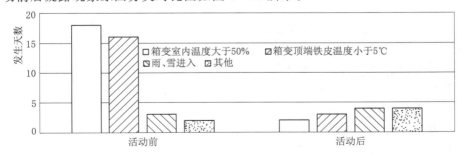

图 6 - 26　活动前后凝露现象原因分类对比图

活动前后凝露现象发生数据对比表见表 6-13。

表 6-13　　　　　　　　　活动前后凝露现象发生数据对比表

序号	月份	活动前 发生天数	活动后 发生天数	活动前累积 发生天数	活动后累积 发生天数	统计周期	活动前 发生率	活动后 发生率
1	9	5	2	5	2	30	16.67	6.67
2	10	9	3	14	5	31	29.03	9.68
3	11	13	4	27	9	30	43.33	13.33
4	12	12	4	39	13	31	38.71	12.90
	总计			39	13	122	31.97	10.66

活动前后凝露现象发生率对比图如图 6-27 所示。

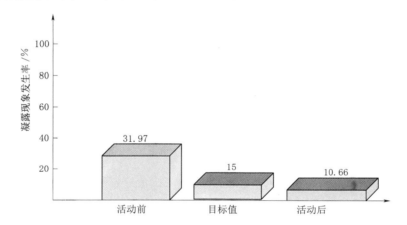

图 6-27　活动前后凝露现象发生率对比图

结论：QC 小组达到目标。

6.1.11　制定巩固措施

　　××光伏发电公司通过本次 QC 小组活动，9 号箱变凝露现象频繁发生的状况得到很大缓解，为了保持此次活动安装设备运行的稳定性，特制定巩固措施。

　　（1）此次 QC 小组活动安装的设备列入《35kV 箱变定期巡检表》巡视内容，检查装置是否投运、储水瓶内是否有积水以及加热膜温度等内容来确保整个抽湿加热系统正常运行。箱变定期巡检表如图 6-28 所示。

　　（2）将设备说明及操作规范收入《××光伏电站运行规程》。所列内容主要包括除凝露装置概述、

图 6-28　箱变定期巡检表

主要配置部件的数量、安装位置和作用，巡视内容以及故障应急处理步骤等，××光伏电

站运行规程如图 6-29 所示。

6.1.12 活动总结和下一步打算

6.1.12.1 活动总结

本次 QC 小组活动的顺利完成，解决了 9 号箱变凝露现象频发的难题。QC 小组成员在专业技术和团队管理方面受益匪浅，同时尚有不足。

专业技术方面：QC 小组成员对箱变凝露现象产生的因果关系和如何采取相应措施有了更加深刻的认识，并积累了一定的箱变凝露现象处理经验。通过在箱变室内安装除凝露装置，QC 小组成员对箱变的构造、内部接线以及各部件的性能指标有了更深层次的理解，同时掌握了科学的统计方法、统计工具在 QC 活动中的应用。

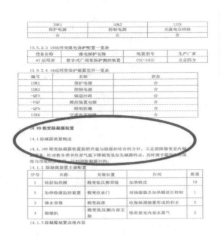

图 6-29　××光伏电站运行规程

团队管理方面：此次 QC 活动遵循了 PDCA 的活动程序，也是 PDCA 活动程序的一次成功实践，通过此次团队协作过程，QC 小组成员更加熟练地践行了科学的活动步骤，QC 小组的团队凝聚力和协作能力得到了很大提升，激发了 QC 小组成员应对难题时不断探索的兴趣。同时增强了 QC 小组成员发现问题、分析问题、解决问题的综合能力。

不足之处：此次 QC 小组活动虽然达到了目标，但是解决方案中系统原理图的设计、材料的选取以及设备的安装均相对复杂，而且后期维护也较为繁琐，在以后处理问题时应尽量寻找更为简单且容易实施的方法。

6.1.12.2 下一步打算

"撸起袖子加油干"是"叶绿素"QC 小组的活动理念，持续改进是"叶绿素"QC 小组活动的宗旨，本小组将一如既往地开展质量管理活动。在日常工作中，运维人员在进行站内 20 台逆变器的定期清理时，发现 20 台逆变器的清理需要 4 位工作人员合作并耗费约 40h 的时间，时间耗费较大，降低了设备的可利用小时数。为提升公司效益，提高设备可利用率，QC 小组决定将降低站区逆变器灰尘清理时间作为下一次活动课题。

6.2　降低 SVG 停机时间

本课题针对光伏电站无功补偿装置停机时间长，在电网公司进行考核时可能会受到处罚这一问题，通过 QC 小组活动降低了无功补偿装置停机时间，提高了设备可利用率。

6.2.1 课题背景简介

××光伏电站位于山西省大同市左云县境内，海拔均在 1200m 以上。光伏电站目前装机容量 100MW，采用组串式、集散式和集中式逆变器，通过 83 台箱式变压器就地升压至 35kV 经五条集电线路汇集至升压站，通过一台 100000kVA 的主变压器升压至 110kV 后经 110kV××线送至 220kV××汇集站上网。

6.2.2　小组简介

6.2.2.1　小组概况

QC 小组于 2016 年 10 月成立，于 2016 年 10 月登记注册，注册编号：CTGNE/QCC - HBB(ZY)-04-2016。QC 小组概况见表 6-14。

表 6-14　　　　　　　　　　QC 小组概况

小组名称	"沉陷区的阳光"		
课题名称	降低 SVG 停机时间		
成立时间	2016 年 10 月 15 日	注册时间	2018 年 1 月 30 日
注册编号	CTGNE/QCC - HBB(ZY)-04-2016	课题类型	现场型
活动时间	2016 年 10 月—2018 年 3 月	活动次数	5 次
接受 QC 教育时长	2.5h/人	出勤率	100%

6.2.2.2　成员简介

QC 小组成员简介见表 6-15。

表 6-15　　　　　　　　　　QC 小组成员简介表

序号	成员姓名	性别	文化程度	职务/职称	组内职务
1	张××	男	本科	项目公司总经理	组长
2	胡××	男	本科	主值班员	副组长
3	侯××	男	大专	值长	组员
4	刘×	男	大专	副值长	组员
5	苗×	男	大专	主值班员	组员
6	哈×	男	本科	副专员	副组长

6.2.3　选题理由

在国网××公司发布的双细则考核中指出：

光伏电站的动态无功补偿装置应投入自行运行，电力调度机构按月统计各光伏电站动态无功补偿装置月投入的自动可用率 $\lambda_{可用}$，$\lambda_{可用}$ 的计算公式为

$$\lambda_{可用} = 每台装置投入自动可用小时之和/（升压站带电小时数×装置台数）$$

动态无功补偿装置月投入自动可用率以 95% 为合格标准。SVG 停机时间的长短直接影响到国网公司对××光伏电站的双细则考核结果。因此，"沉陷区的阳光"QC 小组成立，通过开展 QC 小组活动可以降低 SVG 停机时间。

6.2.4　现状调查

6.2.4.1　历史数据调查

QC 小组成员对 2016 年 10 月—2017 年 6 月××光伏电站 SVG 停机时间进行了统计，见表 6-16。

表 6-16　　　**2016 年 10 月—2017 年 6 月××光伏电站 SVG 停机时间统计表**

序号	开始停机时间/（年-月-日）	结束停机时间/（年-月-日）	停机时长/h
1	2016 - 10 - 22	2016 - 11 - 25	816
2	2017 - 2 - 21	2017 - 3 - 11	415
3	2017 - 3 - 15	2017 - 3 - 15	5
4	2017 - 4 - 11	2017 - 4 - 13	62
5	2017 - 6 - 21	2017 - 6 - 21	6

表 6-16 中 SVG 的停机时间不满足国网公司双细则考核中的月投入自动可利用的相关要求，降低 SVG 的停机时间势在必行。

6.2.4.2　现状分析

35kV 1 号 SVG 停机原因有很多种，对表 6-16 停机原因进行分析后得到活动前 SVG 停机时间及原因统计表，见表 6-17。

表 6-17　　　　　　　　**活动前 SVG 停机时间及原因统计表**

序号	开始停机时间/（年-月-日）	结束停机时间/（年-月-日）	停机时长/h	停机原因
1	2016 - 10 - 22	2016 - 11 - 25	816	跳闸
2	2017 - 2 - 21	2017 - 3 - 11	415	跳闸
3	2017 - 3 - 15	2017 - 3 - 15	5	清扫滤网
4	2017 - 4 - 11	2017 - 4 - 13	62	清扫预试
5	2017 - 6 - 21	2017 - 6 - 21	6	清扫滤网

对表 6-17 归类后得到活动前 SVG 停机数据统计表，见表 6-18。

表 6-18　　　　　　　　**活动前 SVG 停机数据统计表**

序号	停机原因	停机时长/h	累计/h	占比/%	累计占比/%
1	SVG 跳闸	1231	1231	94.40	94.40
2	清扫预试	62	1293	4.75	99.15
3	清扫滤网	11	1304	0.85	100

活动前 SVG 停机数据饼分图如图 6-30 所示。

由图 6-30 可知，SVG 跳闸停机时间占比 94.4%，是要解决的主要症结。

当前 SVG 每月平均停机时间为

1304h/9 月≈144.89h/月

若 SVG 每月跳闸停机时间下降 90%，则 SVG 每月平均停机时间为

（1231×10%＋62＋11）/9≈21.79h/月

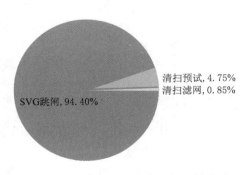

图 6-30　活动前 SVG 停机数据饼分图

约下降了

$$(144.89-21.79)/144.89\times100\%\approx85\%$$

6.2.5　确定目标

本次 QC 小组活动目标为将××光伏电站 SVG 停机时间由 144.89h/月降至 20h/月，下降率约为 86.2%，如图 6-31 所示。

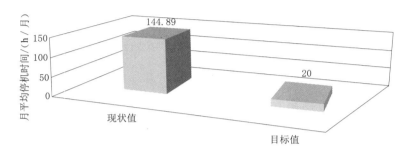

图 6-31　降低 SVG 停机时间活动目标图

6.2.6　原因分析

QC 小组成员针对发现的症结进行细致分析，采用头脑风暴法找出了 SVG 跳闸的五个末端原因，如图 6-32 所示。

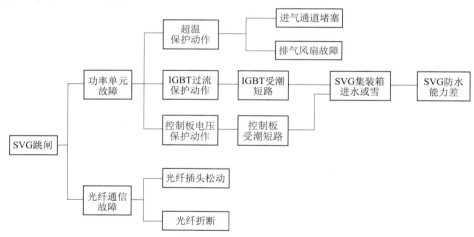

图 6-32　SVG 跳闸的末端原因图

6.2.7　要因确认

为找到 SVG 跳闸这一症结的主要原因，QC 小组集中展开了要因确认。

1. 进气通道堵塞

查看××光伏电站每日巡检日志、检修记录、工作票，未发生因进气通道堵塞而导致 35kV1 号 SVG 启动超温保护工作引发的跳闸。

确认结果：非要因。

2. 排气风扇故障

查看××光伏电站每日巡检日志、检修记录、工作票，未发现因排气风扇故障而导致35kV 1 号 SVG 启动超温保护工作引发的跳闸。

确认结果：非要因。

3. SVG 防水能力差

查看××光伏电站每日巡检日志、检修记录、工作票，发现 35kV 1 号 SVG 因 SVG 集装箱进水发生两次跳闸，从而导致开关跳闸，SVG 两次跳闸共造成停机时间 1231h。

可以看出 SVG 防水能力差造成 SVG 跳闸停机的时间与 SVG 跳闸造成的总停机时间相同，因此 SVG 防水能力差是 SVG 跳闸的主要原因。

确认结果：要因。

4. 光纤插头松动

查看××光伏电站每日巡检日志、检修记录、工作票，未发现 35kV 1 号 SVG 因光纤插头松动而导致的开关跳闸。

确认结果：非要因。

5. 光纤折断

查看××光伏电站每日巡检日志、检修记录、工作票，未发现 35kV 1 号 SVG 因光纤折断而导致的开关跳闸。

确认结果：非要因。

6.2.8 制定对策

为更好地解决要因，QC 小组针对 SVG 防水能力差展开讨论，并得到了两个改进对策，见表 6-19。

表 6-19   SVG 跳 闸 对 策 表

对策序号	对 策 内 容
1	建造 SVG 室
2	通过焊接给 SVG 加装防雨罩

对策列出后，QC 小组成员根据现场实际情况对两种方案进行了可行性分析。

针对对策 1，因××光伏电站建设在采煤沉陷区上，且当地市政府明文规定，禁止建造建筑物。因此此对策不可行。

针对对策 2，QC 小组成员通过现场勘查，并与 SVG 厂家沟通后，确认给 SVG 加装长 12.5m、宽 4.5m 的防雨罩。

6.2.9 对策实施

根据制定的对策，QC 小组成员通过焊接的方式给 SVG 加装防雨罩，加装的防雨罩如图 6-33 所示。

图 6 - 33　加装的防雨罩

6.2.10　效果检查

SVG 顶棚加装防雨罩后，至 2018 年 3 月未发现因防水能力差而导致 SVG 集装箱进雨或雪，从而造成 SVG 跳闸引起停机的现象。对加装防雨罩后的停机时间进行统计，见表6 - 20。

表 6 - 20　　　　　　　　　　　活动后的停机时间统计表

序号	开始停机时间/(年-月-日)	结束停机时间/(年-月-日)	停机时长/h	停机原因
1	2017 - 9 - 10	2017 - 9 - 10	15	清扫滤网
2	2017 - 9 - 13	2017 - 9 - 13	12	配合 220kV××站停电
3	2017 - 12 - 19	2017 - 12 - 19	15	清扫滤网
4	2018 - 3 - 7	2018 - 3 - 7	11	清扫滤网

活动后月平均停机时间为（15＋12＋15＋11）÷9≈5.89h/月

对 QC 小组活动前后的 SVG 月平均停机时间进行对比，如图 6 - 34 所示。

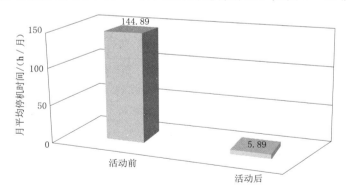

图 6 - 34　活动前后 SVG 月平均停机时间对比图

通过 QC 小组活动，成功将 SVG 月平均停机时间降低到 5.9h/月，圆满完成并超过了 QC 小组的预期目标。

6.2.11　制定巩固措施

××光伏发电公司总结经验教训，在雨雪天气对 SVG 重点巡视，同时加大了 SVG 的巡视力度，定期对 SVG 的防雨罩做检查，检查各焊缝之间是否有缝隙，确保 SVG 的正常运行。

6.2.12 活动总结和下一步打算

通过本次活动，对 SVG 顶棚加装防雨罩，解决了 SVG 因防水能力差在雨雪天气进雨或雪，造成 SVG 跳闸而导致停机时间长的问题。同时减少了处理故障所耗费的人力、物力，提高了设备的可利用率。

QC 小组将在今后的光伏电站日常运维中不断总结和积累经验，努力提高电站设备的可利用率，在基于现场实际的基础上不断创新，充分发挥团队协作作用，在实践中大胆求证，拓展自己的思路并提高自己。下一步 QC 小组将以降低 SVG 用电量为课题，进行深入研究。

6.3 减少光伏组件的更换时间

本课题针对光伏电站光伏组件损坏后更换上层光伏组件的效率低、时间长问题，通过 QC 小组活动减少了光伏组件的更换时间，减少了检修电量损失。

6.3.1 课题背景简介

××光伏电站位于太行山脉，山势陡峭，目前装机容量 150MW，占地面积大约 8000 亩，光伏组件数量共计 58.3539 万块。冰雹、滚落的石子、人为因素以及接线盒电路烧毁等均会造成光伏组件的损坏。且当一块光伏组件损坏时，有可能会导致整串光伏组件（20～22 块）停止运行。但由于没有更换光伏组件的专用攀登工具，造成光伏组件更换时间过长、效率低，严重影响光伏组件的发电量，造成经济效益受损。

6.3.2 小组简介

6.3.2.1 小组概况

QC 小组概况表见表 6-21。

表 6-21 QC 小 组 概 况 表

小组名称	"太行逐日"		
课题名称	减少光伏组件的更换时间		
成立时间	2017 年 11 月 1 日	注册时间	2018 年 1 月 20 日
注册编号	CTGNE/QCC-HBB(QY)-01-2018	课题类型	现场型
活动时间	2017 年 11 月—2018 年 4 月	活动次数	12
QC 教育时长	16h	出勤率	100%

6.3.2.2 成员简介

QC 小组成员简介表见表 6-22。

表 6 - 22　　　　　　　　　　　　　QC 小 组 成 员 简 介 表

序号	成员姓名	性别	文化程度	职务/职称	组内职务
1	张××	男	本科	场站经理（二级）	组长
2	吕××	男	本科	值班长	副组长
3	刘××	男	本科	主值班员	副组长
4	陈××	男	大专	主值班员	组员
5	赵××	男	硕士	主值班员	组员
6	刘×	男	本科	值班员	组员
7	李××	男	大专	副值班员	组员
8	门××	男	本科	值班员	组员
9	高××	男	本科	分公司副总经理	副组长
10	胡××	男	本科	主管	组员
11	李×	女	本科	主管	组员
12	哈×	男	本科	副专员	副组长

6.3.3　选择课题

　　××光伏电站位于太行山脉，占地面积大约 8000 亩，山势陡峭，总装机容量 150MW，光伏组件数量多达 58.3539 万块。由于冰雹、落石以及人为原因等造成光伏组件损坏，需要及时进行更换。但在更换上层光伏组件时由于效率低、时间长，会造成电量损失。

　　2017 年 8—10 月，QC 小组成员对该光伏电站 36 次更换上层光伏组件过程进行了调查和统计分析，光伏组件更换耗时表见表 6 - 23。

表 6 - 23　　　　　　　　　　　　　光伏组件更换耗时表

时间	更换数量/块	总更换耗时/min	平均单块更换耗时/min
2017 年 8 月	11	385.0	35.0
2017 年 9 月	10	340.0	34.0
2017 年 10 月	15	508.5	33.9
合计	36	1233.5	34.3

　　通过统计发现该光伏电站的光伏组件的平均更换时间为 34.3min，QC 小组成员认为可以找到解决办法，降低更换时间，减少检修电量损失。因此，QC 小组选定的课题为减少光伏组件的更换时间。

6.3.4　现状调查

　　QC 小组成员首先对 2017 年 8—10 月光伏组件更换时间按不同班组进行了统计。一班、二班更换光伏组件耗时表见表 6 - 24。

表 6 - 24　　　　　　　　　　一班、二班更换光伏组件耗时表

时间	一班		二班	
	更换数量/块	平均单块更换耗时/min	更换数量/块	平块单块更换耗时/min
2017 年 8 月	5	35.2	6	34.8
2017 年 9 月	6	33.2	4	35
2017 年 10 月	9	36	6	30.8
平均值		35		33.4

一班、二班更换光伏组件平均耗时图如图 6-35 所示。

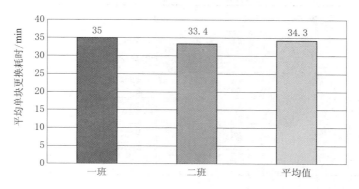

图 6-35 一班、二班更换光伏组件平均耗时图

由图 6-35 可知，两个小组更换时间与平均值相差不大，可见班组不同与更换时间长短没有太大的关系。

QC 小组成员对光伏组件的更换时间按照更换光伏组件的位置（山地、平地）进行进一步分析。山地、平地更换光伏组件耗时表见表 6-25。

表 6-25　　　　　　　　　　　　　山地、平地更换光伏组件耗时表

时间	山　地		平　地	
	更换数量/块	平均单块更换耗时/min	更换数量/块	平均单块更换耗时/min
2017 年 8 月	4	36.8	7	34
2017 年 9 月	5	35.8	5	32.2
2017 年 10 月	7	37.2	8	31.1
平均值		36.7		32.4

山地、平地更换光伏组件耗时图如图 6-36 所示。

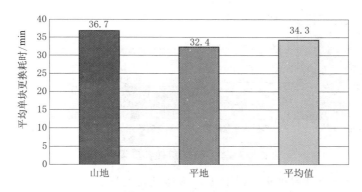

图 6-36 山地、平地更换光伏组件耗时图

由图 6-36 可知更换山地光伏组件耗时比更换平地光伏组件耗时要多。但是不明显。

QC 小组成员针对更换光伏组件的步骤，进行进一步分析。更换光伏组件各步骤平均耗时表见表 6-26。

表 6 - 26　　　　　　　　　　　更换光伏组件各步骤平均耗时表

序号	步骤	8 月		9 月		10 月		累计时间/min	单块平均耗时/min
		更换数量/块	单块平均耗时/min	更换数量/块	单块平均耗时/min	更换数量/块	单块平均耗时/min		
1	攀登工具搬运就位	11	19	10	18.5	15	17.5	656.5	18.2
2	拆卸损坏光伏组件		7		6.5		7.5	254.5	7.1
3	安装新光伏组件		7		6		6.2	230	6.4
4	组件测试		2		3		2.7	92.5	2.6

更换光伏组件各步骤耗时统计表见表 6 - 27。

表 6 - 27　　　　　　　　　　　更换光伏组件各步骤耗时统计表

序号	步骤	单块平均耗时/min				占比/%	累计占比/%
		8 月	9 月	10 月	月均值		
1	攀登工具搬运就位	19	18.5	17.5	18.3	53.4	53.4
2	拆卸损坏光伏组件	7	6.5	7.5	7	20.4	73.8
3	安装新光伏组件	7	6	6.2	6.4	18.7	92.5
4	组件测试	2	3	2.7	2.6	7.5	100

更换光伏组件各步骤耗时图如图 6 - 37 所示。

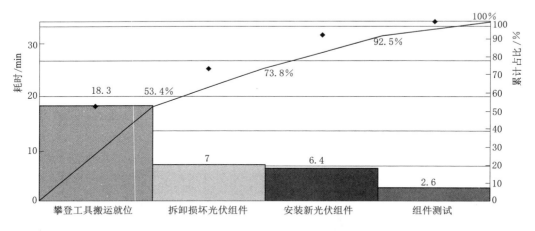

图 6 - 37　更换光伏组件各步骤耗时图

经过调查和分析统计数据得出攀登工具搬运就位时间占光伏组件更换总时间的 53%，是造成更换过程时间过长的症结。

根据对光伏组件更换各步骤平均耗时的统计结果，QC 小组成员一致认为攀登工具搬运就位的时间可以缩短 60%。

即

$$34.3 \times 53\% \times 60\% = 10.9\text{min}$$

因此，就可将光伏组件更换时间由活动前的 34.3min 减少至：

$$34.3-34.3\times53\%\times60\%=23.4min$$

故将本次 QC 活动的目标值设定为 25min。

6.3.5 确定目标

根据上述分析和计算过程，QC 小组成员一致决定将本次活动目标值确定为光伏组件更换时间为 25min，即攀登工具搬运就位时间约为 9min。减少光伏组件更换时间活动目标图如图 6-38 所示。

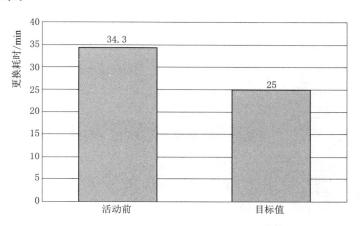

图 6-38 减少光伏组件更换时间活动目标图

6.3.6 原因分析

确定目标值后，QC 小组成员运用头脑风暴法，认真讨论分析，用鱼刺图进行分类分析，共整理出末端原因 5 条。攀登工具搬运就位时间长原因分析鱼骨图如图 6-39 所示。

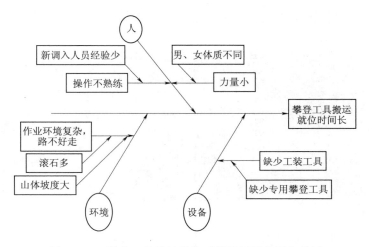

图 6-39 攀登工具搬运就位时间长原因分析鱼骨图

6.3.7　要因确认

QC 小组成品制作了要因确认表对末端因素逐一确认，其中"山体坡度大""滚石多""男女体质不同"属于不可控范围，故不做要因确认。攀登工具搬运就位时间长要因确认表见表 6-28。

表 6-28　　　　　　　　　　　攀登工具搬运就位时间长要因确认表

序号	末端原因	确认内容	确认方法	确认标准
1	缺少专用攀登工具	专用攀登工具是否能够缩短时间	实验验证、统计分析	是否能够达到目标值
2	新调入人员经验少	业务技能经验水平对攀登工具搬运就位时间的影响	实验验证、统计分析	是否能够达到目标值

1. 缺少专用攀登工具

制作适用于固定在光伏组件支架上的简易攀登工具，简易模型图如图 6-40 所示。

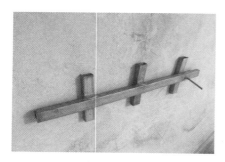
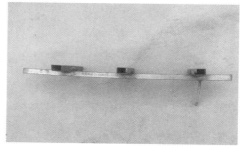

图 6-40　简易模型图

（1）进行 10 次现场模拟实验。使用原工具和专用攀登工具对比图如图 6-41 所示。

（a）使用原工具　　　　　　　　　　　　（b）使用专用攀登工具

图 6-41　模拟实验时使用原工具和专用便携工具对比图

（2）进行统计分析。现场模拟实验使用专用工具搬运就位时间统计表见表 6-29。

表 6-29　　　　　　　　现场模拟实验使用专用工具搬运就位时间统计表

实验次数	1	2	3	4	5	6	7	8	9	10
时间/min	8.0	8.5	8.2	8.0	8.1	7.9	7.6	8.2	8.3	7.6
目标值	8.9									
是否达到目标值	是	是	是	是	是	是	是	是	是	是

分析表明：使用专用攀登工具后，更换光伏组件过程中攀登工具搬运就位时间约为 8min，缩短时间明显。

确认结果：要因。

2. 新调入人员经验少

（1）小组选择 3 位不同岗位的检修人员（业务技能经验水平不同），然后用原攀登工具分别进行 5 次现场模拟实验，如图 6-42 所示。

图 6-42　不同岗位检修人员使用原攀登工具对比图

（2）对数据进行统计分析。用原攀登工具搬运就位时间表见表 6-30。

表 6-30　　　　　　　　用原攀登工具搬运就位时间表

人员	时间/min						目标值	是否达到目标值
	1	2	3	4	5	平均值		
值班长	15.1	16.2	14.2	15.9	14.1	15.1	8.9	否
主值班员	16.5	16.4	15.7	16.3	16.2	16.2		否
值班员	15.6	16.9	15.5	16.7	17.5	16.4		否

分析表明，不同岗位检修人员分别进行试验，更换光伏板过程中搬运就位时间没有明显差别，均未达到目标值。

确认结果：非要因。

6.3.8　制定对策

6.3.8.1　提出方案

针对上述要因，QC 小组召开头脑风暴会议，提出了两种更换光伏组件的专用攀登工具的设计方案：①玻璃吸盘式攀登工具；②"丰"字攀登梯。对两种方案进行对比，见表 6-31。

表 6 - 31　　　　　　　　　　　　专用攀登工具设计方案对比表

对策	方　案　一	方　案　二
方案示意图	118mm / 325mm	
方案说明	使用 2 个重量约 1kg、尺寸为 300mm×100mm 的玻璃吸器器作为攀登器，将吸器器吸附在光伏组件表面，攀登时踩在吸器器的横梁上面	尺寸为 1360mm×370mm，重量为 9.2kg 的"丰"字梯，梯子中梁下方有两个钩爪，将"丰"字梯放置于两块光伏组件中间的缝隙处，将钩爪钩在光伏组件架的横梁之上，攀登时，直接踩在"丰"字攀登梯上
实用性	搭设安装需要 1 个人完成，预计组装需要 6～8min，吸器器提升重量为 100kg，可以反复使用	搭设需要 1 个人，耗时 1～2min，可 1 个人搬运，可以反复使用
制作难度	采购完成后 2 天可以简单制作完成	采购完成后 3 天可焊接制作完成
稳定性	采用吸盘吸附在光伏组件的玻璃表面，最大支撑重量由于地形条件和光伏线件坡度有所差异，吸附器和玻璃之间的摩擦系数与吸附器对玻璃施加的压力之积为吸盘可承受的重量，当工作人员重量超出最大承受重量时，吸盘有滑落危险，稳定性不高	采用焊接工艺连接，由钩爪将梯子和组件架固定，稳定性高
是否会对光伏组件有损伤	吸盘吸附在光伏组件最外层的玻璃上，作业人员站在上面，压力全部作用在玻璃表面，有可能会对玻璃表面造成损伤	梯子架设在光伏支架的大梁上面，主要的作用力在大梁上，少部分压力在光伏组件铝合金边框，不会对光伏组件本身造成损伤
经济性	200 元	150 元
结论	不选	选用

　　根据表 6 - 34，QC 小组决定选择方案二。

6.3.8.2　制定对策表

　　根据选定的方案，制定对策表，见表 6 - 32。

表 6 - 32　　　　　　　　　　　　缺少专用攀登工具的对策表

主要原因	对策	目标	措　施	负责人	地点	完成时间 /(年-月-日)
缺少专用攀登工具	制作更换光伏组件用的"丰"字攀登梯	攀登工具搬运就位的时间减少 9.3min	（1）根据设计原理及草图，测量实际尺寸后，绘制"丰"字攀登梯图纸 （2）采购材料对其进行加工制作 （3）进行模拟实验和实操调查分析	×××	光伏电站及场区	2017 - 12 - 20

6.3.9 对策实施

（1）实施步骤一：绘制"丰"字攀登梯图纸，如图6-43所示。

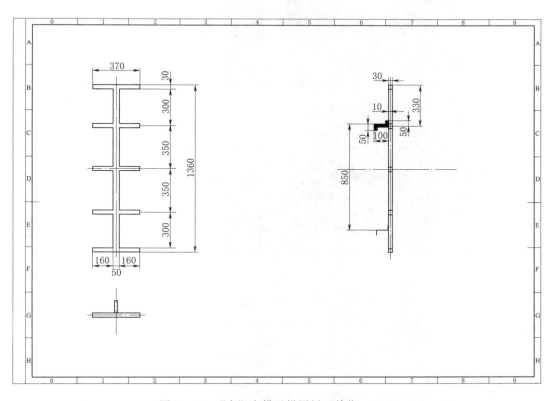

图6-43 "丰"字攀登梯图纸（单位：mm）

（2）实施步骤二："丰"字攀登梯加工制作步骤有切割、焊接、喷漆、塑封、成型，制作过程如图6-44所示。

图6-44（一） "丰"字攀登梯加工制作过程图

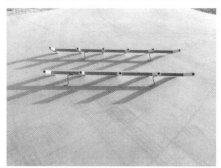

图 6-44（二） "丰"字攀登梯加工制作过程图

（3）实施步骤三："丰"字攀登梯于 2017 年 12 月 20—21 日进行现场实验检查，QC 小组成员针对不同地形进行了梯子实验检查，如图 6-45 所示。

图 6-45 "丰"字攀登梯实验检查过程

对策实施实验检查表见表 6-33。

表 6-33 对策实施实验检查表

序号	第一次	第二次	第三次	第四次	第五次	平均
搬运就位时间/min	5.8	5.9	6.1	6.2	6.0	6.0
目标值	8.9					
是否达成目标	是	是	是	是	是	是

表6-33表明，对策实施实验检查平均可以减少 18.3－6＝12.3min，已达成目标减少9.3min。

6.3.10 效果检查

QC小组成员 2018 年 1—3 月统计光伏电站 22 次光伏组件的更换时间并进行分析。活动后更换光伏组件各步骤耗时表见表 6-34。

表6-34 活动后更换光伏组件各步骤耗时表

步 骤	时间/min			
	2018 年 1 月	2018 年 2 月	2018 年 3 月	平均
"丰"字攀登梯搬运就位	5.8	6.2	6.3	6.1
拆卸损坏光伏组件	7.9	7.8	8.4	8.0
安装新光伏组件	8.1	7.5	7.6	7.7
组件测试	2.2	2.8	2.7	2.6
合计	24	24.3	25	24.4

活动前后更换光伏组件耗时对比图如图 6-46 所示。

活动后光伏组件更换时间低于设定目标值，活动目标达成。

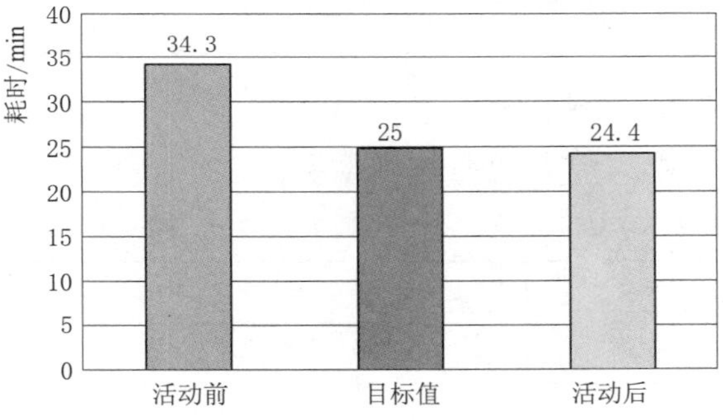

6.3.11 制定巩固措施

2018 年 4 月 5 日，将"丰"字攀登梯使用规定加入《××光伏发电公司检修规程》第五章第 5.2.2.2 条。

图6-46 活动前后更换光伏组件耗时对比图

6.3.12 活动总结和下一步打算

6.3.12.1 活动总结

在本次 QC 小组活动中，成员以 PDCA 程序进行活动，充分发挥个人和团队的能力，合理考虑最佳方案，借助图表和数据解决问题，加深了对统计工具的理解和使用，成功减少了光伏组件的更换时间，完成了 QC 小组活动目标，取得了良好的经济效益，使 QC 小组成员加深了质量意识、团队意识，深化了质量管理理念，使其在生产实践中发挥了重要作用。

6.3.12.2 下一步打算

百尺竿头，更进一步。QC 小组确定了下一次的活动课题为提高光伏场区搬运组串式光伏并网逆变器的效率。

6.4 降低逆变器高温告警故障停机次数

本课题针对逆变器高温告警导致逆变器故障停机这一问题，通过 QC 小组活动降低了逆变器高温告警故障停机次数，减少了故障停机带来的经济损失。

6.4.1　课题背景简介

　　××光伏发电公司分一期、二期建设，一期共计 20 台逆变器，采用 GSL - 5000 型逆变器。由于逆变器多次因为温度过高告警，导致逆变器故障停机，给公司生产运维检修工作带来了很大负担，降低逆变器高温告警故障次数已经刻不容缓。

6.4.2　小组简介

6.4.2.1　小组概况

　　QC 小组概况见表 6 - 35。

表 6 - 35　　　　　　　　　　　　QC　小　组　概　况

小组名称	"光电"		
成立时间	2017 年 3 月 1 日	注册时间	2017 年 4 月 1 日
注册编号	CTGNE/QCC - NWB（HJKSD）- 04 - 2018	课题类型	现场型
活动时间	2017 年 4 月—2018 年 4 月	活动次数	18
接收 QC 教育时长	48 学时	出勤率	100%

6.4.2.2　成员简介

　　QC 小组成员简介表见表 6 - 36。

表 6 - 36　　　　　　　　　　　　QC　小　组　成　员　简　介　表

姓名	成员性别	文化程度	职务/职称	组内职务和分工
袁×	男	大专	值班长	组长　组织协调
哈×	男	本科	专员	副组长　活动策划
王××	男	研究生	场站经理	副组长　组织协调
雷××	男	本科	高级主管	组员　组织协调
刘×	女	本科	主值班员	组员　成果编制
刘××	男	本科	主值班员	组员　分析、成果编制
边××	男	本科	主值班员	组员　成果编制
马××	男	本科	值班员	组员　成果编制
黄×	男	本科	副值班长	组员　分析、成果编制

6.4.3　选题理由

　　部门要求为保证电站的正常运行和发电量任务完成，要求逆变器高温故障停机次数不大于 3 次/月。

　　2017 年 5—8 月，逆变器月均高温故障停机次数为 9.75 次/月，与部门的要求相比存在很大的差距。逆变器高温故障停机次数统计表见表 6 - 37。

表 6 - 37 逆变器高温故障停机次数统计表

月份	5	6	7	8	平均
高温告警故障次数	8	9	11	11	9.75

逆变器高温故障停机次数统计图如图 6 - 47 所示。

故选择课题为降低逆变器高温警故障停机次数。

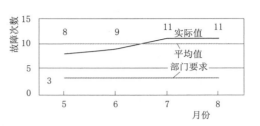

图 6 - 47 逆变器高温故障停机次数统计图

6.4.4 现状调查

针对××一期逆变器多次因为温度过高告警,导致逆变器故障停机状况,QC 小组对一期所辖 20 台逆变器故障状态进行了详细检查,共计查出问题 4 条。QC 小组通过调查、分析逆变器高温告警故障停机问题。根据统计信息列出逆变器高温故障调查统计表,见表 6 - 38。

表 6 - 38 逆变器高温故障调查统计表

序号	项 目	故障次数				总次数	占比/%	累计占比/%
		5 月	6 月	7 月	8 月			
1	逆变器 IGBT 温度过高	8	7	8	9	32	84.21	84.21
2	风扇控制板保险烧坏	0	1	1	1	3	7.89	92.10
3	风扇电源模块烧坏	0	0	1	1	2	5.26	97.36
4	风扇材质烧坏	0	1	0	0	1	2.64	100.00

逆变器高温故障排列图如图 6 - 48 所示。

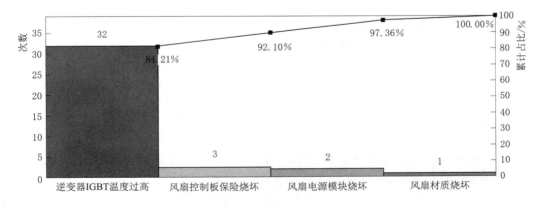

图 6 - 48 逆变器高温故障排列图

从 6 - 48 中可看出,逆变器高温告警故障类别中,逆变器 IGBT 温度过高出现次数最多,累计次数达到 32 次,占 82.05%,这是需要解决的主要症结。

目标值可行性分析依据:

对同区域光伏电站 2017 年 5—8 月共计 4 个月的逆变器 IGBT 温度过高故障月平均次数进行统计，见表 6-39。

表 6-39　　　　　　　　　　逆变器 IGBT 温度过高故障月平均次数统计表

序号	电站名称	逆变器 IGBT 温度过高故障月平均次数
1	A 光伏电站	1
2	B 光伏电站	1.5
3	C 光伏电站	0
4	D 光伏电站	0.5
5	E 光伏电站	0.5
	平均	0.7

由表 6-42 得出，同地区其他电站逆变器 IGBT 温度过高故障停机月平均次数为 0.7 次，以此作为目标值。

逆变器高温告警的故障次数＝IGBT 温度过高次数＋其他故障次数＝0.7＋1.5＝2.2 次，因此将本次 QC 小组的目标值设为 3 次。

6.4.5　确定目标

根据现场调查和目标值可行性分析依据本课题目标为将逆变器日均高温报警故障停机次数由 9.75 次降低至少于 3 次，如图 6-49 所示。

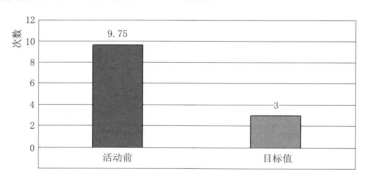

图 6-49　降低逆变器高温故障停机次数活动目标

6.4.6　原因分析

QC 小组针对逆变器 IGBT 温度过高这个症结，运用树图进行分析，找出该问题的各类原因，如图 6-50 所示。

通过对图 6-50 的分析，QC 小组共找出 4 个末端因素：①散热风扇故障；②散热风扇功率低；③散热风道未全部包含在主风道内；④逆变器出力大于额定值。

6.4.7　要因确认

QC 小组对末端因素进行了逐一确认。

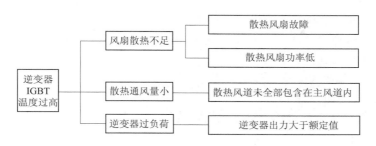

图 6-50 逆变器 IGBT 温度过高主要问题树图分析

1. 散热风扇故障

现场查阅电站 2017 年 5—8 月设备检修记录簿，统计 IGBT 散热风扇运行情况。可知，2017 年 5—8 月，无 IGBT 散热风扇故障。

确认结论：非要因。

2. 散热风扇功率低

将 01 号-02 号逆变器编号 A 组，03 号-04 号逆变器编号 B 组，05 号-06 号逆变器编号 C 组，07 号-08 号逆变器编号 D 组。A 组 IGBT 散热风扇功率（10W）不变，将 B 组 IGBT 散热风扇更换为 20W 的，将 C 组 IGBT 散热风扇更换为 30W 的；将 D 组 IGBT 散热风扇更换为 40W 的；连续运行 5h，对比四组逆变器 IGBT 温度。

用红外测温枪测量 A 组、B 组、C 组、D 组逆变器 IGBT 平均温度，绘制折线图，如图 6-51 所示。

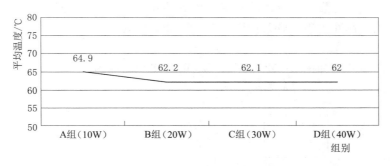

图 6-51 四组 IGBT 平均温度对比

通过图 6-51 可以看出，当风扇功率由 10W 增加到 20W 时，温度降低 2℃，温度变化幅度不大；当 IGBT 散热风扇功率增加到一定值时，IGBT 温度基本不再变化，说明 IGBT 温度不随风扇功率增大而一直降低，说明加大风扇功率对 IGBT 温度影响不大。

确认结论：非要因。

3. 散热风道未全部包含在主风道内

将 09 号-12 号逆变器编为 E 组，将 13 号-15 号逆变器编为 F 组，将 F 组中每台逆变器散热风道拆改后用纸板将散热风道与主风道全面连接，与 E 组正常运行并 30 天进行对比观察。

结果为 E 组高温报警 3 次，F 组高温报警 0 次，数据差别较大。

确认结论：要因。

4. 逆变器出力大于额定值

将 16 号-18 号逆变器编号为 G 组，将 G 组每台逆变器功率限制在 500W，与 E 组正常运行 30 天并进行对比观察。

结果为 E 组高温报警 2 次，G 组高温报警 1 次，数据差别不大。

确认结论：非要因。

QC 小组通过要因确认过程，确认的要因为：散热风道未全部包含在主风道内。

6.4.8　制定对策

散热风道未全部包含在主风道内对策表见表 6-40。

表 6-40　　　　　　　　　　散热风道未全部包含在主风道内对策表

要　因	对　策	目　标	措　　施
散热风道未全部包含在主风道内	扩大主风道面积让逆变器散热风道充分包含在主风道内	连接缝隙小于 0.3cm	(1) 设计新主通风道； (2) 选择材料； (3) 制作主通风道； (4) 安装主通风道； (5) 现场测试

6.4.9　对策实施

由 QC 小组成员对袁×主设计的新主通风道展开讨论。参考先进单位通风道材料，最终选择了不锈钢为制作材料，QC 小组成员按照图纸对主通风道进行制作、安装，最后进行了效果检查。

活动前后的示意图如图 6-52 所示。活动前后实物图如图 6-53 所示。

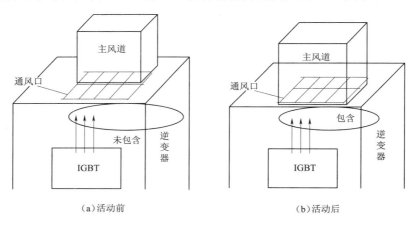

(a) 活动前　　　　　　　　　　　　　(b) 活动后

图 6-52　活动前后示意图

对一期 01 号-20 号逆变器 IGBT 散热风道进行改造后，对逆变器的散热风道与主风道之间的间隙进行检查，检查表见表 6-41。

（a）活动前   （b）活动后

图 6-53 活动前后实物图

表 6-41 逆变器散热风道与主风道间隙检查表

逆变器	检查人	缝隙是否小于0.3cm	包含率是否达到100%	逆变器	检查人	缝隙是否小于0.3cm	包含率是否达到100%
01 号	边××	是	是	11 号	马××	是	是
02 号	边××	是	是	12 号	马××	是	是
03 号	边××	是	是	13 号	马××	是	是
04 号	边××	是	是	14 号	马××	是	是
05 号	刘××	是	是	15 号	袁×	是	是
06 号	刘××	是	是	16 号	袁×	是	是
07 号	刘××	是	是	17 号	袁×	是	是
08 号	刘××	是	是	18 号	袁×	是	是
09 号	马××	是	是	19 号	袁×	是	是
10 号	马××	是	是	20 号	袁×	是	是

6.4.10 效果检查

QC 小组调查、分析改造完成后，统计逆变器 2017 年 12 月—2018 年 3 月高温告警故障停机问题。根据统计信息列出活动后逆变器故障调查统计表，见表 6-42。

表 6-42 活动后逆变器故障调查统计表

序号	项 目	故障次数				总次数	占比/%	累计占比/%
		12月	1月	2月	3月			
1	逆变器 IGBT 温度过高	1	0	1	1	3	42.86	42.86
2	风扇控制板保险烧坏	1	0	1	0	2	28.56	71.42
3	风扇电源模块烧坏	0	0	1	0	1	14.29	85.71
4	风扇材质烧坏	0	1	0	0	1	14.29	100

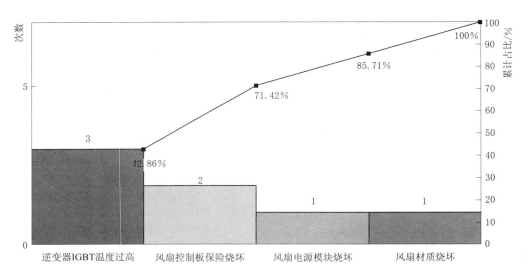

图 6-54　活动后逆变器故障排列图

从图 6-54 可以看出，影响逆变器高温告警故障的症结仍是 IGBT 温度过高，但是由月均 8 次降到了月均 0.75 次。

活动前后逆变器高温告警故障停机次数图如图 6-55 所示。从图 6-55 中可以看出，2017 年 12 月 1 日—2018 年 3 月 31 日，逆变器高温告警故障停机次数为 1.75 月/次，小于 3 次/月，达到设定目标值。

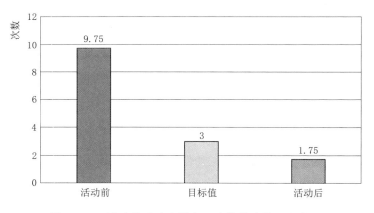

图 6-55　活动前后逆变器高温告警故障停机次数图

6.4.11　制定巩固措施

经公司质量安全部、电力运行部验收合格，QC 小组将本次活动中有效的措施写入《光伏电站验收指导手册》，并根据措施制作与安装过程编写了《逆变器技能改造指导手册》。降低逆变器高温告警故障停机次数巩固措施表见表 6-43。

表 6-43　　　　　　　　　降低逆变器高温告警故障停机次数巩固措施表

序号	措　　施	执行人	时间/(年-月-日)
1	在《光伏电站验收指导手册》中加入了第四章第六条 逆变器室主通风管道必须与逆变器通风道充分连接	袁×	2018-4-6
2	根据措施制作与安装过程编写了《逆变器技能改造指导手册》，并经分公司质量安全部、电力运行部同意对二期20台逆变器进行了技改	袁×	2018-4-6

6.4.12　活动总结和下一步打算

（1）本次 QC 活动严格按照 PDCA 循环程序，合理运用 QC 工具进行分析，有效解决了逆变器高温告警导致逆变器故障停机次数多的问题，圆满完成了课题目标，减少了故障停机带来的经济损失。

（2）通过本次活动，QC 小组成员的质量意识、分析能力、改进意识和理论知识都得到了大幅度提高，QC 小组成员团结友爱，敢于担当，勇于思考并积极开展 QC 小组活动，提升了公司形象，为公司蓬勃发展增光添彩。

（3）在活动中 QC 小组成员发现逆变器室内的尘土对设备故障、老化、维护等带来了麻烦，因此 QC 小组准备以如何提高逆变器防尘等级为题，展开新一轮小组活动。

6.5　降低逆变器功率模块故障次数

本课题针对逆变器功率模块故障导致逆变器停机次数多这一问题，通过 QC 小组活动降低了逆变器功率模块故障次数，减少了电量损失。

6.5.1　课题背景简介

在光伏电站的电力生产过程中，逆变器作为发电环节上最重要的设备，将太阳能组件产生的直流电转换成符合电网要求的交流电后经升压接入公共电网。光伏发电流程图如图 6-56 所示。逆变器的可靠性直接决定了光伏电站的发电水平，而逆变器内将直流电转换为交流电的核心元件是以 IGBT 为内核的功率模块，简称逆变器功率模块，逆变器内部结构图如图 6-57 所示。逆变器功率模块发生故障时，后续所有环节均中断。功率模块运行质量直接影响逆变器运行的可靠性，也影响整个光伏电站的设备可靠性和发电水平。

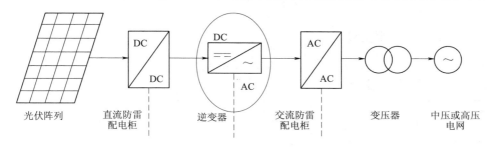

图 6-56　光伏发电流程图

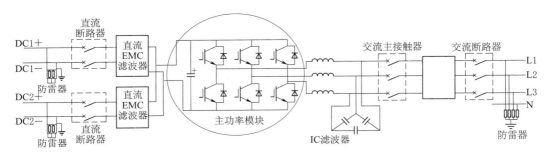

图 6-57　逆变器内部结构图

根据××光伏电站现场运行记录统计得出逆变器模块月平均故障次数为 5.2 次，通过对标同行业其他电站月平均故障次数 1.6 次，可知高出同行业平均值 3.6 次。

并且逆变器功率模块故障停机，造成逆变器故障率高、可靠性低，也会导致不同程度的电量损失。可见降低逆变器功率模块故障次数势在必行。

6.5.2　小组简介

6.5.2.1　小组概况

本 QC 小组于 2017 年 1 月 5 日成立，并于 2017 年 1 月 20 日登记注册，QC 小组概况见表 6-44。

表 6-44　　　　　　　　　　QC 小 组 概 况

小组名称	"塞上凝聚力"		
课题名称	降低逆变器功率模块故障次数		
成立时间	2017 年 1 月 5 日	注册时间	2017 年 1 月 20 日
所属部门	电力运行部	课题类型	现场型
活动时间	2017 年 1 月 15 日—2018 年 3 月 20 日	活动次数	12 次
接受 QC 教育时长	20h/人	出勤率	98%
注册编号	CTGNE/QCCL-NWB（ALLW）-09-2018		
所属单位	××光伏发电公司		

6.5.2.2　成员简介

QC 小组成员简介表见表 6-45。

表 6-45　　　　　　　　　　QC 小 组 成 员 简 介 表

成员姓名	性别	文化程度	职务或职称	组内职务或分工
张××	女	本科	总经理	组长　组织协调
尹××	男	本科	值班长	副组长　组织协调
哈×	男	本科	专员	组员　组织协调
雷××	男	本科	高级主管	组员　组织协调

成员姓名	性别	文化程度	职务或职称	组内职务或分工
黄×	男	本科	主管	组员 技术指导
王×	男	专科	值班员	组员 安装实施
周××	男	专科	值班员	组员 安装实施
任××	男	本科	副值班员	组员 成果编制
张××	男	本科	主值班员	组员 数据分析
王×	男	本科	副值班员	组员 成果编制

6.5.3 选题理由

同行业其他光伏电站同型号逆变器功率模块月平均故障次数为1.6次，××光伏电站逆变器功率模块故障次数高出同行平均水平3.6次，由此可见，降低逆变器功率模块故障次数势在必行。QC小组统计2016年8—12月功率模块故障次数，见表6-46。

表6-46　　　　　　　　　本站与同行业功率模块故障次数对比表

场站	故障次数					
	8月	9月	10月	11月	12月	月均值
本站	9	5	5	4	3	5.2
同行业平均值	2	2	1	2	1	1.6

根据表6-48绘制出本站与同行业功率模块故障次数对比图，如图6-58所示。

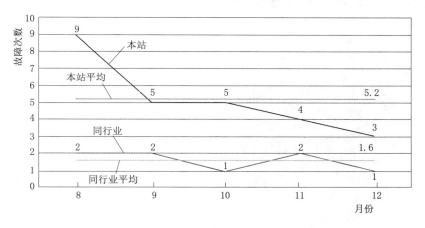

图6-58　本站与同行业功率模块故障次数对比折线图

6.5.4 现状调查

1. 对5个月数据进行分析

模块故障类型统计表见表6-47。

表 6 - 47　　　　　　　　　　　　**模块故障类型统计表**

故障类型	故 障 次 数							占比/%
	8 月	9 月	10 月	11 月	12 月	总计	月均值	
过温故障	8	4	5	3	2	22	4.4	84.61
电流不平衡	0	0	0	0	1	1	0.2	3.85
其他	1	1	0	1	0	3	0.6	11.54

根据表 6-47 绘制模块故障类型占比饼分图，如图 6-59 所示。

过温故障占模块故障总数的 84.61%，是主要故障类型。消除此类故障可大幅度降低功率模块的故障次数。

2. 对 5 个月过温故障数据再次进行分析

过温故障类型统计表见表 6-48。

表 6 - 48　　　　　　　　　　　　**过温故障类型统计表**

故障类型	故 障 次 数							占比/%
	8 月	9 月	10 月	11 月	12 月	总计	月均值	
风道故障	2	3	5	7	3	20	4	90.90
散热风机故障	0	0	0	0	1	1	0.2	4.55
温控器故障	0	0	1	0	0	1	0.2	4.55

根据表 6-48 绘制过温故障类型占比饼分图，如图 6-60 所示。

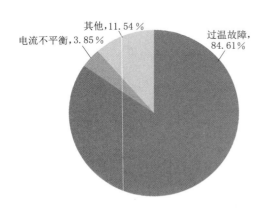
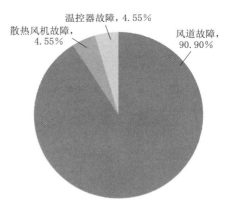

图 6-59　模块故障类型占比饼分图　　　　图 6-60　过温故障类型占比饼分图

由图 6-60 可知风道故障在功率模块过热故障中占比 90.90%，是要解决的症结。

3. 目标测算分析

整理表 6-47、表 6-48 的数据，调查统计同行业故障，可得与同行业月平均故障次数对比统计表，见表6-49。

表6-49　　　　　　　　与同行业月平均故障次数对比统计表

场　站	月平均故障次数		
	模块故障	过温故障	风道故障
本站	5.2	4.4	4
同行业其他场站	1.6	0.9	0.4

由表6-49可知，××光伏电站风道故障远超同行业。若××光伏电站风道故障与其他站场达到相同水平则故障应减少：

$$(4-0.4)\div4=90\%$$

消除90%风道故障后功率模块故障次数下降至：

$$(5.2-0.8)\times(1-90.90\%\times90\%)+0.8\approx1.67\,次$$

此结果与同行业水平相当。

6.5.5　确定目标

本次QC活动目标为将××光伏电站逆变器模块月平均故障次数由5.2次降至1.6次。降低逆变器模块故障次数活动目标图如图6-61所示。

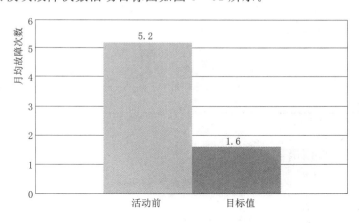

图6-61　降低逆变器模块故障次数活动目标图

6.5.6　原因分析

QC小组针对症结进行细致分析和解剖，按照人、机、料、法、环几个类别分析末端原因，剔除不可抗因素，得到风道故障因果图，如图6-62所示。

6.5.7　要因确认

为找到风道故障这一症结的最主要原因，QC小组成员在现场集中开展了要因确认。

1. 维护间隔长

维护间隔长要因确认表见表6-50。

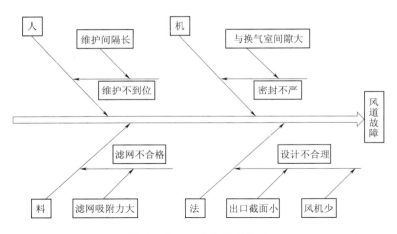

图 6 - 62　风道故障因果图

表 6 - 50　　　　　　　　　维护间隔长要因确认表

末端因素	维护间隔长			
确认标准	《××分公司风电场、光伏电站设备巡检作业指导书》第二十一章 21.1 规定"逆变器系统清洁工作每年进行 2 次"			
确认方法	现场验证			
验证情况	QC 小组分组活动，其中 A 组每月维护风道 3 次，B 组每月维护风道 6 次，按月统计两组风道故障次数			
确认负责人	张××	确认地点	现场	确认时间	2017 年 6 月
确认结果	A 组：4.8 次　　　　B 组：5 次			

2. 与换气室间隙大

与换气室间隙大要因确认表见表 6-51。

表 6 - 51　　　　　　　　　与换气室间隙大要因确认表

末端因素	与换气室间隙大			
确认标准	《光伏发电站施工规范》（GB 50794—2012）中 5.5 章第 5.5.1 条规定"室内安装的逆变器安装前，屋顶、楼板应施工完毕，不得渗漏"			
确认方法	现场验证			
验证情况	QC 小组活动，其中 A 组将逆变器风道与换气室之间间隙封堵，B 组保留间隙，按月统计两组逆变器风道故障次数			
确认负责人	张××	确认地点	现场	确认时间	2017 年 6 月
确认结果	A 组：1.7 次　　　B 组：4.9 次			

3. 滤网吸附力大

滤网吸附力大要因确认表见表 6-52。

表 6 - 52　　　　　　　　　　　**滤网吸附力大要因确认表**

末端因素	滤网吸附力大			
确认标准	滤网材质应具备防静电性，不得因静电吸附灰尘、粉末等造成滤网堵塞			
确认方法	现场验证			
验证情况	QC 小组分组活动，其中 A 组将滤网改为钢丝材质滤网，B 组保留原尼龙材质滤网，按月统计两组风道故障次数			
确认负责人	张××	确认地点	现场	确认时间	2017 年 6 月
确认结果	A 组：4.6 次　　　　B 组：4.9 次			

4. 出口截面小

出口截面小要因确认表见表 6 - 53。

表 6 - 53　　　　　　　　　　　**出口截面小要因确认表**

末端因素	出口截面小			
确认标准	风道末端口径≥风道首端口径＝逆变器出风口口径			
确认方法	现场验证			
验证情况	QC 小组分组活动，其中 A 组将原缩口形风道改为进出口径一致的筒形风道，B 组保持原缩口形风道，按月统计两组逆变器风道故障次数			
确认负责人	张××	确认地点	现场	确认时间	2017 年 6 月
确认结果	A 组：4.8 次　　　B 组：4.9 次			

5. 风机少

风机少要因确认表见表 6 - 54。

表 6 - 54　　　　　　　　　　　**风 机 少 要 因 确 认 表**

末端因素	风机少			
确认标准	配置风机数量≥行业同型号逆变器风道所配置风机数量			
确认方法	现场验证			
验证情况	QC 小组分组活动，其中 A 组增加逆变器风机数量，使其高出行业平均水平 1 台，B 组保持原风机数量，按月统计两组逆变器风道故障次数			
确认负责人	张××	确认地点	现场	确认时间	2017 年 6 月
确认结果	A 组：4.6 次　　　B 组：4.7 次			

可知，要因为与换气室间隙大。

6.5.8　制定对策

为了更好地解决要因，在制定对策表之前，QC 小组围绕与换气室间隙大这一要因，经过分析与现场实际勘测，得出两个改进对策。

（1）弃用换气室，延长逆变室主风道到换气室外，示意图如图 6 - 63 所示。

（2）封堵换气室与风道间的间隙，示意图如图 6 - 64 所示。

与换气室间隙大最优对策分析表见表 6 - 55。

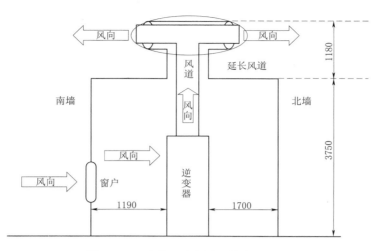

图 6-63　对策 1 示意图（单位：mm）

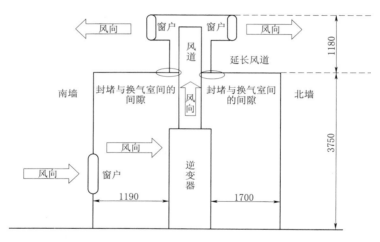

图 6-64　对策 2 示意图（单位：mm）

表 6-55　　　　　　　　　　　**与换气室间隙大最优对策分析表**

对策	工 程 难 易 程 度	成本预算
对策 1	延长逆变室主风道需要制作风道弯头，制作工艺复杂，需要专业钳工及设备才能制作。同时在风道末端需要考虑防鸟、防尘、防虫、防雨、防大风等预防措施	约 10000 元/台
对策 2	用填充胶将逆变室主风道同换气室之间的缝隙、孔洞填堵，再用铁皮将主风道和换气室连接起来，达到了风道的全密封、无间隙	约 4500 元/台

　　确定最优对策后制定与换气室间隙大对策表，见表 6-56。

　　通过对工程难易程度及成本预算的综合考虑，采用更优良的对策 2。

表 6-56　　　　　　　　　　　与换气室间隙大对策表

要因	对策	目标	措　施	地点	负责人	完成时间
与换气室间隙大	封堵换气室与风道间的间隙	逆变器功率模块月均故障次数少于1.6次	（1）根据逆变器室现场结构设计安装方案和图纸； （2）选购铁皮、水泥钉、填充胶等原材料，根据设计要求制作相应规格的封堵挡板； （3）制定安全措施，组织实施安装； （4）定期对逆变器模块温度进行监测	各逆变器室	××	2017 年 4 月

6.5.9　对策实施

通过封堵换气室与风道间的间隙，减少热风泄漏，消除换气室热气回流。封堵间隙的材料选用韧性强、耐度强、质量轻的铁皮。

改造前气流示意图如图 6-65 所示。

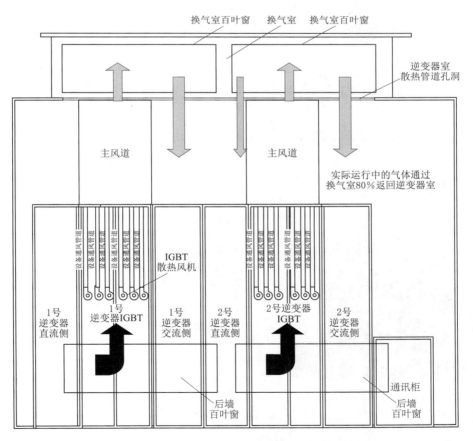

图 6-65　改造前气流示意图

改造后气流示意图如图 6 - 66 所示。

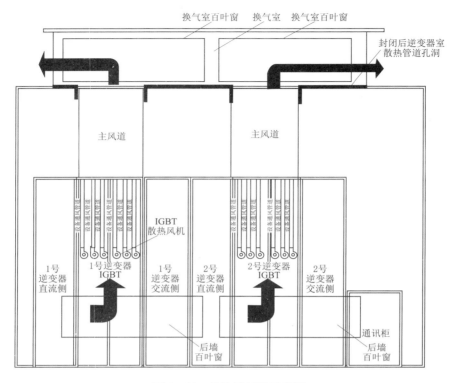

图 6 - 66　改造后气流示意图

准备材料有铁皮、填充胶、水泥钉、铁皮剪刀、抽芯螺钉、铆钉枪、电钻等。

制作步骤为：

（1）根据逆变器室屋顶实际布局，测量并确定所需铁皮挡板形状及面积。

（2）测量换气室口处风道口径（风道为缩口形，各部位口径不一致），确定铁皮挡板中裁剪部分。

图 6 - 67　双 U 形环状铁皮挡板模型

（3）铁皮挡板初次成型。

（4）吊到风道与换气室间隙处，实地对比、修裁，标记水泥钉眼和抽芯螺钉钉眼，形成最终挡板。

设计、完善形成的双 U 形环状铁皮挡板模型如图 6 - 67 所示。

安装步骤为：

（1）根据编制好的施工方案落实"三措"。

（2）用水泥钉和抽芯螺钉固定已成型的双 U 形环状铁皮挡板至风道与换气室间隙。

（3）用填充胶密封墙体与双 U 形环状铁皮挡板之间的缝隙。

实施效果如图 6 - 68 所示。

（a）改造前　　　　　　　（b）改造后

图 6-68　实施效果

实施对策后，可有效封堵换气室与风道间的间隙。

6.5.10　效果检查

针对风道故障这一症结，2017 年 8—12 月，每月对风道进行 6 次检查，检查发现封堵挡板无脱落或破损现象，无漏风现象，封堵效果良好。

××光伏电站对改造完成的逆变器功率模块故障次数进行了统计，并同活动前逆变器功率模块故障次数进行对比，见表 6-57。

表 6-57　　　　　　　　　活动前后逆变器功率模块故障次数对比表

年　份	故　障　次　数					
	8 月	9 月	10 月	11 月	12 月	月均值
2016（改造前）	9	5	5	4	3	5.2
2017（改造后）	3	1	2	1	1	1.6

由表 6-57 绘制效果对比图。

由表 6-57 及图 6-69 可以看出通过此次 QC 活动，成功地将逆变器功率模块月均故障次数从 5.2 次降为 1.6 次，降低至同行业平均水平，达到了 QC 活动目标。

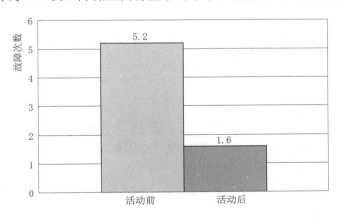

图 6-69　活动前后逆变器功率模块月均故障次数对比图

6.5.11　制定巩固措施

1. 纳入标准化管理

经电力运行部批准，对活动成果提炼总结，将经检验有明显效果的方法、工艺要求纳入检修规程、作业指导书等规范。降低逆变器功率模块故障次数巩固措施见表 6-58。

表 6-58　　　　　　　　　　降低逆变器功率模块故障次数巩固措施

序号	巩 固 措 施	执行人	时间
1	将"运行人员在巡检逆变器时需检查风道与换气室之间的挡板有无脱落、破损及填充胶老化等现象，发现上述缺陷，及时通知值班负责人"纳入《××光伏电站设备巡检作业指导书》第二十一章第 21 条	×××	2018 年 3 月
2	将"每年 3 月及 9 月用填充胶对风道与换气室密封挡板与墙体间的缝隙进行填充一次"纳入《××光伏电站检修规程》第 8 章第 8.3 条	×××	2018 年 3 月
3	将"安装铁皮挡板后风道无法拆卸，清理风道积灰时需拆开换气室百叶窗，用吸尘器清理"纳入《××光伏电站检修规程》第 8 章第 8.5.5 条	×××	2018 年 3 月

2. 成果跟踪检验

2018 年 1—3 月 QC 小组成员进行逆变器日常巡检时，未发现由风道故障引起的逆变器功率模块故障，达到活动目标要求。

6.5.12　活动总结及下一步打算

6.5.12.1　活动总结

首先，通过本次活动，让 QC 小组成员系统地掌握了××光伏电站逆变器室整体散热系统的结构及原理，明确了导致逆变器故障的各种原因及其之间关系的处理方法。

其次，活动严格按照表 6-47 中组内职务分工，各司其职，各成员充分发挥各自所擅长的技能，在提高工作质量的同时，还大大缩短了工期，在管理上践行了物尽其用，人尽其才的基本要求。

最后，本次活动过程中，QC 小组成员充分运用自己所学知识，结合质量控制中的各种统计分析方法，逐项克服各自所面对的困难，最终完成小组任务。本次活动的成功增强了 QC 小组成员解决问题的信心，开拓了工作思路，锻炼了业务技能，加强了团队协作能力。

6.5.12.2　下一步打算

下一步计划运用本次活动所积累的经验，继续通过 PDCA 循环，查找逆变器其他故障末端原因，按照整个流程进一步消除设备隐患，提高电站质量管理水平。

6.6　减少逆变器室沙尘量

本课题针对逆变器室沙尘堆积严重，易造成设备散热不良、设备烧毁，严重时引起火灾这一问题，通过 QC 小组活动解决逆变器室沙尘严重的问题。

6.6.1 课题背景简介

　　××光伏发电公司坐落于内蒙古锡林郭勒盟，海拔 1370.00m，位于浑善达克沙地的中东段，温带大陆性气候，年平均风速 4.5m/s，且风沙严重。逆变器室沙尘如图 6-70 所示。

　　××光伏发电公司逆变器室为钢筋混凝土和砖结构，沙尘只能从正门、后门、窗户及直通式通风口（附有防尘网）进入逆变器室内。逆变器设备因长期运行，需对其进行通风、散热。逆变器室沙尘堆积严重，易造成设备散热不良、设备烧毁，严重时引起火灾。

图 6-70　逆变器室沙尘

　　本次课题将逆变器室每平方米沙尘的重量（g）作为沙尘的计量单位。

6.6.2 小组简介

6.6.2.1 小组概况

　　本 QC 小组于 2017 年 6 月 1 日登记注册成立，注册编号：CTGNE/QCC-IM（ZLQ）-01-2017。QC 小组概况见表 6-59。

表 6-59　　　　　　　　　　QC 小 组 概 况

小组名称	"草原之光"		
课题名称	减少逆变器室沙尘量		
注册单位	××光伏发电公司		
成立时间	2017 年 6 月 1 日	注册时间	2017 年 6 月 1 日
注册编号	CTGNE/QCC-IM(ZLQ)-01-2017	课题类型	现场型
活动时间	2017 年 6 月 1 日—2018 年 3 月 1 日	出勤率	90%

6.6.2.2 小组成员简介

　　QC 小组成员简介表见表 6-60。

表 6-60　　　　　　　　　　QC 小 组 成 员 简 介 表

序号	姓名	性别	文化程度	组内职务和分工	
1	包××	男	本科	组长	成果编制
2	哈×	男	本科	副组长	组织协调
3	朱××	男	本科	副组长	组织协调
4	樊×	男	本科	副组长	组织协调
5	张×	男	本科	副组长	现场实施
6	李×	男	本科	组员	活动策划
7	包××	男	中专	组员	现场实施

序号	姓名	性别	文化程度	组内职务和分工
8	刘××	男	本科	组员　现场实施
9	武××	男	本科	组员　数据收集
10	白××	男	本科	组员　数据收集
11	何×	男	研究生	组员　组织协调
12	陈××	男	专科	组员　现场实施
13	周×	男	本科	组员　技术指导
14	刘××	男	专科	组员　技术指导
15	翟××	男	专科	组员　技术指导
16	乌×××	女	专科	组员　统计分析

6.6.3　选题理由

　　××光伏发电公司光伏场区分为三个区域，分别命名为光伏 A 区、光伏 B 区、光伏 C 区。光伏 A 区由 67 间逆变器室组成；光伏 B 区由 9 间逆变器室组成；光伏 C 区由 24 间逆变器室组成。××光伏发电公司在 2016 年 10—12 月，采取每个区域选一间沙尘严重的逆变器室进行数据统计，逆变器室平均每月每平方米沙尘量为 6.3g。2016 年 10—12 月逆变器室沙尘情况统计表见表 6-61。2017 年 3—5 月逆变器室平均每月每平方米沙尘量为 11.5g。2017 年 3—5 月逆变器室沙尘情况统计表见表 6-62。因此 QC 小组选定减少逆变器室沙尘量作为本次活动的课题。

表 6-61　　　　　　　　　2016 年 10—12 月逆变器室沙尘情况统计表

序号	逆变器室	平均沙尘量/[g/(m²·月)]
1	11 号逆变器室（A 区）	7.5
2	95 号逆变器室（B 区）	5.2
3	76 号逆变器室（C 区）	6.1
4	平均值	6.3

表 6-62　　　　　　　　　2017 年 3—5 月逆变器室沙尘情况统计表

序号	逆变器室	平均沙尘量/[g/(m²·月)]
1	11 号逆变器室（A 区）	13.4
2	95 号逆变器室（B 区）	11.1
3	76 号逆变器室（C 区）	10.1
4	平均值	11.5

　　逆变器室沙尘情况折线图如图 6-71 所示。

6.6.4　现状调查

　　××光伏发电公司逆变器室为钢筋混凝土和砖结构，沙尘只能从正门、后门、窗户及

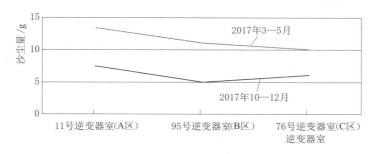

图 6-71 逆变器室沙尘情况折线图

直通式通风口（附有防尘网）进入逆变器室内。QC 小组在 2017 年 6 月—8 月，选取沙尘量多的 11 号逆变器室进行了区域划分，对其不同位置进行了沙尘情况统计。逆变器室区域划分如图 6-72 所示。

（a）正门   （b）后门

（c）窗户   （d）直通式通风口（附有防尘网）

图 6-72 逆变器室区域划分

逆变器室各区域沙尘情况统计表见表 6-63。

表 6-63 逆变器室各区域沙尘情况统计表

序号	位置	平均沙尘量/[g/(m²·月)]	占比/%
1	正门	9.1	26.30
2	后门	6.2	17.92
3	窗户	5.2	15.03
4	直通式通风口	14.1	40.75
5	合计	34.6	100

逆变器各区域沙尘含量饼状图如图 6 - 73 所示。

根据表 6 - 65 和图 6 - 73 可知，逆变器室沙尘主要来源为直通式通风口，占总沙尘含量的 40.75%，是造成逆变器室沙尘严重的症结所在。

6.6.5　确定目标

本次 QC 小组的活动目标为减少逆变器室沙尘量至 60%。减少逆变器室沙尘量活动目标图如图 6 - 74 所示。

6.6.6　原因分析

QC 小组针对发现的症结进行细致分析和解剖，按照人、机、料、法类别分析末端原因，如图 6 - 75 所示。

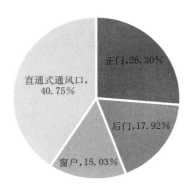

图 6 - 73　逆变器各区域沙尘含量饼状图

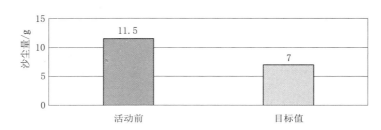

图 6 - 74　减少逆变器沙尘量活动目标图

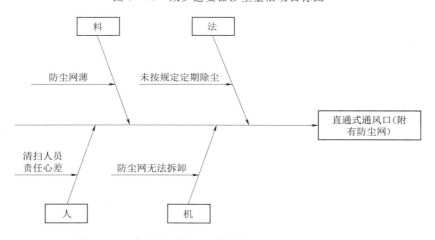

图 6 - 75　直通式通风口（附有防尘网）沙尘多因果图

6.6.7　要因确认

根据原因分析结果，QC 小组成员开展了要因确认。

1. 清扫人员责任心差

2017 年 6—7 月 QC 小组成员现场跟踪检查清扫人员对整个逆变器室及直通式通风口

（防尘网）清扫情况，逆变器室清扫数据统计表见表 6 - 64。

表 6 - 64　　　　　　　　　　逆变器室清扫数据统计表

序号	逆 变 器 室	平均沙尘量/[g/（m²·月）]
1	11 号逆变器室（A 区）	14.3
2	95 号逆变器室（B 区）	12.1
3	76 号逆变器室（C 区）	11.4
4	平均值	12.6

发现清扫人员按照分工对整个逆变器室及直通式通风口（防尘网）细致开展清扫工作，不存在清扫人员责任心差问题。平均沙尘量为 12.6g/（m²·月）。

清扫人员责任心差不是主要原因。

2. 防尘网无法拆卸

防尘网永久性固定在逆变器室防尘网框架上，防尘网长时间使用会造成沙尘多且无法清扫、防尘网不能更换、防尘网风化及破损严重等现象，造成防尘网起不到防尘作用。QC 小组人员在 2017 年 6—7 月，对 11 号等现象逆变器室（防尘网破损严重）及 31 号逆变器室（防尘网相对完整）沙尘量进行了对比，见表 6 - 65。

表 6 - 65　　　　　　　　　　逆变器室沙尘情况对比表

序号	逆 变 器 室	平均沙尘量/g
1	11 号逆变器室	14.4
2	31 号逆变器室	9.1

2017 年 6—7 月，对 11 号逆变器室（防尘网破损严重）及 31 号逆变器室（防尘网相对完整）沙尘量进行对比发现，防尘网破损严重的逆变器沙尘量明显大于防尘网相对完整的逆变器室沙尘量。

防尘网无法拆卸是主要原因。

3. 防尘网薄

施工图纸要求逆变器室防尘网厚度不小于 5mm 且不大于 20mm。QC 小组对现场逆变器室防尘网进行测量，厚度为 5mm，为施工图纸要求最小值，比较单薄，因此起不到很好的防风沙作用。

防尘网薄是主要原因。

4. 未按规定定期除尘

通过查阅逆变器室定期清扫、维护记录表发现清扫维护工作定期开展。现场跟踪清扫人员发现清扫工作执行率 100%。

未按规定定期除尘不是主要原因。

QC 小组通过要因确认，确认的要因为：①防尘网薄；②防尘网无法拆卸。

6.6.8　制定对策

QC 小组成员经过反复论证，经过××光伏发电公司总经理批示，首先对沙尘最为严重的集电二线 11 号逆变器室开展活动。QC 小组成员制定了相应的对策，并编制了对策表，见表 6－66。

表 6－66　防尘网薄和防尘网无法拆卸对策表

序号	要因	对策	目标	措　施	地点	时间/(年-月-日)	负责人
1	防尘网薄	查阅施工图纸，检查防尘网厚度，是否满足要求	设置厚度为 20mm 的防尘网	按照施工图纸要求，防尘网厚度应不小于 5mm 且不大于 20mm。增加防尘网厚度	逆变器室	2017－9－15	××
2	防尘网无法拆卸	更换方便拆卸的防尘网结构	降低逆变器室每平方米沙尘量至 7g	（1）在直通式通风口安装一个可拆卸的防尘网结构； （2）根据当地天气情况，发现当地全年天气温度较为适宜，大风季节天气温度偏低，可以在直通式通风口加装一层可移动的封堵挡板，封堵后的逆变器室温度不会对逆变器运行造成影响，也能更有效地对逆变器室进行防尘工作	逆变器室	2017－9－15	××

6.6.9　对策实施

1. 针对要因一防尘网薄

QC 小组将原有的 5mm 单层防尘网更改为一层 15mm 比较软的防尘网和一层 5mm 比较硬的防尘网，增加了防尘网的防尘效果。更换后的双层防尘网如图 6－76 所示。

2. 针对要因二防尘网无法拆卸

（1）在直通式通风口安装钢结构方形框架，将框架与通风口进行焊接密封，然后制作可开关的窗户式防尘网，并在两侧安装卡锁，便于对防尘网进行更换及清扫工作，可开关的窗户式防尘网如图 6－77 所示。

（2）在直通式通风口上下侧安装轨道，在挡板上下侧加装滑轮，挡板可通过滑轮在轨道上来回移动，最后通过行走电动机及时间继电器

图 6－76　更换后的双层防尘网

在白天逆变器开始工作前（05：00）移动挡板自动打开，晚上逆变器停止工作后（20：00）移动挡板自动关闭。挡板工作示意图如图6-78所示。（白天逆变器工作时挡板完全打开）

夜间防尘网自动关闭如图6-79所示。

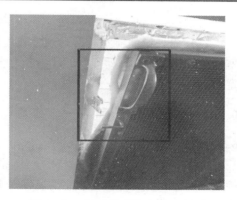

图 6-77　可开关的窗户式防尘网

6.6.10　效果检查

在逆变器室防尘网改造完毕后，2017年10—12月，逆变器室沙尘量明显减少，实现了预期目标。活动后逆变器室沙尘情况统计表见表6-67。

图 6-78　挡板工作示意图

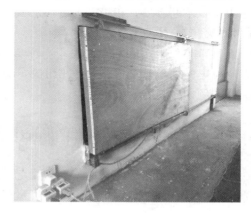

图 6-79　夜间防尘网自动关闭

表 6-67　　　　　　　　　　活动后逆变器室沙尘情况统计表

逆变器室	平均沙尘量/[g/(m² · 月)]
11 号逆变器室	6.8

活动前后逆变器室沙尘情况图如图6-80所示。

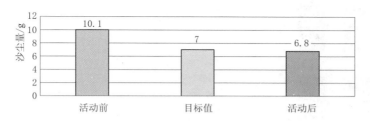

图 6-80　活动前后逆变器室沙尘情况图

6.6.11　制定巩固措施

（1）为保持QC小组成果的有效性和持续性，经过××光伏发电公司总经理批示，并按照《××光伏发电公司档案管理办法》将逆变器室防尘设计方案整理建档，并按照《×

×光伏发电公司档案管理办法》进行保存。

（2）加大逆变器室日常巡视检查力度，经过××光伏发电公司总经理批示，将逆变器室防尘网维护纳入《××光伏电站运行规程》第 6 章光伏逆变器设备第 6.4 条运行规定中。

6.6.12　活动总结和下一步打算

6.6.12.1　活动总结

QC 小组在全体成员的共同参与下圆满完成了课题目标，解决了逆变器室沙尘严重的问题。QC 小组成员要在已有的实践经验基础上，不断地总结和升华认识。在此次活动中也存在一定的不足之处，QC 小组成员将总结活动中的不足和缺点，基于现场实际情况，再接再厉，不断创新，积极开展以后的 QC 小组活动。

6.6.12.2　下一步打算

在日常工作中，运维人员发现冬季天气寒冷时逆变器开机时间较晴朗天气时普遍较长，影响电站发电量，因此 QC 小组决定将缩短逆变器在寒冷天气下的开机时间作为下一次活动课题。

6.7　降低直流汇流箱熔断器故障次数

本课题针对汇流箱运行的安全和稳定性影响发电量这一问题，通过 QC 小组活动降低了直流汇流箱熔断器故障次数，取得了良好的经济效益。

6.7.1　课题背景简介

光伏组件在阳光的辐照下产生直流电流，电流经直流电缆输送至直流汇流箱，再输送至逆变器，逆变器将直流电转换成交流电经升压后并入电网，汇流箱是光伏发电运行中重要的设备之一，其运行的安全和稳定性直接关系到电站的年度发电量。光伏发电示意图如图 6-81 所示。

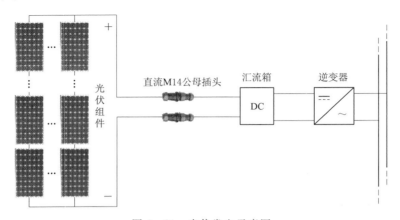

图 6-81　光伏发电示意图

6.7.2 小组简介

6.7.2.1 小组概况

本 QC 小组于 2017 年 6 月 10 日成立，并于 2017 年 7 月登记注册，注册编号：CT-GNE/QCC-NWB(GEM)-02-2017。QC 小组概况见表 6-68。

表 6-68   QC 小 组 概 况

小组名称	"高原之星"		
课题名称	降低直流汇流箱熔断器故障次数		
成立时间	2017 年 6 月 10 日	注册时间	2017 年 7 月
注册编号	CTGNE/QCC-NWB(GEM)-02-2017	课题类型	现场型
活动时间	2017 年 7—10 月	活动次数	18
接收 QC 教育时长	48 学时	出勤率	90%

6.7.2.2 成员简介

QC 小组成员简介表见表 6-69。

表 6-69   QC 小 组 成 员 简 介 表

序号	姓名	性别	文化程度	职务	组内职务和分工
1	董××	男	大专	场站经理	组长　组织协调
2	张×	男	本科	值班长	组员　组织协调
3	雷××	男	本科	高级主管	组员　组织协调
4	哈×	男	本科	专员	组员　组织协调
5	豆××	男	本科	副值班长	组员　现场实施
6	马××	男	本科	主值班员	组员　现场实施
7	东××	男	本科	主值班员	组员　数据收集
8	周××	男	本科	主值班员	组员　成果编制
9	刘×	男	本科	值班员	组员　成果编制

6.7.3 选题理由

公司要求直流汇流箱熔断器故障次数每月不得超过 5 次。

2017 年 7—10 直流汇流箱熔断器故障次数统计表见表 6-70。

表 6-70   2017 年 7—10 月直流汇流箱熔断器故障次数统计表

故 障 次 数					
7 月	8 月	9 月	10 月	合计	月均值
11	12	7	7	37	9

目前的生产现状是月均故障次数为 9 次。

直流汇流箱熔断器故障次数图如图 6-82 所示。

因此课题选定为降低直流汇流箱熔断器故障次数。

6.7.4　现状调查

6.7.4.1　数据调查

课题确定后，QC 小组成员开始对 2017 年 7—10 月 50 个光伏子阵直流汇流箱熔断器故障进行统计。直流汇流箱熔断器故障类型次数表见表 6−71。

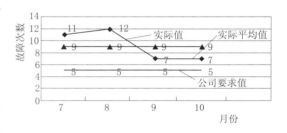

图 6−82　直流汇流箱熔断器故障次数图

表 6−71　　　　　　　　直流汇流箱熔断器故障类型次数表

类　型	次　　数				
	7 月	8 月	9 月	10 月	合计
直流 M14 插头烧毁	8	9	4	5	26
熔断器盒接线松动	2	2	2	1	7
支路接地	1	1	0	1	3
组件接线盒烧毁	0	0	1	0	1

根据表 6−71 绘制直流汇流箱熔断器故障类型统计表，见表 6−72。

表 6−72　　　　　　　　直流汇流箱熔断器故障类型统计表

序号	类　型	次数	占比/%	累计占比/%
1	直流 M14 公母插头烧毁	26	70.27	70.27
2	熔断器盒接线松动	7	18.92	89.19
3	支路接地	3	8.11	97.30
4	组件接线盒烧毁	1	2.70	100

根据表 6−72 绘制直流汇流箱熔断器故障排列图，如图 6−83 所示。

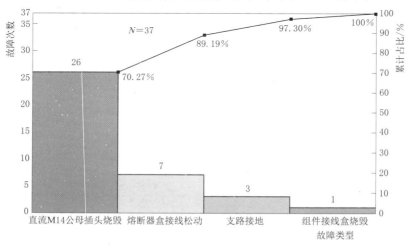

图 6−83　直流汇流箱熔断器故障排列图

从图6-83中可以看出，所有直流汇流箱熔断器故障中，直流M14公母插头烧毁次数最多，达26次，占70.27%，这是需要解决的症结。

6.7.4.2 目标测算分析

QC小组从设备实际情况出发，调查光伏园区内同行业直流汇流箱熔断器运行情况，光伏园区内某电站月均故障次数为3次。通过与同行业月均故障次数对比发现，QC小组能够减少直流汇流箱熔断器80%的故障，因此本次QC活动的目标值为$9-9\times70.27\%\times80\%\approx4$次。同行业同类型故障统计表见表6-73。

表6-73 同行业同类型故障统计表

序号	园区内同行业电站名称	同类型故障月均次数
1	A光伏电站	3
2	B光伏电站	3.5
3	C光伏电站	3
	平均值	3

6.7.5 确定目标值

本次QC小组的活动目标为将本光伏电站直流汇流箱熔断器故障次数由9次降至4次。降低直流汇流箱熔断器故障次数活动目标图如图6-84所示。

6.7.6 原因分析

QC小组成员针对发现的症结进行细致分析和解剖，采用树图全方位展开分析。直流M14公母插头烧毁原因分析树图如图6-85所示。

图6-84 降低直流汇流箱熔断器故障次数活动目标图

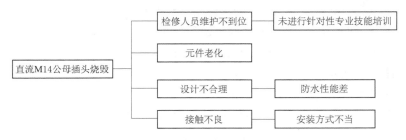

图6-85 直流M14公母插头烧毁原因分析树图

通过以上分析得出4条末端原因：①未进行针对性专业技能培训；②元件老化；③防水性能差；④安装方式不当。

6.7.7 要因确认

为找到直流M14公母插头烧毁这一症结的主要原因，QC小组成员集中开展了要因确认。

1. 未进行针对性专业技能培训

对检修一班的工作人员进行检修规程及作业指导手册知识培训 24 课时，检修二班工作人员未接受检修规程及作业指导手册知识培训，统计两个检修班组一个月内日常工作中发现的缺陷次数并做对比，见表 6-74。

表 6-74　　　　　　　　　　两班组发现的缺陷次数对比表

序号	检修一班人员	发现缺陷次数	序号	检修二班人员	发现缺陷次数
1	张×	2	1	赵××	1
2	秦××	3	2	梅××	2
3	汪××	2	3	拉××	2
4	何×	1	4	刘××	1
合计次数		8	合计次数		6

通过对比发现，接受过培训的检修班工作人员发生的缺陷次数并不比未接受过培训检修班的工作人员少。

结论：未进行针对性专业技能培训并非要因。

2. 元件老化

同一型号的元件运行年限长短不一，查阅设备检修维护记录，统计运行年限不同元件所发生的故障次数，见表 6-75。

表 6-75　　　　　　　　　运行年限不同元件故障次数统计表

投入运行时间	所在设备编号	发生故障次数	投入运行时间	所在设备编号	发生故障次数
2011 年	1 号方阵	1	2016 年	40 号方阵	1
2011 年	6 号方阵	2	2016 年	43 号方阵	0
2011 年	15 号方阵	1	2016 年	45 号方阵	1
2011 年	22 号方阵	2	2016 年	50 号方阵	1

由表 6-77 可看出，两组设备元件投入运行时间相差 5 年，但是 2011 年投入运行的设备其元件故障次数并不比 2016 年投入运行的设备高很多。

结论：元件老化并非要因。

3. 防水性能差

抽样调查设备遇水后是否会引起故障，设备遇水故障统计表见表 6-76。

表 6-76　　　　　　　　　设备遇水故障统计表

序号	操作人	所在设备编号	是否会引起故障	序号	操作人	所在设备编号	是否会引起故障
1	张×	2 号方阵	是	5	赵××	25 号方阵	是
2	秦××	3 号方阵	是	6	梅××	36 号方阵	是
3	汪××	13 号方阵	是	7	拉××	27 号方阵	是
4	何×	21 号方阵	是	8	刘××	22 号方阵	是

经现场实验发现，设备防水性能差，很容易引起直流汇流箱熔断器故障。

结论：防水性能差是要因。

4. 安装方式不当

检修规程中规定需采用工器具辅助安装。调查检修班工作人员在日常检修维护中是否采用辅助工器具及其对于设备故障的影响。辅助工器具使用及其对故障的影响情况表见表6-77。

表 6-77　　　　　　　　　　辅助工器具使用及其对故障的影响情况表

序号	人员	是否采用工具	有无故障发生	序号	人员	是否采用工具	有无故障发生
1	张×	是	有	5	汪××	否	有
2	拉××	是	无	6	梅××	否	无
3	汪××	是	有	7	何×	否	无
4	赵××	是	无	8	刘××	否	有

经调查确认，检修人员在日常检修维护中，不论是否采用辅助工器具，对于设备故障的影响都很小。

结论：安装方式不当并非要因。

6.7.8　制定对策

防水性能差对策表见表6-78。

表 6-78　　　　　　　　　　防 水 性 能 差 对 策 表

要因	对策	目标	措施	地点	负责人	完成时间
防水性能差	在直流 M14 公母插头连接处进行改进	确保提高防水性能	在原有设备基础上设计能够防水的罩子	光伏电站子阵	豆××	2017 年 11 月—2018 年 2 月

6.7.9　对策实施

QC 小组成员在直流 M14 公母插头连接处加装防水罩，以提高设备的防水性能。

实施效果如图 6-86 所示。

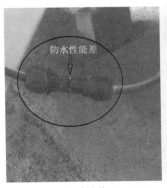

（a）实施前

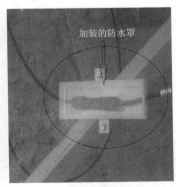

（b）实施后

图 6-86　实施效果

实施后直流 M14 公母插头连接处防水性能大大提高。

6.7.10　效果检查

对策实施后 QC 小组成员对直流汇流箱熔断器故障情况进行统计，并与活动前故障情况进行对比。活动前后直流汇流箱熔断器故障对比表见表 6-79。

表 6-79　　　　　　　　活动前后直流汇流箱熔断器故障对比表

活动前			活动后		
序号	项　目	总计次数	序号	项　目	总计次数
1	直流 M14 公母插头烧毁	26	1	直流 M14 公母插头烧毁	2
2	熔断器盒接线松动	7	2	熔断器盒接线松动	6
3	支路接地	3	3	支路接地	3
4	组件接线盒烧毁	1	4	组件接线盒烧毁	2
合计		37	合计		13
月度平均次数		9	月度平均次数		3

活动前后直流汇流箱熔断器故障次数图如图 6-87 所示。

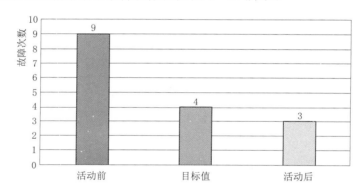

图 6-87　活动前后直流汇流箱熔断器故障次数图

在经济效益方面，活动后节省费用统计表见表 6-80。

表 6-80　　　　　　　　活动后节省费用统计表

项　目	损失电量/kWh	单价/元	损失电量费用/元	原材料成本/元	损失费用总计/元
2017 年 7—10 月因直流汇流箱熔断器故障造成的电量损失	40580	1	40580	7850	48430

由表 6-80 可以得出，改造后可减少损失为 48430 元。

6.7.11　制定巩固措施

降低直流汇流箱熔断器故障次数活动巩固措施表见表 6-81。

表 6-81	降低直流汇流箱熔断器故障次数活动巩固措施表		
序号	措　施	落实人	时间/(年-月-日)
1	修订《汇流箱设备检修规程》(SXXNYGEM-G1-HLX JXGC-2016),加入直流 M14 公母插头的检修方法。	张×	2018-3-27
2	修订《汇流箱作业指导手册》(SXXNYGEM-G1-HLX ZYZDSC-2015),加入直流 M14 公母插头安装与更换步骤。	张×	2018-3-27

6.7.12 活动总结和下一步打算

(1) QC 小组活动成功降低了直流汇流箱熔断器故障次数,完成了活动目标,取得了良好的经济效益。同时本次活动使 QC 小组成员加强了质量意识、团队意识;深化了质量管理理念,使其在生产实践中发挥了重要作用。

(2) 通过本次 QC 小组活动,QC 小组成员对于统计工具、方法的认识比以往有了提高。运用更加熟练;能够结合本小组活动的课题特色,把框图、排列图、折线图、树图等组合起来运用,增加了图表的表现力、说服力。

(3) QC 小组选定降低逆变器停机故障次数为下次活动课题。

6.8　提高场站可发功率准确率

本课题针对光伏电站可发功率准确率考核不达标将影响电站整体运行质量及经济效益这一问题,通过 QC 小组活动提高了场站可发功率的准确率,减少了经济损失。

6.8.1　课题背景简介

光伏电站可发功率是指考虑站内设备故障、缺陷或检修等原因后其能够发出的功率。××光伏电站应向省级电力调度控制中心上传可发功率,数据传输时间间隔为 15min,每天应上传 96 次数据,可发功率的准确率为上传数据正确次数与上传总次数的比值。根据《西北区域发电厂并网运行管理实施细则》要求,可用发电量准确率应不小于 97%,每降低 1% 按全场装机容量×0.05 分/万 kW 考核,也就是每日传输正确数据次数为 93.12 次以上,才能保证准确率。目前,××光伏电站可发功率准确率未能达到要求,对电站的考核结果将直接影响电站整体运行质量及经济效益。由此可见,提高站内可发功率准确率势在必行。

可发功率上传数据示意图如图 6-88 所示。

图 6-88　可发功率上传数据示意图

6.8.2　小组简介

6.8.2.1　小组概况

QC 小组概况见表 6-82。

表 6-82　　　　　　　　　　　QC 小 组 概 况

小组名称	"塞上凝聚力"		
课题名称	提高场站可发功率准确率		
成立日期	2017 年 1 月 5 日	注册日期	2018 年 1 月 20 日
所属部门	电力运行部	课题类型	现场型
活动时间	2018 年 1 月 15 日—12 月 31 日	活动次数	12 次
接受 QC 教育时长	20h/人	出勤率	100%
注册编号	CTGNE/QCCL-NWB(ALLW)-01-2018		
所属单位	××光伏发电公司		

6.8.2.2　成员简介

QC 小组成员简介表见表 6-83。

表 6-83　　　　　　　　　　QC 小 组 成 员 简 介 表

成员姓名	性别	文化程度	职务或职称	组内职务和分工
张××	女	本科	总经理	组长　组织协调
尹××	男	本科	值班长	副组长　组织协调
宁××	男	本科	主值班员	组员　技术指导
张××	男	本科	主值班员	组员　技术指导
蔡×	男	本科	值班员	组员　技术实施
范××	女	本科	值班员	组员　组织协调
王×	男	专科	值班员	组员　技术实施
任××	男	本科	值班员	组员　成果编制
周××	男	专科	值班员	组员　数据分析
王×	男	本科	值班员	组员　数据分析

6.8.3　选题理由

通过统计站内运行数据可知，站内可发功率平均准确率为 87.99%，《西北区域发电厂并网运行管理实施细则》第三十三条要求可发功率相对误差应小于 3%。QC 小组成员统计了 2018 年 1—5 月全站可发功率准确率数据，见表 6-84。

表 6-84   全站可发功率准确率数据统计表

项 目	月 份					平均值
	1	2	3	4	5	
实际准确率/%	88.00	87.72	87.94	88.47	87.80	87.99
要求准确率/%	97.00	97.00	97.00	97.00	97.00	97.00

根据表 6-84 绘制出本站可发功率准确率与要求准确率对比图，如图 6-89 所示。

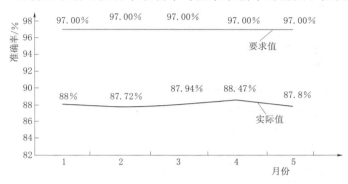

图 6-89 本站可发功率准确率与要求准确率对比图

由图 6-89 可见，本站可发功率准确率与要求准确率存在一定差距，因此 QC 小组选择的课题为提高场站可发功率准确率。

6.8.4 现状调查

（1）影响可发功率准确率的因素。通过对 5 个月的数据进行分析，找到可发功率合成信息有误、气象因素干扰、逆变器通信故障 3 个影响可发功率准确率的因素，三类因素发生次数统计表见表 6-85。

表 6-85   三类因素发生次数统计表

影响因素	发 生 次 数						占比/%
	1 月	2 月	3 月	4 月	5 月	平均值	
可发功率合成信息有误	343	319	349	322	353	337.2	96.84
气象因素干扰	7	6	5	6	6	6	1.72
逆变器通信故障	7	5	5	4	4	5	1.44

根据表 6-85 绘制三类因素发生次数占比饼分图，如图 6-90 所示。可发功率合成信息有误次数占比为 96.84%，消除此类故障可大幅度提高可发功率的准确率。

（2）影响可发功率合成信息有误的因素。对可发功率合成信息有误数据再次进行分析，找到后台算法有误差、样板机故障、实发节点选择不当 3 个影响因素，这三个导致可发功率合成信息有误的因素发生次数统计见表 6-86。

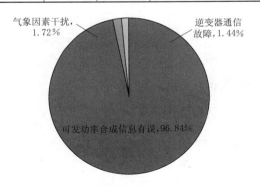

图 6-90 三类因素发生次数占比饼分图

表 6 - 86 　　　　　　　　　　导致可发功率合成信息有误的因素发生次数统计表

影响因素	发 生 次 数						占比/%
	1 月	2 月	3 月	4 月	5 月	平均值	
后台算法有误差	334	308	341	315	346	328.80	97.51
样板机故障	5	4	3	4	4	4	1.19
实发节点选择不当	4	6	5	4	3	4.4	1.30

根据表 6 - 86，绘制导致可发功率合成信息有误的因素发生次数占比饼分图，如图 6 - 91 所示。

由图 6 - 91 可知后台算法有误差在可发功率合成信息有误中占比为 97.51%，所占比重较大，是要解决的症结。

（3）目标测算分析。调查统计同行业后台算法有误差的月平均次数，见表 6 - 87。

图 6 - 91　导致可发功率合成信息有误
的因素发生次数占比饼分图

表 6 - 87　后台算法有误差月平均次数对比表

场　　站	后台算法有误差月平均次数
本电站	328.8
邻近 A 光伏电站	12

由表 6 - 87 可知，××光伏电站后台算法有误差次数应降低（328.80 - 12.00）÷ 328.80 = 96.35%。

根据要求可发功率日相对误差应小于 3%，也就是最大不合格数据日上传次数为 2.88 次，最大不合格数据月上传次数为 86.4 次，××光伏电站消除 96.35% 不合格上传率后，可发功率不合格数据上传次数应下降至：

$$（348.2 - 11）× （1 - 97.51\% × 96.35\%）+ 11 = 31.4 \text{ 次}$$

××光伏电站可发功率准确率应为

$$（2880 - 31.4）÷ 2880 = 98.91\%$$

此目标符合省级电力调度控制中心要求的可发功率准确率大于 97% 的水平，目标具有挑战性。

6.8.5　确定目标

本次 QC 活动的目标为将××光伏电站可发功率准确率由 87.99% 提升至 98.91%。提高场站可发功率准确率活动目标图如图 6 - 92 所示。

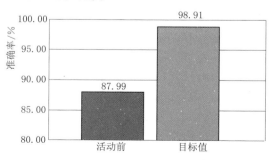

图 6 - 92　提高场站可发功率准确率活动目标图

6.8.6　原因分析

QC小组成员针对症结进行细致分析和解剖，按照人、机、料、法、环几个方面分析末端原因，剔除不可抗力因素，得出后台算法有误差原因分析树形图，如图6-93所示。

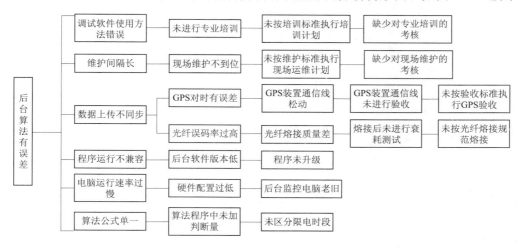

图6-93　后台算法有误差原因分析树形图

6.8.7　要因确认

为找到后台算法有误差这一症结的最主要原因，QC小组成员集中开展了要因确认。

1. 缺少对专业培训的考核

缺少对专业培训的考核要因确认表见表6-88。

表6-88　　　　　　　　　　缺少对专业培训的考核要因确认表

末端因素	缺少对专业培训的考核			
确认标准	《××光伏电站2018年培训计划》			
确认方法	现场验证			
验证情况	QC小组成员对可发功率准确率进行分组测算。其中，A组使用1号后台调试机，由培训并经考核合格后的站内人员维护；B组对监控备机采用原运行模式，按月统计两组可发功率的准确率。 根据《西北区域发电厂并网运行管理实施细则》第三十三条规定的可发功率计算公式，A组、B组计算了6月和7月每天的可发功率准确率，并将月平均值统计如下： A组6月平均的准确率为88.43%；B组6月平均的准确率为88.41%；A组7月平均的准确率为88.43%；B组7月平均的准确率为88.40%			
确认负责人	宁××	确认地点	现场	确认时间	2018年7月
确认结果	A组月平均准确率88.43%，B组月平均准确率约88.41%，88.43%-88.41%=0.02%，因后台算法有误差这一症结造成的不合格数据上传平均次数为328.8次，验收过程中A组后台算法有误差造成的不合格数据上传平均次数为333.22次，333.22-328.8=4.42次，经计算A组、B组结果相差较小			
确认结论	非要因			

2. 缺少对现场维护的考核

缺少对现场维护的考核要因确认表见表 6 - 89。

表 6 - 89　　　　　　　　　　缺少对现场维护的考核要因确认表

末端因素	缺少对现场维护的考核			
确认标准	《××光伏电站巡检作业指导书》			
确认方法	现场验证			
验证情况	QC 小组成员对可发功率准确率进行分组测算。其中，A 组对监控主机每月开展 2 次定期维护，B 组对监控备机采用原运行模式，按月统计两组可发功率的准确率。 　　根据《西北区域发电厂并网运行管理实施细则》第三十三条规定的可发功率计算公式，A 组、B 组计算了 6 月和 7 月每天的可发功率准确率，并将月平均值统计如下： 　　A 组 6 月的准确率为 88.45%；B 组 6 月的准确率为 88.41%；A 组 7 月的准确率为 88.41%；B 组 7 月的准确率为 88.40%			
确认负责人	宁××	确认地点	现场	确认时间	2018 年 7 月
确认结果	A 组月平均准确率为 88.43%，B 组月平均准确率约为 88.41%，88.43% － 88.41% ＝ 0.02%，因后台算法有误差这一症结造成的不合格数据上传平均次数为 328.8 次，验证过程中 A 组后台算法有误差造成的不合格数据上传平均次数为 332.22 次，332.22 － 328.80 ＝ 3.42 次，经计算 A 组、B 组结果相差较小			
确认结论	非要因			

3. 未按验收标准执行 GPS 验收

未按验收标准执行 GPS 验收要因确认表见表 6 - 90。

表 6 - 90　　　　　　　　　　未按验收标准执行 GPS 验收要因确认表

末端因素	未按验收标准执行 GPS 验收			
确认标准	××公司光伏电站设备移交生产技术规范			
确认方法	现场验证			
验证情况	QC 小组成员对可发功率准确率进行分组测算。其中，A 组使用 2 号后台调试机，按照验收标准对 GPS 对时装置进行重新验收；B 组对监控备机采用原运行模式，按月统计两组可发功率的准确率。 　　根据《西北区域发电厂并网运行管理实施细则》第三十三条规定的可发功率计算公式，A 组、B 组计算了 6 月和 7 月每天的可发功率准确率，并将月平均值统计如下： 　　A 组 6 月的准确率为 88.46%；B 组 6 月的准确率为 88.41%；A 组 7 月的准确率为 88.43%；B 组 7 月的准确率为 88.40%			
确认负责人	宁××	确认地点	现场	确认时间	2018 年 7 月
确认结果	A 组月平均准确率约为 88.45%，B 组月平均准确率约为 88.41%，88.45% － 88.41% ＝ 0.04%，因后台算法有误差这一症结造成的不合格数据上传平均次数为 328.8 次，验证过程中 A 组后台算法有误差造成的不合格数据上传平均次数为 332.64 次，332.64 － 328.8 ＝ 3.84 次，经计算 D、B 组结果相差较小			
确认结论	非要因			

4. 未按光纤熔接规范熔接

未按光纤熔接规范熔接要因确认表见表 6−91。

表 6−91　　　　　　　　　　　　　未按光纤熔接规范熔接要因确认表

末端因素	未按光纤熔接规范熔接			
确认标准	《光纤熔接施工工艺规范》			
确认方法	现场验证			
验证情况	QC 小组成员对可发功率准确率进行分组测算。其中，A 组使用 3 号后台调试机，对光伏电站场区通信光纤进行重新焊接；B 组对监控备机采用原运行模式，按月统计两组可发功率的准确率。 　根据《西北区域发电厂并网运行管理实施细则》第三十三条规定的可发功率计算公式，A 组、B 组计算了 6 月和 7 月每天的可发功率准确率，并将月平均值统计如下： 　A 组 6 月的准确率为 88.23%；B 组 6 月的准确率为 88.41%；A 组 7 月的准确率为 88.21%；B 组 7 月的准确率为 88.40%			
确认负责人	宁××	确认地点	现场	确认时间	2018 年 7 月
确认结果	A 组月平均准确率约为 88.22%，B 组月平均准确率约为 88.41%，88.41%−88.22%＝0.19%，因后台算法有误差这一症结造成的不合格数据上传平均次数为 328.8 次，验证过程中 A 组后台算法有误差造成的不合格数据上传平均次数为 339.26 次，339.26−328.8＝10.64 次，经计算 A 组、B 组结果相差较小			
确认结论	非要因			

5. 程序未升级

程序版本未升级要因确认表见表 6−92。

表 6−92　　　　　　　　　　　　　程序版本未升级要因确认表

末端因素	程序版本未升级			
确认标准	软件版本是否符合要求			
确认方法	现场验证			
验证情况	QC 小组成员分组对程序版本进行操作。其中，A 组使用 5 号后台调试机，将软件版本升级为 1.4 版本，B 组使用监控备机保留原 1.2 版本，按月统计两组可发功率的准确率。 　根据《西北区域发电厂并网运行管理实施细则》第三十三条规定的可发功率计算公式，A 组、B 组计算了 6 月和 7 月每天的可发功率准确率，并将月平均值统计如下： 　A 组 6 月的准确率为 88.55%；B 组 6 月的准确率为 88.41%；A 组 7 月的准确率为 88.56%；B 组 7 月的准确率为 88.40%			
确认负责人	宁××	确认地点	现场	确认时间	2018 年 7 月
确认结果	A 组月平均准确率约为 88.56%，B 组月平均准确率约为 88.41%，88.56%−88.41%＝0.15%，因后台算法有误差这一症结造成的不合格数据上传平均次数为 328.8 次，验证过程中 A 组后台算法有误差造成的不合格数据上传平均次数为 329.47 次，329.47−328.8＝0.67 次，经计算 A 组、B 组结果相差较小			
确认结论	非要因			

6. 后台监控电脑老旧

后台监控电脑老旧要因确认表见表 6 - 93。

表 6 - 93　　　　　　　　　　　　后台监控电脑老旧要因确认表

末端因素	后台监控电脑老旧			
确认标准	主机硬件配置是否满足要求			
确认方法	现场验证			
验证情况	QC 小组成员对可发功率准确率进行分组测算。其中，A 组使用 4 号后台调试机，将硬件更换为最新型号；B 组对监控备机采用原运行模式，按月统计两组可发功率的准确率。 　　根据《西北区域发电厂并网运行管理实施细则》第三十三条规定的可发功率计算公式，A 组、B 组计算了 6 月和 7 月每天的可发功率准确率，并将月平均值统计如下： 　　A 组 6 月的准确率为 88.52%；B 组 6 月的准确率为 88.41%；A 组 7 月的准确率为 88.46%；B 组 7 月的准确率为 88.40%			
确认负责人	宁××	确认地点	现场	确认时间
确认结果	A 组月平均准确率为 88.49%，B 组月平均准确率约为 88.41%，88.49%－88.41%＝0.08%，因后台算法有误差这一症结造成的不合格数据上传平均次数为 328.8 次，验证过程中 A 组后台算法有误差造成的不合格数据上传平均次数为 331.49 次，331.49－328.80＝2.69 次，经计算 A 组、B 组结果相差较小			
确认结论	非要因			

2018 年 7 月

7. 算法程序中未加判断量

未区分限电时段要因确认表见表 6 - 94。

表 6 - 94　　　　　　　　　　　　未区分限电时段要因确认表

末端因素	未区分限电时段			
确认标准	《西北区域发电厂并网运行管理实施细则》			
确认方法	现场验证			
验证情况	QC 小组成员分组进行操作。其中 A 组使用 6 号后台调试机，在区分限电时段的算法下计算可发功率，B 组使用监控备机沿用原可发功率准确率算法，按月统计两组可发功率的准确率。 　　根据《西北区域发电厂并网运行管理实施细则》第三十三条规定的可发功率计算公式，A 组、B 组计算了 6 月和 7 月每天的可发功率准确率，并将月平均值统计如下： 　　A 组 6 月的准确率为 99.58%；B 组 6 月的准确率为 88.41%；A 组 7 月的准确率为 99.69%；B 组 7 月的准确率为 88.40%			
确认负责人	宁××	确认地点	现场	确认时间
确认结果	A 组月平均准确率约为 99.64%，B 组月平均准确率为约 88.41%，99.64%－88.41%＝11.23%，因后台算法有误差这一症结造成的不合格数据上传平均次数为 328.8 次，验证过程中 A 组后台算法有误差造成的不合格数据上传平均次数为 10.37 次，328.80－10.37＝318.43 次，经计算 A 组、B 组结果相差较大			
确认结论	要因			

2018 年 7 月

6.8.8 制定对策

未区分限电时段对策表见表 6－95。

表 6－95   未区分限电时段对策表

要因	对策	目标	措　　施	地点	负责人	完成时间
未区分限电时段	在算法程序中增加限电标志位	限电标志位影响的月平均不合格数据上传次数不大于1次	（1）用 Visio 软件画出详细的可发功率算法程序流程图； （2）联系调度提交自动化检修工作票； （3）在自动化检修期内，用 NZD－Manager 程序编译软件，新建可发功率转发点； （4）在新建可发功率转发点过程中，定变量 X，并将其定义为限电标志位，通过增加限电标志位，可令 $X=1$ 为不限电，$X=2$ 为限电，若是限电则可发功率等于样板逆变器平均功率乘以逆变器机组运行数量，若不限电则可发功率等于实发功率； （5）经测试无误后转发至调度主站，同时删除原可发功率转发点； （6）计算限电标志位影响的月平均不合格数据上传次数； （7）与调度联系核实对比本站的计算结果，确保限电标志位影响的月平均不合格数据上传次数确实不大于1次	后台监控系统	×××	2018 年 7 月

6.8.9 对策实施

通过限电标志位在计算可发功率时区分是否限电，若是限电则可发功率等于样板逆变器平均功率乘以逆变器机组运行数量，若不限电则可发功率等于实发功率。

改造前可发功率计算图如图 6－94 所示。

改造后可发功率计算图如图 6－95 所示。

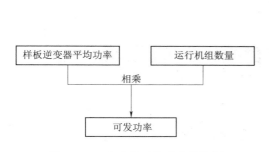

图 6－94　改造前可发功率计算图

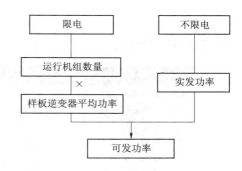

图 6－95　改造后可发功率计算图

可知

$$P_可＝P_{累计}×（2－限电标识）＋P_{样平均}×运行台数×（限电标识－1）$$

其中，令限电时限电标识为 2，不限电时为 1。实施设备为后台监控电脑及 NZD－

Manager 程序编译软件。

程序修改过程为：

（1）根据需求设计详细的程序流程图。

（2）设定变量 X，并将其定义为限电标志位：$X=1$ 为不限电，$X=2$ 为限电。

（3）可发功率定义为 K，原有公式为

$$K = YM$$

式中　Y——样板机平均值；

　　　M——运行机组数量。

（4）加入判断条件，将可发功率重新定义为

$$K = val(2-X) + YM(X-1)$$

式中　val——实发功率。

（5）编译并运行程序。可发功率准确率算法如图 6-96 所示。

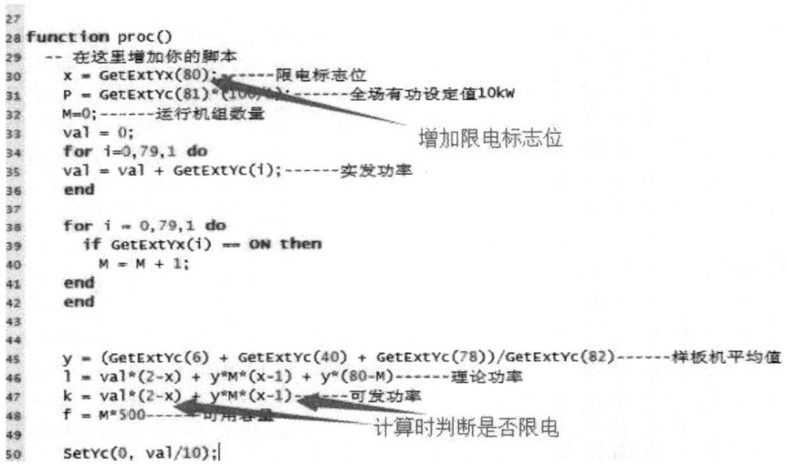

```
27
28 function proc()
29  -- 在这里增加你的脚本
30    x = GetExtYx(80);------限电标志位
31    P = GetExtYc(81)*(100)...------全场有功设定值10kW
32    M=0;------运行机组数量
33    val = 0;
34    for i=0,79,1 do
35    val = val + GetExtYc(i);------实发功率
36    end
37
38    for i = 0,79,1 do
39      if GetExtYx(i) == ON then
40      M = M + 1;
41    end
42    end
43
44
45    y = (GetExtYc(6) + GetExtYc(40) + GetExtYc(78))/GetExtYc(82)------样板机平均值
46    l = val*(2-x) + y*M*(x-1) ------理论功率
47    k = val*(2-x) + y*M*(x-1)------可发功率
48    f = M*500----可用容量
49
50    SetYc(0, val/10);
```

增加限电标志位

计算时判断是否限电

图 6-96　可发功率准确率算法

实施效果比较图如图 6-97 所示。

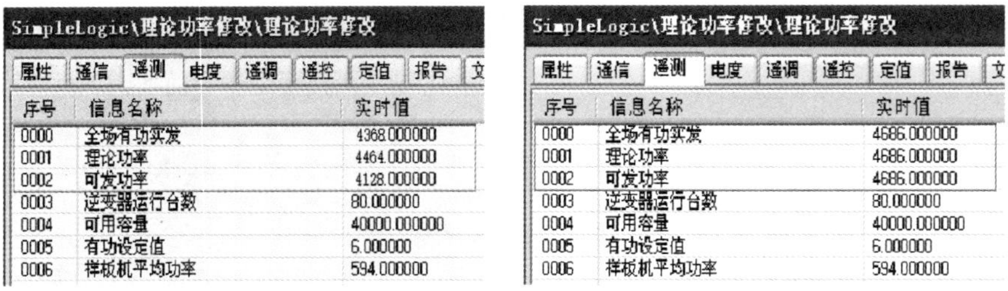

序号	信息名称	实时值
0000	全场有功实发	4368.000000
0001	理论功率	4464.000000
0002	可发功率	4128.000000
0003	逆变器运行台数	80.000000
0004	可用容量	40000.000000
0005	有功设定值	6.000000
0006	样板机平均功率	594.000000

（a）实施前

序号	信息名称	实时值
0000	全场有功实发	4686.000000
0001	理论功率	4686.000000
0002	可发功率	4686.000000
0003	逆变器运行台数	80.000000
0004	可用容量	40000.000000
0005	有功设定值	6.000000
0006	样板机平均功率	594.000000

（b）实施后

图 6-97　实施效果比较图

实施后第 1~12 天准确率表见表 6-96。

表 6 - 96　　　　　　　　　　　　　实施后第 1～12 天准确率表

天　数	准确率/%	天　数	准确率/%
1	99.56	7	100
2	98.99	8	99.41
3	99.23	9	100
4	99.41	10	98.99
5	100	11	99.11
6	99.19	12	99.56

对策实施后，月平均不合格数据达到不大于 1 次的目标值。

6.8.10　效果检查

6.8.10.1　课题目标的效果检查

QC 小组成员对活动后可发功率准确率进行了统计，并同活动前可发功率准确率进行对比分析，见表 6 - 97。

表 6 - 97　　　　　　　　活动前后可发功率准确率统计对比表

时间	2018 年 1 月	2018 年 2 月	2018 年 3 月	2018 年 4 月	2018 年 5 月	月均值
活动前月均准确率/%	88.00	87.72	87.94	88.47	87.80	87.99
时间	2018 年 8 月	2018 年 9 月	2018 年 10 月	2018 年 11 月	2018 年 12 月	月均值
活动后月均准确率/%	99.29	99.24	99.40	99.41	99.33	99.33

活动前后可发功率准确率效果对比图如图 6 - 98 所示。

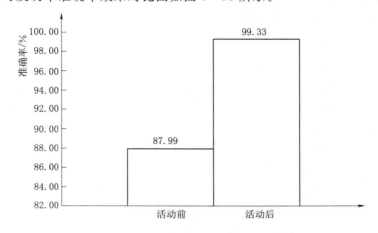

图 6 - 98　活动前后可发功率准确率效果对比图

由表 6 - 97 及图 6 - 98 可以看出，此次 QC 活动将可发功率准确率从 87.99% 升高至 99.33%，达到并超过省级调控中心 97.00% 的要求，也达到了 QC 活动所设的准确率大于

98.91％的目标值。

6.8.10.2 症结解决的效果检查

针对后台算法有误差这一症结，对 2018 年 8—12 月活动后可发功率准确率进行检查，活动后造成可发功率合成信息有误的因素及其次数统计表见表 6-98。

表 6-98 　　　　　活动后造成可发功率合成信息有误的因素及其次数统计表

影响因素	次 数						占比/%
	8 月	9 月	10 月	11 月	12 月	平均值	
后台算法有误差	0	0	0	0	0	0	0
样板机故障	4	7	5	3	5	4.8	55.81
实发节点选择不当	3	4	3	4	5	3.8	44.19

根据表 6-98 绘制造成可发功率合成信息有误的因素占比饼分图，如图 6-99 所示。

通过图 6-99 可以直观看出，可发功率合成信息有误原先的症结后台算法有误差被消除，优化效果良好。

6.8.10.3 巩固期检查

QC 小组成员在活动后对可发功率准确率情况进行了巩固期效果检查和与目标值的对比。活动后可发功率准确率与目标值的对比图如图 6-100 所示。

通过图 6-100 可以看出在巩固期，可发功率准确率高于目标值，效果得到巩固。

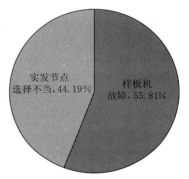

图 6-99　造成可发功率合成信息
有误的因素占比饼分图

6.8.11 制定巩固措施

经电力运行部批准，对活动成果提炼总结，将经检验有明显效果的方法、经验纳入检修规程、作业指导书等规范。提高场站可发功率准确率标准化管理统计表见表 6-99。

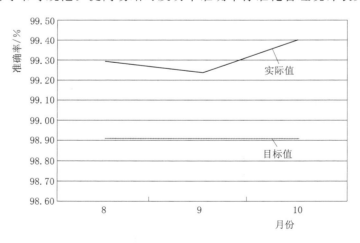

图 6-100　活动后可发功率准确率与目标值的对比图

表 6－99　　　　　　提高场站可发功率准确率标准化管理统计表

序号	巩　固　措　施	执行人	时间
1	将"运行人员在监控后台时需检查可发功率的准确率是否低于 97%，发现上述缺陷，及时通知值班负责人"纳入《××光伏电站设备巡检作业指导书》第 10 章第 10.2 条	××	2018 年 11 月
2	将"在计算可发功率时区分是否限电，若是限电则可发功率等于样板逆变器平均功率乘以逆变器机组运行数量，若不限电则可发功率等于实发功率"纳入《××光伏电站检修规程》第 10 章第 10.3 条	××	2018 年 11 月

　　QC 小组成员在 2018 年 11 月对可发功率准确率进行了跟踪调查，可发功率准确率跟踪调查图如图 6－101 所示。

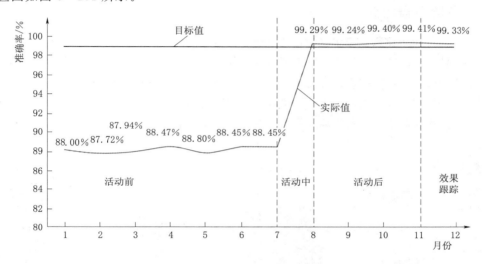

图 6－101　可发功率准确率跟踪调查图

　　通过图 6－101 可以看出在跟踪调查期间可发功率准确率高于目标值，符合标准。

6.8.12　活动总结和下一步打算

6.8.12.1　活动总结

　　首先，本次 QC 小组活动让小组成员系统地掌握了××光伏电站可发功率准确率的算法结构，明确了导致可发功率准确率偏低的各种原因之间的关系及处理对策，提高了成员的技术水平。

　　其次，活动严格按照 QC 小组成员简介表中组内职务和分工，各司其职，各成员充分发挥各自所擅长的技能，在提高工作质量的同时，还大大缩短了工期，提高了站内的管理水平，在管理上践行了物尽其用、人尽其才的基本要求。

　　最后，在本次活动过程中，QC 小组成员充分运用自己所学的知识，结合质量控制中的各种统计分析方法，逐项克服各自所面对的困难，最终完成小组任务。

　　本次活动的成功增强了 QC 小组成员解决问题的信心，开拓了工作思路，锻炼了业务技能，加强了团队协作能力。

6.8.12.2　下一步打算

运用本次活动所积累的经验，继续通过优化可发功率算法，查找其他缺陷末端原因，按照整个流程进一步解决其他影响可发功率的原因，消除设备隐患，提高电站质量管理水平。

6.9　降低光伏汇流箱故障频率

本课题针对光伏汇流箱故障导致长期失去监控容易形成事故隐患这一问题，通过 QC 小组活动降低了汇流箱故障频率，保障了设备运行安全。

6.9.1　课题背景简介

光伏汇流箱可以将数量庞大的光伏组件进行串并组合，达到需要的电压电流值，以使发电效率达到最佳，同时减少光伏阵列接入到逆变器的连线，优化系统结构，提高可靠性和可维护性。当汇流箱故障后，监控后台失去了对故障汇流箱及与之连接的光伏阵列的电气监控，长期失去监控容易形成事故隐患，因此汇流箱故障后需要运维人员及时进行更换。近年来我站光伏汇流箱故障频率居高不下，高于地区平均水平。光伏发电系统示意图如图 6-102 所示。

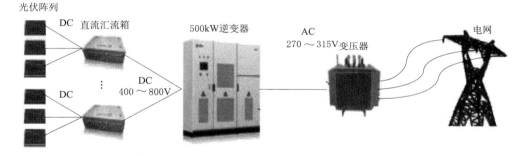

图 6-102　光伏发电系统示意图

6.9.2　小组简介

6.9.2.1　小组概况

本 QC 小组成立于 2018 年 1 月 5 日，并于 2018 年 1 月 8 日进行注册，注册编号：CTGNE/QCC-YNB(BC)-01-2018。QC 小组概况见表 6-100。

表 6-100　　　　　　　　　　　　　　QC　小　组　概　况

小组名称	"彩云之光"		
课题名称	降低光伏汇流箱故障频率		
成立时间	2018 年 1 月 5 日	注册时间	2018 年 1 月 8 日
注册编号	CTGNE/QCC-YNB(BC)-01-2018	接受 QC 教育时长	60h/人
活动时间	2018 年 1 月—2019 年 1 月	活动次数	13 次
课题类型	现场型	出勤率	100%

6.9.2.2 成员简介

QC 小组成员简介表见表 6－101。

表 6－101　　　　　　　　　　QC 小组成员简介表

序号	成员姓名	年龄	职称	职务	组内职务和分工
1	杜××	28	助理工程师	主值班员	组长　组织协调
2	王××	35	工程师	值班长	副组长　技术指导
3	代××	27	助理工程师	副值班长	组员　现场实施
4	周××	26	助理工程师	主值班员	组员　成果编制
5	邹×	24	助理工程师	值班员	组员　现场实施
6	李××	24	技术员	副值班员	组员　数据采集

6.9.3　选题理由

2017 年 7—12 月，本地区光伏汇流箱平均故障频率为 18 次/月。我站故障频率为 27.3 次/月，故障频率高于同地区水平。按公司要求，我站需要将汇流箱故障频率控制在 12 次/月以内。QC 小组选择降低光伏汇流箱故障频率作为本次活动课题。我站汇流箱故障频率与地区平均水平统计表见表 6－102。我站汇流箱故障频率与地区平均水平统计图如图 6－103 所示。

表 6－102　　　　　　我站汇流箱故障频率与地区平均水平统计表

时间	7 月	8 月	9 月	10 月	11 月	12 月	合计
我站故障次数	21	16	35	31	27	34	164
地区每月平均故障次数	18						
我站每月平均故障次数	27.3						

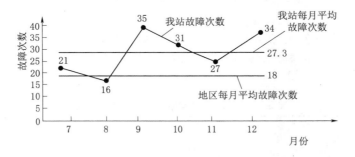

图 6－103　我站汇流箱故障频率与地区平均水平统计图

6.9.4　现状调查

QC 小组成员通过对 2017 年值班日志和汇流箱故障记录的查询，对汇流箱 164 次故障进行归类。2017 年 7—12 月汇流箱不同故障类别统计表见表 6－103。2017 年 7—12 月汇流箱不同故障类别排列图如图 6－104 所示。

表 6 - 103 　　　　　　　　　　**2017 年 7—12 月汇流箱不同故障类别统计表**

序号	故障类别	故障次数	占比/%	累计占比/%
1	熔断器故障	126	76.83	76.83
2	监控板故障	21	12.80	89.63
3	电源模块故障	8	4.88	94.51
4	断路器故障	5	3.05	97.56
5	其他故障	4	2.44	100.00
	合计	164		

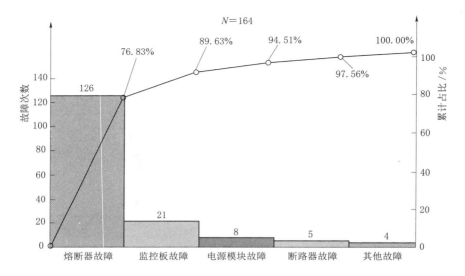

图 6 - 104　2017 年 7—12 月汇流箱不同故障类别排列图

由图 6 - 104 可以看出，熔断器故障占汇流箱总故障的 76.83%，是影响汇流箱的主要问题，是要解决的症结。

A 一期项目与我站使用相同型号的汇流箱及熔断器，调研发现 A 一期项目 2017 年 7—12 月平均每月汇流箱熔断器故障 4 次，故障率较低。我站与 A 一期项目熔断器故障次数对比表见表 6 - 104。

表 6 - 104 　　　　　　　　　**我站与 A 一期项目熔断器故障次数对比表**

项目	我站（×××光伏电站）						A 一期项目					
时间	7 月	8 月	9 月	10 月	11 月	12 月	7 月	8 月	9 月	10 月	11 月	12 月
熔断器故障次数	17	15	18	30	26	20	5	1	5	3	7	3
合计故障次数	126						24					
每月故障次数	21						4					

6.9.5　确定目标

A 一期项目熔断器平均每月故障次数为 4 次，将我站熔断器故障这一影响汇流箱故障的症结解决到和 A 一期项目一样，那么可以降低熔断器故障的 $(126-24)/126\times100\%=80.95\%$。从而可以将汇流箱的月均故障频率降低为

$(126\times19.05\%+21+8+5+4)/6\approx10.3$ 次/月，则下降率为

$$(27.3-10.3)/27.3\times100\%\approx62.3\%$$

则本活动目标为将汇流箱故障频率由 27.3 次/月降低为 10.3 次/月，下降 62.3%。降低光伏汇流箱故障率活动目标如图 6-105 所示。

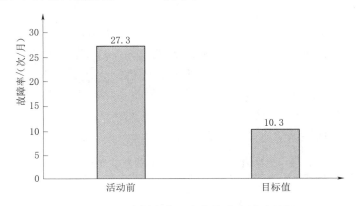

图 6-105　降低光伏汇流箱故障率活动目标

6.9.6　原因分析

QC 小组成员根据现场实际情况，运用头脑风暴法对熔断器故障这一主要问题进行了原因分析。熔断器故障原因分析图如图 6-106 所示。

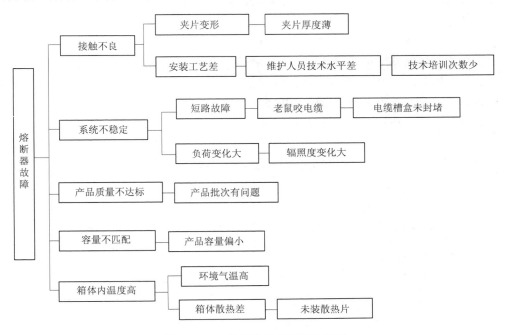

图 6-106　熔断器故障原因分析图

通过原因分析 QC 小组成员找到 8 条末端因素：①夹片厚度薄；②技术培训次数少；③电缆槽盒未封堵；④辐照度变化大；⑤产品批次有问题；⑥产品容量偏小；⑦环境气温高；⑧未装散热片。其中辐照度变化大和环境气温高是光伏电站的不可抗逆因素，QC 小组不对其进行分析。

图 6-107　更换增厚夹片

6.9.7　要因确认

1. 夹片厚度薄

运用现场试验法对 1 号、2 号方阵的 28 台汇流箱更换增厚夹片，对比使用原夹片的 3 号、4 号方阵的 28 台汇流箱，运行 5 天对比熔断器故障次数。

更换增厚夹片如图 6-107 所示。

更换增厚夹片前后熔断器故障次数表见表 6-105。

表 6-105　　　　　　　更换增厚夹片前后熔断器故障次数表

项目	增厚夹片		原夹片	
夹片厚度	1mm		0.6mm	
编号	1 号方阵	2 号方阵	3 号方阵	4 号方阵
故障次数	2	5	3	4
合计次数	7		7	

增加 28 台汇流箱熔断器夹片厚度，与 28 台原厚度夹片汇流箱运行 5 天进行对比，熔断器故障次数一致，因此夹片厚度薄对熔断器故障无影响，不是主要原因。

确认结论：非要因。

2. 技术培训次数少

增加汇流箱熔断器维护技术培训次数，提高维护人员技术水平后，运用现场调查法，对 5 号、6 号方阵 28 台汇流箱熔断器进行仔细维护，对比 7 号、8 号方阵 28 台未维护的汇流箱熔断器，运行 5 天后对比熔断器故障次数。

汇流箱熔断器维护技术培训记录截图如图 6-108 所示。

序号	培训项目	培训时间	培训学时	培训对象	培训人数	培训地点	培训责任人
1	汇流箱熔断器维护培训	2018. 2. 13	2	运维人员	8	会议室	王廷光
2	更换熔断器工艺流程	2018. 2. 14	1	运维人员	8	会议室	李银辉
3	汇流箱熔断器厂家说明书培训	2018. 2. 15	2	运维人员	8	会议室	杜江剑
4	熔断器日常维护内容培训	2018. 2. 16	1	运维人员	7	会议室	代金平
5	安装汇流箱熔断器技术培训	2018. 2. 17	1.5	运维人员	8	会议室	王廷光
6	逆变器运维培训	2018. 3. 23	2	运维人员	8	会议室	邹彪
7	SVG 补偿模式运用培训	2018. 4. 15	2	运维人员	8	会议室	张国泰
8	故障录播运用培训	2018. 5. 27	2	运维人员	8	会议室	代金平

图 6-108　汇流箱熔断器维护技术培训记录截图

培训前后熔断器故障次数表见表 6-106。

表 6-106 培训前后熔断器故障次数表

项目	培 训 后		培 训 前	
编号	5 号方阵	6 号方阵	7 号方阵	8 号方阵
故障次数	2	4	1	4
合计次数	6		5	

对维护人员增加培训次数后,将 5 号、6 号方阵 28 台汇流箱熔断器进行维护,与未维护的 7 号、8 号方阵 28 台汇流箱运行 5 天进行对比,培训后熔断器故障次数增多 1 次,因此技术培训次数少对熔断器故障无影响,不是主要原因。

确认结论:非要因。

3. 电缆槽盒未封堵

运用现场调查法,对 9 号、10 号方阵电缆槽盒进行封堵,对比未封堵的 11 号、12 号方阵,运行 5 天后对比汇流箱熔断器故障次数。

用防火泥对电缆槽盒端口进行封堵如图 6-109 所示。

封堵前后熔断器故障次数表见表 6-107。

图 6-109 用防火泥对电缆槽盒端口进行封堵

表 6-107 封堵前后熔断器故障次数表

项目	封 堵 后		未 封 堵	
编号	9 号方阵	10 号方阵	11 号方阵	12 号方阵
故障次数	6	2	7	0
合计次数	8		7	

对 9 号、10 号方阵电缆槽盒进行封堵后,与未维护的 11 号、12 号方阵汇流箱运行 5 天进行对比,封堵后熔断器故障次数比封堵前还多 1 次,因此电缆槽未封堵对熔断器故障无影响,不是主要原因。

确认结论:非要因。

4. 产品批次有问题

重新采购相同品牌相同容量不同批次的熔断器。运用现场调查法,对 13 号、14 号方阵 28 台汇流箱全部熔断器进行更换,对比采用原熔断器的 15 号、16 号方阵,运行 5 天后统计汇流箱熔断器故障次数。

两批次熔断器故障次数表见表 6-108。

表 6-108 两批次熔断器故障次数表

项目	新 批 次		原 批 次	
编号	13 号方阵	14 号方阵	15 号方阵	16 号方阵
故障次数	1	2	3	0
合计次数	3		3	

对 13 号、14 号方阵更换新熔断器后，与使用原批次熔断器的 15 号、16 号方阵汇流箱熔断运行 5 天进行对比，新批次熔断器与原批次熔断器故障次数一致，因此产品批次有问题对熔断器故障无影响，不是主要原因。

确认结论：非要因。

5. 产品容量偏小

参考设备厂家建议，运用现场调查法，将 17 号、18 号方阵汇流箱熔断器由 15A 全部更换为 20A，对比使用原 15A 熔断器的 19 号、20 号方阵，运行 5 天后对比汇流箱熔断器故障次数。

更换前后的熔断器如图 6-110 所示。

（a）更换后的20A熔断器   （b）原15A熔断器

图 6-110 更换前后的熔断器

熔断器更换前后故障次数表见表 6-109。

表 6-109   熔断器更换前后故障次数表

项目	20A 熔断器		15A 熔断器	
编号	17 号方阵	18 号方阵	19 号方阵	20 号方阵
故障次数	0	0	3	3
合计次数	0		6	

将使用 20A 熔断器的 17 号、18 号方阵与使用 15A 熔断器的 19 号、20 号方阵运行 5 天对比，20A 熔断器的方阵故障次数有了明显下降，因此产品容量偏小对熔断器故障影响很大，是主要原因。

确认结论：要因。

6. 未装散热片

订购 28 组汇流箱散热片，运用现场调查法，在 21 号、22 号方阵汇流箱背部安装散热片，对比未安装散热片的 23 号、24 号方阵，运行 5 天后统计汇流箱熔断器故障次数。

散热片示意图如图 6-111 所示。

安装散热片前后熔断器故障次数表见表 6-110。

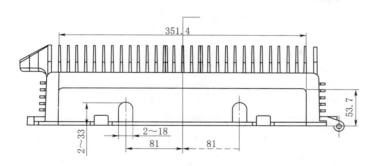

图 6-111　散热片示意图（单位：mm）

表 6-110　　　　　　　　　　　安装散热片前后熔断器故障次数表

项目	安装散热片汇流箱		未安装散热片汇流箱	
编号	21 号方阵	22 号方阵	23 号方阵	24 号方阵
故障次数	3	4	1	5
合计次数	7		6	

通过将安装散热片的 17 号、18 号方阵与未安装散热片的 19 号、20 号方阵的汇流箱熔断器运行 5 天对比，发现安装散热片后熔断器故障次数与未安装散热片的故障次数相差不大，因此未装散热片对熔断器故障影响不大，是非主要原因。

确认结论：非要因。

6.9.8　制定对策

产品容量偏小对策表见表 6-111。

表 6-111　　　　　　　　　　　产品容量偏小对策表

要因	对策	目标	措　　施	地点	时间	负责人
产品容量偏小	增加熔断器容量	熔断器容量增加 0.2 倍即增加 3A 后，满足现场实际需求	（1）计算原 15A 熔断器保护范围； （2）计算容量增加 0.2 倍后，即增加 3A 后，熔断器保护范围； （3）咨询厂家是否可以增加熔断器容量，增加容量后是否会对其他设备造成影响； （4）根据现场实际情况并考虑其他因素后经 QC 小组讨论及公司领导决策，确定实际增加值； （5）经厂家及领导同意后，将全站汇流箱熔断器进行更换	1～30 号方阵汇流箱	2018 年 5 月 22 日	代××

6.9.9　对策实施

增加熔断器容量对策实施表见表 6-112。

表 6-112 　　　　　　　　　　　增加熔断器容量对策实施表

对策	增加熔断器容量			
目标	熔断器容量增加 0.2 倍即增加 3A 后，满足现场实际需求			
实施	经各设备厂家评估、现场实际分析、QC 小组综合分析后，确定实际增加值			
实施人	代××	实施地点	1 号～30 号方阵汇流箱	实施时间	2018 年 5 月 25 日—6 月 24 日
实施过程	（1）按《光伏（PV）发电机组装置和安全要求》（IEC 62548 Ed 1.0）："熔断体的额定电流应在 1.4～2.4 倍标准短路电流的范围内"。经计算，我站熔断器保护范围为 12.61～21.62A。原 15A 熔断器满足要求； （2）容量增加 0.2 倍后，即达到 18A，满足 12.61～21.62A 的范围，具有可实施性； （3）按熔断器说明书计算，5 月熔断器实际温度约为 65℃，实际承载能力为 15A×0.8＝12A，低于 12.61～21.62A 的要求。容量增加 3A 后熔断器在 65℃下的实际承载能力达到 18×0.8＝14.4A，满足 12.61～21.62A 的要求； （4）咨询组件及汇流箱厂家后得出结论：光伏组件自身有反向二极管保护，增大熔断器容量后不影响组件及汇流箱设备运行； （5）咨询熔断器厂家得出结论：目前额定电流不小于 15A 的光伏专用熔断器只有 15A 和 20A。而 20A 熔断器经折算可得 20A×0.8＝16A（按 65℃计算），满足熔断器额定电流 12.61～21.62A 的范围，且处于中间水平，满足选择要求； （6）QC 小组成员再次咨询组件及汇流箱厂家，厂家同意选择 20A 熔断器，经过综合评判后一致认为可选择 20A 熔断器进行更换。小组方案经公司领导审批同意后购买了一批 20A 熔断器进行更换			
效果检查	实施后至今未发生大量汇流箱熔断器故障情况，效果明显			

6.9.10　效果检查

6.9.10.1　目标检查

活动前后汇流箱故障次数表见表 6-113。

表 6-113 　　　　　　　　　　活动前后汇流箱故障次数表

阶段	活　动　前						活　动　后					
时间	2017 年 7 月	2017 年 8 月	2017 年 9 月	2017 年 10 月	2017 年 11 月	2017 年 12 月	2018 年 7 月	2018 年 8 月	2018 年 9 月	2018 年 10 月	2018 年 11 月	2018 年 12 月
汇流箱故障次数	21	16	35	31	27	34	8	9	7	6	9	6
合计次数	164						45					
故障频率/(次/月)	27.3						7.5					

活动前后汇流箱故障频率对比图如图 6-112 所示。

开展 QC 小组活动后，通过实施对策，经综合评判选出需要的 20A 熔断器，完成了对策目标。并成功地将汇流箱故障频率由 27.3 次/月降为 7.5 次/月，下降率为 72.5%，完成并超过了 10.3 次/月的预期目标。

6.9.10.2　问题症结检查

活动前后汇流箱不同故障类别统计表见表 6-114。

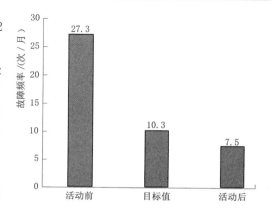

图 6-112　活动前后汇流箱故障频率对比图

表 6-114　　　　　　　　　　活动前后汇流箱不同故障类别统计表

序号	故障类别	活 动 前			活 动 后		
		故障次数	占比/%	累计占比/%	故障次数	占比/%	累计占比/%
1	熔断器故障	126	76.83	76.83	15	33.33	33.33
2	监控板故障	21	12.80	89.63	14	31.11	64.44
3	电源模块故障	8	4.88	94.51	9	20.00	84.44
4	断路器故障	5	3.05	97.56	4	8.89	93.33
5	其他故障	4	2.44	100.00	3	6.67	100.00
	合计	164			45		

活动后不同故障类别排列图如图 6-113 所示。

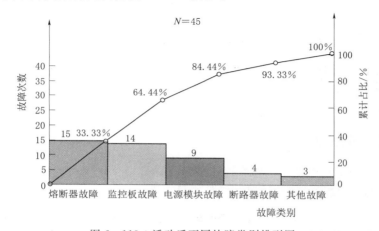

图 6-113　活动后不同故障类别排列图

活动前后熔断器故障次数统计表见表 6-115。

表 6-115　　　　　　　　　　活动前后熔断器故障次数统计表

阶段	活 动 前						活 动 后					
时间	2017 年 7 月	2017 年 8 月	2017 年 9 月	2017 年 10 月	2017 年 11 月	2017 年 12 月	2018 年 7 月	2018 年 8 月	2018 年 9 月	2018 年 10 月	2018 年 11 月	2018 年 12 月
熔断器故障次数	17	15	18	30	26	20	2	3	2	3	3	2
合计次数	126						15					
月平均故障次数	21						2.5					

活动前后熔断器平均故障次数对比图如图 6-114 所示。

QC 小组活动后，汇流箱的主要故障类别熔断器故障，占汇流箱故障总比例已由活动前的 76.8% 下降到活动后的 33.3%，解决了问题的症结。熔断器故障频率由 21 次/月，下降为 2.5 次/月，超过了 4 次/月的目标值，完成了目标。

有形效益方面，本次活动降低汇流箱故障频率后，提高了设备可利用率，降低了员工对汇流箱的维护工作量，减少了发电量的损失，为公司增创效益。

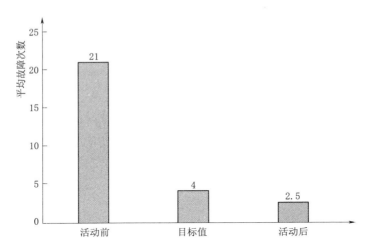

图 6-114　活动前后熔断器平均故障次数对比图

无形效益方面，本次活动降低汇流箱故障频率后，提高了设备可靠性，降低了运行风险，降低了事故隐患，提高了电站抗风险的能力，提高了 QC 小组成员的技术水平、个人能力及小组的团队凝聚力。

6.9.11　制定巩固措施

1. 将成果纳入规范管理中

降低光伏汇流箱故障频率活动巩固措施表见表 6-116。

表 6-116　　　　　　　降低光伏汇流箱故障频率活动巩固措施表

序号	内　容	巩固措施	批准人	实施人	实施时间 /（年-月-日）
1	汇流箱熔断器由 15A 更换为 20A	（1）将其写入《×××光伏电站运行规程 2018 版》第五章第五节汇流箱部分； （2）将其写入《×××光伏电站检修规程 2018 版》第五章第四节汇流箱部分	×××	××	2019-1-1
2	更新汇流箱检修作业指导书维护清单	将其写入《汇流箱检修作业指导书》第二章第三节汇流箱部分	×××	××	2019-1-15

2. 效果跟踪

QC 小组成员在 2019 年 1 月对汇流箱故障频率进行了效果跟踪调查。

活动前后汇流箱故障数据对比表见表 6-117。

阶段	活 动 前						活 动 中						活 动 后						跟踪期
时间	2017年7月	2017年8月	2017年9月	2017年10月	2017年11月	2017年12月	2018年1月	2018年2月	2018年3月	2018年4月	2018年5月	2018年6月	2018年7月	2018年8月	2018年9月	2018年10月	2018年11月	2018年12月	2019年1月
汇流箱故障次数	21	16	35	31	27	34	22	15	19	25	18	19	9	7	6	9	6	9	4
合计次数	164						118						46						4
月均故障次数	27.3						19.7						7.7						4

表 6 - 117　　活动前后汇流箱故障数据对比表

活动前后及跟踪期汇流箱故障统计图如图 6 - 115 所示。

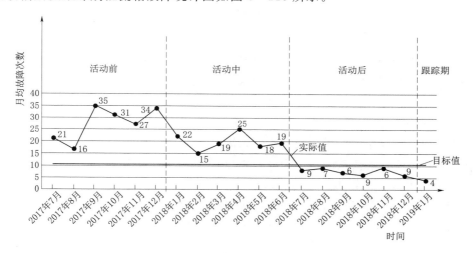

图 6 - 115　活动前后及跟踪期汇流箱故障统计图

可以看出在跟踪期汇流箱运行故障频率小于目标值，符合标准。

6.9.12　活动总结和下一步打算

6.9.12.1　活动总结

本次活动的有形成果为：①降低了我站汇流箱故障率；②降低了我站汇流箱熔断器故障率。

无形成果为：对 QC 小组成员在活动前后的三项能力指标进行评判打分，以 10 分为满分，活动前后 QC 小组成员三项指标评估表见表 6 - 118。

表 6 - 118　　活动前后 QC 小组成员三项指标评估表

阶段	得　分		
	个人能力	技术水平	管理能力
活动前	5	4	3
活动后	8	7	6

活动前后 QC 小组成员三项能力指标对比图如图 6－116 所示。

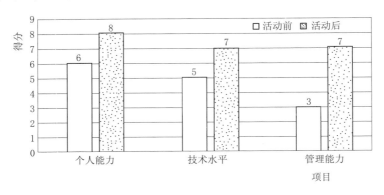

图 6－116　活动前后 QC 小组成员三项能力指标对比图

开展 QC 小组活动后，小组成员的个人能力、技术水平、管理能力均得到有效提高。

本次活动的不足是：①要因确认消耗时间过长；②缺乏经验，成果编制时逻辑不严谨。

6.9.12.2　下一步打算

（1）QC 小组将采用无人机开展以减少光伏厂区巡检时间为主要方向的 QC 小组活动。

（2）QC 小组将加大活动的培训力度，重点对 QC 活动方法及 QC 工具运用方面进行培训，不断提升小组成员的 QC 活动能力。

（3）QC 小组将针对我站设备，加强培训力度，不断提高员工技术水平。

（4）QC 小组将定期开展质量管理培训和 QC 小组活动培训，提升小组的业务技能及管理能力。

6.10　降低大直径穿线管防火泥封堵缺陷率

本课题针对大直径穿线管防火泥封堵会出现裂缝、脱落等各种缺陷，导致小动物、雨雪等易进入这一问题，通过 QC 小组活动降低大直径穿线管防火泥封堵缺陷率，保障了设备安全运行。

6.10.1　课题背景简介

汇流箱电缆穿线管在光伏发电系统中起着保护光伏组件与汇流箱连接线和汇流箱与逆变器连接线的作用。为了密封和防火，电缆引入穿线管时需要用防火泥进行封堵，由于部分电缆穿线管直径较大，封堵时间稍长，封堵防火泥会出现裂缝、脱落等各种缺陷，导致小动物、雨雪等易进入，造成设备不安全运行。为了统计比较，一般用缺陷率来衡量防火泥封堵的缺陷情况。缺陷率的计算公式为

$$缺陷率 = \frac{缺陷数量}{总数量} \times 100\%$$

光伏系统示意图如图 6－117 所示。

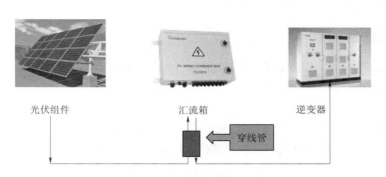

图 6-117　光伏系统示意图

6.10.2　小组简介

6.10.2.1　小组概况

本 QC 小组于 2018 年 5 月 26 日成立，并于 2018 年 6 月 3 日登记注册，注册编号为：CTGNE/QCC-HBB(GY)-01-2018。QC 小组概况见表 6-119。

表 6-119　　　　　　　　　　　　　　QC 小组概况

小组名称	"杰晖"		
课题名称	降低大直径穿线管防火泥封堵缺陷率		
成立时间	2018 年 5 月 26 日	注册时间	2018 年 6 月 3 日
课题类型	现场型	注册编号	CTGNE/QCC-HBB(GY)-01-2018
活动时间	2018 年 6—11 月	出勤率	100%

6.10.2.2　成员简介

QC 小组成员简介表见表 6-120。

表 6-120　　　　　　　　　　　　　QC 小组成员简介表

序号	成员姓名	性别	文化程度	职务	组内职务和分工
1	宋××	男	本科	值长	组长　组织协调
2	安××	男	本科	场站总经理	副组长　组织协调
3	胡××	男	本科	分公司质安部主管	组员　活动策划
4	孙××	男	本科	值班员	组员　现场实施
5	王××	男	本科	主值班员	组员　现场实施
6	杜××	男	本科	值班员	组员　成果编制
7	赵××	男	本科	值班员	组员　数据收集
8	韩××	男	专科	值班员	组员　数据收集
9	姜×	男	本科	值班员	组员　统计分析
10	刘××	男	专科	值班员	组员　统计分析

6.10.3　选题理由

穿线管防火泥封堵牢固是设备安全稳定运行的基础保障。QC 小组成员以"减少消耗，提高质量"为活动目的，对 2018 年 3—5 月光伏场区的电缆穿线管防火泥封堵缺陷情况展开调查。

小组要求大直径穿线管防火泥封堵缺陷率不大于 6%。

防火泥封堵缺陷次数统计表见表 6-121。防火泥封堵缺陷率图如图 6-118 所示。

表 6-121　　　　　　　　防火泥封堵缺陷次数统计表

月份	缺陷次数	缺陷率/%
3	32	11.03
4	41	14.14
5	50	17.24
合计	123	42.41
平均值	41	14.14

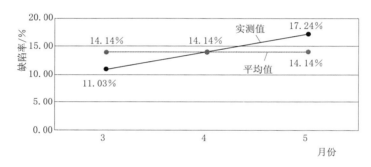

图 6-118　防火泥封堵缺陷率图

调查结果表明，我站光伏场区穿线管防火泥封堵月均缺陷率随封堵时间的推延逐渐增高。因此选择降低大直径穿线管防火泥封堵缺陷率作为本次 QC 小组活动的课题。

6.10.4　现状调查

QC 小组成员对 2018 年 3—5 月大直径穿线管防火泥封堵缺陷的不同形式进行了调查统计，根据结果绘制统计表，见表 6-122。

表 6-122　　　　　　大直径穿线管防火泥封堵缺陷次数统计表

封堵缺陷类型	缺　陷　次　数				占比/%	累计占比/%
	3 月	4 月	5 月	合计		
防火泥自身脱落缺陷	24	36	44	104	84.55	84.55
电缆变形封堵缺陷	3	2	3	8	6.51	91.06
穿线管变形封堵缺陷	2	1	1	4	3.25	94.31
雨水冲刷封堵缺陷	1	2	1	4	3.25	97.56
其他缺陷	2	0	1	3	2.44	100

依据表 6-122 绘制防火泥封堵缺陷统计排列图，如图 6-119 所示。

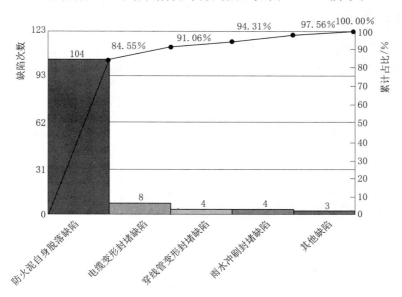

图 6-119 防火泥封堵缺陷统计排列图

由图 6-119 可以看出，在防火泥封堵缺陷中防火泥自身脱落缺陷占比最多，达 84.55％。QC 小组成员对防火泥自身脱落缺陷进行调查统计分析，根据调查结果绘制统计表，见表 6-123。

表 6-123　　　　　　　　　防火泥自身脱落缺陷类型次数统计表

脱落类型	缺 陷 次 数				占比/%
	3 月	4 月	5 月	平均	
整体下滑脱落	18	28	34	26.67	76.93
硬化开裂脱落	6	8	10	8	23.07
合计	24	36	44	34.67	100

依据表 6-123 绘制防火泥自身脱落缺陷饼分图，如图 6-120 所示。

可以看出，整体下滑脱落在防火泥自身脱落缺陷中占比达 76.93％，是造成大直径穿线管防火泥封堵缺陷的主要症结。

QC 小组成员调查了附近其他场站同类型穿线管防火泥封堵缺陷情况，其缺陷率控制在 6％。QC 小组成员认为我站也可以达到这一目标，那么就可以降低整体下滑脱落缺陷（41－41÷14.14％×6％）/26.67×100％≈88.5％，从而可以将大直径穿线管防火泥封堵月均缺陷降低为 41－26.67×88.5％≈17 次，最终将本次活动次

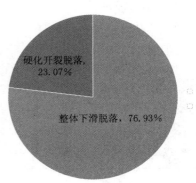

图 6-120 防火泥自身脱落缺陷饼分图

数的目标值设定为 17 次/月。

6.10.5 确定目标

根据上述分析和计算过程，QC 小组成员一致决定将本次活动目标确定为将大直径穿线管防火泥封堵月均缺陷次数降至 17 次。

降低防火泥封堵缺陷率活动目标图如图 6－121 所示。

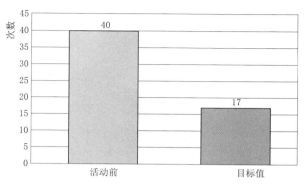

图 6－121　降低防火泥封堵缺陷率活动目标图

6.10.6 原因分析

确定目标后，QC 小组成员通过头脑风暴法将症结进行细致分析和解剖，按照鱼骨图进行分类分析，如图 6－122 所示。

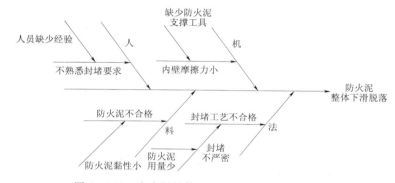

图 6－122　防火泥整体下滑脱落原因分析鱼骨图

根据图 6－122 找到 4 个末端因素为管内缺少防火泥支撑工具、人员缺少经验、防火泥用量少、防火泥黏性小，对末端因素进行进一步分析。

6.10.7 要因确认

QC 小组成员针对 4 条末端因素进行了确认。

1. 管内缺少防火泥支撑工具

确认方法：现场调查分析、现场验证。

确认过程：QC 小组成员进行对比实验，在穿线管内加装了简易防火泥支撑工具，使穿线管封堵后防火泥能够完全支撑。共选取 10 个方阵各 50 根穿线管封堵防火泥，分别未加支撑和加支撑以做对比实验，并统计分析。对比实验纵向剖面图如图 6－123 所示。

有无支撑防火泥整体下滑脱落次数统计表见表 6－124。

表 6－124　　　　　有无支撑防火泥整体下滑脱落次数统计表

月　　份	6	7	8	均值
有支撑防火泥整体下滑脱落次数	1	1	2	1.33
无支撑防火泥整体下滑脱落次数	4	5	5	4.67

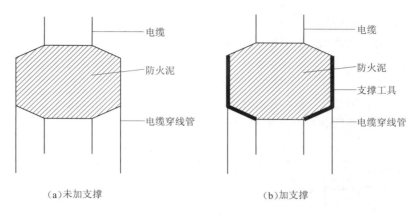

(a)未加支撑　　　　　　　　　　　　(b)加支撑

图 6-123　对比实验纵向剖面图

经统计分析表明，穿线管内有支撑工具可明显减少防火泥整体下滑脱落次数，确认穿线管内缺少防火泥支撑工具对症结有巨大影响。

确认结论：要因。

2. 人员缺少经验

确认方法：现场调查分析、现场验证。

确认过程：将现场人员分成两批，一批经过培训后进行封堵，另一批不经培训直接进行封堵，各选取 50 根穿线管进行封堵情况统计，见表 6-125。

表 6-125　　　　　　人员有无培训防火泥整体下滑脱落次数统计表

月　份	6	7	8	均值
人员经过培训防火泥整体下滑脱落次数	4	5	5	4.67
人员未经过培训防火泥整体下滑脱落次数	5	5	5	5

经验证发现培训后进行封堵和不经培训直接进行封堵防火泥整体月均下滑脱落次数基本相当，对症结无太大影响。

确认结论：非要因。

3. 防火泥用量少

确认方法：现场调查分析、现场验证。

确认过程：现场检查光伏场区大直径穿线管防火泥封堵工艺是否达到《检修规程》标准，并用满足要求的不同量防火泥进行封堵，并各选取 50 根穿线管进行对比实验。不同量防火泥整体下滑脱落次数统计表见表 6-126。

表 6-126　　　　　　不同量防火泥整体下滑脱落次数统计表

月　份	6	7	8	均值
封堵防火泥用量/kg	2.3≤封堵用量<2.7			
防火泥整体下滑脱落次数	5	4	6	5
封堵防火泥用量/kg	2.7≤封堵用量≤3.1			
防火泥整体下滑脱落次数	3	3	3	3

经现场调查发现已封堵防火泥工艺满足规范要求，现场对比实验表明封堵防火泥用量多则整体月均下滑脱落次数会减少，故防火泥用量少对症结有影响。

确认结论：要因。

4. 防火泥黏性小

确认方法：现场验证。

确认过程：现场验证相同和不同批次防火泥在其他设备封堵的情况，见表 6-127。

表 6-127　　　　　　　　　　其他设备整体下滑脱落次数统计表

统计周期	6 月	7 月	8 月	均值
相同批次因黏性小下滑脱落次数	0	1	1	0.67
不同批次因黏性小下滑脱落次数	1	1	1	1

经现场检查发现两批次防火泥在其他设备封堵后，因黏性小整体下滑脱落次数相差不大，因此黏性小对症结影响不大。

确认结论：非要因。

6.10.8　制定对策

通过要因确认，找出了造成防火泥整体下滑脱落的主要原因。QC 小组成员从多方面考虑，提出相应对策，并制定对策表，见表 6-128。

表 6-128　　　　　　　　　　防火泥整体下滑脱落对策表

序号	要因	对策	目标	措施	负责人	地点	完成时间 /（年-月-日）
1	缺少防火泥支撑工具	制作一种防火泥支撑工具	管内防火泥不整体下滑，工具可以完全支撑封堵防火泥重量，支撑重量大于 3.0kg	（1）小组商定设计方案并参考封堵标准，现场进行实际尺寸测量后，绘制支撑工具图纸； （2）收集合适易拉罐材料，剪裁、拼接、固定并制作成高度 500mm，直径 110mm，底部伸缩孔直径为 50~60mm 的支撑工具； （3）将制作好的支撑工具嵌入穿线管，绑扎牢固，进行封堵实验和调查分析	×××	光伏电站及光伏场区	2018-6-18
2	防火泥用量少	用足够量的防火泥进行封堵	减少封堵防火泥整体下滑脱落次数，防火泥用量不小于 3.0kg	QC 小组成员用不小于 3.0kg 的防火泥进行穿线管封堵，并满足封堵要求	×××	光伏电站及光伏场区	2018-6-18

6.10.9　对策实施

步骤一：QC 小组成员商定设计方案，并进行现场实际测量，根据防火泥封堵标准绘制支撑工具展开图纸，如图 6-124 所示。

防火泥支撑工具侧视图如图 6-125 所示。

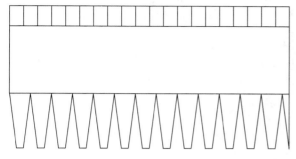 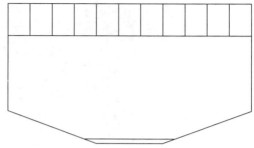

图 6-124 防火泥支撑工具展开图   图 6-125 防火泥支撑工具侧视图

步骤二：QC 小组成员用易拉罐制作防火泥支撑工具，其中包括收集、剪裁、拼接、固定、成型等步骤。防火泥支撑工具制作过程如图 6-126 所示。

图 6-126 防火泥支撑工具制作过程

步骤三：将支撑工具底部绑扎于电缆后嵌入穿线管，并用大于 3.0kg 的足量防火泥对穿线管进行封堵，满足封堵要求，对穿线管进行封堵实验检查。防火泥支撑工具实验检查如图 6-127 所示。

防火泥整体下滑脱落对策实施检查表见表 6-129。

图 6-127　防火泥支撑工具实验检查

表 6-129　　　　　　　　　　防火泥整体下滑脱落对策实施检查表

项　　目	6 月	7 月	8 月	平均值
防火泥平均重量/kg			3.1	
整体下滑脱落次数	3	2	2	2.33
目标值次数			4	

表 6-129 表明，封堵防火泥平均重量大于 3kg，达到对策实施标准，整体下滑脱落次数满足要求，对策实施有效。

6.10.10　效果检查

1. 效果检查一：症结情况

QC 小组成员对 2018 年 9—11 月光伏场区防火泥自身缺陷脱落次数进行了统计分析，见表 6-130。

表 6-130　　　　　　　　　活动后防火泥自身缺陷脱落次数统计表

脱落类型名称	月　　份			平均值	占比/%
	9	10	11		
整体下滑脱落次数	2	1	1	1.33	15.38
硬化开裂脱落次数	6	8	8	7.33	84.62
合计	8	9	9	8.67	100

活动后防火泥整体月均下滑脱落次数由 27 次下降到 2 次。

2. 效果检查二：活动情况

QC 小组成员对 2018 年 9—11 月光伏场区大直径穿线管防火泥封堵缺陷次数进行了统计分析，见表 6-131。

表6-131　　　　　　活动后大直径穿线管防火泥封堵缺陷次数统计表

封堵缺陷类型	月　　份			合计	占比/%	累计占比/%
	9	10	11			
防火泥自身脱落缺陷次数	8	9	9	26	60.47	60.47
电缆变形封堵缺陷次数	2	2	2	6	13.95	74.42
穿线管变形封堵缺陷次数	2	1	1	4	9.3	83.72
雨水冲刷封堵缺陷次数	2	1	1	4	9.3	93.02
其他缺陷次数	1	2	0	3	6.98	100

活动后大直径穿线管防火泥封堵缺陷统计图如图6-128所示。

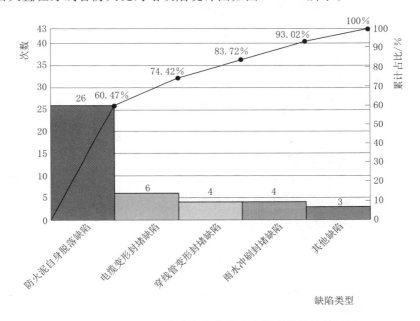

图6-128　活动后大直径穿线管防火泥封堵缺陷统计图

活动后大直径穿线管防火泥封堵缺陷率表见表6-132。

表6-132　　　　　　活动后大直径穿线管防火泥封堵缺陷率表

月　　份	防火泥封堵缺陷次数	缺陷率/%
9	15	5.17
10	15	5.17
11	13	4.48
平均值	14.33	4.94

因防火泥整体下滑引起的封堵月均缺陷率由14.14%下降到4.94%。同时，活动后防火泥封堵月均缺陷次数降低为约14次。

QC小组成员对活动前后的防火泥封堵缺陷月均脱落次数进行了对比，如图6-129所示。

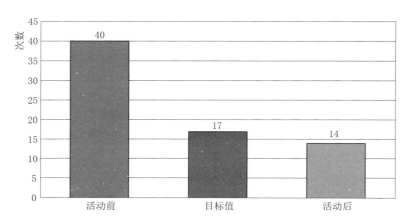

图 6-129　活动前后防火泥封堵缺陷月均脱落次数对比图

由图 6-129 可见，活动后防火泥封堵缺陷月均脱落次数低于目标值，活动目标达成。

3. 效果检查三：经济效益情况

通过活动的实施，有效减少了大直径穿线管防火泥封堵缺陷月均脱落次数，节省了防火泥的使用量，带来了一定的经济效益：

活动前防火泥平均脱落次数为 40 次/月；活动后防火泥平均脱落次数为 14 次/月；活动前每次脱落后进行重新封堵所需防火泥为 1.5kg/次；采购每千克防火泥价钱为 10 元。

活动期内每月效益＝（活动前每月平均脱落次数－活动后每月平均脱落次数）

$$\times 活动前每次封堵所需防火泥 \times 每千克防火泥价钱$$

$$=（40-14）\times 1.5 \times 10$$

$$=390 元$$

结合上述分析，QC 小组成员一致认为通过本次 QC 活动的实施，平均每月将节省 390 元的防火泥购买费用。

6.10.11　制定巩固措施

为巩固此次 QC 小组活动成果，经 QC 小组成员集体讨论后，特制定以下措施：

（1）将大直径穿线管防火泥封堵支撑工具列入《××光伏发电公司设备检修工具清册》第三节第 12 条。

（2）将大直径穿线管防火泥封堵支撑工具使用规定加入《××光伏发电公司检修作业指导书》第 10 章第 5.2.3 条。

（3）效果跟踪：QC 小组成员在 2018 年 12 月对大直径穿线管防火泥封堵缺陷率进行了效果跟踪调查，统计图如图 6-130 所示。

由图 6-130 可见，活动后防火泥封堵缺陷率降低至目标值以下。达到预期要求，并会在今后的活动追踪中持续跟进。

6.10.12　活动总结和下一步打算

6.10.12.1　活动总结

本次 QC 小组活动提高了现场人员的检修技能，展现了 QC 小组成员的个人潜能和团队

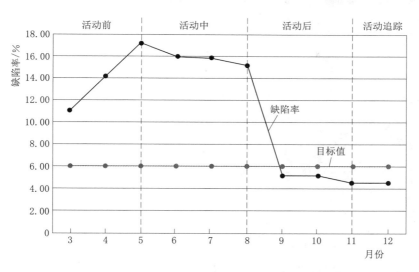

图 6-130 大直径穿线管防火泥封堵缺陷率统计图

协作精神。活动遵循程序，合理利用统计工具，选择最佳方案解决现场问题，完成了 QC 小组活动目标，改进了质量，降低了消耗，并提高了经济效益。使 QC 小组成员素质、积极性和创造性得到进一步提高，深化了质量管理理念，使其在生产实践中发挥了重要作用。

6.10.12.2 下一步打算

QC 小组成员将总结日常运行管理经验，持续改进现场环境，努力提高电站设备安全稳定运行水平，下一阶段 QC 小组准备将降低 35kV 箱式变压器凝露率为课题开展活动。

6.11 减少 AMS 逆变器告警次数

本课题针对逆变器运行状况影响光伏电站发电量这一情况，通过 QC 小组活动减少了逆变器告警次数，提高了电站设备质量管理水平。

6.11.1 课题背景简介

××光伏发电公司采用的是 SSL0500B 型逆变器，该逆变器由 10 个单独的逆变模块组成，每个逆变模块均能独立运行；逆变器运行状况直接影响光伏电站的发电量，因此光伏电站性能评估的核心参数离不开逆变器的运行情况。光伏电站发电运行示意图如图 6-131 所示。

逆变器告警是指逆变器运行异常时，监控单元将视故障情况给出告警信号，所有故障均有声光告警及文字提示。告警时，监控单元上的红色告警灯亮，蜂鸣器发出报警声，并向远端后台监控系统发出告警信息，告警信息按其重要性和紧急程度划分为预告级告警、一般级告警、重要告警和紧急告警。运行值班人员在发现告警时应立即确认，并进行分析判断和相应处理。

逆变器在运行过程中，难免会出现各种故障，逆变器模块停机将会直接影响逆变器工作效率，增加电站设备故障损失电量以及不必要的经济损失，直接影响电站年度生产指标

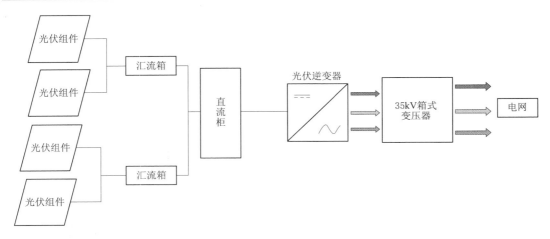

图 6－131　光伏电站发电运行示意图

的完成。告警次数是指设备发生异常时，电站后台监控主机上显示的告警信息次数。

6.11.2　小组简介

6.11.2.1　小组概况

本 QC 小组成立于 2017 年 9 月 5 日，于 2018 年 4 月 8 日登记注册，注册编号：CT-GNE/QCC－XJB(SS)－01－2018。QC 小组概况见表 6－133。

表 6－133　　　　　　　　　QC　小　组　概　况

小组名称	"追光者"		
课题名称	减少 AMS 逆变器告警次数		
成立时间	2017 年 9 月 5 日	注册时间	2018 年 4 月 8 日
注册编号	CTGNE/QCC－XJB（SS）－01－2018	课题类型	问题解决型
活动时间	2018 年 4—12 月	活动次数	20 次
接受 QC 教育时长	30h/人	出勤率	97%

6.11.2.2　成员简介

本 QC 小组共由 8 名成员组成。QC 小组成员简介表见表 6－134。

表 6－134　　　　　　　　QC　小　组　成　员　简　介　表

序号	成员姓名	性别	文化程度	职务或职称	组内职务和分工
1	李××	男	大专	场站经理	组长　全面负责
2	张×	男	本科	主值班员	副组长　资料收集及整理
3	杨××	男	本科	高级经济师	组员　成果审核
4	马××	男	大专	副值班长	组员　协调和实施
5	王××	男	大专	副值班长	组员　协调和实施
6	曾××	男	大专	副总经理	组员　组织协调
7	约×××	男	本科	值班员	组员　资料收集及整理
8	哈×	男	本科	副主任	组员　组织协调

6.11.3 选择课题

部门要求 AMS 逆变器告警次数不大于 15 次/月。

AMS 逆变器告警信息统计表见表 6-135。

表 6-135   **AMS 逆变器告警信息统计表**

序号	月份	告警次数
1	1	30
2	2	23
3	3	29
AMS 逆变器告警信息总数		82
AMS 逆变器告警信息月平均值		27

目前，AMS 逆变器平均告警次数为 27 次/月。

AMS 逆变器告警信息统计图如图 6-132 所示。

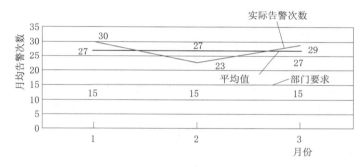

图 6-132   AMS 逆变器告警信息统计图

可知现场实际不满足部门要求。

于是，课题选定为减少 AMS 逆变器告警次数。

6.11.4 现状调查

QC 小组成员对 2018 年 1—3 月××光伏电站 AMS 逆变器告警信息进行了调查与统计。AMS 逆变器告警类型信息统计表见表 6-136。

表 6-136   **AMS 逆变器告警类型信息统计表**

序号	告警信息类型	告警次数	占比/%	累计占比/%
1	逆变器模块异常告警	63	76.83	76.83
2	逆变器系统告警	7	8.54	85.37
3	逆变器交直流空开异常告警	5	6.09	91.46
4	逆变器环境温度过温告警	3	3.66	95.12
5	逆变器风机异常告警	2	2.44	97.56
6	逆变器辅助电源异常告警	2	2.44	100.00

AMS 逆变器告警类型信息排列图如图 6-133 所示。

逆变器模块异常告警次数为 63 次，占逆变器告警总数的 76.83%，是逆变器告警的主

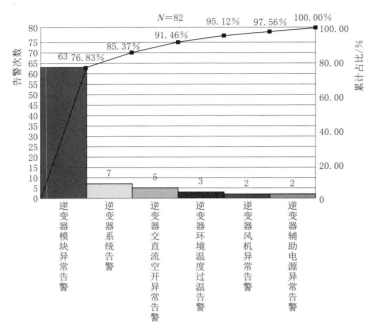

图 6 - 133　AMS 逆变器告警类型信息排列图

要症结，QC 小组成员对 AMS 逆变器的运维情况和历史数据进行查阅，发现 2016 年 1—3 月 AMS 逆变器告警总数为 39 次，平均每月 13 次；QC 小组成员有能力解决逆变器告警主要症结的 80%，则逆变器模块异常告警次数将由 63 次，下降到 $63 \times (1-0.8) = 12.6$ 次，逆变器告警总数将由 82 次，下降到 $82 \times (1-0.7683 \times 0.8) = 31.6$ 次。

6.11.5　确定目标

QC 小组成员找到主要改进方向后，经全体成员讨论，确定 QC 小组活动目标为 AMS 逆变器告警次数从每月约 27 次下降到每月 17 次，减少 AMS 逆变器告警次数活动目标图如图 6 - 134 所示。

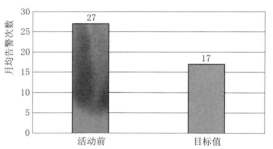

图 6 - 134　减少 AMS 逆变器告警次数活动目标图

6.11.6　原因分析

QC 小组成员针对逆变器模块异常告警这一症结进行分析，通过现场了解、讨论、分析及询问厂家维护人员等方式，对造成这一结果的各种原因进行了反复讨论。QC 小组成员分别从人员、机器、环境、作业方法等方面进行分析，并逐个进行了分析、汇总归类，整理并形成了关联图，逆变器模块异常告警原因关联图如图 6 - 135 所示。

6.11.7　要因确认

QC 小组成员根据图 6 - 135 共找到末端因素 3 个，采取现场调查、测量测试和现场验证等方法，对引起 AMS 逆变器模块异常告警的各末端因素进行逐个确认。

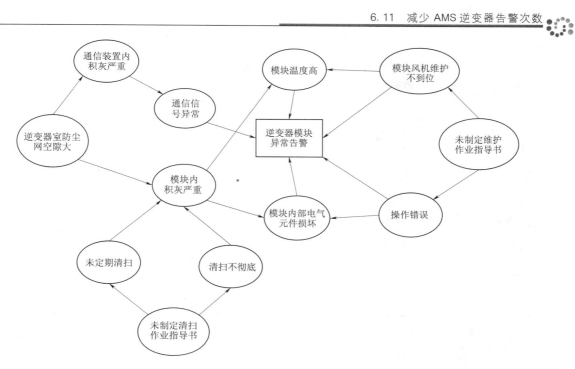

图 6-135 逆变器模块异常告警原因关联图

1. 未制定维护作业指导书

QC 小组成员通过现场查阅《××光伏电站运行规程》及《××光伏电站检修规程》并未找到有关逆变器的维护作业指导书，逆变器日常维护工作没有固定的流程和步骤。QC 小组成员通过对以往逆变器维护工作进行归纳总结和分析，形成《逆变器日常维护作业指导书》，并进行对比试验，选定 5 号逆变器室 A、B 两台逆变器为试验对象，在保持逆变器负荷、运行温度、运行时间等条件不变的情况下，A 逆变器 10 个模块严格按照维护作业指导书的规定进行维护；B 逆变器 10 个模块则按照以往运维方式进行维护；对比观察 30 天，对 A、B 逆变器各模块运行情况和告警信息进行收集整理。5 号逆变器室 A、B 逆变器各模块告警信息表见表 6-137。

表 6-137 5 号逆变器室 A、B 逆变器各模块告警信息表

序号	逆变器	异常告警次数	告警占比/%
1	A 逆变器	4	10.00
2	B 逆变器	4	10.00
3	全站逆变器	40	

对比发现未按照维护作业指导书进行维护的逆变器模块异常告警次数并未明显高于严格按照维护作业指导书进行维护的逆变器，因此该因素为非要因。

2. 未制定清扫作业指导书

QC 小组成员经过对电站《××光伏电站运行规程》及《××光伏电站检修规程》的查阅，并未找到有关逆变器室及逆变器的清扫作业指导书，清扫工作没有固定步骤，工作

效率低且清扫不彻底。QC 小组成员通过对以往逆变器清扫工作进行归纳总结和分析,形成《逆变器日常维护作业指导书》,并进行对比试验。选定 3 号逆变器室 A、B 两台逆变器和 4 号逆变器室 A、B 两台逆变器为试验对象,保持逆变器负荷、运行温度、运行时间等条件不变的情况下,3 号逆变器室 A、B 逆变器 20 个模块严格按照清扫作业指导书规定的周期和方式进行清扫;4 号逆变器室 A、B 逆变器 20 个模块则按照以往清扫周期和方式进行清扫;对比观察 30 天,对 3 号逆变器室 A、B 两台逆变器和 4 号逆变器室 A、B 两台逆变器各模块运行情况和告警信息进行收集整理。3 号、4 号逆变器室 A、B 逆变器各模块告警信息表见表 6 - 138。

表 6 - 138　　　　　　3 号、4 号逆变器室 A、B 逆变器各模块告警信息表

序号	逆变器	逆变器模块异常告警次数	告警占比/%
1	3 号逆变器室 A、B 逆变器	3	7.50
2	4 号逆变器室 A、B 逆变器	9	22.50
3	全站逆变器	40	

对比发现未按照清扫作业指导书进行清扫的逆变器模块异常告警次数明显高于严格按照清扫作业指导书进行清扫的逆变器,并且清扫作业对逆变器模块异常告警的影响程度为 30%,因此该因素为要因。

3. 逆变器室防尘网空隙大

QC 小组成员经过现场测量及对图纸进行查阅,发现每个逆变器室均设有两个 103cm× 103cm 的通风窗口及一个 140cm×80cm 的窗户,此窗户为单开。查阅图纸及设计报告、可研报告可知,逆变器室为一层砖混结构,建筑面积为 57.34m²,共 20 座。外墙为 370mm 厚砖墙,内墙为 240mm 厚砖墙。室内外高差为 300mm。窗户采用塑钢防风纱窗。逆变器的防护等级为 IP21,无法阻挡灰尘和腐蚀性气体进入逆变器,现场对通风窗纱窗进行测试发现方纱窗可以阻止小动物及其他大颗粒杂物进入但并不能有效地阻止直径 0.5μm 的沙土进入逆变器室,起不到较好的防尘效果。逆变器室窗户如图 6 - 136 所示。逆变器室通风窗如图 6 - 137 所示。

图 6 - 136　逆变器室窗户

图 6 - 137　逆变器室通风窗

QC 小组成员选定 1 号和 2 号逆变器室作为试验对象进行对比试验对通风窗防尘网进行改造。在保持逆变器负荷、运行温度、运行时间等条件不变的情况下，对 1 号逆变器室防尘网进行改造，2 号逆变器室防尘网保持原状，对比观察 30 天，对 1 号和 2 号逆变器室 A、B 逆变器各模块运行情况和告警信息进行收集整理。1 号、2 号逆变器室 A、B 逆变器各模块告警信息表见表 6-139。

表 6-139　　　　　　　　1 号、2 号逆变器室 A、B 逆变器各模块告警信息表

序号	逆变器	逆变器模块异常告警次数	告警占比/%
1	1 号逆变器室 A、B 逆变器	4	10.00
2	2 号逆变器室 A、B 逆变器	16	40.00
3	全站逆变器	40	

对比发现未进行防尘网改造的逆变器模块异常告警次数明显高于进行过改造的逆变器，并且此因素对逆变器模块异常告警的影响程度为 50%，因此该因素为要因。

经过全体 QC 小组成员对要因验证结果的确认，最终确定以下两个主要因素：①未制定清扫作业指导书；②逆变器室防尘网空隙大。

6.11.8　制定对策

针对造成逆变器模块异常告警的要因，QC 小组成员经过反复讨论，制定了相应对策，并编制了对策表，见表 6-140。

表 6-140　　　　　　　　　　逆变器模块异常告警对策表

序号	主要原因	对策	目标	措　　施	负责人	地点	完成日期
1	未制定清扫作业指导书	编制清扫作业指导书	编制符合现场实际的作业指导书，清扫合格率达 98%	（1）收集整理以往的清扫方法及步骤； （2）对不符合现场实际的工作步骤进行调整； （3）编制清扫作业指导书； （4）按照清扫作业指导书内容对逆变器进行逐台清扫； （5）对清扫后的逆变器进行验收，要求清洁度达到 7 级（看不见明显积灰，无油渍，无锈蚀），对不满足要求的逆变器重新进行清扫； （6）固化清扫流程，将清扫作业指导书内容编入电站运行规程中； （7）对清扫工作未达标的工作班组进行考核，督促其认真执行规程	×××	逆变器本体	6 月 25 日
2	逆变器室防尘网空隙大	制作安装空隙更小的防尘网	空隙为 0.5μm	（1）对逆变器室通风窗尺寸进行测量； （2）现场勘查并在不改动逆变器室土建结构的基础上安装新的防尘网； （3）通过模拟实验选定防尘网的内衬材料，并根据测量尺寸制作满足要求的防尘网； （4）用铝合金边框对防尘网进行固定，同时在通风窗内部进行固定，固定方式要易于拆洗； （5）每 10 天对防尘网进行清洗 1 次	××	逆变器室	7 月 28 日

6.11.9　对策实施

1. 编制清扫作业指导书

（1）收集整理以往的清扫方法及步骤。小组成员观察维护人员清扫过程，并进行记录。

（2）对不符合现场实际的工作步骤进行调整。根据记录，将清扫工作步骤进行详细描述，对重复多余的步骤进行剔除和调整。

（3）编制清扫作业指导书。

（4）准备吹吸机、插板、椅子、螺丝刀等工具，按照清扫作业指导书内容先对逆变器模块进行逐个清灰，然后对逆变器整机进行清灰，最后清扫整个逆变器室卫生，对逆变器进行逐台清扫。AMS 逆变器模块清扫如图 6-138 所示。

逆变器模块清扫流程图如图 6-139 所示。

图 6-138　AMS 逆变器模块清扫

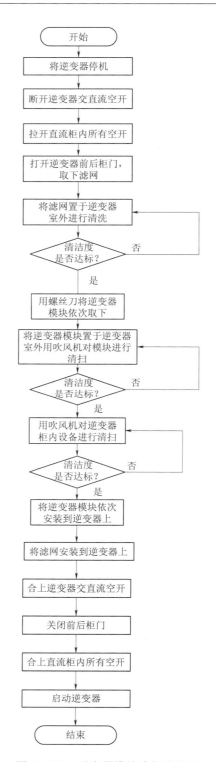

图 6-139　逆变器模块清扫流程图

（5）对清扫后的逆变器进行验收，要求清洁度达到看不见明显积灰，无油渍，无锈蚀的标准，对不满足要求的逆变器重新进行清扫。

（6）固化清扫流程，将清扫作业指导书内容编入电站运行规程中。

（7）对清扫工作未达标的工作班组进行考核，督促其认真执行规程。

（8）QC 小组成员按照上述步骤逐条进行并对实施后的逆变器清洁度进行统计，见表 6-141。

表 6-141　　　　　　　　　　　逆变器清洁程度统计表

序号	清洁后时间/天	清洁程度	序号	清洁后时间/天	清洁程度
1	10	4	4	40	5.5
2	20	4.5	5	50	6
3	30	5	6	60	7

注：清洁程度数值越小表示越清洁。

最终确认清扫周期为 60 天。

2．制作安装空隙更小的防尘网

（1）对逆变器室通风窗尺寸进行测量。QC 小组成员利用卷尺等工具对逆变器室通风窗口进行测量，尺寸为 103cm×103cm。

（2）现场勘查并在不改动逆变器室土建结构的基础上安装新的防尘网。QC 小组成员经过对现场图纸的查阅，发现将防尘网加装在逆变器室内，既能有效阻隔沙尘，同时也能延长防尘网的使用寿命。通风窗尺寸如图 6-140 所示。

（3）通过模拟实验选定防尘网的内衬材料，并根据测量尺寸制成满足要求的防尘网。

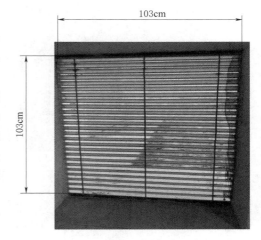

图 6-140　通风窗尺寸

模拟实验器材：手持式吹风机 1 台，长 60cm、宽 40cm、高 45cm 的纸箱一个，A4 纸若干，将海绵、纱布、棉布材料裁成 20cm×20cm 的正方形小块。吹风机如图 6-141 所示。纸箱如图 6-142 所示。A4 纸如图 6-143 所示。海绵块如图 6-144 所示。棉布块如图 6-145 所示。纱布块如图 6-146 所示。

图 6-141　吹风机

图 6-142　纸箱

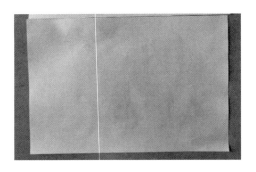

图 6-143　A4 纸

图 6-144　海绵块

图 6-145　棉布块

图 6-146　纱布块

图 6-147　制作完成的防尘网

模拟实验步骤：

1）在纸箱上开一个大小为 15cm×15cm 的孔洞，模拟逆变器室通风窗。

2）将裁好的海绵块粘贴在纸箱的孔洞处。

3）将 A4 纸放置在纸箱底部。

4）收集逆变器室内及逆变器设备上的尘土，用吹风机将尘土吹起，模拟自然起风环境。

5）吹风 2h，最后观察 A4 纸积灰情况并进行对比。

通过对比实验，确定以海绵为防尘网内衬材料。

（4）用铝合金边框对防尘网进行固定，同时在通风窗内部进行固定，固定方式要易于拆洗。QC 小组成员使用铝合金边框对防尘网进行固定，制作成 120cm×120cm 的大小以确保能够 100％覆盖通风窗；同时在通风窗的左右和下边通过铝合金槽对防尘网进行安装，既方便安装也方便拆除清洗。制作完成的防尘网如图 6-147 所示。安装好的铝槽如图 6-148 所示。安装完成的防尘网如图 6-149 所示。

图 6-148　安装好的铝槽

图 6-149　安装完成的防尘网

（5）每 10 天对防尘网进行清洗 1 次。

QC 小组成员按照上述步骤逐条进行并对实施后的逆变器室积灰情况进行统计，发现尘土大面积减少，防尘网能够有效阻止直径大于 $0.5\mu m$ 的尘土。

6.11.10　效果检查

1. 目标值完成效果

QC 小组成员跟踪了 2018 年 9—11 月 AMS 逆变器告警情况，活动后 AMS 逆变器告警信息统计表见表 6-142。

表 6-142　　　　　　　　　　活动后 AMS 逆变器告警信息统计表

序号	时间	告警次数
1	2018 年 9 月	12
2	2018 年 10 月	9
3	2018 年 11 月	10
总计		31
月平均值		10.33

活动前后 AMS 逆变器告警次数月均值如图 6-150 所示。

通过 QC 小组成员的努力，AMS 逆变器模块告警次数由 27 次/月下降至 10 次/月，低于目标值 17 次/月，QC 小组目标圆满完成。

2. 症结完成效果

针对问题的主要症结逆变器模块异常告警进行统计分析。活动后 AMS 逆变

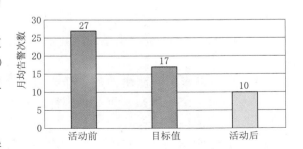

图 6-150　活动前后 AMS 逆变器告警次数月均值

415

器告警信息统计表见表 6－143。

表 6－143　　　　　　　　　活动后 AMS 逆变器告警信息统计表

序号	告警信息类型	告警次数	占比/%	累计占比/%
1	逆变器模块异常告警	12	38.71	38.71
2	逆变器系统告警	7	22.58	61.29
3	逆变器交直流空开异常告警	5	16.13	77.42
4	逆变器环境温度过温告警	3	9.68	87.10
5	逆变器风机异常告警	2	6.45	93.55
6	逆变器辅助电源异常告警	2	6.45	100.00

活动后 AMS 逆变器告警信息排列图如图 6－151 所示。

QC 小组虽然完成了目标，也降低了逆变器模块异常告警次数，但是逆变器模块异常仍然是逆变器模块告警的主要症结，QC 小组将进一步解决该问题。

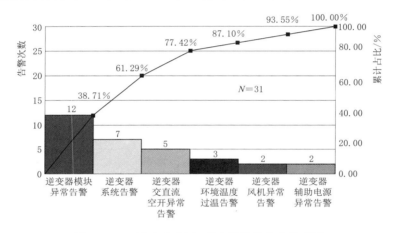

图 6－151　活动后 AMS 逆变器告警信息排列图

6.11.11　制定巩固措施

1. 标准化

为保持 QC 小组成果有效性和持续性，QC 小组成员对活动采取的措施进行了标准化工作。

（1）编制了《××光伏电站逆变器清扫流程》（SXXNY－QEHCSSDLYX－080），并在 2018 年修订的《××光伏电站运行规程》（SXXNY－QEHCSSDLYX－005）中明确了相关内容。

（2）QC 小组成员将防尘网的制作、加装及清扫规定在《××光伏电站检修规程》（SXXNY－QEHCSSDLYX－006）中进行了固化和明确。

2. 效果跟踪

QC 小组在 2018 年 12 月对 AMS 逆变器告警次数进行了效果跟踪调查。AMS 逆变器告警次数变化跟踪图如图 6－152 所示。

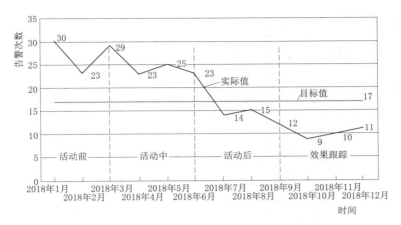

图 6-152　AMS 逆变器告警次数变化跟踪图

可以看出在跟踪调查期间 AMS 逆变器告警次数小于目标值，符合标准。

6.11.12　活动总结和下一步打算

6.11.12.1　活动总结

（1）通过制定逆变器清扫作业指导书，进一步提升了员工的专业技术水平，加强了员工对于 AMS 逆变器的了解和熟悉程度，丰富了员工的运维技能。

（2）通过 QC 活动中全面质量控制的方式，减少了电站故障发生的概率，做到了对设备隐患的提前预防和消除，提高了电站设备质量管理水平，提高了设备可利用率，同时也确保了电站生产经营指标的完成。

（3）通过 QC 小组活动解决现场实际问题，提高值班人员参加 QC 小组的积极性，QC 小组成员的质量意识、问题意识、改进意识有了进一步的增强，参与意识也大幅度提升。同时团队合作能力、员工协同处理问题的能力得到了提升。

6.11.12.2　下一步打算

QC 小组成员必将再接再厉，把本次活动中取得的经验运用到电站其他类似问题的解决中，下一步将在继续做好本职工作的同时，进一步解决 AMS 逆变器模块异常告警问题，提高自身素质，积极开展 QC 活动，更好地服务于电力企业。

6.12　降低 SVG 故障率

本课题针对 SVG 故障影响电网公司对场站的考核结果这一问题，通过 QC 小组活动有效降低了 SVG 故障率，保障了电站稳定运行。

6.12.1　课题背景简介

在光伏发电系统中，SVG 主要在提高线路输电稳定性、维持受电端电压、加强系统电压稳定性、补偿系统无功功率、提高功率因数抑制电压波动和闪变、抑制三相不平衡等方面，发挥重要作用，因此 SVG 的稳定运行至关重要。

　　SVG 故障是指由内部原件问题引起 SVG 无法正常运行，不影响电站发电量。但是 SVG 的运行归省电力调控中心调管，省电力调控中心会对公司进行月度考核。SVG 系统原理图如图 6-153 所示。SVG 系统装置示意图如图 6-154 所示。

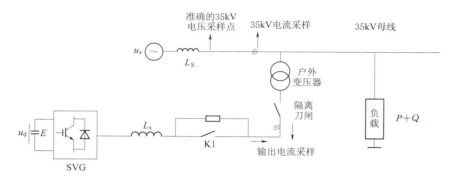

图 6-153　SVG 系统原理图

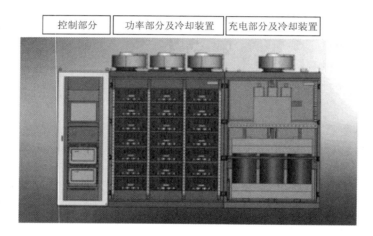

图 6-154　SVG 系统装置示意图

6.12.2　小组简介

6.12.2.1　小组概况

　　本 QC 小组于 2017 年 6 月 10 日成立，并于 2018 年 2 月登记注册，注册编号：CT-GNE/QCC-NWB(GEM)-02-2018。QC 小组概况见表 6-144。

表 6-144　　　　　　　　　　　　　QC 小组概况

小组名称	高原之星 QC 小组		
课题名称	降低 SVG 故障率		
成立时间	2017 年 6 月 10 日	注册时间	2018 年 2 月 15 日
注册编号	CTGNE/QCC-NWB(GEM)-01-2018	课题类型	现场型
活动时间	2018 年 1 月 12 日—10 月 31 日	活动次数	18
接收 QC 教育时长	48 学时	出勤率	100%

6.12.2.2 成员简介

QC 小组成员简介表见表 6－145。

表 6－145　　　　　　　　　　　QC 小组成员简介表

序号	成员姓名	性别	文化程度	职务	组内职务和分工
1	豆××	男	本科	副值班长	组长　组织协调
2	董××	男	大专	场站经理	组员　组织协调
3	哈×	男	本科	副主任	组员　活动策划
4	杨××	男	本科	副经理	组员　组织协调
5	李××	男	本科	主管	组员　组织协调
6	张×	男	本科	值班长	组员　技术指导
7	马××	男	本科	主值班员	组员　现场实施
8	东××	男	本科	主值班员	组员　数据收集
9	周××	男	本科	主值班员	组员　QC 成果编制

6.12.2.3 获得的荣誉

2017 年 QC 小组课题降低直流汇流箱熔断器故障次数荣获 2018 年中国水利电力质量管理协会三等奖。

6.12.3 选题理由

公司要求 SVG 月平均故障率不大于 3.3%。

SVG 故障率表见表 6－146。

表 6－146　　　　　　　　　　　SVG 故障率表

月份	1	2	3	4	5	平均值
故障率/%	12	4.7	8.8	11.6	13.8	10.2

目前 SVG 月均故障率为 10.2%。

SVG 故障率图如图 6－155 所示。

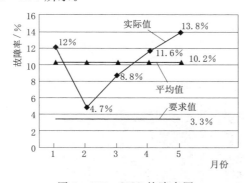

图 6－155　SVG 故障率图

因此，将课题选定为降低 SVG 故障率。

6.12.4 现状调查

1. 现状分析

课题确定后，QC 小组成员对 2018 年 1—5 月 SVG 故障进行详细统计。SVG 故障分类统计表见表 6-147。

表 6-147			SVG 故障次数分类统计表			
故障分类	次 数					
	1 月	2 月	3 月	4 月	5 月	合计
功率单元模块故障	5	6	7	5	8	31
散热风机故障	1	0	0	1	0	2
控制回路断线故障	0	1	0	1	0	2
光纤中断故障	0	1	0	0	0	1

月平均故障率公式为

$$月平均故障率 = \frac{设备每月实际故障时间}{每月天数 \times 24h} \times 100\%$$

SVG 故障时间统计表见表 6-148。

表 6-148			SVG 故 障 时 间 统 计 表			
故障月份	1	2	3	4	5	平均值
运行时间/h	664	642	684	645	654	657.8
故障时间/h	80	30	60	75	90	67
故障率/%	12	4.7	8.8	11.6	13.8	10.2

根据表 6-146 绘制 SVG 故障次数及占比，见表 6-149。

表 6-149		SVG 故 障 次 数 及 占 比 表	
序号	故障分类	次数	占比/%
1	功率单元模块故障	31	86.11
2	散热风机故障	2	5.56
3	控制回路断线故障	2	5.56
4	光纤中断故障	1	2.77

根据表 6-149，绘制了 SVG 故障次数占比饼图，如图 6-156 所示。

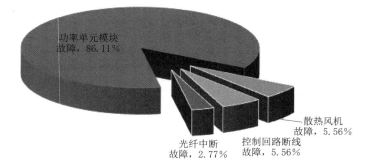

图 6-156 SVG 故障次数占比饼图

从图 6-156 可知，功率单元模块故障占 SVG 故障的 86.11 ％，远高于其他三类故障。因此，我们认为功率单元模块故障是需要解决的症结。

2. 目标测算分析

经调查，得出同行业 SVG 故障率统计表，见表 6-150。

表 6-150　　　　　　　　　　同行业 SVG 故障率统计表

序号	同行业电站名称	SVG 月均故障率/%
1	A 光伏电站	10.4
2	B 光伏电站	9.6
3	C 光伏电站	10.0
	平均值	10.0

由表 6-147 可知，2018 年 1—5 月 SVG 月平均故障率达到 10.2％，无法满足公司下达的 SVG 故障率 3.3％以下的指标要求。因此课题目标必须设定在 3.3％以下。

参照行业内 A 光伏电站、B 光伏电站、C 光伏电站的 SVG，同行业电站通过对 SVG 的优化改造，月平均故障率由 10％降至 1.7％，降低了 83％。因此为了接近行业内电站改造结果值，以 83％为标杆，目标值至少设定在 $10.2\% \times (1-83\%) = 1.9\%$ 左右。

从表 6-148 可知，功率单元模块故障占 SVG 故障的 86.11％，若全部消除功率单元模块故障，SVG 平均故障率可降低至 $10.2\% - 10.2\% \times 86.11\% = 1.42\%$；若能消除功率单元模块故障的 95％，则可将 SVG 平均故障率降低至 $10.2\% - 10.2\% \times 86.11\% \times 95\% = 1.86\% < 1.9\%$。因此将 1.9％作为目标值在理论上是完全可以实现的。

经过 QC 小组成员认真分析讨论，根据目标依据推测，决定将本次 QC 活动目标设定为将 SVG 月平均故障率由活动前的 10.2％降至 1.9％。

6.12.5　确定目标

本次 QC 小组的活动目标为将××光伏电站 SVG 月平均故障率由 10.2％降至 1.9％。

降低 SVG 故障率活动目标图如图 6-157 所示。

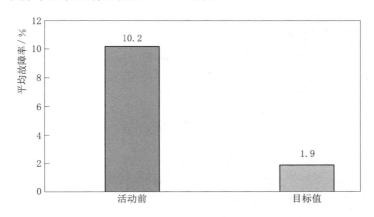

图 6-157　降低 SVG 故障率活动目标图

6.12.6　原因分析

QC 小组成员针对发现的症结进行细致分析和解剖，采用树形图全方位展开分析，并进行了整理。功率单元模块故障原因分析树形图如图 6 - 158 所示。

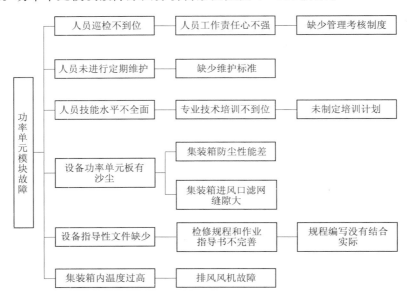

图 6 - 158　功率单元模块故障原因分析树形图

通过树图分析共得出 7 条末端因素：①缺少管理考核制度；②缺少维护标准；③未制订培训计划；④集装箱防尘性能差；⑤集装箱进风口滤网缝隙大；⑥规程编写没有结合实际；⑦排风风机故障。

6.12.7　要因确认

为找到功率单元模块故障这一症结的最主要原因，QC 小组成员集中开展了要因确认。

1. 缺少管理考核制度

经检查管理考核制度中对 SVG 巡检的频率、项目做出了明确规定和考核办法。查阅设备管理考核细则，其中规定检查工作人员交接班记录、设备的卫生情况，如检查发现对 SVG 未及时维护保养，考核班长扣 100 元，扣 3 分，考核班组人员扣 50 元，扣 1 分。SVG 巡检的频率、项目符合制度的规定。2018 年 1—5 月功率单元模块故障共 31 次，其中因缺少管理考核制度引起故障的次数为 1 次，占比为 3.23%。考核制度和维护记录表截图如图 6 - 159 所示。

结论：缺少管理考核制度为非要因。

2. 缺少维护标准

将为 SVG 定期更换滤网，每月进行一次清灰纳入定期工作。2018 年 1—5 月功率单元模块故障共 31 次，其中因缺少维护标准引起的故障次数为 0 次，占比为 0%。定期维护记录表截图如图 6 - 160 所示。

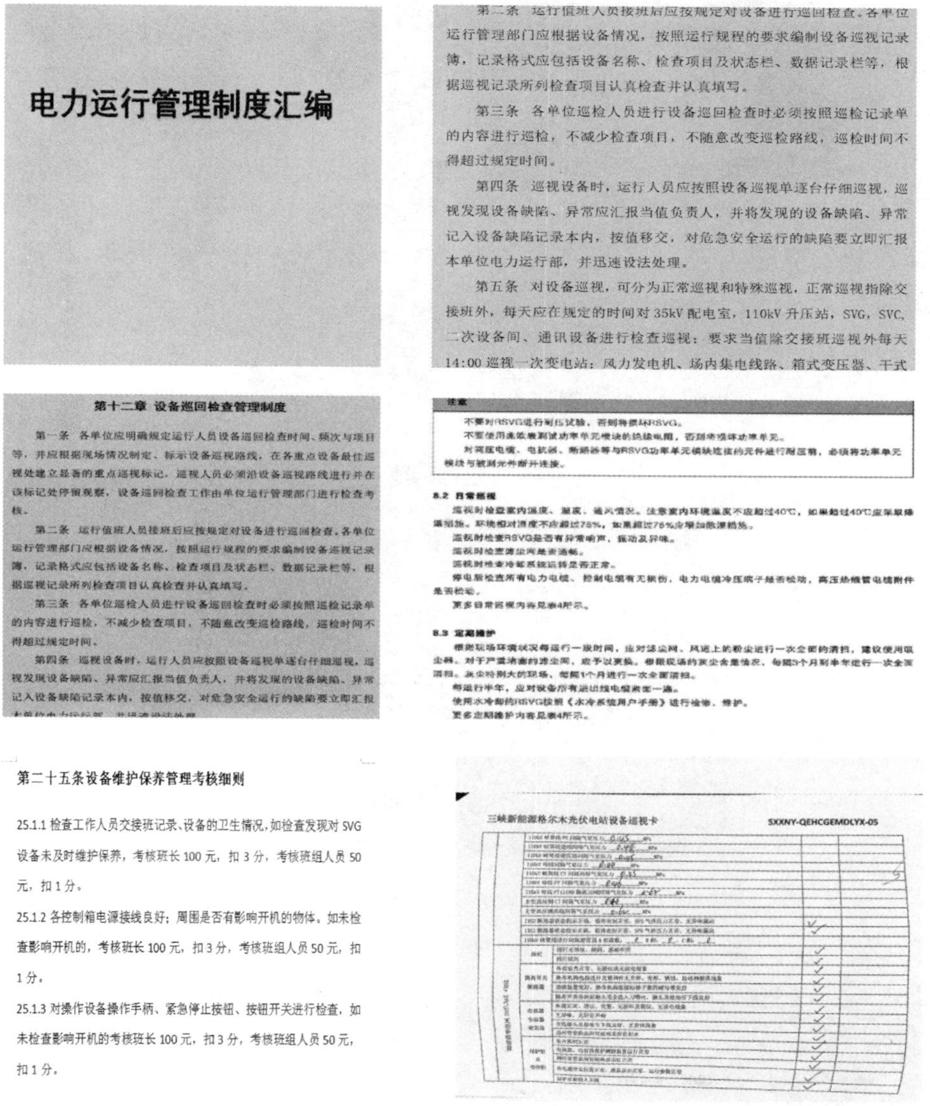

电力运行管理制度汇编
第二条 运行值班人员接班后应按规定对设备进行巡回检查。各单位运行管理部门应根据设备情况，按照运行规程的要求编制设备巡视记录簿，记录格式应包括设备名称、检查项目及状态栏、数据记录栏等，根据巡视记录所列检查项目认真检查并认真填写。
第三条 各单位巡检人员进行设备巡回检查时必须按照巡检记录单的内容进行巡检，不减少检查项目，不随意改变巡检路线，巡检时间不得超过规定时间。
第四条 巡视设备时，运行人员应按照设备巡视单逐台仔细巡视，巡视发现设备缺陷、异常应汇报当值负责人，并将发现的设备缺陷、异常记入设备缺陷记录本内，按值移交，对危急安全运行的缺陷要立即汇报本单位电力运行部，并迅速设法处理。
第五条 对设备巡视，可分为正常巡视和特殊巡视，正常巡视指除交接班外，每天应在规定的时间对 35kV 配电室，110kV 升压站，SVG，SVC，二次设备间、通讯设备进行检查巡视：要求当值除交接班巡视外每天14:00 巡视一次变电站：风力发电机、场内集电线路、箱式变压器、干式
第十二章 设备巡回检查管理制度
第一条 各单位应明确规定运行人员设备巡回检查时间、频次与项目等，并应根据现场情况制定、标示设备巡视路线，在各重点设备最佳巡视处建立显著的重点巡视标记，巡视人员必须沿设备巡视路线进行并在该标记处停留观察，设备巡回检查工作由单位运行管理部门进行检查考核。
第二十五条设备维护保养管理考核细则
25.1.1 检查工作人员交接班记录、设备的卫生情况，如检查发现对 SVG 设备未及时维护保养，考核班长 100 元，扣 3 分，考核班组人员 50 元，扣 1 分。
25.1.2 各控制箱电源接线良好；周围是否有影响开机的物体。如未检查影响开机的，考核班长 100 元，扣 3 分，考核班组人员 50 元，扣 1 分。
25.1.3 对操作设备操作手柄、紧急停止按钮、按钮开关进行检查，如未检查影响开机的考核班长 100 元，扣 3 分，考核班组人员 50 元，扣 1 分。
三峡新能源格尔木光伏电站设备巡视卡
SXXNY-QEHCGEMDLYX-05

图 6-159 考核制度和维护记录表截图

结论：缺少维护标准为非要因。

3. 未制定培训计划

现场人员的技术培训是公司的重要工作组成，分公司开展在线培训，项目公司组织定期技术培训考试，场站制定详细培训计划表。培训涉及升压站内所有设备；本单位制定相应的标准制度约束。2018 年 1—5 月功率单元模块故障共 31 次，其中未制订培训计划引起故障的次数为 1 次，占比为 3.23%。培训计划截图如图 6-161 所示。

QC 小组成员收集整理出 2018 年公司培训的理论知识和实际操作考核情况，见表 6-151。

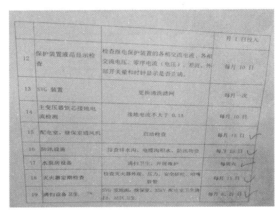

图 6-160　维护规定和定期维护记录表截图

图 6-161　培训计划截图

表 6-151   公司培训考核情况表

考核项目	分　数					
	秦××	拉××	梅××	何×	刘××	赵××
理论知识考核（占 40%）	98	92	93	91	93	98
实际操作考核（占 60%）	90	88	91	87	86	93
综合考核总得分	93.2	89.6	91.8	88.6	88.8	95
评价	优	良	优	良	良	优

结论：未制订培训计划为非要因。

4. 集装箱防尘性能差

在沙尘暴天气和扬沙天气后功率单元板表面附着着沙尘，如图 6-162 所示。清扫干净的功率单元板如图 6-163 所示。由于电路板工作时会产生一定电场，这些电场会吸引灰尘使其沾到电路板上。如果时间长了就会对电路板中的印制线、电子元器件的金属引脚等产生腐蚀作用，会使电子元器件的金属引脚产生锈蚀，甚至导致金属引脚锈断。2018年 1—5 月功率单元模块故障共 31 次，其中因集装箱防尘性能差引起故障的次数为 26 次，占比为 83.86%。

图 6-162　表面附着沙尘的功率单元板

结论：集装箱防尘性能差为要因。

5. 集装箱进风口滤网缝隙大

对原有集装箱进风口滤网厚度进行测量，发现厚度只有 5mm，为了验证滤网缝隙大小对防尘性能的影响，公司更换成了厚度 10mm 的滤网，在更换后一个月，发现厚度 10mm 的滤网与厚度 5mm 的滤网防尘效果一样。2018 年 1—5 月功率单元模块故障共 31 次，其中因集装箱进风口滤网缝隙大引起故障的次数为 2 次，占比为 6.45%。

结论：集装箱进风口滤网缝隙大为非要因。

6. 规程编写没有结合实际

电站修编实施的《××光伏电站检修规程》中详细阐述了 SVG 检修维护的实施细则，另外编写了 SVG 检修文件包，不存在检修规程和作业指导书不完善的情况。2018 年 1—5

图 6-163　清扫干净的功率单元板

月功率单元模块故障共 31 次，其中因规程编写没有结合实际引起故障的次数为 0 次，占比为 0%。检修规程截图如图 6-164 所示。

图 6-164　检修规程截图

结论：规程编写没有结合实际为非要因。

7. 排风风机故障

每日开展设备巡视检查工作，对 SVG 的风机运行情况进行检查，记录齐全。2018 年 1—5 月功率单元模块故障共 31 次，其中因排风风机故障引起的次数为 1 次，占比为 3.23%。设备巡视卡截图如图 6-165 所示。

结论：排风风机故障为非要因。

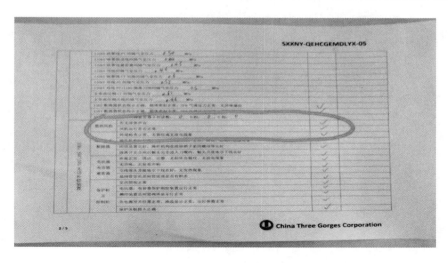

图 6-165 设备巡视卡截图

6.12.8 制定对策

集装箱防尘性能差对策表见表 6-152。

表 6-152　　　　　　　　集装箱防尘性能差对策表

要因	对策	目标	措　施	地点	负责人	完成时间
集装箱防尘性能差	提高防尘性能	防尘性能提高 90%	设计一个长 16m、宽 2m、高 2.5m 的防尘间； 在防尘间百叶窗上安装厚度为 10mm 的散热防尘滤网； 在集装箱防尘间加装 5 扇百叶窗（百叶窗尺寸按 SVG 设计要求）； 设计检修通道； 三方询价比较； 设计的防尘间材料参照 ISO 集装涂料选材要求进行采购，编制施工方案并审核	SVG 集装箱进风口侧	×××	2018 年 6 月

6.12.9 对策实施

按照施工方案进行防尘间的加装。施工方案截图如图 6-166 所示。防尘间设计图如图 6-167 所示。

未加装防尘间的照片如图 6-168 所示。

加装防尘间的照片如图 6-169 所示。

可见，活动后 SVG 集装箱防尘性能大大提高。

关于格尔木二、三期光伏 SVG 室加装防尘间的请示

中国三峡新能源有限公司西北分公司：

　　格尔木二、三期光伏电站动态无功补偿装置（以下简称 SVG）由辽宁荣信生产，于 2012 年 12 月底并网运行，已出质保。近两年，格尔木二、三期光伏电站 SVG 单元板及散热风机频繁损坏，经厂家技术指导和现场人员检查分析，单元板和散热风机频繁损坏的原因为格尔木地区风沙较大，SVG 室因散热要求设置了进风口，风沙从进风口进入 SVG 室（见附件1），导致单元板和散热风机老化严重而损坏。

三峡格尔木光伏电站 SVG 加装防尘间

施工方案

二、编制依据

《钢结构设计规范》GB50017-2003

《钢结构工程施工质量验收规范》GB50205-2001 《冷弯薄壁型钢结构技术规范》GB50018-2002 《建筑工程施工现场消防安全技术规范》GB50720-2011 《施工现场临时建筑物技术规范》JGJ/T188-2009 《绝热用岩棉、矿渣棉及其制品》GB/T225975-2010 《彩色涂层钢板及钢带》GB/T12754

三、活动房参数

1、底座

底座四周为 10# 槽钢、内撑为 8# 槽钢@590，内撑间通过∠50×50 的角钢连系，各杆件间均通过焊接连成一体。

底座平面尺寸：长 5900×宽 2830×高 2750

底座各结构构件上一次施工为：1.5 厚镀锌波纹钢板、30 厚防火防水

图 6－166　施工方案截图

图 6－167　防尘间设计图

图 6-168 未加装防尘间的照片

图 6-169 加装防尘间的照片

6.12.10 效果检查

活动后 QC 小组成员对 SVG 故障情况进行统计，见表 6-153。

表 6-153　　　　　　　　活动后 SVG 故障分类次数统计表

故障分类	次　数					
	6 月	7 月	8 月	9 月	10 月	合计
功率单元模块故障	0	0	0	0	0	0
散热风机故障	1	0	0	0	0	1
控制回路断线故障	0	0	0	0	0	0
光纤中断故障	0	1	0	0	0	1

活动后 SVG 故障时间统计表见表 6-154。

表 6-154   **活动后 SVG 故障时间统计表**

故障月份	6	7	8	9	10	平均值
运行时间/h	710.6	731.4	744	720	744	730
故障时间/h	9.4	12.6	0	0	0	4.4
故障率/%	1.3	1.7	0	0	0	1.5

活动前后 SVG 故障情况对比表见表 6-155。

表 6-155   **活动前后 SVG 故障情况对比表**

活 动 后			活 动 前		
序号	分类	总计次数	序号	分类	总计次数
1	功率单元模块故障	0	1	功率单元模块故障	31
2	散热风机故障	1	2	散热风机故障	2
3	控制回路断线故障	0	3	控制回路断线故障	2
4	光纤中断故障	1	4	光纤中断故障	1
合计		2	合计		36
2018 年 6—10 月平均故障率		1.5	2018 年 1—6 月平均故障率		10.2

活动前后 SVG 故障率图如图 6-70 所示。

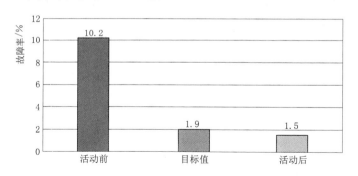

图 6-170   活动前后 SVG 故障率图

1. 安全效益

SVG 防尘间的加装使 SVG 的稳定安全运行,其安全性不言而喻。本次活动的圆满完成,减少了 SVG 的故障率,提升了设备防尘性能和稳定性,在一定程度上保障了设备的可靠性和安全性。

2. 有形效益

活动后节省费用统计表见表 6-156。

表 6-156   **活动后节省费用统计表**

项　　目	更换功率单元模块数量/个	功率模块单价/元	改造费用/元	费用总计/元
2018 年 1—6 月因 SVG 故障造成的费用	12	28000	90000	246000

由表 6-156 可知，通过活动可减少损失为 246000 元。

3. 无形效益

本次 QC 小组活动降低了 SVG 的故障率，可以不断提高人员的工作效率，减少检修人员工作量，降低了劳动强度；也进一步提高了 QC 小组成员的技术水平，增强了质量攻关意识，充分调动员工积极参与课题活动的积极性，为今后其他质量攻关活动起到了表率作用。

6.12.11　制定巩固措施

降低 SVG 故障率活动标准化措施表见表 6-157。

表 6-157　　　　　　　　　　降低 SVG 故障率活动标准化措施表

序号	内　容	文件名	文件号	责任人	完成时间
1	将防尘间巡回检查纳入到巡回检查管理文件中，详细记录 SVG 工作状况，确保 SVG 运行正常	《××光伏电站巡回检查管理办法》	SXXNY-GEMGF-DS-223	×××、×××	2018 年 6 月
2	把活动经验和改造方案编入检修规程文件及培训教材中，以便日后参考	《××光伏电站 SVG 检修规程》	SXXNY-GEMGF-DS-224	×××	2018 年 6 月
		《SVG 作业指导手册》	SXXNYGEM-G2-SVG ZYZDSC-2018	×××	2018 年 6 月
		《SVG 装置培训教材》	SXXNY-GEMGF-DS-225	×××	2018 年 6 月
3	将 SVG 防尘间纳入运行设备定期管理工作内容，定期做好 SVG 防尘间设备保养工作，定期做好 SVG 防尘间及装置清灰工作，确保设备完好，数据正确	《××光伏电站运行设备定期维护管理办法》	SXXNY-GEMGF-DS-226	×××	2018 年 6 月

6.12.12　活动总结和下一步工作

6.12.12.1　活动总结

本次 QC 小组活动使小组成员各方面的能力得到了提升。

活动前后成员评价表见表 6-158。

表 6-158　　　　　　　　　　活动前后成员评价表

序号	项目	自我评价得分	
		活动前	活动后
1	质量意识	2	5
2	QC 知识	3	5
3	改进意识	2	5
4	团队精神	3	6
5	个人能力	3	6

活动前后成员状态雷达图如图 6-171 所示。

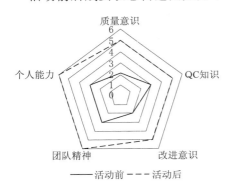

图 6-171　活动前后成员状态雷达图

（1）通过 QC 小组活动，成功降低了 SVG 故障次数，完成了 QC 小组活动目标。取得了良好经济效益。使 QC 小组成员加深了质量意识，团队意识；深化了质量管理理念，使其在生产实践中发挥了重要作用。

（2）本次活动中，QC 小组成员对于统计工具、方法的认识比以往有了提高。同时对于工具和方法有了更深刻的理解，运用更加熟练。能够结合本小组活动的课题特色，把框图、排列图、折线图、树图等组合起来运用，增加了图表的表现力、说服力。QC 小组成员各方面的技能水平有了显著提高。

（3）本次 QC 小组活动提升了检修质量，提高了员工综合素质。不仅获得了理论知识，更重要的是解决了观念问题。一旦有了目标我们就努力向目标前进，在实际工作中不断调整目标。

6.12.12.2　下一步工作

（1）加强专业技术基础知识培训，切实打造优秀 QC 骨干队伍，QC 小组活动要扎实有效地开展，使成员掌握全面质量管理基础知识，专业技术基础知识；使广大管理人员能够运用全面质量管理的理论和方法，遵循 PDCA 循环的科学程序进行活动，从 5M1E（人、机、料、法、环、测）六方面入手，结合现场实际，找出症结，制定有效的措施，达到降低施工成本，增加企业经济效益和社会效益的目的。

（2）不断夯实质量基础管理工作，严格国家规范、标准和行业规程的要求，加强全面质量管理工作，不断深化的质量管理工作使 QC 小组活动融入到项目管理、电力生产的每一个环节、每一项工作流程之中。

（3）通过 QC 小组活动不断练内功、强素质、添活力，为企业发展提供帮助。通过开展 QC 小组活动，凝聚人心。

（4）小组选定降低逆变器停机故障次数为下次活动课题。

第7章 小水电QC小组成果范例

7.1 降低水轮发电机组告警次数

本课题针对水轮发电机出现告警需要停机检查，给机组经济运行带来一定影响这一问题，通过QC小组活动降低水轮发电机组告警次数，减少了弃水经济损失。

7.1.1 课题背景简介

1号水轮发电机相对同型号的2号水轮发电机组告警次数偏多，虽然运行稳定，但运行中受各种因素影响，会出现各种告警（预告警、故障报警、事故跳闸），需要停机检查或分析判断可能带来的扩大影响，给机组经济运行带来一定影响，特别是汛期时影响更显著，易造成弃水经济损失，影响电站安全、可靠、稳定、经济运行，因此QC小组针对近期1号水轮发电机告警次数偏多开展课题研究。

7.1.2 小组简介

7.1.2.1 小组概况

QC小组概况见表7-1。

表7-1
QC 小 组 概 况

小组名称	"水电人"		
课题名称	降低1号水轮发电机组告警次数		
成立时间	2017年12月1日	注册时间	2017年12月1日
注册编号	CTGNE/QCC-ECB(DG)-01-2017	课题类型	现场型
活动时间	2017年12月—2018年4月	活动次数	10次
接受QC教育时长	38h/人	出勤率	96%

7.1.2.2 成员简介

QC小组成员简介表见表7-2。

表 7 - 2

QC 小 组 成 员 简 介 表

序号	成员姓名	性别	文化程度	职务/职称	组内职务和分工
1	高××	男	本科	总经理	组长　组织协调
2	哈×	男	本科	副专员	副组长　组织协调
3	黄×	男	本科	部门经理	副组长　组织协调、技术指导
4	吴××	男	本科	高级主管	组员　组织协调
5	林××	男	本科	值班长	组员　技术指导
6	邓××	男	本科	值班长	组员　组织现场实施
7	黄××	男	本科	主值班员	组员　现场操作
8	叶××	男	本科	主值班员	组员　整理编制
9	付×	男	本科	值班员	组员　整理编制
10	吴×	男	大专	值班员	组员　数据收集
11	刘××	男	大专	主值班员	组员　数据收集

7.1.3　选择课题

经调查，电站同类机组 2 号水轮发电机组告警次数不大于 1.8 次/月。

1 号水轮发电机组虽然运行稳定，但由于运行当中的各种因素影响，仍然会出现各种告警（预告报警、故障报警、事故跳闸），需要停机检查或分析判断可能带来的扩大影响，给机组经济运行带来一定影响，特别是汛期时影响更显著，易造成弃水经济损失。QC 小组成员对 1 号水轮发电机组 2017 年 9—11 月的告警情况进行了统计，见表 7 - 3。

表 7 - 3　　　　　1 号水轮发电机组告警次数统计表

序号	出现告警时间/（年-月-日）	告警内容	类型
1	2017 - 9 - 2	1 号机组剪断销剪断	故障报警
2	2017 - 9 - 16	1 号机组基坑烟感告警	预告报警
3	2017 - 9 - 18	1 号机组转子回路绝缘下降预告	预告报警
4	2017 - 9 - 27	1 号机组转子回路绝缘下降预告	预告报警
5	2017 - 9 - 30	1 号机组剪断销剪断	故障报警
6	2017 - 10 - 4	1 号机组转子回路绝缘下降预告	预告报警
7	2017 - 10 - 14	1 号机组转子回路绝缘下降预告	预告报警
8	2017 - 10 - 23	1 号机组转子回路绝缘下降预告	预告报警
9	2017 - 11 - 7	1 号机组转子回路绝缘下降预告	预告报警
10	2017 - 11 - 17	1 号机组转子回路绝缘下降预告	预告报警
11	2017 - 11 - 18	1 号机组负序过流保护动作跳闸	事故跳闸
12	2017 - 11 - 25	1 号机组转子回路绝缘下降预告	预告报警
13	2017 - 11 - 28	1 号机组上导油温越上限	故障报警

通过3个月的统计，发现1号水轮发电机组月平均告警达4.3次（13次/3个月），比2号机组大很多，严重影响机组的经济有效运行。

因此将课题选定为降低1号水轮发电机组的告警次数。

7.1.4 现状调查

7.1.4.1 调查情况

QC小组成员对2017年9—11月1号水轮发电机组告警类型进行分类统计，如图7-1所示。

从图7-1看1号水轮发电机组预告报警发生最多，达9次，月平均3次，占比69.2%。

QC小组成员又对1号水轮发电机组发生最多的预告报警进行了细分调查统计，如图7-2所示。

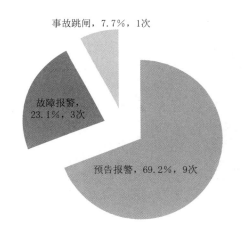

图7-1 1号水轮发电机组告警类型统计图　图7-2 1号水轮发电机组预告报警类型统计图

根据分析可得，1号水轮发电机组发生机组绝缘下降预告报警次数占88.9%，是导致机组告警次数过多的问题。

QC小组成员再次对发生机组绝缘下降预告报警的原因做了进一步的数据统计调查分析，通过查询运行日志和检修情况，对机组绝缘下降预告报警情况进行了统计，如图7-3所示。

经过深入调查和对检修数据的统计分析，碳刷架绝缘下降次数占比87.5%，是影响机组绝缘下降预告报警次数的关键问题。

图7-3 机组绝缘下降预告
报警饼分图

7.1.4.2 现状目标测算

根据对机组绝缘下降预告报警的统计结果，经过QC小组成员讨论，凭借检修维护改造经验，QC小组成员认为有能力将碳刷架绝缘下降预告报警次数降低90%，则1号水轮发电机组3个月告警次数可

降低

$$13 \times 69.2\% \times 88.9\% \times 87.5\% \times 90\% = 6.3 \text{ 次}$$

经过 QC 小组活动可以使 1 号水轮发电机组理论告警次数达到

$$(13 - 13 \times 69.2\% \times 88.9\% \times 87.5\% \times 90\%)/3 \text{ 个月} = 2.2 \text{ 次/月}$$

7.1.5　确定目标

根据现状调查分析和计算，本次 QC 小组活动目标为使 1 号水轮发电机组月平均告警次数不高于 2.2 次。降低 1 号水轮发电机组告警次数活动目标图如图 7 - 4 所示。

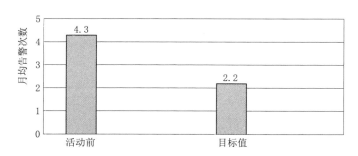

图 7 - 4　降低 1 号水轮发电机组告警次数活动目标图

7.1.6　原因分析

QC 小组成员运用头脑风暴法从 4 个方面对可能造成碳刷架绝缘下降的原因进行分析，最终提出了 5 个末端原因，如图 7 - 5 所示。

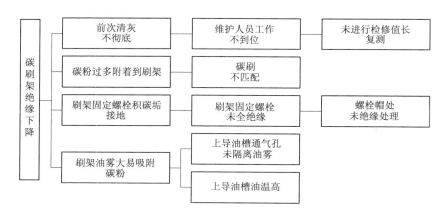

图 7 - 5　碳刷架绝缘下降原因分析图

7.1.7　要因确认

为确认碳刷架绝缘下降这一症结的主要原因，QC 小组成员通过调查检修维护记录、查阅标准和现场试验开展了要因确认。要因确认计划表见表 7 - 4。

表 7 - 4 　　　　　　　　　　　　**要 因 确 认 计 划 表**

序号	末端原因	验证依据及方法	负责人	完成时间
1	未进行检修值长复测	查阅清灰前后刷架电阻记录	×××	2017 年 12 月 11 日前
2	碳刷不匹配	查碳刷型号标准进行参数对比，并对两种碳刷进行磨损碳粉量对比	×××	2017 年 12 月 11 日前
3	螺栓帽处未绝缘处理	通过分析和试验记录，分析绝缘变化情况	×××	2017 年 12 月 25 日前
4	上导油槽通气孔未隔离油雾	通过查阅检修记录，对比处理前后差别	×××	2017 年 12 月 11 日前
5	上导油槽油温高	通过查阅运行日志，分析高油温下一段时间的绝缘下降情况	×××	2017 年 12 月 9 日前

1. 未进行检修值长复测

为确认清灰彻底情况，QC 小组成员查阅了 2017 年 9—11 月历次清灰维护记录，进行了数据调查统计（使用满量程 550MΩ 手持式绝缘电阻测试仪），见表 7 - 5。

表 7 - 5 　　　　　　　　**2017 年 9—11 月历次清灰维护记录统计表**

清灰时间	前次清灰后刷架电阻/MΩ	本次清灰前电阻/MΩ	电阻下降量/MΩ
9 月 18 日	550	0.19	549.81
9 月 27 日	550	0.11	549.89
10 月 4 日	550	0.21	549.79
10 月 14 日	550	0.19	549.81
10 月 23 日	550	0.18	549.82
11 月 7 日	550	0.02	549.98
11 月 17 日	550	0.16	549.84
11 月 25 日	550	0.17	549.83

电阻下降量折线图如图 7 - 6 所示。

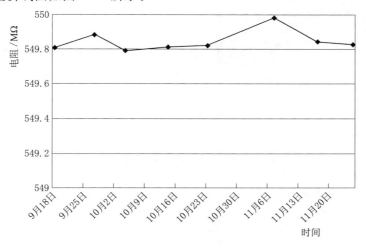

图 7 - 6　电阻下降量折线图

通过图 7-6 分析，发现电阻下降量数据均集中在 549.8～550MΩ 附近，集中度高，说明和上次清灰情况是否彻底无明显关系，验证清灰不彻底对碳刷架绝缘下降无明显关系。

结果确认：未进行检修值长复测为非要因。

2. 碳刷不匹配

首先查找厂家碳刷参数，可以知道目前使用的 D104 碳刷参数和发电机组相匹配，比原来使用的 D172（2016 年前使用）碳刷碳粉明显减少。

然后通过分别使用 D104 和 D172 碳刷，模拟机组运行时碳刷与滑环摩擦，在相同时间下收集碳粉量进行对比。收集的碳粉量如图 7-7 所示。

（a）D172约15mL碳粉量　　　　　　（b）D104约13mL碳粉量

图 7-7　收集的碳粉量

图 7-8　螺栓帽位置

试验验证目前使用 D104 型号碳刷满足机组的运行工况，刷架吸附碳粉量少，并非碳刷架绝缘下降的主要原因。

结果确认：碳刷不匹配为非要因。

3. 螺栓帽处未绝缘处理

根据碳刷架结构特点和位置布置，当碳刷退出时，刷架有可能接地的位置只有未进行绝缘处理的螺栓帽位置。螺栓帽位置如图 7-8 所示。

QC 小组成员又在 2017 年 12 月，刷架固定螺栓螺帽未绝缘处理的情况下进行了试验。这次试验要求检修人员每次只清洗螺栓帽，并进行试验记录统计，见表 7-6。

表 7-6　　　　　　　　　清洗碳刷架固定螺栓螺帽前后电阻统计表

序号	1		2		3	
试验时间	12 月 6 日		12 月 14 日		12 月 23 日	
正负极	正	负	正	负	正	负
清灰前刷架对地电阻/MΩ	11.56	11.27	9.5	9.57	18.6	18.9
清洗后刷架对地电阻/MΩ	550	550	550	550	550	550

从表 7－6 看，只要清洗碳刷架固定螺帽就会使碳刷架绝缘值达最大，证明碳刷架固定螺栓螺帽位置未进行绝缘处理是导致碳刷架绝缘下降的主要原因。

结果确认：螺栓帽处未绝缘处理是要因。

4. 上导油槽通气孔未隔离油雾

查阅 2014 年小修记录及小修前后三个月 1 号发电机组碳刷架绝缘下降报警次数。上导油槽通气孔油雾隔离处理前后碳刷架绝缘下降报警次数见表 7－7。

表 7－7　　　　　上导油槽通气孔油雾隔离处理前后碳刷架绝缘下降报警次数统计表

时间	发生次数	时间	发生次数
隔离油雾处理前		隔离油雾处理后	
2014 年 9—11 月	16	2015 年 1—3 月	9

通过表 7－7 可以看出在上导油槽通气孔未做隔离油雾处理时，碳刷架绝缘下降报警比较频繁，处理后碳刷架绝缘报警次数下降明显减少，减少了 43％，因此可以判断上导油槽通气孔未隔离油雾是主要原因。

结果确认：上导油槽通气孔未隔离油雾是要因。

5. 上导油槽油温高

查阅 2017 年 7—12 月 1 号机组上导油槽油温曲线及碳刷架绝缘下降报警次数。2017 年 7—9 月数据如图 7－9 所示。由图 7－9 可知，当油温常处于 50℃左右时，共发生 9 次碳刷架绝缘下降报警。

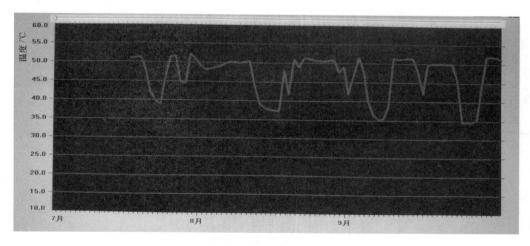

图 7－9　2017 年 7—9 月数据

2017 年 10—12 月数据如图 7－10 所示。由图 7－10 可知，当油温下降到 45℃左右时，共发生 8 次碳刷架绝缘下降报警。

通过比较可以看出上导油槽油温高并不会导致碳刷架绝缘下降报警次数明显增加，上导油槽油温高与碳刷架绝缘下降关系不明显，因此得出结论上导油槽油温高不是导致碳刷架绝缘下降的主要原因。

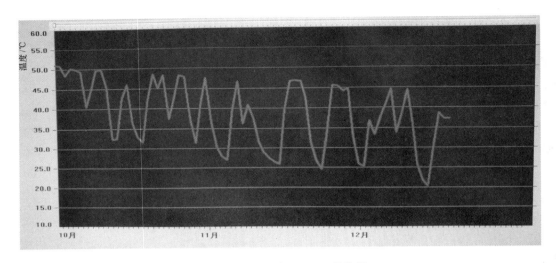

图 7 - 10　2017 年 10—12 月数据

结果确认：上导油槽油温高为非要因。

7.1.8　制定对策

根据要因确认结果，上导油槽通气孔未隔离油雾，导致油雾大，易附着碳粉是导致碳刷架绝缘下降的主要原因，但这个因素于 2014 年已处理，取得一定效果，因此本次 QC 小组不做处理，不制定对策。针对螺栓帽处未绝缘处理制定对策表，见表 7 - 8。

表 7 - 8　　　　　　　　　　　　螺栓帽处未绝缘处理对策表

主要要因	对策	目标	措施	负责人	地点	完成时间/（年-月-日）
螺栓帽处未绝缘处理	进行绝缘处理	碳刷架未连接碳刷时任何位置对地绝缘值达 550MΩ	采用绝缘热缩套管进行螺栓帽全包裹	×××	现场实施	2018 - 1 - 3

7.1.9　对策实施

QC 小组成员对措施进行了安全性评价，除需动火操作外无其他安全隐患。2018 年 12 月 30 日 QC 小组制定了安全措施并向公司领导申报，得到批准后，执行"两票三制"，由负责人邓××组织检修人员使用热缩套管对固定刷架螺栓帽进行全包裹，实施前后图如图 7 - 11 所示。

QC 小组成员随后对碳刷架进行了碳垢（油雾碳粉混合物）手动吸附。对碳刷架进行对地电阻试验测试，电阻值为 550MΩ。

对 2018 年 1—3 月清灰前情况进行统计，见表 7 - 9。

（a）实施前　　　　　　　　　　　　　（b）实施后

图 7-11　螺栓帽全包裹实施前后图

表 7-9　　　　　　　　　　　2018 年 1—3 月清灰前情况统计表

序号	时间/（年-月-日）	清灰前刷架电阻/MΩ
1	2018-1-16	550
2	2018-2-7	550
3	2018-2-21	550
4	2018-3-5	550
5	2018-3-20	550

对螺栓帽实施包裹后，根据测试结果，无论刷架哪个部位对地绝缘值均为 550MΩ，达到对策实施的目标。

7.1.10　效果检查

2018 年 1 月 3 日措施实施后，QC 小组对 2018 年 1—3 月 1 号水轮发电机组告警进行了统计，见表 7-10。

表 7-10　　　　　　　　　2018 年 1—3 月 1 号水轮发电机组告警统计表

序号	出现告警时间/（年-月-日）	告警内容	类型
1	2018-1-16	1 号机组转子回路绝缘下降预告	预告报警
2	2018-2-7	1 号机组转子回路绝缘下降预告	预告报警
3	2018-2-21	1 号机组转子回路绝缘下降预告	预告报警
4	2018-3-5	1 号机组转子回路绝缘下降预告	预告报警
5	2018-3-20	1 号机组转子回路绝缘下降预告	预告报警

从看表 7-10 1 号水轮发电机组月平均告警次数为 1.7 次（5 次/3 个月），证明了 QC 小组活动的有效性。活动前后 1 号水轮发电机组月均告警次数如图 7-12 所示。

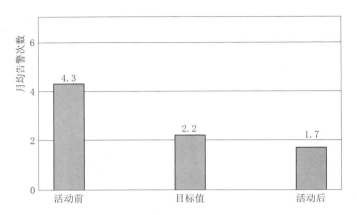

图 7-12　活动前后 1 号水轮发电机组月均告警次数

7.1.11　制定巩固措施

公司生产运行部对活动成果提炼总结，对集电环清灰检修规程进行修编，纳入检修工艺标准，并组织检修人员学习。降低水轮发电机组告警次数巩固措施表见表 7-11。

表 7-11　　　　　　　　降低水轮发电机组告警次数巩固措施表

序号	措　　　施	执行人	完成时间
1	将集电环清灰螺栓包裹工艺编入《检修规程》的发电机维护保养章节中	×××	2018 年 4 月
2	将碳刷架螺栓热缩套管检查编入 2018 年度运行维护计划中	×××	2018 年 4 月

7.1.12　活动总结和下一步打算

7.1.12.1　活动总结

本次 QC 小组活动成功降低了告警次数，解决了实际遇到的问题。同时本次 QC 小组活动使成员们都感受到团结的力量；加深了质量意识，团队意识；深化了质量管理理念，使其在生产实践中发挥作用。

在本次活动中，QC 小组成员认识到统计工具的作用，认识到多维度、多层次思维逻辑分析的重要性，提高了对统计工具、方法的认识。同时增强了逻辑分析能力。

7.1.12.2　下一步打算

下一步 QC 小组将继续深入研究使转子回路绝缘下降的其他课题。

7.2　降低调速器油泵启动频次

本课题针对调速器油压装置油泵启动频繁，可能导致油压装置油罐油位偏高这一问题，通过 QC 小组活动降低了调速器油泵启动频次，减少了人工补气所需的人力、物力，保障了电站安全、稳定、经济运行。

7.2.1 课题背景简介

调速器油压装置是水轮发电机组调速控制系统的重要组成部分，其作用是为接力器控制水轮机导叶开度提供蓄能，让水轮发电机组根据系统负荷的变化不断调节有功功率的输出（通过调节导叶开度进而控制水轮机过水流量的大小来改变出力），维持机组转速（即频率）在规定值范围内。调速器油压装置油泵启动频繁，增加了厂用电量，也可能导致油压装置油罐油位偏高需要人工补气，影响电站安全、稳定、经济运行，因此 QC 小组针对近期调速器油泵启动频繁现象开展了课题研究。水轮机调速器系统构成如图 7-13 所示。

启动是指油泵在油罐压力下降至 2.2MPa 时启动，抽油油压至 2.5MPa 时停止，计算为一次启动。频次是指油泵总启动次数÷时间（即星期数），单位为次/周。

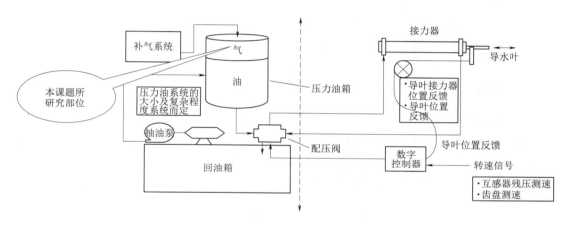

图 7-13　水轮机调速器系统构成

7.2.2 小组简介

7.2.2.1 小组概况

QC 小组概况见表 7-12。

表 7-12　　　　　　　　　　　　　QC 小组概况

小组名称	“水电人”		
课题名称	降低 1 号调速器油泵启动频次		
成立时间	2017 年 12 月 1 日	注册时间	2018 年 9 月 12 日
注册编号	CTGNE/QCC-ECB(DG)-02-2018	课题类型	现场型
活动时间	2018 年 9 月—2019 年 1 月	活动次数	12 次
接受 QC 教育时长	36h/人	出勤率	96%
平均年龄	35 岁		

7.2.2.2 成员简介

QC 小组成员简介表见表 7-13。

表 7 - 13 QC 小组成员简介表

序号	成员姓名	性别	文化程度	职务/职称	组内职务和分工
1	高××	男	本科	总经理/高级工程师	组长　组织协调
2	黄×	男	本科	部门经理/工程师	副组长　组织协调、技术指导及成果编制
3	哈×	男	本科	副主任/高级工程师	组员　组织协调
4	邓××	男	本科	值班长/工程师	组员　组织对策实施
5	叶××	男	本科	主值班员/助理工程师	组员　整理成果编制
6	林××	男	本科	值班长/工程师	组员　数据收集
7	刘××	男	大专	主值班员/工程师	组员　数据收集
8	吴×	男	大专	值班员/助理工程师	组员　对策实施
9	付×	男	本科	值班员/助理工程师	组员　整理数据

7.2.3　选择课题

调查电站同环境同型号调速器的情况，2 号调速器油泵平均启动频次不大于 9.1 次/周。

QC 小组成员对 1 号调速器 2018 年 9—10 月油泵启动情况进行统计，见表 7 - 14。

表 7 - 14 1 号调速器油泵启动频次统计表

序号	时　　间	启动频次/(次/周)
1	2018 年 9 月第 3 周	25
2	2018 年 9 月第 4 周	25
3	2018 年 10 月第 1 周	26
4	2018 年 10 月第 2 周	19
5	2018 年 10 月第 3 周	28
6	2018 年 10 月第 4 周	26
7	2018 年 11 月第 1 周	32
合计		181
平均数		25.9(181/7)

因此，选定课题为降低 1 号调速器油泵启动频次。

7.2.4　现状调查

7.2.4.1　调查情况

QC 小组成员对 2018 年 9—10 月导叶不同状态下 1 号调速器油泵启动频次进行统计，见表 7 - 15。

表 7 – 15   **导叶不同状态下 1 号调速器油泵启动频次统计表**

序号	状态	启 动 次 数								频次/(次/周)	占比/%
		第1周	第2周	第3周	第4周	第5周	第6周	第7周	小计		
1	导叶开度不调节时	25	17	9	16	23	26	32	148	21.1	81.8
2	导叶开度调节时	0	8	15	3	5	0	0	31	4.4	17.1
3	导叶反馈故障时	0	1	0	0	0	0	1	2	0.3	1.1
合计									181	25.8	

导叶不同状态下油泵启动频次饼分图如图 7 – 14 所示。

从图 7 – 14 中看出在导叶开度不调节时调速器油泵启动频次占比 81.8%，是造成调速器油泵启动频次过多的主要问题。

QC 小组成员又在导叶开度不调节时根据水轮发电机控制导叶的调节方式，进一步开展分析统计。导叶开度不调节时 1 号调速器油泵启动频次统计表见表 7 – 16。

导叶开度不调节时油泵启动频次饼分图如图 7 – 15 所示。

表 7 – 16   **导叶开度不调节时 1 号调速器油泵启动频次统计表**

序号	调节方式	启 动 次 数								频次/(次/周)	占比/%
		第1周	第2周	第3周	第4周	第5周	第6周	第7周	小计		
1	调速器停机	19	17	6	11	16	17	24	110	15.7	74.3
2	导叶调节切除	5	0	3	4	7	8	8	35	5	23.6
3	补气操作	1	0	0	1	0	1	0	3	0.4	2.1
合计									148	21.1	

从图 7 – 15 看出在调速器停机时调速器油泵启动频次占比 74.3%，是造成调速器油泵在导叶开度不调节时启动频次过多的主要问题。

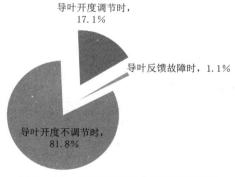

图 7 – 14   导叶不同状态下调速器油泵
启动频次饼分图

图 7 – 15   导叶开度不调节时油
泵启动频次饼分图

7.2.4.2 现状目标测算

QC 小组对 2018 年 9—10 月同环境同型号的两台调速器油泵在调速器停机时的启动频次做了统计，见表 7 – 17。

表 7－17　　　　　　　　　　　　　　调速器停机时油泵启动次数统计表

序号	状　态	7 周启动次数	频次/(次/周)
1	1 号调速器停机时	110	15.7
2	2 号调速器停机时	16	2.3

在相同环境中，2 号调速器在调速器停机时油泵启动次数可达到 16 次。由此分析若 1 号调速器在调速器停机时油泵启动次数和 2 号机组一样，则可以降低的启动次数百分比为

$$(110 - 16) \div 110 \times 100\% = 85.5\%$$

QC 小组活动可以使 1 号调速器油泵平均启动频次达到理论计算值，即

$$(181 - 181 \times 81.8\% \times 74.3\% \times 85.5\%) \div 7 = 12.4 \text{ 次/周}$$

7.2.5　确定目标

根据现状调查分析和目标测算过程，本次 QC 小组活动目标为 1 号调速器油泵启动频次不高于 13 次/周。降低 1 号调速器油泵启动频次活动目标图如图 7－16 所示。

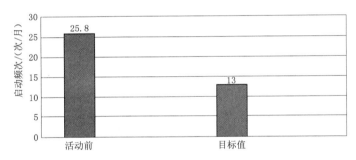

图 7－16　降低 1 号调速器油泵启动频次活动目标图

7.2.6　原因分析

QC 小组成员根据设备结构和工作特性，运用头脑风暴法从两个方面对调速器停机时可能造成油泵启动频次过多的原因进行分析，最终提出了 6 个末端原因。调速器停机时油泵启动频次过多末端原因分析树图如图 7－17 所示。

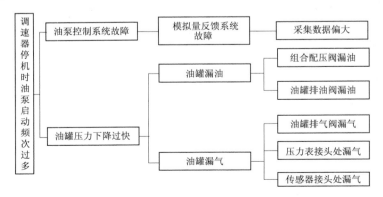

图 7－17　调速器停机时油泵启动频次过多末端原因分析树图

7.2.7 要因确认

1. 采集数据偏大

QC小组成员采用现场调查分析法，对1号调速器传感器压力数据和对应的校验压力表数据进行比较，见表7-18。

表7-18　　　　　　　传感器压力数据和校验压力表数据对比表

序号	传感器压力数值/MPa	校验压力表数值/MPa	差值/MPa
1	2.22	2.20	0.02
2	2.43	2.45	−0.02
3	2.38	2.40	−0.02
4	2.30	2.30	0
5	2.48	2.50	−0.02

压力表检定证书如图7-18所示。

压力表和传感器示意图如图7-19所示。

图7-18　压力表检定证书

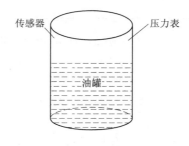

图7-19　压力表和传感器示意图

采集数据偏差值为0.02MPa。一周平均启动25.8次，产生的偏差量小计为25.8×0.02＝0.516MPa。标准启动压力差为0.3MPa。产生的偏差可以引起的启动增减频次为0.516÷0.3＝1.72次/周。与启动频次比相比较有1.72÷15.7×100％＝10.9％。

通过对传感器和压力表数据的比较，差值控制在0.02以内，误差值为±0.8％，符合压力表校压规范误差，可以判断传感器采集数据准确，控制系统油泵启动时压力为2.2MPa，停泵时压力为2.5MPa是准确的。数据偏差对启动频次的影响很小，验证采集数据偏大不是油泵启动频次多的主要原因。

确认结论：采集数据偏大为非要因。

2. 组合配压阀漏油

QC小组成员利用现场测量法对1号调速器组合配压阀进行了观测，使用100mL量具测量。测量部位示意图如图7-20所示。测量量具如图7-21所示。漏油量测量数据表见表7-19。1号和2号调速器漏油量与启动频次对比表见表7-20。

447

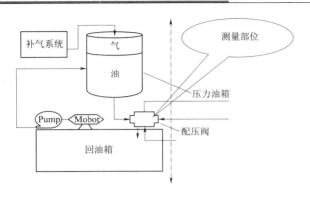

图 7-20　测量部位示意图

图 7-21　测量量具

表 7-19　　　　　　　漏 油 量 测 量 数 据 表

次数	1	2	3	4	5	平均值
12h 漏油量/mL	21	25	30	22	26	24.8

表 7-20　　　　　1 号和 2 号调速器漏油量与启动频次对比表

设备	12h 漏油量/mL	油压下降量/MPa	平均一天下降压力/MPa	一周下降压力/MPa	标准启动压力差/MPa
2 号调速器	25	0.01	0.02	0.14	0.3
1 号调速器	24.8	小于 0.01	小于 0.02	小于 0.14	0.3

根据 2 号调速器情况，计算出 1 号调速器组合配压阀漏油可导致 1 号调速器油泵增加的启动频次为 0.47 次 （0.14÷0.3），占油泵启动频次 15.7 次/周的 2.99%，影响非常微小。

由此可见，在调速器停机时组合配压阀因压紧漂移导致的漏油对调速器油泵启动频次影响微小。

确认结论：组合配压阀漏油为非要因。

3. 油罐排油阀漏油

QC 小组成员利用调查分析法对 1 号调速器油罐排油阀操作后的情况进行统计，见表 7-21。

表 7-21　　　　　1 号调速器油罐排油阀操作后情况统计表

操作人员	操作阀门后情况		操作后油泵第一次打油油位/cm	操作后油泵第二次打油油位/cm
	油压/MPa	油位/cm		
刘×	2.45	12.6	25.3	33.3
林×	2.4	10.6	23.9	33.3
付×	2.4	11.3	21.3	29.3
林×	2.46	10.5	26.8	31.9
陈××	2.41	8.6	17.6	22
林×	2.5	13.2	18.6	32.5
张××	2.41	13.2	24.5	34

对表 7-20 进行折线图分析，如图 7-22 所示。

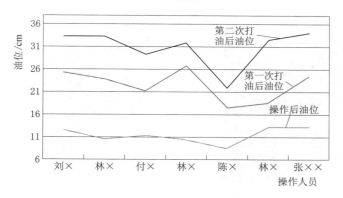

图 7-22 1 号调速器油罐排油阀操作后油位折线图

根据调速器油罐油压工作特性，若排油阀漏油则会出现压力下降，油位也同时下降的现象；而实际情况是油位不断升高，启动频次受到油罐排油阀漏油影响的概率几乎为零。

确认结论：油罐排油阀漏油为非要因。

4. 油罐排气阀漏气

QC 小组成员利用现场调查和试验法收集了 1 号调速器油压和油位数据，其曲线图如图 7-23 所示。

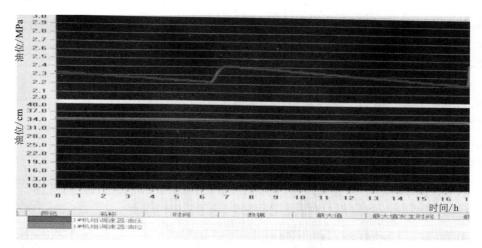

图 7-23 1 号调速器油压和油位数据曲线图

从图 7-23 可以看出油位为一条近乎平稳的直线，油压为一条缓慢下降的曲线，根据油罐工作特性，可以判断调速器油罐在漏气。

进一步进行漏气检查，将泡沫均匀涂抹在排气阀处，发现泡沫在快速冒出并破裂；又对排气阀关闭方向加力到 20N·m，达到阀门可以密封的最大值，泡沫仍然冒泡并缓慢破裂，说明排气阀在漏气。涂抹泡沫的排气阀如图 7-24 所示。泡沫冒出并破裂如图 7-25 所示。

采集 12h 压力下降值，见表 7-22。根据油泵启动标准压力 0.3MPa，计算油泵动作次数。

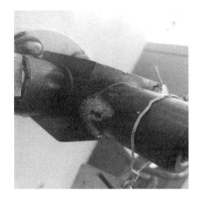

图 7-24　涂抹泡沫的排气阀　　　　　　图 7-25　泡沫冒出并破裂

表 7-22　　　　　　　　　　　　12h 压 力 下 降 值 表

采集数据次数	1	2	3	4	5	平均值
漏气压力/MPa	0.26	0.29	0.28	0.3	0.29	0.28

油罐排气阀漏气影响比重＝(0.28×2×7)÷0.3÷15.7×100％＝83.2％

压力下降油泵启动，因此排气阀漏气与油泵启动频次多有直接关系，且影响很大。

确认结论：油罐排气阀漏气为要因。

5. 压力表接头处漏气

QC 小组成员通过涂抹泡沫剂的方法对压力表接头处漏气与否进行观察，如图 7-26 所示。

经过 1h 未发现气泡冒出破裂现象。

因此压力表接头处未漏气，此因素对调速器油泵停机时油泵启动频次无影响。

确认结论：压力表接头处漏气为非要因。

6. 传感器接头处漏气

QC 小组成员仍然采用涂抹泡沫剂的方法对传感器接头处漏气与否进行观测，如图 7-27 所示。

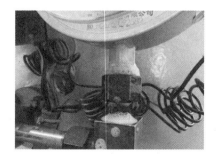

图 7-26　在压力表接头处涂抹泡沫剂　　　图 7-27　在传感器接头处涂沫泡沫剂

经过1h观察未发现气泡冒出破裂现象。

因此传感器插头处未漏气，此因素对调速器油泵停机时油泵启动频次无影响。

确认结论：传感器接头处漏气为非要因。

7.2.8　制定对策

根据要因确认结果，QC小组成员针对油罐排气阀漏气制定对策表，见表7-23。

表7-23　　　　　　　　　　　　油罐排气阀漏气对策表

主要 要因	对策	目标	措　施	负责人	地点	完成时间 /(年-月-日)
油罐排气阀漏气	对阀芯进行密封处理使油罐阀实现密封不漏气	采用泡沫法每天测量一次，一周内不出现泡沫破裂现象	措施一：打磨排气阀阀芯接触面 （1）准备3～5张240号砂纸； （2）使用砂纸打磨排气阀阀体接触面至平整无凹凸感； （3）使用砂纸打磨滚珠至光滑无凹凸感	××	检修平台	2018-11-26
			措施二：增加接触密封垫 （1）准备一块宽200mm、厚2mm的橡胶方板；三块宽100mm，厚0.5mm、1mm、1.2mm的铝方板；两块宽100mm，0.5mm、0.2mm厚的铜方板； （2）不同厚度、不同材质密封垫按阀体尺寸形状裁剪成16mm大小圆形； （3）将不同规格密封垫安装到组合阀滚珠和阀体之间； （4）利用检修平台加17N·m的关紧扭力矩测试密封性和材料耐用度，选择合适材料	××	检修平台	2018-11-26

7.2.9　对策实施

根据表7-22QC小组成员对措施进行了安全性评价。首先需要对调速器油压装置进行泄压处理，然后拆除阀体进行异地对策措施处理，无其他安全隐患。2018年11月15日QC小组制定措施并向公司领导申报，得到批准后，执行了"两票三制"程序，由负责人吴×和邓××组织检修人员进行具体对策实施。

（1）首先对排气阀进行分解，采用240号砂纸对滚珠和阀体接触面分别进行打磨。排气阀阀体接触面如图7-28所示。排气阀滚珠如图7-29所示。排气阀工作原理图如图7-30所示。

图7-28　排气阀阀体接触面

图 7 - 29　排气阀滚珠

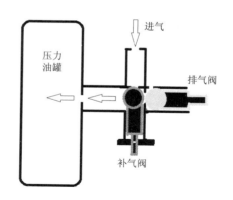

图 7 - 30　排气阀工作原理图

（2）打磨后进行了关闭试验（对排气阀涂抹泡沫剂），其测试效果见表 7 - 24。

表 7 - 24　　　　　　　　　　关闭试验测试效果表

序号	扭力/(N·m)	泡沫情况	试验确认
1	20	泡沫破裂	排气阀漏气
2	20	泡沫未破裂	阀门正常
3	20	泡沫破裂	排气阀漏气
4	20	泡沫破裂	排气阀漏气
5	20	泡沫未破裂	阀门正常
6	20	泡沫破裂	排气阀漏气
7	20	泡沫破裂	排气阀漏气

　　QC 小组在对策实施时，发现排气阀无限位开关，在排气操作时，若操作不当，可能造成安全事故，未能达到设备本质安全。因此 QC 小组成员创新设计了一个限位装置，以确保在排气时即使误操作排气阀也不能脱离本体，避免造成安全事故。限位器样式如图 7 - 31 所示。限位器安装到阀体上的效果如图 7 - 32 所示。

图 7 - 31　限位器样式

图 7 - 32　限位器安装到阀体上的效果

接触面打磨处理后阀门情况饼分图如图 7-33 所示。

通过泡沫试验测试，发现 72％的排气阀关闭后还是有缓慢漏气现象，15～20min 气泡破裂一次。可见此措施未能达到对策实施目标值。

故不采用措施一。

措施二：

（1）QC 小组成员首先将不同厚度、不同材质的密封垫按阀体尺寸形状裁剪成 16mm 大小的圆形。材质分别为橡胶、铝板、铜板，如图 7-34 所示。

（2）利用检修平台加 17N·m 的关紧扭力矩测试密封性和材料耐用度以选择合适材料，不同材质及厚度的垫片扭力测试后的展示图如图 7-35 所示。

密封性和材料耐用度试验结果表见表 7-25。

图 7-33　接触面打磨处理后
阀门情况饼分图

图 7-34　裁剪成的圆形

图 7-35　不同材质及厚度的垫片扭力测试后的展示图

表 7-25　　　　　　　　　　密封性和材料耐用度试验结果表

序号	密封材质	规格（厚度）/mm	照片	试验结果
1	铜	0.5		82 次以上未破损
2		0.2		82 次后破损
3	铝	0.5		15 次后穿孔

续表

序号	密封材质	规格（厚度）/mm	照片	试验结果
4	铝	1		13 次后穿孔
5		1.2		10 次后穿孔
6	橡胶	2		2 次后穿孔

因此，在排气阀滚球与阀体接触面增加一块 0.5mm 铜垫，效果最好。在排气阀滚球与阀体接触面增加一块 0.5mm 铜垫后，采用涂抹泡沫法，检查泡沫破裂时间，每天测试一次，泡沫破裂试验记录表见表 7-26。

表 7-26　　　　　　　　　　泡沫破裂试验记录表

时间	第 1 天	第 2 天	第 3 天	第 4 天	第 5 天	第 6 天	第 7 天
泡沫破裂情况	未破裂	未破裂	未破裂	未破裂	未破裂	未破裂	未破裂

对策实施后能达到目标涂抹泡沫未破裂，可以满足日常耐用度，10 年以上不用更换垫片，达到对策实施的最佳效果。

故采用措施二。

7.2.10　效果检查

2018 年 11 月 26 日措施实施后，QC 小组成员对 2018 年 12 月—2019 年 1 月 1 号调速器油泵启动频次进行了调查，见表 7-27。

表 7-27　　　　　　　　　　1 号调速器油泵启动频次表

时间	2018 年 12 月				2019 年 1 月			小计	平均值
	第 1 周	第 2 周	第 3 周	第 4 周	第 1 周	第 2 周	第 3 周		
启动次数	9	8	7	7	7	8	9	55	7.9

活动前后 1 号调速器油泵启动频次图如图 7-36 所示。

1 号调速器油泵平均启动频次为 7.9 次/周，达到了活动目标小于 13 次/周。此结果证明了活动的有效性。QC 小组成员又对原因分类进行了统计，见表 7-28。

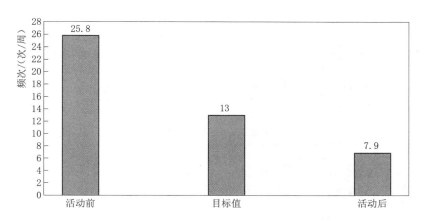

图 7－36　活动前后 1 号调速器油泵启动频次图

表 7－28　　　　活动后导叶开度不调节时调速器油泵启动频次原因分类统计表

序号	时　　间	调速器停机	导叶调节切除	补气操作
1	2018 年 12 月第 1 周启动次数	3	6	0
2	2018 年 12 月第 2 周启动次数	2	5	1
3	2018 年 12 月第 3 周启动次数	4	3	0
4	2018 年 12 月第 4 周启动次数	3	4	0
5	2019 年 1 月第 1 周启动次数	2	4	1
6	2019 年 1 月第 2 周启动次数	4	4	0
7	2019 年 1 月第 3 周启动次数	3	5	1
	合计启动次数	21	31	3
	平均启动次数	3	4.4	0.5
	占比/%	38.2	56.4	5.4

活动后导叶开度不调节时调速器油泵启动频次饼分图如图 7－37 所示。

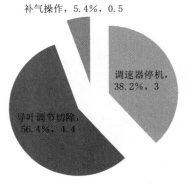

图 7－37　活动后导叶开度不调节时调速器油泵启动频次饼分图

从图 7 - 36 看活动后调速器停机时，调速器停机从关键问题变为次要问题，活动达到了效果。

7.2.11　制定巩固措施

公司电力生产部对活动成果提炼总结，将调速器油罐排气阀检修标准纳入检修工艺标准；将相关规定纳入运行规程，并组织检修人员学习。巩固措施见表 7 - 29。

表 7 - 29　　　　　　降低 1 号调速器油泵启动频次活动巩固措施表

序号	措　　施	执行人	完成时间
1	经公司领导批准，将调速器油罐排气阀密封检修标准，纳入《××水电站检修规程》第 10 章调速器系统第三点调速器检修的项目和质量标准内	×××	2019 年 2 月
2	经公司领导批准，将对油罐排气阀操作频次记录的规定，纳入《××水电站运行规程》第 7 章调速器系统第一点运行规定严格执行，作为下次更换垫片的检查依据	×××	2019 年 2 月
3	将排气阀限位器推广到 2 号调速器油罐排气阀相关流程中，并作为检修维护事项	×××	2019 年 3 月

7.2.12　活动总结和下一步打算

7.2.12.1　活动总结

通过本次 QC 小组活动，成功降低了油泵启动频次，解决了实际遇到的问题，降低了厂用电率，产生了一定的经济效益。QC 小组成员在专业技术上深入了解了现场分析工具的应用，认识到多维度、多层次思维逻辑分析的重要性，提高了对统计工具、方法的认识。同时本次活动增强了成员解决问题的逻辑分析能力。在质量管理方法上本次活动使成员感受到团结的力量，加深了质量意识、团队意识，充分发挥团队智慧，确保设备本质安全。在此次活动中，QC 小组成员的综合素质得到了全面提升，人人争创技术能手。

7.2.12.2　下一步打算

下一步本小组将针对在本次活动中被提升为主要问题的导叶调节切除时油泵启动频次高的问题开展 QC 小组活动。

参 考 文 献

［1］ 中国质量协会. QC 小组基础教材［M］. 北京：中国社会出版社，2008.

［2］ 中国水利电力质量管理协会电力分会. 电力行业 QC 小组活动实操 一问一答一案例［M］. 北京：中国电力出版社，2017.